#  日本陸海軍の
# 特殊攻撃機と飛行爆弾

石黒竜介、タデウシュ・ヤヌシェヴスキ 著
平田光夫 訳

大日本絵画

# 目次
## Table of contents

## 日本軍の特攻隊 ······ 5
### Japanese Special Attack

- 特攻の文化的背景 The culture of Kamikaze ······ 5
- 特攻——日本帝国最後の切り札 Kamikaze-the last chance for the Japanese Empire ······ 6
- 特攻隊の生みの親たち The creators of Japanese Special Attack ······ 7
- 神風特攻隊の創設 Establishment of the Kamikaze suicide units ······ 8
- 特攻隊員の訓練 Kamikaze pilot training ······ 10
- 出撃前の最後のひととき Last moments before a suicide mission ······ 13
- フィリピン戦における特攻作戦 Kamikaze over the Philippines ······ 16
- フィリピン戦最後の航空戦 The last air combats over the Philippines ······ 21
- 硫黄島防衛戦における特攻作戦 Kamikaze in defence of Iwo Jima ······ 31
- 沖縄戦 Fighting at Okinawa ······ 36
- 本土防衛戦における最後の特攻 The last Kamikaze attacks in defence of the Japanese Islands ······ 46
- 特攻作戦による影響 The effects of Kamikaze ······ 47
- 特攻隊の父たちの末路 The fate of the Kamikaze godfathers ······ 48
- 特攻の戦果 Kamikaze effectiveness ······ 49
- 主な特攻部隊 List of the most important suicide units and formations ······ 50
  - フィリピン戦に参加した陸海軍の特攻部隊 Suicide units of the Army and Navy participating in actions over the Philippines ······ 50
  - 沖縄戦に参加した陸海軍の特攻部隊 Suicide units of the Army and Navy participating in actions over Okinawa ······ 50
  - 上記以外の航空特攻部隊 Organisation of some aircraft suicide units ······ 52
  - 特攻隊に撃沈破された艦船 Ships damaged and sunk during attacks by Kamikaze or Shimpu suicide units ······ 54
- アメリカ海軍艦種記号 U.S.NAVY SHIPS ······ 57

## 特殊攻撃機 ······ 58
### Kamikaze (or Shimpu) aircraft

### 日本帝国陸軍の特殊攻撃機 Special attack aircraft of the Imperial Japanese Army ······ 62
- 川崎キ48 九九双軽 Kawasaki Ki-48 ('Lily') ······ 62
- 川崎キ119 Kawasaki Ki-119 ······ 70
- 国際タ号 Kokusai Ta-Go ······ 74
- 中島キ49呑龍 Nakajima Ki-49 Donryu 'Helen' ······ 79
- 三菱ト号およびキ167 Mitsubishi To-Go and Ki-167 ······ 87
- 中島キ115剣 Nakajima Ki-115 Tsurugi ······ 93
- 陸軍単発噴進式戦闘機 Rikugun single jet-engine fighter ······ 103
- 立川キ74 Tachikawa Ki-74 'Patsy' ······ 103
- 立川タ号 Tachikawa Ta-Go ······ 110
- 試作単座奇襲機 The Experimental Single-seat Attack Aeroplane ······ 113

### 日本帝国海軍の特殊攻撃機 Special attack aircraft of the Imperial Japanese Navy ······ 115
- 愛知M6A晴嵐／南山 Aichi M6A Seiran/Nanzan ······ 115
- 川西 梅花 Kawanishi Baika ······ 127
- 空技廠D3Y明星 Kugisho D3Y Myojo ······ 133
- 空技廠D4Y彗星 Kugisho D4Y Suisei ('Judy') ······ 138
- 空技廠MXY7桜花 Kugisho MXY7 Ohka (Baka) ······ 147
- 航空局 神龍 Kokukyoku Jinryu ······ 171
- 中島 橘花 Nakajima Kikka ······ 178
- 中島 藤花 Nakajima Toka ······ 190

## 日本帝国陸海軍の誘導式飛行爆弾 ........ 192
Remote controlled flying bombs of the Imperial Japanese Army and Navy

### 陸軍 Army ........ 192
- フ号風船爆弾 Fu-Go bomber balloon ........ 193
- 陸軍マルケ（ケ号）自動吸着爆弾 Rikugun Maru-Ke (Ke-Go) homing bomb ........ 197
- 川崎イ号1型乙（キ148）Kawasaki I-Go-1 Otsu (Ki-148 ........ 203
- 三菱イ号1型甲（キ147）Mitsubishi I-Go-1 Ko (Ki-147 ........ 212
- 陸軍イ号1型丙 Rikugun I-Go-1 Hei ........ 219
- 東京帝国大学 イ号赤外線誘導弾 Tokyo University I-Go infra-red guided missile ........ 220
- 陸軍AZおよびマルコ飛行魚雷 Rikugun AZ and Maru-Ko flying torpedoes ........ 220
- 特殊小型爆撃機およびサ号 Tokushu Kogata Bakugekki and Sa-Go ........ 220

### 海軍 Navy ........ 221
- 空技廠 奮龍 特型噴進弾 Kugisho Funryu remote controlled missile ........ 221
- 空技廠 空弾 飛行爆弾 Kugisho Kudan flying bomb ........ 225
- 空技廠 空雷 対潜航空爆雷 Kugisho Kurai flying anti-submarine torpedo ........ 226
- 航空局 秋水式火薬ロケット Kokukyoku Shusui-shiki Kayaku Rocket ........ 230

## 桜弾機の最期 ........ 233
## キ115剣甲型の主翼前縁の後退角 ........ 236
## 「キ115乙 機体説明書」 ........ 240
## 米海軍報告：日本陸軍の赤外線誘導爆弾ケ号 ........ 244

## 参考書籍 ........ 247
Bibliography

## カラー側面図 ........ 249
Colour profiles

写真は特記あるものを除き著者蔵

――最愛なる妻と息子、真規子と琢也へ――

石 黒 竜 介

# まえがき

私達が交流を始めたのは1985年、模型雑誌の文通希望欄からでした。それ以来25年間、今ではネットのおかげでリアルタイムに交流は続いています（でも、お互い会ったことも、しゃべったことも、一度もありませんが）。

この間二人が収集した日本機の資料をもとに、共著として初めて出版した本が、『Japanese Special Attack Aircraft & Flying Bombs』(Mushroom Model Publications, 2009) です。

日本語の資料を英訳して送り、ポーランド語でまとめ、ポーランドの翻訳家に英語にしてもらい出版社に送り、ネイティブに校正してもらい、それをさらに著者が校正をして…という作業のため、この本の出版には3年近くかかりました。私達の基本姿勢は、「著者による憶測や仮定は載せず、公式記録や信用できる証言（できれば複数）による事実のみを載せる」です。ただテーマがテーマだけに仮定や想定図も載せていますが、最小限にとどめています。この本の一番大きな収穫は、特別攻撃グライダー神龍の写真と新たな情報を載せることができたことです。建川萌さんと大村鎧太郎さんには本当にお世話になりました。Mushroom社から出版されると、日本機研究の本として海外の研究家の間では高く評価していただきました。私達は、ぜひ日本語でも出版したいと思っていたので、この度大日本絵画より日本語版を出版させていただくことになり本当に嬉しく思っています。

日本語版を作成するにあたり、判明している原書の訂正に加え、新たに四つの章を加え、増補改訂版とすることにしました。

まず、訂正ですが、25年間収集した情報の中には、古いものから新しいものまであり、さらに国内と海外からの情報（主に米軍報告から）が混在しています。日本語版を作成するにあたり、国内の最新の情報から訂正を行いました。大きな訂正としては、
1）ケ号の図面が白抜けになっていた（これは印刷上のミスで、Mushroom社のホームページにも訂正がアップされました）。
2）空雷6号と空雷7号の名称が、写真と図面の説明で入れ替わっていた。

以上ですが、その他、最新の資料に基づき、細かい訂正をかなり入れました。

次に、日本語版として新たに、以下の四つの章を巻末に追加しました。
1）桜弾機の最期
2）キ115剣甲型の主翼前縁の後退角
3）「キ115乙　機体説明書」
4）米海軍報告：日本陸軍の赤外線誘導弾ケ号

1）については、友人のAnthony Tealさんに調査をお願いして、実戦に使用された桜弾機3機の最期をほぼ特定することができたと思います。
2）については、最近発表された「甲型の主翼前縁は直線ではなく、後退角があった」という説に対する考察です。これに関しては、いつか翻訳者の平田さんと国立航空宇宙博物館に保管している甲型を調査したいと考えています。
3）は、関係者の方のご厚意で、本邦初公開となるものです。
4）は、ぜひとも載せたかったものです。当時日本最高の頭脳を結集したプロジェクトの一つです。

原書が出版された時、海外の書評の中に「特殊攻撃機と飛行爆弾という陳腐な組み合わせ」というものがありました。この題名にしたのは、当時の技術者や軍人の心の中には「人命を尊重したい」という気持ちがあったのだということをわかっていただけると思ったからです。

最後に、この日本語版製作にあたって、資料を提供していただいたAnthony Tealさん、Timothy Hortmanさんに感謝したいと思います。そして、翻訳者の平田さんと編集者の松田さん。この2人がいなければこの本は完成できなかったでしょう。この本が、世代を超えて、できるだけ多くの方に読んでいただければ幸いです。

石黒竜介　タデウシュ・ヤヌシェヴスキ

---

翻訳で最初の荒訳時、英語を日本語に直すことと同じぐらい時間がかかるのが、固有名詞の表記を確定することです。欧米その他の事物なら最も妥当と思われるカタカナ表記、日本や中国なら漢字を特定していくのには、自分で有望そうと見当をつけた表記と確実な関連単語をからめてインターネットで検索していくのですが、当たりが出るまでは試行錯誤の繰り返しです（とはいえネットの恩恵は多大です）。この過程では当たりが出るまでに翻訳に不可欠なその事物や人に関する知識も得られるので、浅学な私でもそれまで未知だった分野の本でもどうにか一人前に翻訳できるというわけです。

本書では冒頭の特攻隊の戦史部はこの方法でほぼ乗り切れたのですが、問題は中～後半の航空機と飛行爆弾の開発史でした。戦史に比べて技術史は地味なせいでしょうか、特に技術者の名前がよくわかりませんでした。第一次荒訳が終わって、自己解決ではもう限界か、さて困ったと思っていたところ、日本側の原著者の石黒竜介氏とのメールやり取りが始まりました。訳者の抱いていた疑問、質問にも快く答えていただけたのには本当に助かりました。普通ならばこれでめでたし、翻訳終了なのですが、ところが本書はそれだけで終わらなかったのです。

そこから英語版の内容の吟味が始まり、原書出版時にはなかった新しい情報、古い情報の淘汰が加えられていきました。改訂されたのは文章だけでなく、ポーランドからは新たに描き下ろされた図面やカラーイラストも続々と届けられました。最後は石黒氏を輪の中心として共著者のタデウシュさん、画家のジグムントさん、海外の研究者の方々、訳者、編集者が一体となったワークショップのような状態になっていました。こうして出来上がったのが本書で、もはや原書の単なる日本語版ではなく、「II型」と呼んでも過言ではない内容に発展してしまった幸せな本です。これを日本の読者の皆様にお届けする一貢献者になれたのは訳者冥利に尽きました（そしてごめんなさい、欧米の読者各位！）。

平田光夫

# 日本軍の特攻隊
Japanese Special Attack

　空の戦いがあるかぎり、機体自体を武器に自らの生命を犠牲にして敵を倒そうとしたパイロットは存在した。そのほとんどは絶望的な状況や必要に迫られての個人的判断だった。しかし太平洋戦争末期の日本はこうした自己犠牲を戦法として常用した唯一の国となった。日本軍の特別攻撃隊──英語で俗に言うカミカゼ──は比類なき恐怖の戦法としてもはや伝説化している。連合国にとって特攻隊とは決して屈服しない敵の象徴であり、否が応でも突破しなければならない防衛線だった。連合軍兵士や戦後世代の西洋人読者にとって、特攻を命じた指揮官や自らの意思で死地へ赴いた隊員たちの心情は理解しがたいだろう。比較的短期間だったにもかかわらず今や伝説となった特攻は、太平洋戦争末期の絶望的な状況のみから生まれたものではなく、日本の長い歴史と文化の中に根ざしたものだった。

　皮肉なことに数々の無人兵器の開発が本格化したのは特攻作戦の開始後だった。だがそれは隊員の生命を救うためだけではなく、さらに状況が悪化した──敵の索敵迎撃能力が向上した結果、特攻の戦果が減り続けた──ためだった。これらの兵器には日本人設計者たちの創意工夫と技術者魂が詰まっていたが、そうした気概もやはり日本文化独特のものだった。

## 特攻の文化的背景
The culture of Kamikaze

　日本の封建制度は1860年代の産業革命期まで存続していた。封建制度下では天皇は最高の権力者だった。日本神話によれば天皇は初代の神武天皇（紀元前660〜585）の子孫だという。すなわち陛下は神話にいうところの大和の国、神国である日本を万世一系の天皇として統治するために祖母の太陽神天照大神（あまてらすおおかみ）により遣わされた瓊瓊杵尊（ににぎのみこと）の直系の子孫であると信じられていた。

　戦史上の重大な事件としては、5世紀に貴族の私兵として出現したと文書史料に記される武士階級の台頭があり、その長は蝦夷（えみし）を征服する将軍を意味する征夷大将軍だった。初代征夷大将軍は797年に任ぜられた坂上田村麻呂（さかのうえのたむらまろ）（758〜811）だった。それ以降、19世紀中盤まで武士階級に支えられた将軍は天皇と並んで日本を統治した。その後明治天皇（1852〜1912）が維新により権力を獲得した。彼は1867年に最後の将軍に政治権力を奉還させ、近代的軍隊を創設した。この軍隊は西洋各国の軍隊の様式に倣っていたが、主君に対する忠義や戦いに際して死をも厭わないなど、武士道的な文化を多く継承していた。前述の武士道の教えには「海を行くなら水漬く屍に、山を行くなら草むす屍になろうとも、大君の傍らでこそ死のう、安穏と死ぬのではなく。死ねば魂は

天照大神を描いた日本の錦絵。

明治天皇（1852～1912）。諱は睦仁。その治世である明治時代は1868年から1912年まで続いた。

天へと昇り、大いなる母天照大神に召され、永遠に生き続けるのだ」とある。

1882年に士族による反乱を鎮圧すると、明治天皇は軍に「軍人勅諭」を下賜し、全軍人に天皇への絶対的忠誠を誓わせた。軍人は全員がこれを暗唱させられた。日本が第二次大戦に参戦する直前、大日本帝国軍の全人員に対して戦陣訓が公布された。これは軍人勅諭を補完するものだった。戦陣訓は軍人たる者の行動規範を定め、退却や降伏を禁じていた。

日本文化でほかに注目すべきものとしては、天皇に命を捧げた兵士を神道に則って神格化した軍神がある。名誉の戦死を遂げた兵士たちへの敬意の深さは1869年に東京に建立された靖国神社によって具現化されているが、これは明治維新の官軍側の殉難者を祀ったものだった。軍神は神の一種であり、神風という単語も神と関連している。

のちに特攻隊が生まれた背景として、恥よりも儀式的な自決——武士の掟では切腹——が潔いとされていたこともある。最初に切腹したのは1336年に後醍醐天皇との対立よりも死を選んだ楠木正成とされている。彼の家紋はのちに特攻機に描かれることになる菊水だった。

日本では軍の権力は絶大だった。軍の統帥権を明治天皇が持つようになって以来、軍が忠誠を誓うのは選挙で選ばれた文民政府ではなく天皇のみであり、その文民政府自体もほぼ常に軍に依存していた。国家の生命である軍は青少年の教育も厳しく管理していた。国粋主義者の大川周明が1930年に出版した『日本的言行』は神々の意思により生み出された大和民族は優秀であり、日本は世界を支配する権限を与えられていると主張していた。大川は世界統一には軍事国家が最も理想的であるとしていた。

当時、日本の青少年の義務教育は12～14歳で終了した。尋常小学校を卒業すると、就職、中学への進学、軍の幼年学校への入学という三つの進路があった。幼年学校の門戸は貧富の差に関係なく開かれており、身体検査と入学試験に合格すれば誰でも入学できた。入学試験では戦国武将などについての日本史の知識と、行動規範や道徳などが問われた。士族の家庭では軍人になるのは長男の務めだった。貧困も多くの日本人男子が軍人の道を選んだ要因だった。軍人数にはこれ以外に毎年1万5千名以上にのぼる徴募兵もいた。

新兵たちは能力によって3種類に分類された。最上は「甲種」で、将来将校になる優秀な新兵はこれに含まれた。軍隊の大多数を構成していたのは「乙種」だった。これは成績がやや劣る新兵たちだった。第3は「丙種」で、試験に一つも合格しなかった者の全員が該当し、炊事兵や衛生兵などとして雑役にあてられた。

軍事教練だけでなく思想教育も軍には重要だった。低学年の児童は週に日本史を4時限、愛国唱歌を1時限学んだ。同じく兵隊も毎日の歴史の時間に加え、1時限の軍事史を学び、愛国的な歌も練習した。これに加え、1個の支配国が世界を一つの家族にするという「八紘一宇」の思想教育も行なわれた。ほかに教え込まれたのは天皇が民の進むべき道を示すという「皇道」思想だった。

## 特攻——日本帝国最後の切り札
Kamikaze – the last chance for the Japanese Empire

日本の歴史文化と太平洋における戦術的状況以外に、日本軍内における政策闘争も特攻隊を生み出す一因となった。

第二次大戦前、日本軍の将校たちは二極分化していた。1916年より以前は将校になれたのは富裕層の子弟だけだったが、同年以後は将校への門戸は広く開かれるようになった。その結果、特権階級出身の年配将校たちと、出自のさまざまな青年将校たちとのあいだに思想的な乖離が生じた。両者の対立が表沙汰となることは最後までなかったが、思想や戦術で妥協をほとんど許さない急進的な青年将校の影響力は強まる一方だった。将校たちは日本民族の完全優越性を唱える国粋主義のもと、「大和魂」の呪縛に囚われていった。この思想により軍人は死を厭わず勇猛果敢であるべしとされた。

こうした「精神主義」と日本の歴史文化のさまざまな要素が特攻隊誕生の背景にあった。そして戦局が逼迫するに至り、特攻を提唱する者たちが現われた。

## 特攻隊の生みの親たち
The creators of Japanese Special Attack

「特攻」部隊を生み出した人物には組織的に働きかけた者も個人的に運動した者もいたが、主な創設者とされているのは3名である。

特別攻撃を発案し、最初に実施させた大西瀧治郎中将（1891〜1945）が特攻隊の生みの親であるとする史料は多い。彼は兵庫県氷上郡芦田村の武士の家系に生まれた。優れた家柄の勤勉な優等生だったため、江田島の帝国海軍兵学校への入学には何の問題もなかった。海兵卒業後、彼は創設されたばかりの海軍航空隊に配属され、すぐに航空機の秘める可能性を見出した。1916年に彼は水上機母艦若宮丸に所属する最初の日本人パイロットの1人となった。同艦は中国の青島港にあったドイツ軍要塞に派遣された。大西はほかの3名の操縦者とともにドイツ艦を攻撃し、ある低空攻撃ではドイツ軍の水雷敷設汽艇を爆弾投下で撃沈した。

生来の革新家である大西は航空機と軍艦との協同作戦という新戦術の熱心な主唱者だった。航空至上主義者の大西は航空本部教育部長だった1937年7月に『航空軍備に関する研究』という小冊子で純正空軍の創設（海軍の空軍化）と戦略的運用を主張したが、大艦巨砲主義者から猛反発を受け、海軍は事態収拾のために冊子の回収を命じた。

1941年1月に彼は連合艦隊司令長官山本五十六大将から開戦劈頭にアメリカ太平洋艦隊を撃破するための真珠湾航空攻撃作戦の立案を命じられた。大西は米本土同然のハワイを攻撃すればアメリカ人は激怒し、講和は不可能になると幕僚中でただ1人猛反対したという。

大西は太平洋戦争開戦時、台湾の高雄を拠点とする第11航空艦隊の参謀長だった。その任期中に特攻思想の萌芽ともいえるような事件が起こった。大西は開戦直前に「フィリピンは陸軍がすぐ占領する予定なので、撃墜されても今までのように自爆してはならない。山に潜むなりして陸軍の到着を待て」と訓示していた。第1航空隊の三菱G3M九六式陸上攻撃機の編隊がフィリピンの米軍基地を爆撃中、陸攻の1機が撃墜され、搭乗員が米軍の捕虜となったが、彼らは飛行隊日誌には戦死と記録された。日本軍の快進撃により、まもなくその搭乗員たちは解放されて原隊に復帰した。

日本軍の行動規範によれば、彼らは捕虜になってはならなかった。第11航空艦隊、第21航空戦隊、第1航空隊のあいだで彼らの処遇について会議が繰り返された。翌月部隊がラバウルに進出すると、階級を降格後、隔離されていた搭乗員たちにはポートモレスビーへの偵察飛行が命じられた。これは公式には偵察任務だったが、機体は爆装され、目的地の防空態勢が厳重なのにもかかわらず直掩戦闘機なしでの出撃だった。彼らは未帰還となった。報告を受けた大西は彼らを英雄と見なすよう命じた。

もう1人の特攻隊の「生みの親」は宇垣纏中将（1890〜1945）である。その出自も大西に似ていた。彼は岡山県赤磐郡潟瀬村で宇垣善蔵の次男として生まれたが、善蔵は小学校教員で、のちに議員活動もするなど、地元の名士でやはり祖先に武士がいた。宇垣も海軍兵学校を優秀な成績で卒業していた。彼は砲術の専門家で、大艦巨砲主義の信奉者だった。性格は生真面目だったが、傲岸不遜な人物と見られることも多かった。

1940年初め、宇垣は連合艦隊司令官山本五十六の参謀長に任命された。彼はレイテ海戦に戦艦戦隊の司令官として参加した。その後彼は軍令部を経てから1944年末に第5航空艦隊司令官となると、直ちにこれを特別攻撃隊に改編した。彼の担任地域は九州全域に及び、域内の全飛行隊を自由にできた。こうして彼は菊水作戦という長期特別攻撃作戦を立案したのだった。

福留繁中将（1891〜1971）は特攻隊の3人目の父である。彼は海軍兵学校で大西や宇垣と同期だった。海軍大学校を1926年に首席卒業すると、1939年には連合艦隊兼第1艦隊の参謀長になった。山本大将戦死後の1943年5月、古賀峯一大将に請われ軍令部から再び連合艦隊参謀長に復帰したが、大艦巨砲主義者だった彼は悪化の一途にあった戦局を打開できなかった。1944年3月末に乗機を撃墜され機密書類を奪われるという大失態を犯したにもかかわらず不問にされ、台湾で新たに編成された第2航空艦隊の司令長官に着任した。2航艦はレイテ湾で捷号作戦に参加し、大規模な特別攻撃を実施した（次章参照）。

東郷平八郎提督（1848〜1934）。

のちに最初の特攻隊の隊長となる第201航空隊の戦闘機パイロット関行男大尉。写真は彼の最期となる1944年10月25日の出撃の直前に撮られたもの。

## 神風特攻隊の創設
### Establishment of the Kamikaze suicide units

　1944年10月19日朝、フィリピン方面最強の海軍航空隊、第201航空隊のマバラカット基地に高級将校たちが集まっていた。大西瀧治郎中将、猪口力平中佐（第1航空艦隊先任参謀）、玉井浅一中佐（第201航空隊）、吉岡忠一少佐（第26航空戦隊先任参謀）、指宿中佐および横山中佐（いずれも航空隊司令）、門司親徳大尉（大西中将の副官）である。

　2日前からアメリカ軍がレイテ湾の島々に上陸し始めていた。これは明らかに大規模上陸作戦の前触れだった。この会議を招集したのは大西中将で、一同に戦艦と巡洋艦からなる大艦隊がアメリカ軍上陸部隊を攻撃するべく接近中だと告げた。彼は日本艦隊が停泊中の米軍部隊を砲撃できるまで接近する前に敵の航空攻撃に阻止されないよう、全力を尽くさなければならないと主張した。彼は戦闘機に爆弾を搭載し、その命中率を最大にするため操縦者を乗せたまま狙った目標に体当りさせようと提案した。操縦者は戦死するが、目標を確実に破壊するにはそれしかないと。

　彼は第26航空戦隊司令官の有馬正文少将の行動を実例として挙げた。有馬はフィリピン沖の米艦船への第1波攻撃の戦果に不満だった。第2波を直卒した彼はこう言った「俺は体当り攻撃で敵空母1隻を沈めてくれよう。武士の心構えがあれば死など恐れるに足らん。大日本、天皇陛下万歳」。有馬は自機を目標へ突入させたが、降下中に機は方向舵を吹き飛ばされ海面に激突した。この出来事はのちに日本のプロパガンダにより神風攻撃隊の先駆けとして喧伝された。

　志願者の募集が決定され、名乗り出た者は原所属部隊から新編の神風特別攻撃隊へ移籍された。この神風とは1274年と1281年に日本を侵略しようとした元の船団を沈めた台風に由来していた。日本の支配圏へと押し寄せる連合軍から、この史実が連想されたのはごく自然だった。神風は「かみかぜ」とも読まれるが、それが特攻隊の公式名称になったことはない（部隊名として神風を提案した猪口力平中佐による別の説によれば、彼の故郷の神風流剣術から取ったという）。

　特攻隊最初のパイロットを出す栄誉は第201航空隊に与えられた。玉井浅一中佐は最初の特攻隊員として菅野直大尉か関行男大尉を候補に考えていた。しかし菅野は当時内地に帰還中で、時間

日本帝国海軍航空隊の神風特別攻撃隊の創設者、大西瀧治郎中将。

特攻作戦の推進者、宇垣纏中将。

がないため関が選ばれた。

関は愛媛県西条市の骨董屋の倅だった。関の父方の兄弟には先祖に武士を持つ者もいたが、関の父は平和主義者で兵役は一切拒否した。彼の4人いた兄弟のうち3人が中国で戦死していた。関の父が息子に高等師範学校へ進むよう勧めたのは、そのせいもあっただろう。関行男は中学を主席で卒業したが、担任の教師に影響され進学の道を選ばなかった。その教師は学校の授業よりも戦争や軍隊の話をよくした。彼は戦争について学生たちと語り合い、軍に入隊するよう説いたのだった。

家族が反対したにもかかわらず、関行男は江田島の帝国海軍兵学校に1938年に入学した。1941年末に卒業すると彼は水上機母艦千歳に配属され、ミッドウェイ海戦の第2戦線など太平洋で多くの作戦に参加した。1943年に彼は霞ヶ浦の航空基地に転属となり、さらに訓練を重ねた。そこで基地司令の娘、渡辺満里子と出会い、1944年5月に結婚した。まもなく関は朝鮮へ転出し、元山で三菱A6M零戦の操縦訓練を受けた。その後羽田基地へ異動してから空路台北へ向かった。そののちにフィリピンのマバラカット基地への転属命令を受けたのだった。

猪口中佐は士官全員が待つ部屋へ自ら関大尉を招き入れた。猪口は江田島で関の教官だったため、彼をよく知っていた。玉井中佐は関に彼らの計画を説明してから、関に初の実戦特攻部隊の隊長を引き受けるよう求めた。関は指名に同意するまでしばらく目を閉じて不動でいたという。実際のところ関にはほとんど選択の余地はなかった――拒否すれば部隊と家の恥になったからである。事実、のちに彼は自分が死ぬのは陛下のためでもお国のためでもなく、妻のためであると同盟通信の特派員に語っている。

最初の特攻隊の隊長とそのパイロット23名が選抜されると、大西は直ちにさらなる志願者部隊の編成に取りかかった。

関が最初に指揮下の特攻隊で出撃したのは10月25日で、彼と4名の部下は零戦に250kg爆弾を搭載し、4隻の護衛空母を攻撃した。関はそのうちの1隻、USSセント・ローを撃沈したとされている。

これが特攻隊の初出撃だった……。

小澤治三郎中将。

# 特攻隊員の訓練
## Kamikaze pilot training

　フィリピンにおける神風特攻隊の大勝利を報じる詳しい記事が同盟通信の海軍報道班員小野田政により東京に送られた。彼は大西中将本人から日本国民にこの新部隊とその戦法について報道するよう依頼されていた。連合軍向け国際放送ラジオ・トウキョウも海軍航空隊の特攻隊員の武勲について放送し、特攻隊員は日本国民の崇拝の的となった。しかし同時に海軍航空隊に血縁者のいる多くの家族が不安を抱いた。

　海軍軍令部は特攻隊が日本を敵の侵攻から救うだろうと発表した。勅令第649号と650号の特殊任用令により隊員の特攻戦死後の処遇が定められた。昭和天皇は特攻について米内光正海軍大将から報告を受けた。天皇は特攻を咎めることはなく、米内はそれを直ちにフィリピンの大西中将へ知らせた。大西は第1および2航空艦隊から第1連合基地航空部隊を発足させた。これは体当たり自爆攻撃を目的とする部隊だった。大西中将はこの新部隊の参謀長となった。

　太平洋戦争中に日本の航空産業が生産した航空機は約7万機だったが、1944年中盤の時点で海軍には1万機未満、陸軍には1万1千機強の作戦機しかなかった。その70％を占める戦闘機は爆撃機よりも高速かつ軽快で米軍戦闘機に最も撃墜されにくかったため、特攻の主力になった。

　日本帝国海軍航空隊が特攻戦法を本格導入したのに対し、陸軍航空隊は当初慎重だった。海軍は特攻は航空機のみで実施すべきであると主張していたが、陸軍は特攻に際して陸空の部隊の協同作戦を重視していた。陸軍では航空兵は歩兵よりもずっと貴重だったため、陸軍航空隊は海軍のように組織的特攻作戦は実施しなかった。陸軍はその特攻部隊に「神風」の名称は使わず、単に「特攻隊」と呼んでいた。なお陸軍は個々の自爆攻撃のことは「体当り」と呼んでいた。

　特攻隊員は基本的に志願者で構成されていた。陸軍では海軍ほど賛同的でなく、事実1945年5月末には九州で陸軍搭乗員の一斉命令拒否事件が発生したが、これは全部隊を特攻隊にせよという命令のためだった。海軍に比べ、陸軍部隊の特攻出撃は少なかった。

　特攻部隊の編成命令が出されると、すぐに新人特攻隊員の訓練が始められた。まず海軍が訓練を開始した。1944年12月初め、海軍軍令部は数少なくなっていた熟練パイロットを特攻に出すのは非効率であると発表した。熟練パイロットは特攻機の直掩機の操縦にあてた方が得策だった。当局のプロパガンダの効果もあり、特攻隊は熱狂的な若者によって急速に拡大していったが、その多くは学徒兵や志願兵だった。

　主な訓練所は九州の鹿児島に設けられた。訓練部隊は練習連合航空総隊と命名された。訓練は海軍の通常の操縦訓練とは大きく内容が異なっていた。特攻隊員には最低限の操縦技術があればよく、それ以上の知識や訓練は不要だった。訓練課程には教官同乗での三菱A5M4-K二式練戦（A5M4九六艦戦の複座型）による離陸30回と三菱A6M2-K零式練戦（A6M2零戦の複座型）による離着陸20回も含まれていた。この短い飛行訓練の最後に練習生は航法、エンジン故障時や敵遭遇時の対処法、正しい体当り法について数時間の講義を受けた。それから修了者は特攻隊員として

特攻隊員の訓練に使われた複座の三菱A5M4-K二式練習戦闘機。

各部隊に配属された。ここでさらに操縦技術に磨きをかけるため、飛行訓練を重ねたり他の搭乗員の経験談を学んだりした。

当然ながらこのような速成訓練には多くの欠点があった。「速成操縦員」たちは敵艦への体当りはできたものの、その多くがごく基本的な洋上航法しか習得していなかったため、攻撃目標まで到達することが最大の問題だった。海軍航空隊本部では目標はそれほど遠方にないと想定しており、航法は重要でないとしていた。さらに新米は熟練パイロットに直接掩護されながら目標まで案内してもらえばよいと考えられていた。そのため彼らには空戦技術も教えられていなかった。これらに加え、単独飛行回数も少なかった彼らはパイロットとして実戦ではほとんど使い物にならないことが判明した。ある部隊では練習生が操縦する15機が台湾で訓練を仕上げるため九州を出発した。訓練はフィリピンへの機体フェリー飛行も含めて10日間の予定で、そこで彼らは各特攻部隊へ配属されることになっていた。フェリー航路は沖縄と奄美大島を経由し、台湾の台中までだった。その飛行中に彼らは米軍機に遭遇した。この予想外の空戦により部隊の20％が被撃墜ないし洋上で行方不明になった。さらに着陸時にも損害が出た。10日間の台湾滞在後、台湾の海軍航空隊本部では無事だった搭乗員だけでは部隊を編成できないと結論した。さらに燃料不足によりそれ以上の訓練も不可能になってしまった。

結果は最初から明らかだった。「速成操縦員」からなる最初の15機のうち、マニラに到着できたのはわずか5機で、その全機が着陸時に脚を破損した。これでは搭乗員と機体の浪費に他ならず、特攻隊員の操縦訓練課程は根本から見直されることになった。このため再び熟練パイロットが特攻にあてられることになった。

ロケット推進式特攻機、空技廠桜花の操縦員訓練はさらに簡略化されていた。操縦訓練は操縦桿を模した木製棒の付いた座席に数時間座るだけで終了した。教官から指示を受けながら、スピーカーが出すエンジン音を背に草履ばきの練習生は木製の方向舵ペダルを操作した。この訓練課程ののち、練習生は動力機に曳航された複座無動力の練習機型桜花で少々訓練を積んだ。桜花は目標のごく近くまで母機の三菱G4M2一式陸攻で運ばれ、その最終突入は突入角度を微調整するだけの直線飛行と考えられていた。このため海軍の特攻隊員訓練は大幅に簡略化されたのだった。

陸軍の訓練は異なっていた。訓練はその初等飛行訓練課程を完全に踏襲しており、速成化は考慮されていなかった。特攻部隊に配属されるのは熟練パイロットのみだった。

特攻隊員には特に専用の装備品は支給されなかった。その装備は通常のパイロットとほぼ同じだった。しかし海軍搭乗員には異なる仕様が一つあった。腕に太い日の丸の腕章を付けていた点である。落下傘の右の縛帯には白い短冊状の布が縫い付けられ、「特攻隊員○○少尉　見敵必殺報国恩」などの文字が書かれていた。搭乗員は戦友たちから寄せ書きされた白スカーフを首に巻いていた。学徒志願兵や若年搭乗員は覚悟の印として白地に旭日の鉢巻を頭に締めていた。搭乗員は飛行服の下に部隊員全員の寄せ書きがされた日章旗を帯びることもあった。陸軍航空隊の搭乗員は武運を願い、千人針を首に巻いた。こうした身支度が一般的だったのは特攻作戦のごく初期のみだった。末期になると携行したのは鉢巻と千人針だけとなり、日章旗を帯びたのは攻撃隊長のみになった。

水際特攻隊の隊員たちが寄せ書きした日の丸。初期には出撃時に隊員全員が寄せ書き日章旗を携えていたが、末期には隊長のみになった。

ありふれた操縦訓練風景。

覚悟の鉢巻を締める特攻隊員。

## 出撃前の最後のひととき
Last moments before a suicide mission

　特攻隊に入隊した搭乗員は同僚たちと起居をともにし、団体生活を送った。彼らは日々の作戦飛行に出撃する必要はなく、ただ特攻出撃命令を待つのみだった。最後の日々をできるだけ快適に過ごせるよう配慮された彼らには、よい食事と重労働の免除が与えられ、本部主催の宴会も催された。特攻隊員は最後の出撃命令を待つあいだの自由時間を歓談や回想に費やしたり、花壇や菜園で土いじりをしたりして過ごした。絵を描く、詩や書をしたためるなど、芸術に没頭する者もいた。

　出撃前日、彼らは禊(みそぎ)として散髪し、髭を剃った。そして部隊の士官全員が出席する壮行会が開かれた。搭乗員たちは宴が済むと遺書を書いて司令官に託すのが通例だったが、その中に遺髪を入れる隊員も多かった。こうした遺書に悲嘆に満ちたものはほとんどなかった。搭乗員は家での幼年時代に思いを馳せ、両親の愛情と恩に感謝し、弟妹には親孝行をしなさいと諭すのだった。

　出撃前、隊員たちは運動場の中央に設けられた長テーブルに集合し、酒杯が供された。乾杯ののち、搭乗員は残留組の隊員たちの前を乗機まで行進し、落下傘の代わりにただの座布団が敷かれた操縦席に乗り込んだ。隊長の離陸合図に各機はエンジンを始動すると滑走を開始した。残る隊員たちは最後の出撃に向かう各機を帽振れで見送った。

　陸軍の特攻隊もほぼ同様の出陣式を行なった。陸海軍の部隊では酒盃の代わりに決戦の前に行なわれる伝統儀式、別れの水杯を交わした隊もあった。この儀式では司令官が銚子から各隊員の杯に水を注ぎ、戦友たちとともに心身を清めた。

　特攻隊が最初に編成されてからまもなく、各機に小型無線発信機が搭載された。これは離陸からしばらくすると各機に割り当てられた断続信号を発信した。各機の周波数は異なっていたので個々を間違いなく識別できた。信号が途絶えれば、操縦者が名誉の戦死を遂げたことを意味した。

　米軍の圧力により戦局が悪化すると特攻隊の出陣式も簡略化されていき、最後には離陸前の酒杯か水杯の儀式と隊前行進だけになった。発信機も物資不足と特攻の大規模化により個別識別が無用になったという二つの理由で廃止された。

禊としての散髪と髭剃り。

決意を絶筆として遺す。

近親者に宛てて遺書を書く特攻隊員。

私財を国に献納する隊員。

最後の出撃前に清めの「水杯」の儀式を行なう陸軍特別攻撃隊の隊員。

## フィリピン戦における特攻作戦
### Kamikaze over the Philippines

　特攻作戦は前線の状況に応じて特定の戦域で実施されるのが一般的だった。最初の特攻隊が編成されたフィリピン以外では台湾、硫黄島、沖縄、日本本土などがこれに該当した。米軍情報部が日本軍特攻機による艦艇の損害を最初に報告したのは、零戦が輸送艦SC-699を損傷させた1944年5月27日だった。実は米軍の記録部には日本軍が「公式に」特攻作戦を開始したとされる10月25日以前にも相当数の艦船が体当たり攻撃を受けたという報告が残されている。以下にいくつか例を挙げる。

　1944年10月、ラルフ・E. デヴィッドソン少将麾下の米海軍第38.4任務群は台湾を目ざしていた。同任務部隊には空母USSエンタープライズ、フランクリン、サン・ジャシント、ベロー・ウッドが所属していた。その攻撃目標は福留中将麾下の第2航空艦隊が使用する飛行場などの軍事施設だった。2航艦には航空機200機があり、少なくともその半分は零戦や紫電などの戦闘機で、それ以外は爆撃機と練習機だった。同部隊はその後1944年10月11日に九州から到着した零戦100機と水上機10機で増強された。翌朝に米軍との最初の交戦が始まり、福留中将は230機を米軍に差し向けた。米艦はレーダーのおかげで日本機を捕捉し、艦隊に接近するはるか前にこれを迎撃した。米戦闘機隊はたちまち日本機の少なくとも3分の1を撃墜し、残りを撃退したため、米艦を攻撃できた機はなかった。1944年10月13日（金）朝0644時、米空母からグラマンTBF/TBMアヴェンジャーとカーティスSB2Cヘルダイヴァーからなる艦爆隊が発進し、台湾の飛行場と通信施設の攻撃に向かった。日本軍の防空戦闘機部隊は直掩のグラマンF6FヘルキャットとヴォートF4Uコルセアの艦戦隊のためにほとんど迎撃できなかった。攻撃隊の空母帰投後、米軍のレーダーが日本機を探知した。

　それは雷装した三菱G4M一式陸攻を中心とする編隊だった。そのうち4機は海面すれすれの高度を飛行してレーダーをかいくぐり、米艦隊の先頭を行く空母USSフランクリンへ接近した。同艦の砲手はこれに惑わされず、日本爆撃機のうち2機が対空砲火とヘルキャット戦闘機により撃墜された。3機目の日本機は被弾して爆発する前に魚雷発射に成功した。同空母は最大速力で急回頭したため、下層甲板で若干の混乱が起きた。この運動により同艦は救われたが、危機はまだ去らなかった。反対側から4機目の日本爆撃機が接近して魚雷を投下したものの、命中しなかった。しかしこの機自体が空母に衝突し、炎上しながら甲板をなぎ払うと左舷の海中に突入した。フランクリンの損害は軽微だった。米軍機5機が海中に転落し、日本機が向かってくるのに気づいて海に飛び込んだ水兵は22名に上った。

　次に攻撃の標的にされたのは軽巡洋艦USSリノだった。同艦は別の部隊、第38.2任務群の所属で、この部隊には空母USSエセックス、レキシントン、ラングレー、プリンストンも属していた。F. シャーマン少将麾下のこの部隊は第38.1任務群の支援に向かっていた。部隊は中島B6N天山雷撃機からなる比較的大規模な編隊の攻撃を受け、うち1機が旗艦空母USSレキシントンを狙ったが、同艦は巧みな操艦により対空砲火に被弾していた雷撃機と魚雷の両方を回避した。炎上する天山は同空母は飛び越したものの、回避運動が間に合わなかった軽巡USSリノの右舷に命中した。リノは前部対空砲座が破壊され火災を発生したが、応急班が対応して直ちに鎮火した。水兵6名が火傷を負い、対空砲手2名が戦死した。

　1944年10月25日以前の3回目の攻撃はR. S. バークレー少将麾下の第77.3任務群に対して敢行されたが、同部隊は1944年10月21日夜にはレイテ湾沖に位置していた。第77.3任務群は米軍のフィリピン本格侵攻の嚆矢となる上陸作戦を支援することになっていた。0600時ごろ米軍レーダーが2機の機影を捉えた。攻撃してきた零戦の1機は被弾して空中爆発したが、もう1機の零戦が巡洋艦HMASオーストラリアの艦橋に突っ込んだ。特攻機から飛散したガソリンが甲板に燃えながら広がり、右舷から流れ落ちた。この火災により弾薬庫が爆発し、水兵30名が戦死した。オーストラリア海軍の参謀士官デシャノー大佐も戦死し、他に64名のオーストラリア艦乗組員が負傷したが、その多くが火傷だった。僚艦の協力により火災は鎮火されたが、オーストラリアは修理のため夜間にマヌス島へ回航された。

　日本の特攻作戦が公式開始される前の体当たり攻撃の犠牲者としては、これ以外に航洋曳船ソノマと上陸艇LCI-1065があった。両者はいずれも1944年10月24日にレイテ湾で撃破された。ソノマには一式陸攻1機が突入爆発し、付近にいた高速輸送艦アウグスタス・トーマスも損傷した。LCI-1065には九七式重爆1機が突入し、船体中央で爆発した。上陸艇は炎上し始めると、まもなく沈没した。

　関大尉が最初の特攻隊員に抜擢されたのち、4個の航空特攻隊が志願パイロットにより編成された。日本軍の伝統に従い、これらには日本文学に由来する名称が与えられた。引用元は本居宣長の和歌「敷島の大和心を人問はば　朝日に匂ふ山桜花」だった。

第1の攻撃隊は山桜隊と命名された。第2の部隊は大和隊、第3の部隊は朝日隊、第4の部隊は日本の美称から敷島隊と名付けられた。攻撃隊は計26機の零戦からなり、うち半分が実際の攻撃にあたり、残り半分が敵戦闘機からの掩護にあたった。関行男大尉を隊長とする敷島隊はマバラカット航空基地に留まった。久納好孚中尉を隊長とする大和隊は1944年10月20日朝にセブ島へ進出した。これは胴体下面に爆弾を搭載した零戦4機からなっていた。山桜隊と朝日隊は1944年10月23日にダバオ島へ進出した。

　戦況はいよいよ逼迫していた。米軍は1944年10月24日にレイテ島東岸へ上陸を開始し、内陸部へ急速に進撃していった。米軍はたちまちタクロバンから16km以内にまで進出した。セブ島から零戦隊を直卒してきた第201航空隊の中島正飛行長は直ちに特攻隊の編成を命じ、現地基地の搭乗員から志願者を募った。志願者たちはすぐに家族や親友に宛てて遺書をしたためた。

　第1航空艦隊は米軍艦載機により全滅に瀕していた。残されていたのは零戦約30機と各型の爆撃機30機だけだった。このため連合艦隊司令長官の豊田副武大将は、福留繁中将麾下の第2航空艦隊から航空機350機を台湾からフィリピンへ移動させるよう命じた。これは10月23日にフィリピンに到着し、翌日250機が米艦隊を攻撃した。悪天候と米艦の強力な対空砲火により日本軍の攻撃は無残に撃退された。米艦船は5隻が損傷したが、いずれも軽微だった。

　1944年10月21日、日本軍は空母6隻を含む米艦隊がスルアン島東方150海里を航行中との情報を得た。大和隊は出撃準備を開始した。ジャングルの端から姿を現した5機の零戦が離陸準備を始めたが、うち3機が特攻機で、2機が直掩機だった。機が離陸のためタキシングしていたところ、上空からヘルキャットとコルセアの艦戦隊が出現し、2〜3分以内に日本機の全機が破壊された。米軍戦闘機隊にはアヴェンジャーとヘルダイヴァーの艦爆隊も随伴しており、セブ島空襲の仕上げを行なった。敵機が去ると無事だった整備兵たちは損傷の少ない機で攻撃を実施しようと試みた。苦心の末に特攻用2機、直掩用1機の3機の零戦が仕立てられた。慌しく離陸した3機はスルアン島へ向かった。悪天候のためパイロットたちは米艦を発見できず、基地へ帰還した。迷わずに帰投できたのは2機だけだった。久納中尉は機位を失い、行方不明になったと判断された。

　マバラカットでも関行男大尉率いる敷島隊が特攻の出撃準備をしていた。敷島隊の隊員は中野磐雄、谷暢男、長峰肇、大黒繁男だった。出陣式ののち、搭乗員たちは機に乗り込んで離陸したが、悪天候で米艦を発見できず、まもなく基地へ引き返してきた。気象情報に基づき出撃は2日延期された。

　新部隊に晴れの舞台が訪れたのは1944年10月25日だった。大規模な米艦隊がフィリピン近海に集結し、特攻隊の投入に絶好の状況を呈していた。天候は依然不良だったが、日出とともに6機がセブ島から発進した。0735時に大和隊機から敵艦発見の報が入った。これはトーマス・L. スプレイグ少将麾下の第77.4任務群の一部だった。同任務群には空母USSサンガモン、スワニー、サンティーなどからなる第22空母戦隊と、USSペトロフ・ベイ、サギノー・ベイなどからなる第28空母戦隊が属していた。これらの空母は5隻の駆逐艦に護衛されていた。日本機が到着する5分前に米軍のレーダーは攻撃を察知し、対空砲が戦闘準備を整えた。

　特攻機は空母USSサンティーを目標に選んだ。1番機はその主甲板にまっすぐ突っ込んだため、乗組員たちは爆発で5m×9mの大破口が穿たれると成すすべもなかった。火災が広がり、艦載機への搭載を待っていた1,000ポンド爆弾に危険が迫ったが、懸命の消火活動により誘爆は防がれた。

　炎上する空母から立ち上る炎と黒煙は他の日本機への目印になった。新たな特攻機が雲間から現

関行男大尉を隊長とする最初の特攻部隊、敷島隊の出撃。敷島隊の攻撃により米空母セント・ローが1944年10月25日に撃沈された。

1944年10月25日、米空母USSホワイト・プレーンズに突入せんとする零戦。

れ、空母USSサンガモンへ狙いを定めた。今度は米艦の対空砲火が先手を制し、突入する零戦が射程に入るやいなや撃墜した。必死の猛弾幕は3機目の零戦も捕捉し、標的にされたUSSペトロフ・ベイの至近に撃ち落とした。米艦隊の頭上に出現した第4の日本機も被弾し、全速で海面に衝突した。最後の特攻機は米軍の対空砲火に雲中へ消えた。

　日本軍は米空母を1隻も撃沈できないまま航空機5機を失った。空母USSサンティーの火災は素早く消し止められたが、水兵16名が戦死し、72名が火傷を負った。損傷したサンティーは艦載機を1機も発艦できなくなったが、僚艦を対空砲火で掩護するため艦隊に留まった。

　この日、武運に恵まれなかった大和隊の離陸後、関大尉隊長の敷島隊も出撃した。0725時にマバラカットを離陸し飛行すること3時間、関はアメリカの空母艦隊を発見した。これは第3の米軍任務群、第72.4任務群で、F.スプレイグ少将麾下の護衛空母USSセント・ロー、フランショー・ベイ、ホワイト・プレーンズ、カリニン・ベイからなる第25空母戦隊と、R. A. オフスティ少将麾下の護衛空母USSキトカン・ベイ、ガンビア・ベイからなる第26空母戦隊だった。艦隊は駆逐艦に護衛されていた。

　1005時に米艦隊は最初の零戦の攻撃を受けた。零戦は米軍のレーダーを避けるため低高度で飛来した。USSキトカン・ベイから距離数百mの位置で同機は高度約1,500mまで急上昇すると、反転急降下でまっすぐ同艦へ突っ込んだ。同空母は必死の回避運動を試み、対空弾幕を展開したが、零戦の主翼が艦を直撃した。零戦の主要部は海中に落下して爆発したが、同空母に若干の損傷を与えた。続いて2機の零戦がUSSホワイト・プレーンズに襲いかかった。1機は5インチ砲弾により木っ端微塵にされた。関の操縦する最後の零戦はこの時点で黒煙を引きながらホワイト・プレーンズから離脱し、USSセント・ローへ狙いを移した。関機は対空砲火をかいくぐって空母の艦尾に突っ込むと、甲板を貫通して航空燃料タンクを発火させた。燃え広がった炎が搭載を控えていた7本の魚雷を包むと大爆発が起こり、甲板エレベーターと待機中の艦載機が吹き飛んだ。下層甲板でも起きた爆発がとどめとなった。1110時に同空母艦長マケイン少佐は総員退艦を下令したが、15分後にUSSセント・ローは144名の水兵とともに海中に没し、救助された784名も大半が負傷していた。

　これらの初の特別攻撃の報告に基づき、大西中将は多数の部隊を特攻隊に改編した。1944年10月26日夕には第12航空艦隊の零戦の一団がフィリピンのクラーク飛行場に着陸した。これらは特攻隊の増援機だった。搭乗員は当初は特攻隊の直掩担任とされていたが、その後特攻隊に組み込まれた。また特攻編隊の基本編制も確立された。3機が実際の攻撃にあてられ、別の2機が直掩機とされ、1機が編隊の上方を、もう1機が下方を掩護した。直掩機は体当たり攻撃が完了するまで持ち場を離れないこととされた。直掩機はいかなる代償を払おうとも特攻機を目標まで敵機から守り抜かなければならなかった。そのため直掩機の操縦者には最強のパイロットが選ばれた。

　第2神風特別攻撃隊は新たに到着した航空機で構成された8個の特攻部隊からなっていた。原所属部隊は第2航空艦隊の第701航空隊で、新部隊は忠勇隊、誠忠隊、純忠隊、義烈隊、至誠隊、神

武隊、神兵隊、天兵隊と命名され、木田達彦大佐が指揮官に着任した。

　そのころ日本軍偵察機が米艦隊をスリガオ湾内に発見した。山桜隊が攻撃準備を整えると、0815時に3機の零戦が発進した。彼らは結局目標に到達できなかったが、それは機位を喪失したか、哨戒中の米軍戦闘機に撃墜されたためだった。続く攻撃では特攻機3機に零戦2機が直掩についていた。1030時に彼らは敵艦を発見したが、目標に到達する前に哨戒中だった60機ものヘルキャットとコルセア戦闘機に迎撃され、日本機2機がたちまち撃墜された。3機目の特攻機は対空砲火をすり抜けて空母USSスワニーに突入した。特攻機は米軍の対空砲火をかわし、アヴェンジャーを載せて下降中だったエレベーターに命中した。日本機の爆発はエレベーター上の艦爆を破壊しただけでなく、誘爆も引き起こして火災を発生させた。火は燃え広がり、さらに10機のアヴェンジャーに迫ったが、これらは全機が対潜爆雷を搭載していた。スワニーの乗組員にとって幸いなことに対潜爆雷は爆発しなかった。しかし信号弾が何発か爆発し、その火災は鎮火まで3時間以上もかかった。同空母は沈没は免れたものの、被害は戦闘水域からの離脱を強いられるほど深刻だった。戦死者は150名、負傷者は195名と損害は甚大だった。

　米軍は日本軍の攻撃に直ちに対抗措置をとった。全艦の対空兵装が増強され、戦闘機による哨戒が強化された。日本軍飛行場への空爆も激しさを増したが、米軍が重要視していたのはスルアン島沖60kmを遊弋していた空母機動部隊、第38任務部隊を攻撃した第1特別攻撃隊だった。1944年10月30日朝に米艦隊上空に特攻機が飛来すると、米軍の対空砲火が弾幕を展開し、襲来した日本機の大半を撃墜した。14機中、突入に成功したのはわずか3機だった。彗星艦爆2機が空母USSフランクリンに損傷を与え、零戦1機が護衛空母USSベロー・ウッドに突入した。しかし被害を受けた空母はいずれも戦闘不能になるほどの損傷ではなかった。

出陣式で水杯を交わす海軍神風特攻隊員。

百里原航空基地から出撃する常磐忠華隊の九七艦攻。

## フィリピン戦最後の航空戦
The last air combats over the Philippines

　日本軍の特攻作戦が再開されたのはフィリピン駐留の日本軍部隊が台湾からの航空機450機で増強された1944年11月末だった。これらは直ちに新しい特攻部隊の編成にあてられた。そのうちの一つ、第3神風特別攻撃隊はニコルス基地とマバラカット基地で編成された。装備機は三菱A6M零戦、空技廠D4Y彗星艦爆、双発の空技廠P1Y銀河陸爆だった。作戦は1944年11月25日に開始された。最初に出撃したのは高武公美中尉を隊長とする吉野隊だった。零戦6機と銀河2機が1130時にジェラルド・F.ボーガン少将麾下の艦隊の上空に飛来し、さらに2個の攻撃隊が後続していた。

　第1次攻撃隊は空母USSキャボットから激しい対空砲火を浴びたが、特攻機2機が命中した。損害は軽微だったが、水兵15名が戦死し、16名が負傷した。さらに2機の日本機が空母USSイントレピッドに突入した。1機目は砲座に突っ込んでこれを破壊すると、甲板に落下して火災を発生させた。2機目は75機の艦載機が発艦し終わった直後の甲板で爆発した。甲板の損傷は激しく、USSイントレピッドの所属機は代替着陸地を探さねばならなくなった。同空母では水兵79名が戦死、43名が負傷した。第1波攻撃が標的にした3隻目の艦は空母USSハンコックで、4機の零戦に襲われた。うち2機は対空砲火で撃墜され、3機目は米軍戦闘機に迎撃されて火ダルマになった。4機目は対空砲火の弾幕に突入すると主翼を吹き飛ばされ、その残骸の大半は空母を外れたが、隣を航行していた駆逐艦に命中した。駆逐艦の損傷はわずかだった。空母には主翼と胴体の破片が少し落下したが、損害はなかった。

　最後に攻撃されたのは旗艦の空母USSエセックスだった。特攻機のうち1機は撃墜されたが、もう1機が飛行甲板に突っ込み、水兵15名が戦死した。合計18機の特攻機が撃墜された。攻撃は翌日も続き、特攻は25波にまで及んだが、これは8機が撃墜され、残存機は後退を強いられた。

　米艦隊が最も激しい特攻にさらされたのは1944年11月27日だった。攻撃を実施したのはマバラカット基地の第3神風特別攻撃隊だった。第1次攻撃隊は犬塚教市飛曹長の率いる春日隊だった。攻撃隊は零戦7機と彗星艦爆2機からなっていた。海軍特攻隊のマバラカット基地出撃と同時に、田中秀志中尉が率いる陸軍の第一八紘隊もネグロス島から発進した。この隊は隼10機からなり、各機は主翼下面に爆弾2発を装備していた。直掩には疾風6機と別の隼12機があたった。

　1125時に攻撃隊はヘイラー中将麾下の第7艦隊の艦20隻の上空に達した。特攻隊が複数方向から同時攻撃を開始すると、激しい対空砲火がそ

空母USSオマニー・ベイの甲板から撮影された被弾した763空の銀河。

1944年10月にフィリピン近海に集結した米艦隊に対して実施された特攻では、零戦に250kg爆弾が搭載された。

れに応じた。最初に攻撃されたのは軽巡洋艦USSセント・ルイスだった。同艦には2機の特攻機が突入し、砲塔と水上機カタパルトに命中した。水兵33名が戦死した。次に攻撃されたのも軽巡で、USSモンペリエは当時、給油の最中だった。3機の特攻機が突入したが、爆弾はすべて不発だった。4機目の特攻機は対空砲火で粉砕され、モンペリエは破片を浴びただけだった。

5機目の特攻機は同艦の砲塔に命中した。砲員が負傷したが、艦が戦闘から離脱するには至らなかった。6機目の特攻機は同巡の右舷で爆発したが、損傷は皆無だった。

この軽巡の被害以外にも戦艦USSコロラドが攻撃により戦死者19名を出していた。輸送艦SC-744は撃沈され、軽巡USSモンペリエの乗組員は日本機の残骸と多くの死体の散乱する甲板上で消火作業を延々と続けていた。同艦の応急班は艦を戦闘可能状態に維持していた。ラジオ・トウキョウは誇らしげにアメリカ艦隊は全滅したと報じた。だが米軍の侵攻は続いていた。

日本軍はレイテ湾沖で特攻を継続した。レイテ島から約100km離れたセブ島の基地は日本軍の重要拠点だった。この基地の大和隊は増援機で補強されたが、その第一陣はマバラカット基地からの機だった。

1944年11月27日朝、鹿野正信二飛曹を隊長とする零戦を中心とした17機の特攻隊が出撃した。セブ島への飛行中、部隊は16機のヘルキャットに遭遇し、空戦でこれを12機撃墜したが、日本側の損害は零戦1機のみだった。これは戦争のこの時期では例外的な武運に恵まれた大勝利で、米軍に日本軍パイロット侮りがたしと知らしめたのだった。

1944年11月29日午後、さらに多くの日本機が第7艦隊の上空に飛来した。今回の攻撃隊は濃密な対空砲火弾幕に遭遇したが、突入を敢行した。特攻機は目標へと突き進み、まず戦艦USSメリーランドを攻撃しようとした。しかし対空砲の集中射撃の前に日本機はまともに同艦に近づけなかった。次に標的にされたのは重巡洋艦USSポートランドだった。攻撃機はまたしても撃退され、狙いを駆逐艦USSオーリックに移した。同艦は特攻機が命中すると火災を発生し、落伍した。さらに1機の零戦が戦艦USSメリーランドの6インチ砲塔に突っ込んだが、爆発による損傷は軽微だった。駆逐艦USSソーフリーにも特攻機1機が突入し、火災が発生した。乗組員が猛火と4時間以上にわたり格闘して鎮火させたものの、同艦は戦闘水域からの離脱を強いられた。

日本軍は特別攻撃隊が最終的にアメリカ軍の防空網を打ち破り、米海軍の大規模上陸艦隊が撃滅されるものと期待していた。しかし新戦法の攻撃に対する米海軍の対応は素早く、各艦の対空兵装を強化すると同時に、レーダーを装備したピケット艦を艦隊の外縁部に配置し、戦闘機の哨戒を強化したのだった。捷号作戦は米軍が迎撃態勢を強化することまでは想定していなかった。

当時の日本軍の公式戦果算定ではフィリピンにおいてアメリカ艦隊の50％を撃沈したとしていた。そのため日本軍の指揮官たちはこの調子ならば特攻隊で敵を撃退できるはずだと考えた。だが実際には米艦隊の戦闘能力はほとんど低下していなかった。

1944年12月7日、米軍の第77歩兵師団がレイ

1945年2月17日、第58任務部隊に攻撃を敢行するも、果たせなかった701空の彗星33型の最期。本機はUSSワスプの対空砲火に被弾した。

テ島のオルモックから約6km離れた湾に上陸を開始した。特攻隊はアメリカ軍の上陸を何としても阻止しようとしたが、米艦船は物資や人員を揚陸し終えていたため運動力が向上していた。特攻機が駆逐艦USSマハンに突入し、同艦は大爆発を起こして轟沈した。高速輸送艦ワードには3機の特攻機が突入し、発生した大火災が手に負えなくなったため味方駆逐艦に砲撃処分された。中型揚陸艦LSM-318も撃沈され、他に3隻の上陸用舟艇が軽微な損害を受けた。撃墜されたのは零戦1機と彗星1機だった。

4日後の1944年12月11日、オルモックへ向かっていた輸送船団が日本機に攻撃された。鈴木清中尉を隊長とする特攻機11機からなる神風特別攻撃隊金剛隊はまず駆逐艦USSレイドを攻撃した。うち2機は米軍の対空砲火で撃墜されたが、3機目が同艦に命中し、弾薬庫で爆発した。数分後、誘爆による大爆発により同艦は転覆すると轟

ウルシー環礁に集結していた米艦隊への特攻のため、鹿屋基地を出撃する762空の銀河。

762空の銀河11型。

沈した。
　翌日には特攻機1機が駆逐艦USSコールドウェルの艦橋に突入した。発生した火災は最終的に鎮火されたものの艦の損傷は深刻で、本格的修理のための米本土回航に先立ち、応急修理が必要なほどだった。この日の攻撃で日本軍は5機を対空砲火で喪失した。
　その翌朝、日本軍の特攻隊はさらに攻撃を重ねた。目標はスリガオ海峡で発見された米軍の大艦隊だった。大西中将はこれまでで最強の特攻隊を準備した。それは零戦30機、紫電23機の戦闘機53機に加え、6機の彩雲偵察機と銀河双発爆撃機で構成されていた。ネグロス島沖に米艦隊ありとの報を受けると日本機は発進した。しかしそれは誤報だった。日本機は約120km先で哨戒中の米軍戦闘機に発見されたが、天候が悪化したおかげで交戦を回避できた。
　しかし特攻隊はスールー海で米艦船を発見した。これはヴィサヤン攻撃隊だった。主標的にされたのは旗艦の軽巡USSナッシュヴィルだった。攻撃は1100時に最初の機が同艦に突入したのを皮切りに始まった。機はA. D. ストラブル少将の艦長室へ突っ込み、飛散したガソリンが引火した。同艦は他の特攻機にも攻撃され、爆発を繰り返した。火災は消火されたものの同艦は戦闘不能となり、1945年4月まで復帰できなかった。小松弘中尉率いる第2金剛隊の零戦3機は、少なくとも2機が撃墜されたものの、1機が艦橋の直前に命中して爆発した。漏出したガソリンにより火災が発生したが、乗組員の懸命な消火作業の結果、同巡は沈没を免れ、修理のためレイテ湾に向かった。水兵14名が戦死し、28名が負傷した。

762空の彩雲。

1944年12月15日朝、2万8千名の米軍部隊がミンドロ島に上陸した。翌日、日本軍の特攻機がその上空に出現した。今回の攻撃は低空から行なわれ、標的とされた戦車揚陸艦LST-427とLST-738が撃沈された。しかし両艦はすでに兵員揚陸を終えたあとだったため、犠牲者は最少だった。他に4隻の上陸用舟艇が多少損傷した。

　日本軍の最後の20回の攻撃による喪失機は、残存機が事実上なくなったほど膨大だった。各種の航空機が急遽かき集められたが、その大半は旧式な老朽機だった。皮肉なことにアメリカ第3艦隊に最大の損害を与えたのは1944年12月18日に艦隊を直撃した台風で、駆逐艦3隻が乗組員ほぼ全員とともに失われ、それ以外に10隻が深刻な損傷を受けた。水兵800名が行方不明ないし死亡し、航空機146機が空母の甲板から転落したり格納庫で潰れて失われた。これにより予定されていた多くの航空攻撃が中止された。しかし日本軍も台風がルソン島を通過するまで航空作戦を実施できなかったため、この暴風雨が米軍に与えた損害に乗じることはできなかった。

　1944年の大晦日、複数の小規模な特攻隊がミンドロ島沖にいた米軍補助艦隊を攻撃した。油槽船ポーキュパインは大爆発を起こして沈没し、弾薬補給船オレステスは攻撃で火災を生じた。他にも船団の幾隻かが損傷を受けた。

　1945年の始まりは特攻機の襲来が年始の挨拶となった。1月2日には小規模な特攻隊がスリガオ海峡にいた米軍補助艦隊を攻撃した。オルデンドルフ中将麾下のこの艦隊は164隻の艦船からなっていた。攻撃中に零戦2機が撃墜され、うち1機が油槽船コワネスクに墜落したが、損害は軽微だった。

　米軍は2日後の1945年1月4日、今度はパナイ島沖で日本機の攻撃を受けた。島に近かったせいでレーダーの有効性が低下していたため、特攻隊は探知されずに接近できた。数機の特攻機が突入位置につく前に撃墜された。しかし1機の彗星が対空砲火で炎上していたにもかかわらず護衛空母USSオマニー・ベイに突っ込んだ。その彗星が搭載していた爆弾は2発で、1発は空母の格納庫で爆発し、1発は機関室まで貫通してから爆発した。18分後には艦全体が炎上していた。最終的に同艦は随伴していた米駆逐艦から魚雷数発を撃ち込まれて処分された。水兵の犠牲者は戦死23名、重傷者65名だった。他には輸送艦ルイス・L.ダイクが特攻機3機に攻撃されて沈没し、水兵63名が戦死した。旭日隊の隊長、風間萬年中尉はこの大勝利に勝ち鬨を上げた。

　翌日、青野豊大尉率いる第19金剛隊はマバラカット基地を出撃し、セブ島沖の米軍艦船を攻撃した。部隊は爆装した15機の零戦からなり、2機の零戦が直掩にあたっていた。目標上空で隊は無数のヘルキャット戦闘機と遭遇し、日本編隊はたちまち数を減らした。米軍艦船に突入を果たせた特攻機は数機のみで、いずれも大した損害を与えられなかった。部隊が最初に標的にしたのはオーストラリア駆逐艦HMASアルンタで、命中により内部爆発を起こしたものの、火災は乗組員により4時間後に消し止められ、沈没を免れた。次に突入されたのもオーストラリア海軍の巡洋艦HMASオーストラリアだったが、損害はごく軽微だった。アメリカ艦も日本機の攻撃を受けた。護衛空母USSマニラ・ベイには特攻機2機が突入したが、損害は軽微で作戦遂行に問題はなかった。重巡洋艦USSルイスヴィルと駆逐艦USSヘルムにも特攻機が命中したが、それ以外の艦は狙われたものの命中機はなかった。日本軍は手持ちの航空

252空の彗星43型。胴体下部の補助ロケット用の膨らみが分かる。

機を事実上すべて使い果たした。

　このままでは破竹の勢いとなる米軍を食い止めるべく、大西中将は整備兵たちにまだ飛行場に残っている非稼動機をできる限り多く飛行可能にするよう命じた。整備部隊は徹夜の作業で26機を飛行可能機に仕立て上げた。1945年1月6日、3個の特攻隊が米軍艦船の攻撃に発進した。第1の部隊は中尾邦為中尉率いる第20金剛隊で、零戦5機と彗星1機からなっていた。第2の部隊は三宅輝彦中尉率いる第22金剛隊で、零戦5機からなっていた。第3の部隊は大森茂中尉率いる第23金剛隊で、零戦14機と彗星1機からなっていた。部隊は1100時から1655時にかけてマバラカット基地とクラーク基地から発進した。目標はリンガエン湾に停泊中の米軍艦船だった。

　最初に攻撃されたのは敷設艦USSロングで、2機の特攻機が命中し、激しい火災を起こした。5～6分後、同艦には零戦がもう1機突入し、これが燃料タンクと弾薬庫の直上で爆発した。この爆発で同艦は大破した。最後に4機目の特攻機が同艦に突入し、船体を真っ二つにした。水兵30名を道連れにして同艦は沈没した。それ以外の乗組員は脱出したが、大半が火傷を負っていた。次に突入されたのは敷設艦USSホーヴェイと高速輸送艦ブルックスだった。以前にも特攻機が命中していた重巡HMASオーストラリアにはさらに2機が突入した。2機の零戦は甲板でほとんど同時に爆発し、戦死者14名と負傷者16名を出し、4インチ砲3門が破壊された。

　戦艦USSカリフォルニアとニュー・メキシコも特攻機の標的にされた。ニュー・メキシコの艦橋には特攻機1機が突っ込み、艦長のロバート・W. フレミング大佐とチャーチル首相がマッカーサー大将に派遣していた軍使のハーバート・ラムズデン陸軍中将ら多数の士官を戦死させた。これ以外にも軽巡USSコロンビア、駆逐艦3隻、油槽船1隻に特攻機が命中していたが、損害は軽微で作戦の遂行に問題はなかった。

　特攻機の攻撃はさらに続いた。敷設艦ロングとホーヴェイは撃沈され、高速輸送艦ブルックスでは火災が発生していた。今回の攻撃はフィリピンで日本軍が実施した最大の特攻作戦で、5時間にもわたった。その日の終わりに巡洋艦HMASオーストラリアとUSSルイスヴィルは再度攻撃を受け、火災は鎮火されたものの両艦は修理のため後退を強いられた。連合軍は3隻を撃沈され、11隻

特攻機が命中した直後のUSSバンカー・ヒル。

に損傷を受けたが、そのうち5隻が大破だった。日本軍はフィリピン各地の基地にあった航空機のほぼ全機にあたる約200機を失った。このためその後の特攻作戦は以前に見られたような組織的攻撃ではなく、2機単位の特攻機で実施されることが多くなった。1945年1月7日にそうした2機がダニエル・E. バービー少将麾下の第7艦隊所属部隊が上陸中だったミンドロ島リンガエン湾に向けて飛び立った。2機は米軍のレーダーと護衛空母のワイルドキャット戦闘機を巧みにやり過ごした。上陸中の部隊を発見した瞬間、2機は激しい対空砲火に包まれた。1機は軽巡洋艦USSボイスの至近に墜落したが、同艦には連合軍司令官ダグラス・マッカーサー大将が便乗していた。

米軍上陸部隊は同日の午後にも3組の特攻機に攻撃された。最初の特攻機は敷設艦USSパーマーで爆発し、全乗組員もろとも撃沈した。次の特攻機は低空から接近し、戦車揚陸艦LST-912の右舷に破孔を開け、同艦に搭載されていた弾薬を誘爆させた。同艦はそれでも浮かび続けていたので、他の揚陸艦に道を空けるため速やかに曳航されて退けられた。輸送艦キャロウェイも突入されたが、損害は軽微だった。

翌日にはキ46百式司偵がバターン島沖40海里を航行する米軍艦船を発見した。これはバービー少将の艦隊の一部だった。この脅威に対処するべく、さらに特攻機が出撃した。

同艦隊の発見に成功したのは陸軍戦闘機で、対空砲火に多数被弾していたにもかかわらず護衛空母USSカダシャン・ベイの水線部に激突した。この衝突で空母の航空燃料タンクが破裂し、大火災が発生した。乗組員は3時間以上にわたる消火作業により空母を救ったが、損傷はひどく戦線離脱を強いられた。戦死者は特攻隊員のみだった。

米軍のヘルキャットとワイルドキャット艦戦が活動していたにもかかわらず、リンガエン湾の米艦隊は特攻機に苦しめられた。何機もの日本機がその防衛網をすり抜けていた。先日の特攻による損傷を修理し終えたばかりだった巡洋艦HMASオーストラリアには2機が突入した。オーストラリア軍輸送艦ウェストラリアがオーストラリアの救援に向かったが、特攻機1機がその艦尾に突っ込んで海中へ落下した。同輸送艦は応急処置のため離脱を強いられた。

1月8日にも別の米艦隊を特攻機が襲った。これはリンガエン湾から来たセオドア・S. ウィルキンソン少将麾下の輸送艦隊で、護衛空母2隻に掩護されていた。そのFM-2ワイルドキャット戦闘機は接近する特攻機のうち4機の撃墜に成功した。しかし撃ち漏らした2機が空母USSキトカン・ベイに激突した。1機は開いていたエレベーターに突っ込み、甲板下の格納庫（幸い空だった）で爆発した。もう1機の特攻機は甲板に滑り込んで艦橋の側面で爆発した。この攻撃により乗組員60名が戦死し、80名が負傷した。大破した同空母は曳航が必要になったが、翌日には自艦の機関で動けるようになった。

ラジオ・トウキョウは1945年1月9日朝のニュースで米軍のリンガエン湾上陸を報じた。この公式声明では海空での激戦についても取り上げていた。特攻隊の大勝利も発表された。特攻作戦は部分的にしか成功していなかったにもかかわらず、それは特別攻撃がますます目覚ましい戦果を上げているような報じ方だった。

1月9日の日出からまもなく、航空機3機がリンガエン湾上空に飛来した。湾内には艦艇がひしめき合い、運動の余地はあまりなかった。それでも最初の特攻機は先頭にいた駆逐艦から外れ、その艦尾の直後で爆発した。次の特攻機は軽巡USSコロンビアを攻撃したが、同艦は数日前にも特攻機の攻撃を受けていた。先の損害は大きかったが、コロンビアが艦砲射撃を実施するのに問題はなかった。今回の損害はさらに甚大で、日本機は船体内深くで爆発し、水兵30名が戦死し、同艦の戦闘指揮所に損傷を与えた。3機目の特攻機は対空砲火が命中し、空中で四散した。

リンガエン湾内に大集結していたアメリカ海軍部隊は、日本の特攻隊にとって何としても叩かなければならない目標だった。日を追うごとに上陸部隊が増えるにつれ、米軍の防空網は限界まで伸びきっていった。

1月9日朝、戦闘に初めて参加していた戦艦USSミシシッピを特攻機が襲った。2機の特攻機がその右舷に突入して対空砲座を破壊し、水兵100名以上が戦死した。先の損害の応急修理から戻ったばかりだった巡洋艦HMASオーストラリアは5機目となる特攻機に突入された。2艦はその日ずっと消火作業に追われた。

フィリピン戦最後となった航空特攻作戦は5日間以上続いた。さらに人間魚雷回天の攻撃もあり、海空からの攻撃で損害を受けた艦は15隻にも上った。しかしうち14隻は上陸地点に留まって作戦を継続できたが、1945年1月11日に特攻を受けた高速輸送艦ベルクナップは深刻な損害のため米軍の魚雷で海没処分されるしかなかった。

ベルクナップが処分された日の夕方、米軍情報部はリンガエン湾一帯が特攻機に集中攻撃されるらしいという情報をつかんだ。そこで湾内の輸送艦艇が煙幕を展開して姿を隠すよう命令された一方、大型艦船は運動中の衝突を避けるため湾外へ出るよう命じられた。陸上部隊と海軍部隊はいずれも最高の警戒態勢を敷いた。ワイルドキャット、ヘルキャット、コルセアの戦闘機隊は空中を常時哨戒した。予測されていた攻撃がついに開始されたものの、攻撃隊は米軍戦闘機よりも低速で鈍重な水上機隊だったため迎撃は容易で、全機が撃墜

された。

1945年1月13日、新たな特攻により護衛空母USSサラマウアが機関と舵機を破壊されるという大損害を被った。応急修理により同艦は航行可能となり、戦列復帰に必要な本格的修理のためサンフランシスコまでの長距離回航に向かった。

フィリピン戦最後の航空特攻は1945年1月16日朝に実施された。日本機は低空飛行で艦隊に忍び寄った。2機が中型揚陸艦LSM-318に突入し、同艦は転覆後沈没した。さらに1機の零戦が戦車揚陸艦LST-700の艦尾に命中し、爆発により同艦は航行不能になった。撃墜された日本機は8機だった。

フィリピン戦の期間中、特攻機は合計で艦船28隻を撃沈し、80隻以上を小〜大破させた。しかし航空特攻は米軍の侵攻を食い止められず、日本軍が出した艦艇、兵員、航空機の損害は甚大だった。

フィリピン戦の敗北が決定的となると、今後の方針を決めるべく最高指揮官会議が開かれた。クラーク基地で大西中将は第26航空戦隊司令杉本少将と第2航空艦隊司令長官福留中将に会った。彼らは今後の航空作戦は台湾の部隊で実施することを決定したが、台湾は米軍の次の上陸目標になる可能性があった。その場合は陸上部隊を山岳部に潜伏させ、米軍に対してゲリラ戦を展開する作戦を取ることが決定された。

また航空機搭乗員については手持ちのあらゆる航空機を使って台湾へ空路移すか、高速な駆逐艦で海路移すことにされた。1945年1月9日未明の0345時、大西中将は幕僚らとともに一式大型陸上輸送機で台湾へと向かった。日出からまもなくのち、彼らは台南航空基地に到着した。

数日後、大西中将は新たな特別攻撃隊の編成を開始した。その第1の部隊は零戦2機と彗星艦爆2機に加え、直掩用零戦2機からなっていた。第2の部隊は直掩の零戦が1機だけだった。第3の部隊は彗星艦爆2機に直掩零戦2機のみだった。部隊全体の名称は台湾の最高峰にちなみ新高隊とされた。

出陣式は慌しく済まされた。晴天で視程良好だった1945年1月21日に接近中の米艦隊が発見された。整備兵たちは最初に出撃する17名の特攻隊員が搭乗する機体を準備した。目標は台湾の350km沖にいたウィリアム・ハルゼー大将麾下の第3艦隊だった。しかし米軍艦載機はすでに接近中だった。アヴェンジャーとヘルダイヴァー艦爆、そしてワイルドキャット、ヘルキャット、コルセア艦戦が台湾の南東岸を攻撃して台南沖に停泊中だった日本艦船10隻を撃沈し、飛行場で航空機60機を破壊した。新高隊の最初の機が離陸しようとしていたのはまさにその時だった。離陸できた日本機はわずか10機で、うち6機が哨戒中のヘルキャットに撃墜された。

残る4機の特攻機は攻撃を敢行し、うち2機が空母USSタイコンデロガと護衛空母USSラングレーへの突入に成功した。両艦では火災が発生し、深刻な損害が生じた。最初の一撃から数分後、USSタイコンデロガに新高隊の3機目の特攻機が突っ込んだ。激しい火災により弾薬が誘爆したため、鎮火にこぎつけたとはいえ、この新造空母は米本土へ帰還する前に負傷者を降ろすため、ウルシー環礁に寄港しなければならなかった。同艦にはやはり前回特攻機に突入されていた駆逐艦USSマドックスが随伴した。米軍はこの攻撃に対する返礼として、ボーイングB-29スーパーフォートレス爆撃機で台湾各地の港と飛行場を空爆した。しかし台湾は米軍の主攻目標ではなかった——真の目標はその東方に位置する硫黄島だった。

戦艦USSミズーリにまさに突入せんとする零戦。

レイテ島に上陸するマッカーサー。乗艦していた軽巡洋艦ボイスの近くに、特攻機が墜落している。(USA)

フィリピンの米戦艦群。強力な対空砲火は、特攻機にとって脅威だった。(USN)

## 硫黄島防衛戦における特攻作戦
### Kamikaze in defence of Iwo Jima

台湾が攻撃されると、日本軍の指揮官たちはアメリカ軍の上陸作戦がさらに日本本土に近い地点、硫黄島か日本列島の最南端に位置する沖縄で実施されると予想した。日本軍は米軍の作戦を何としても阻止しなければならなかった。両島の航空基地を守る防空態勢が必要になり、それには南九州沿岸部の航空基地が最も有効であることが判明した。ここからならば日本機によって太平洋中央部に位置する米軍基地の攻撃に加え、沖縄と硫黄島の支援も可能だった。米軍の上陸作戦への対抗策として大本営は真珠湾、ないしは西カロリン諸島のウルシー環礁にある米軍の太平洋根拠地を強襲して上陸作戦を断念させようと計画したが、これらは日本軍基地から極めて遠方にあった。この計画を実行するため寺岡謹平中将を司令長官とする第3航空艦隊が九州南部で新たに編成された。

攻撃は1945年2月19日に予定され、杉山利一大佐を司令とする第601航空隊が実施部隊とされた。攻撃の前日、寺岡中将はこの部隊を第2御盾隊と命名し、村川弘大尉を隊長に任命した。彼は指揮下の32機の航空機を5個の攻撃隊に分けた。彗星艦爆12機と天山艦攻8機が特攻機とされ、零戦12機が直掩機とされた。

作戦は直前に中止されたが、これはその当日に米軍が硫黄島への上陸を開始したためだった。御盾隊の目標は変更され、1945年2月21日朝に5個攻撃隊全機が香取航空基地を離陸し、途中八丈島で給油した。長距離飛行ののち、日本機の編隊は午後に硫黄島上空に到達した。島には大規模な艦砲射撃が実施され、御盾隊の到着時には3万名を超す海兵隊が上陸を果たしていた。1659時になると視程は砲煙と迫る夜闇のために限られていた。接近中だった編隊は距離約75海里で探知されていたが、当初は友軍機と識別されていた。この誤認が判明したのは1機のヘルキャットが零戦2機を撃墜した時だった。

空母USSサラトガが所定の作戦水域へ向かっていたところ、6機の特攻機が襲いかかった。2機は対空砲火に被弾したが、うち1機が同艦の右舷側の海面から反跳して船体に激突した瞬間、その爆弾が炸裂した。さらに別の1機が前部飛行甲板に突っ込み、1機がむなしく撃墜されたが、6機目の最後の特攻機が飛行甲板の左舷側に命中した。機体の一部は砲座内に留まったが、残りは海中に落下した。サラトガには艦載機が着艦できなくなり、所属機を近くの護衛空母に割り振ることになったが、その護衛空母に属するワイルドキャットの1機が誤ってサラトガに着艦するという珍事があった。

さらに天山艦攻と識別された2機の特攻機が護衛空母USSルンガ・ポイントに突入を図った。1機は対空砲に撃墜され、もう1機は水線部で爆発したものの損害は軽微だった。迫る夜闇に対空砲の照準が困難になったためか、ルンガ・ポイントの同型艦USSビスマーク・シーに特攻機1機が命中し、2分後にさらに1機が突っ込んだ。火災で弾薬が誘爆し、その爆発の威力は他艦でも感じ取れたほどだった。うち1機は甲板を貫通して船体内で爆発し、直後に火災が発生した。もう1機は艦橋に命中して大破させ、艦長のJ. L. プラット大佐が戦死した。

1945年5月4日、詫間航空基地から特攻に向かう直前の琴平水心隊の川西九四式2号水偵。

すでに先の攻撃で損傷していたUSSルンガ・ポイントにさらに特攻機1機が突っ込んだ。爆発により煙突が破壊され、破片が甲板全体に飛散した。日本機の突入により戦車揚陸艦LST-477とLST-809が火災を生じ、高速輸送艦ケオククにも1機が命中した。

日本機の攻撃で損傷した米艦3隻のうち戦列に戻ったのはUSSルンガ・ポイントだけだった。日本機の突入後、USSサラトガは数時間燃え続け、船体内部に深刻な損傷を負った。大破した同艦は戦死者123名、負傷者196名を出し、修理のため真珠湾への回航を強いられた。

USSビスマーク・シーでは消火班が奮闘を続けていたが、甲板下で燃え広がった火は徐々に弾薬庫と燃料タンクへと迫っていった。最終的に艦尾が爆発した。同空母は水兵318名とともに沈没したが、2時間を経過しても海中で爆発を繰り返していた。新編成された御盾隊は初陣で大戦果を上げた。しかし日本軍の司令部は戦果を過大評価していたため、追加攻撃をしかける機会を逸してしまった。

日本軍は戦場から帰還した偵察機の報告により、大損害を被った米艦隊は硫黄島からウルシー環礁へ撤退せざるをえないと確信した。そこで棚上げされていたウルシー環礁強襲作戦が再浮上した。24時間も経たないうちに、この丹作戦のために九州で新部隊が編成された。部隊名は梓特別攻撃隊とされ、作戦決行日の1945年3月10日に向けて準備が進められた。24機の銀河双発爆撃機が2個の攻撃隊を構成していた。

攻撃隊の隊長は第1中隊が黒丸直人大尉で、第2中隊が福田幸悦大尉だった。各機は800kg爆弾1発を搭載し、機体もろとも目標に突入するとされた。編隊を先導するのは5機の彩雲偵察機だった。部隊は鹿屋(かのや)海軍基地から発進する予定だった。また託間基地所属の二式大艇は鹿児島湾から離水する予定だった。

出撃命令は1945年3月11日朝に下された。その1時間前、宇垣中将は自ら鹿屋へ飛び、参加隊員を前に短い訓辞を行ない、全員と別れの杯を交わしてから出撃を見送った。天候は良好で、雲はごくわずかだった。

計画ではまず二式大艇が主編隊の先導機となり、ヤップ島に到達した時点で飛行艇は帰投する手はずだった。彩雲偵察機は編隊にウルシー泊地の米艦船の数と位置を詳細に報告し続けるとされた。しかし二式大艇はエンジン故障のために1機しか発進できなかった。彩雲はウルシー泊地には米海軍太平洋艦隊の主力である空母17隻が停泊中と報告してきた。銀河の編隊は0850時に離陸し、0910時に大隅半島南端の佐多岬を通過した。飛行開始から30分後、銀河のうち6機がエンジン故障のために反転した。残る19機は目標へ向けて飛行を継続した。編隊は目標まで燃料をもたせるため巡航速度で進んだ。

その後も飛行経路の天候は比較的良好で、雲が少なかったため沖ノ鳥島などの目標物も視認できた。飛行開始から8時間後も残っていたのはわず

川西二式大艇の前を行進する杉田正治中尉を隊長とする801空の索敵部隊の搭乗員たち。鹿屋航空基地にて。

詫間航空基地で二式大艇を背に訓辞を受ける801空の隊員たち。彼らは1945年3月8日に鹿児島県の天保山基地に移動して梓隊を編成後、ウルシー環礁強襲に参加した。

か15機で、4機が各種の機械故障のため帰還を強いられていた。この時点における編隊位置はヤップ島の北約200海里で、まだ日本の勢力圏内だった。ここで彼らは識別信号を要求する米軍の艦隊に遭遇した。日本機はこれを無視し、増速してできるだけ早く艦隊から離れた。

編隊が沖ノ鳥島上空を通過したところ、天候が急速に悪化し始めた。黒い嵐雲と激しい雨のため航法が不可能になった。1910時に彩雲と二式大艇が反転した。取り残された銀河の編隊は海上に目標物がまったく見えなかったため現在位置を確認できなくなった。

やがて一つの島が出現し、ヤップ島と確認されたため、編隊はウルシー環礁到達まであと1時間の飛行であることを知った。その時4機の銀河がこの島に着陸しようと編隊を離れたが、これは燃料が尽きかけていたからだった。これらの機のその後の消息は不明である。

残りの機はウルシー環礁を目ざして東進した。飛行し続けること12時間、ついに搭乗員たちの前方に煌々と照明された米海軍の根拠地が出現した。戦争のこの時期、日本軍には空母も米軍基地の脅威となるほどの航続距離のある航空機もなかったため、米軍は攻撃を予期していなかった。そのため空襲への警戒はほとんどなく、特攻への隙を生じていたのだった。

大半の機の燃料タンクは空に近かったが、勝利は銀河隊の目前のように思われた。最初に攻撃を敢行したのは福田大尉で、接近中に燃料が底を尽いたため、やむなく滑空進入していった。福田機は空母USSランドルフに突っ込み、爆弾が甲板で爆発した。甲板には30m×17mの破孔が開き、戦死者34名、負傷者125名が生じた。

この攻撃時、乗組員の多くが格納庫甲板で映画を鑑賞中だったが、彼らにとって最初の警報となったのは甲板を突き破った銀河だった。その爆発に基地は騒然となった。探照灯と照明弾が水平線を探ったが、これは空襲はまずありえないと考えられていたのと、レーダーが攻撃隊の接近を見逃していたためだった。当初は特殊潜航艇が泊地に侵入したものと推測されたが、この先入観は滑空で接近してきた銀河が爆音を立てなかったことで一層強められた。高射砲員が攻撃の実態を報告された時には、すべては終わっていた。福田機以外の機は全機が海上に墜落していた。日本軍が絶大な期待を込めていた丹作戦は無惨な失敗に終わった。USSランドルフが損傷したものの、損害は深刻ではなかった。この攻撃で明らかになったのは、体当り攻撃では燃え上がった特攻機の燃料が火災を発生させ、それが艦の弾薬に引火することで大きな被害につながるということだった。福田大尉の銀河は燃料タンクがすっかり空になっていたため、予想よりもはるかに少ない被害で済んだのだった。

攻撃の翌日、1機の彩雲偵察機がウルシー環礁上空に飛来した。その報告により作戦は失敗で、米艦隊は相変わらず泊地で健在であることが判明した。このため大本営は攻撃隊を再び編成しなければならなくなった。すでに大日本帝国海軍は艦隊を喪失していたため、頼みの綱は航空隊だけだった。こうして第11、12、13航空戦隊からなる第10航空艦隊が、第5航空艦隊の各基地と作戦空域を引き継いだ。新たな配置状況は以下のとおりだった。

第1航空艦隊：台湾を拠点とし、装備機数300機。
第3航空艦隊：日本の東部を防衛、装備機数800機。
第5航空艦隊：日本の西部を防衛、装備機数600機。
第10航空艦隊：日本の南部を防衛、装備機数400機。

日本海軍の航空機は計2,100機だったが、これで圧倒的な物量と性能、搭乗員の質で勝る米海軍と米陸軍航空隊に対抗しようとしたのだった。フィリピン戦での苦い敗北後、日本海軍は航空部隊でアメリカ艦隊をいかなる代償を払おうとも撃滅

しなければならなくなかったが、そのために特攻が主な戦法となったのだった。こうして第5および第10航空艦隊の編成はすべて特攻部隊とされた。

3月18日、約100機の米軍機が空母から発艦し、九州南岸の飛行場と港の空襲に向かった。日本軍の偵察機部隊がこれを観測した結果、米空母の大半は外洋にいると推測した。大本営はこれを米艦隊を叩くのに千載一遇の好機だと判断した。

第5航空艦隊から約50機の編隊が出撃したが、その目標は米第38任務部隊とその空母群だった。マーク・ミッチャー少将はすでに隷下の艦載機を九州空襲に差し向けており、それらが九州の目標を爆撃していた時、最初の特攻機が米空母艦隊の上空に飛来した。特攻機は対空砲火をかいくぐり、USSイントレピッドをさまざまな方向から攻撃した。次に標的にされたのはUSSワスプで、両空母合計で水兵102名が戦死し、269名が負傷した。天候が悪化したおかげで米艦隊はそれ以上の特攻を免れた。

特攻は翌1945年3月19日にも実施された。第1次攻撃隊は45機の特攻機からなり、朝に攻撃を実施した。今回攻撃目標にされたのは空母USSフランクリンだった。第1波の攻撃でエレベーターと艦橋が損傷した。続く攻撃による損害はさらに深刻だった。爆装した特攻機がカタパルトを破壊し、付近の艦載機が爆発に巻き込まれ、甲板のほぼ全体が炎に包まれて12.7㎜と20㎜機銃弾やロケット弾が誘爆していった。

燃え上がったガソリンが甲板の隙間から下層へと漏れ落ち、火災を引き起こした。0952時には彗星艦爆1機が同艦に突入し、大爆発で船体を震わせた。全艦を覆う炎と黒煙が途切れたのは、弾薬庫の誘爆を示す爆発音が轟く時だけだった。艦を救おうとする努力はその日ずっと続けられた。夕方にようやく火災が消し止められたものの、同空母はもはや戦闘に堪えられる状態ではなく、修理のため米本土に回航された。水兵772名が水葬にされ、負傷者300名は病院に送られた。

偵察機が米艦隊を九州の南方約500kmに発見した1945年3月21日にも特攻は実施された。宇垣纏中将は空技廠桜花11型ロケット機による攻撃を命令した。攻撃隊を編成したのは司令の岡村基春大佐で、桜花隊には18機の一式陸攻24型丁が配備されていた。うち16機が桜花を胴体下面に搭載し、爆装した残り2機は航法を担当した。掩護には戦闘機50機があたり、攻撃隊全体の隊長は野中五郎少佐だった。

最初に離陸したのは重い桜花を積んだ一式陸攻だった。鹿屋基地の時計は1135時を示していた。エンジン故障が多発したため、直掩隊の零戦で離陸できたのは30機だけだった。

約2時間の飛行ののち、編隊は目標に80kmまで迫った。桜花隊が攻撃位置に到達する前にレーダーに誘導されたヘルキャットとワイルドキャット戦闘機隊が出現した。米軍機はたちまち日本機の編隊を切り崩し、爆撃機を1機また1機と撃墜していった。20分以内に15機の日本軍爆撃機が撃墜され、残りの3機は雲間に逃げ込んで15分間潜んでいたものの、結局発見されて撃墜された。直掩戦闘機も15機が撃墜され、残存機も損傷がひどく、大半が着陸時に墜落した。これがロケット機桜花の不吉な初陣だった。

日米激戦の地である硫黄島。ことに擂鉢山の攻防は凄惨なものとなった。(USFG)

1945年3月21日、桜花11型を装備し出撃準備を整えた721空の桜花隊の一式陸攻24型丁。

# 沖縄戦
## Fighting at Okinawa

　硫黄島の陥落により、米軍の次なる目標が琉球列島の沖縄なのは明らかだった。米軍の主力部隊が日本本土に迫ったため、九州地区を担任する海軍司令官、宇垣中将はあらゆる作戦行動の陸海軍合同化を提言した。これにより神風特別攻撃隊菊水部隊には第3、第5、第10航空艦隊所属の航空機に、陸軍の飛行戦隊群が加わることとなった。主力基地は鹿屋とされ、南九州の全航空基地が支援にあたった。米軍偵察機の目を欺くため九州各地に偽の飛行場が建設され、木製の張りぼて機が配置された。

　菊水部隊の装備機種は多岐にわたり、民間機から輸送機や連絡機までも含め、入手可能なあらゆる機体がかき集められた。燃料不足が深刻化したため、新たに特攻隊員をめざす候補生の訓練時間は非常に短縮された。陸軍の戦隊を統括していたのは三好康之少将で、その数少ない特攻志願者は幸いにも既訓練者だった。

　1945年3月26日、米軍の侵攻部隊が沖縄本島に近い慶良間諸島に上陸した。日本軍の全部隊が臨戦態勢に入った。攻撃に使用された日本機は30機だった。最初の特攻隊が出撃したのは3月の末日だった。特攻機は激しい対空砲火をかいくぐり、米軍戦闘機に迎撃されたにもかかわらず敵艦隊上空に到達した。最初の機はスプルーアンス大将の旗艦、重巡USSインディアナポリスに突入した。同艦には彗星艦爆2機が命中し、爆発により甲板に炎を上げる大破孔が二つ開いた。その後もさらに艦内で爆発が続いた。スプルーアンス大将は旗艦を戦艦USSニュー・メキシコへ移さざるを得なくなり、インディアナポリスは米本土に回航された。この攻撃で日本軍はさらに2隻の米艦に損害を与えた。

　1945年4月1日0830時、最初の米海兵隊が読谷飛行場と嘉手納飛行場のあいだに位置するハグシ・ビーチに上陸した［訳者注：ハグシは米軍による渡具知の誤読から］。日本軍の防衛計画、天号作戦では合計4,500機の航空機が動員されていたが、特攻部隊の所属機は355機のみで、これとは別に掩護用と偵察用の機体が344機あった。最初の菊水作戦は同日1000時ごろ発令された。

　最初の特攻機は戦艦USSウェスト・ヴァージニアに突入したが、その零戦が命中したのは装甲の厚い前部砲塔だったため、艦の損害は軽微だった。

　2機目の特攻機は弾薬を輸送していた戦車揚陸艦LST-844を攻撃し、戦死者10名と負傷者27名を生じさせた。炎上する同艦は爆発で僚艦を巻き添えにしないよう曳航されて退けられた。特攻を受けた3隻目は輸送艦ハインズデールで、火災は短時間で消火されたものの損害はひどく、任務継続は不可能になった。強力な対空砲火のおかげで特攻機の大半は撃墜されるか標的から外れた。

　米軍が沖縄に上陸したその日、イギリス海軍が太平洋方面の上陸作戦に初参加していた。英海軍部隊は第57任務部隊の一翼として沖縄南方を哨戒し、台湾からの日本軍の逆襲に備えていた。事実1945年4月1日には台湾からの特攻機が上陸部隊を攻撃していた。2機の日本機がB. ローリングス中将の旗艦、戦艦HMSキング・ジョージV世に突入したが、極めて重装甲の英艦にはほとんど損害を与えられなかった。HMSインドミタブルとHMSインディファティガブルの両空母はそれぞ

1945年4月5日、元山基地で出撃準備中の第7七生隊。

1945年4月、鹿屋航空基地で出撃の最終準備を行なう721空（神雷部隊）の一式陸攻24型丁。爆弾倉にロケット特攻機桜花11型が見える。攻撃隊長は721空の野中少佐だった。撮影はおそらく1945年3月21日。

れ2機の特攻機に、空母HMSイラストリアスは1機に突入された。しかしこれら3隻の空母は装甲甲板を装備していたため、特攻を受けた米空母の一部のような大損害はほとんど受けなかった。

翌4月2日0830時、特攻機がまた飛来し、まず高速輸送艦ディッカーソンを攻撃した。特攻機は見事に艦橋に命中し、機体から脱落した爆弾が下層甲板で爆発し、弾薬を誘爆させた。僚艦を巻き添えにしないため同艦は慶良間諸島の近海まで曳航され、最終的に駆逐艦により海没処分された。

米艦隊を誘導し、上陸作戦を実施する陸上部隊を防御するため、15隻のレーダーを装備した駆逐艦が沖縄近海に配置されていた。ハグシ・ビーチから北へ数km、読谷半島の北東にある岬を中心として半円状に、その第1線は半径75海里、第2線は半径36海里に置かれていた。この早期警戒体制は米軍を日本機の攻撃から防御するのに大きな役割を果たしていた。

1週間以上をかけて宇垣中将はこのような米軍の迎撃網に対する大規模特別攻撃を準備した。こ れは海軍機547機と陸軍機188機が参加する大逆襲作戦の一環として計画された。米軍の航空偵察により4月4日に大多数の日本機が南九州地区の基地に集結していることが判明した。2日後、米軍の総司令部はこれらの日本軍基地に対して艦載機を全力出撃させるよう空母部隊に命じた。払暁に数百機の米軍艦載機が出撃し、九州各地の基地を攻撃した。帰還後、大部分の日本機は炎上し、多数が破壊されたと報告された。しかし破壊されたのはただの木製張りぼて機がほとんどだった。

日本軍航空隊の主力は無傷で、米軍は日本軍がまだ使える航空機の数を知らなかった。1945年4月5日朝、全日本軍パイロットに作戦内容が伝えられ、翌6日に彩雲偵察機から奄美大島南方に米艦隊発見との報が届くと出撃命令が下された。米軍には空母の援護がなかったため、これは日本軍にとって絶好の機会だった——アメリカの機動部隊は乾坤一擲の作戦で沖縄に向かっていた巨大戦艦大和の攻撃のために出払っていたのだった。

日本軍の攻撃隊の第1波は195機の海軍機から

出撃を待つ721空（神雷部隊）の一式陸攻の搭乗員。すでに飛行爆弾桜花11型を胴体下面に搭載している。

なり、うち80機が特攻機だった。部隊にはロケット推進機桜花11型を搭載した一式陸攻8機も含まれていた。編隊の直掩には零戦隊があたっていた。部隊の残りは通常型の爆撃機だった。

日本機が0230時ごろレーダースクリーン上に出現したとき、レーダー駆逐艦USSコルホウンは第2レーダー観測点にいた。数分後、編隊が視認されると同艦は対空砲火の口火を切った。この最初の攻撃の損害はなかった。それから11機の日本機の集団が出現した。時刻は0700、日出の直前だった。一式陸攻の1機がコルホウンに向けて魚雷を放ったが、同艦はこれを回避した。日本機の集団は弾薬補給船が停泊して荷降ろしをしていた慶良間諸島にも現われた。日本機が強襲輸送艦ローガン・ヴィクトリーの上空に飛来した時、乗組員たちは弾薬を降ろしている最中だった。

この時点で小島の陰から現われた航空機が接近してくるのをホッブス・ヴィクトリーとハラウラ・ヴィクトリーの2艦の見張員が発見した。両艦は射撃を開始し、これに日本機も20㎜機関砲を応射したため、ローガン・ヴィクトリーの艦上で水兵14名が戦死し、10名以上が負傷した。機銃掃射により弾薬箱が爆発していった。同艦は火災を発生し、火が瞬く間に燃え広がった。正午ごろ同艦は爆発して沈没した。一式陸攻の1機は輸送艦ハラウラ・ヴィクトリーを標的にした。同艦は変針し、低空飛行していた陸攻は標的に突入する前に海面に激突した。防空陣地が整備されていた慶良間諸島の港内に避難した輸送艦もいた。2機の日本機がその島に接近したが、1機は直ちに撃墜された。超低空飛行していたもう1機は突如方向を変えると、輸送艦ホッブス・ヴィクトリーの舷側に命中した。これにより弾薬の誘爆が引き起こされた。消火班が4時間にわたり火災と格闘したが、2度目の爆発で同艦は沈没した。

正午ごろレーダー駆逐艦USSコルホウンは日本機が第58任務部隊を攻撃したという報告を受けた。しかしレーダー員たちは日本機の影をまったく捕捉できなかった。九州から接近する日本機の編隊がようやく探知されたのは1219時だった。これは6機前後の小編隊の集団で、高度を一定の速度で変え続けていた。第1レーダー観測点にいた駆逐艦USSブッシュのスクリーンにも同様の輝点が映し出されていた。日本機の編隊の前方を単独で行くのは先導機と推定された。

その機を最初に発見したのは同艦艦長R. E. ウェストホーム大佐だった。それは海面直上を同駆逐艦へと直進する天山艦攻だった。全艦が射撃を開始した。艦は敵機から約1,500mの地点で急回頭したが、日本機を振り切れなかった。1515時に天山はブッシュに激突し、右舷に大破孔を開けた。天山から脱落した魚雷は機関室で爆発した。さらに続く爆発で破片が飛散し、艦橋の右舷側を損傷して全士官を即死させ、医務室と補助施設を破壊した。駆逐艦USSコルホウンは炎上する同艦の救難に向かった。

コルホウンは最大速力の35ノットまで増速し、哨戒中の米軍戦闘機隊に救援を要請した。到着した米機は日本機と交戦したが、燃料と弾薬の不足からやむなく帰還した。1600時ごろUSSコルホウンは炎上するUSSブッシュを発見した。燃え盛る同艦の周囲を15機の日本機が旋回していた。遭難信号を受信した大型上陸支援艇LCS/L-64も炎上中の駆逐艦に接近していた。黒煙に包まれたUSSブッシュは沈黙していた。上陸支援艇が救助に向かったところ、駆逐艦は右舷へさらに傾斜していった。USSコルホウンが対空砲火を引き継いだ。

1700時に旋回していた日本機の1機がUSSコルホウンを攻撃した。同艦は回頭し、日本軍艦爆が

特攻出撃を前に訓示を受ける601空の第254攻撃飛行隊の天山艦攻の搭乗員たち、1945年2月20日朝。訓示しているのは村川弘大尉。

投下した爆弾は外れた。この攻撃に他機が続いた。九九艦爆が同艦に急降下爆撃を敢行し、零戦が低空へ降下した。九九艦爆は対空砲火が命中して四散し、零戦は同駆逐艦の艦尾後方約50mの海面に激突した。もう1機の零戦が右舷側から忍び寄り、発見時にはもう手遅れで甲板に命中した。燃え上がったガソリンが甲板にあふれ、貫通した爆弾は機関室で爆発し、水線下に直径1mの破孔を開けた。

1730時ごろUSSブッシュはさらに特攻機の攻撃を受けた。同じころUSSコルホウンは零戦1機と九九艦爆2機に襲われていた。零戦と艦爆は三方に別れ、1機目は右舷を、2機目は左舷を、3機目は甲板の真ん中を狙って攻撃し、対空砲火を分散させた。1機目の九九艦爆は同艦の約200m後方に墜落し、2機目は操縦不能になって海面に激突した。しかし零戦は命中し、同艦の水線部に長さ2m幅1m超の破孔を開けた。

日本機は米艦船の上空を旋回し続け、僚機の攻撃結果を見極めようとしていた。さらに3機の特攻機が駆逐艦USSコルホウンを襲った。同艦の対空砲はレーダー測距儀の故障のためか手動照準しかできなかったが、それでも右舷に特攻を試みた零戦1機を撃墜した。1機の九九艦爆が左舷から飛来し、第3砲塔に激突した。炎上した機体は舷側の海中に落下したが、その爆弾が爆発して水線部に大破孔を穿った。一方USSブッシュには特攻機がもう1機突入し、その一撃がとどめとなった。ブッシュの沈没から3時間後、USSコルホウンも転覆し、海底に眠る姉妹艦の後を追った。

両駆逐艦が苦闘していたころ、別の特攻機隊がハグシ・ビーチ上空まで到達し、対空砲火を浴びていた。特攻機には手負いの駆逐艦の救援に向かっていた艦船を攻撃したものもあった。敷設艦USSエモンズとUSSロッドマンは特攻機と通常攻撃機の両方に攻撃された。九九艦爆の1機がUSSロッドマンの甲板に突入し、もう1機は海中に激突したものの、1機の零戦が投下した爆弾が最初の九九艦爆が開けた破孔の至近で爆発した。そしてその零戦も爆弾破孔に突入し、大爆発を引き起こした。それ以外の特攻機は哨戒中のヘルキャットとコルセア戦闘機隊に撃退されるか撃墜された。

1330時ごろ、75機の陸軍特攻機からなる集団が接近してきた。1機は攻撃前にコルセア戦闘機に撃墜された。1機の屠龍双発戦闘機が敷設艦USSエモンズに突入して爆発し、艦尾全体を吹き飛ばした。隼の1機は艦橋に突っ込んで爆発し、戦闘指揮所を破壊した。さらに屠龍の1機が5インチ砲塔に突入して破壊した。5機目の特攻機は艦首に命中し、水線部で爆発した。USSエモンズは全艦が火ダルマ状態だった。6機目の特攻機が超低空から接近して艦首に突っ込み、とどめを刺した。艦は爆発し、水兵61名とともに轟沈した。

一方でUSSロッドマンは慶良間諸島に到達し、応急修理された。さらに8時間以上にわたる攻撃で日本軍が甚大な損害を出したことから、日本軍パイロットの大多数が未熟者であることが判明した。日本軍は攻撃に合計248機を投入したが、そのうち九州の基地へ帰投したのは直掩機12機に一式陸攻1機のみだった。これは日本軍の攻撃としては最大級で、そのほぼ全機が特攻機だった。米軍の損害は物質的には戦況を覆すほどではなかったが、攻撃にさらされた人員が精神面で受けた衝撃は大きかった。

日本軍の攻撃は翌1945年4月7日にも行なわれた。これはそれまでの大量喪失により前日ほどではなかった。今回は114機が沖縄へ向かった。時刻は午後遅くで、数十機の米軍戦闘機が日本軍の編隊を迎撃するべく哨戒飛行していた。この守備

特攻に出撃する神武隊の九九艦爆22型。

体制にもかかわらず、これをかいくぐった特攻機が5～6機あった。彗星の1機は空母USSハンコックに突入して水兵50名を即死させたが、発生した火災によりさらに40名が死亡した。火災は最終的には鎮火されたが、同艦は損傷の修理のためまずウルシー環礁へ、ついで真珠湾への回航を強いられた。

戦艦USSメリーランドにも彗星と隼の2機が命中した。同艦は数時間にわたり燃え続け、作戦行動を継続できなくなったため後退した。他にも空母USSサン・ジャシントと2隻の新型駆逐艦USSヘインズワース、タウシッグなどが大破していた。この日、合計約20隻の米艦が損傷を受けたが、日本機の喪失は100機だった。

日本軍の宣伝機関は2日間にわたる航空特攻作戦により「かけがえのない勝利」がもたらされたと喧伝した。特攻隊は艦艇5隻を撃沈し、34隻以上を小～大破させた。その代償として日本軍は航空機350機を喪失していたので、これは「勝利」とは言いがたかった。宇垣中将は特攻部隊を編成するために航空機と搭乗員を可能な限りかき集めてきたが、いよいよそれも困難になっていた。最終的に1945年4月12日にどうにか彼は米艦隊攻撃のため350機を沖縄へ向かわせた。うち100機が海軍特攻機で、60機が陸軍特攻機だった。編隊にはロケット特攻機桜花を搭載した一式陸攻10機と直掩戦闘機150機も含まれていた。菊水2号作戦が発令され、その最優先目標はハグシ・ビーチ沖に殺到していた上陸用舟艇だった。

接近する日本機の編隊はまず駆逐艦USSカッシン・ヤングに、ついで駆逐艦USSパーディにレーダー探知された。それからまもなく日本機は攻撃に入った。第1波の特攻30機がUSSカッシン・ヤングを狙ったが、攻撃を敢行できたのは九九艦爆1機のみだった。同艦は弾薬庫に突入して爆発を引き起こし、その火災で大きな損傷を負った同艦は前線後方の慶良間諸島での修理が必要になった。

正午少し過ぎ、さまざまな機種200機からなる日本軍の主力部隊が沖縄へ接近した。米軍の対空砲火は強力だったが、日本軍は全方位から攻撃することで砲火を分散させた。特攻したある彗星は空母USSエンタープライズをかすめただけだったが、2機目が飛行甲板を直撃して発艦を待っていた艦載機の1機を破壊した。特攻機は攻撃可能なものをすべて攻撃した。大型上陸支援艇LCS/L-33も突入され、大爆発とともに沈没した。旗艦USSテネシーも日本機3機を撃墜したところで運が尽き、突入された。1機の特攻機が艦橋を直撃し、続く1機が4インチ砲座に突っ込んだ。砲手12名が戦死し、水兵176名が負傷した。米軍戦闘機も特攻機を迎撃した。米海兵隊「ウルフ・パック」飛行隊のハップセン少佐は数分間で零戦1機、天山1機、鐘馗（?）1機の計3機を撃墜した。キャラハン大尉も5分間に日本機3機を撃墜した。米軍の迎撃を受けるうちに当初優勢だった日本軍の特攻隊は徐々に勢いを失っていった。

それでも日本軍の残存機は攻撃を続行した。戦艦USSミズーリ、USSニュー・メキシコ、USSアイダホが損傷し、特攻機2機が命中した軽巡USSオークランドでは火災が発生していた。合計で駆逐艦13隻、敷設艦3隻、その他5隻が損傷し、その大半が修理のため回航された。

これで終わりではなかった。駆逐艦USSマナート・L.エベールのレーダースクリーンには一式陸攻と九九艦爆の編隊が映っていた。ピケット艦エベールは対空砲火を展開し、日本機を散開させるのに成功した。するとさらに日本機の集団が3個スクリーン上に出現したため、同艦は米軍戦闘機の救援を要請した。15分後、同艦は最初の日本機を視認したが、その直後に彗星1機に突入された。海面高度で接近する3機の零戦も発見された。うち2機は撃墜されたが、3機目が同艦に突入して機関室を損傷させたため、速力と運動力が低下した。しかし同艦の防御兵装は無傷だった。最終的に機関室の火災が鎮火され、機関装置類が

知覧高女の女学生に見送られる第20振武隊の隼で、操縦は穴沢利夫少尉。

修理されたため同艦は運動力を完全に取り戻した。しかし水兵90名が戦死し、35名が負傷しており、その大半は大火傷を負っていた。

日本軍の攻撃が終わりに近づいたかに見えた時、22歳の土肥三郎中尉が操縦する桜花が同駆逐艦の舷側に突っ込んだ。彼の突入がとどめとなり、同艦は真っ二つになると2〜3分以内に轟沈し、生存者は皆無だった。マナート・L. エベールはロケット機桜花により撃沈された最初の米艦となった。夜が差し迫ると残りの日本機は闇にまぎれて忍び寄ろうとしたが、3機以上が撃墜された。米軍部隊は増援を要請し、海空における哨戒範囲を拡大した。

1945年4月8日に日本機が再び出現した時、その多くが撃墜された。比較的順調に日本軍を撃退していたにもかかわらず、米軍はこの種の攻撃が止むことを切望していた。そこで2日後に第58任務部隊が九州の日本軍航空基地の攻撃を実施した。しかし撃破された日本機はわずか55機で、特攻部隊は無傷のまま、宇垣中将のもと菊水3号作戦の出撃準備にいそしんでいた。

その攻撃隊は銀河爆撃機44機とロケット機桜花を搭載した一式陸攻6機からなっていた。直掩隊は80機の零戦と紫電だった。攻撃隊は1945年4月16日に出撃し、第1レーダー観測点にいた駆逐艦USSラッフィーに探知された。特攻隊による攻撃を撃退するべく、数分以内に米軍戦闘機隊が空中で迎撃準備を整えた。日本機6機が撃墜されたが、それに続いていた海面直上を飛行する2機がすり抜けた。2機は砲塔と甲板中央部に突入した。甲板の破孔から入った爆弾が艦内で爆発し、燃料タンクと予備弾倉が誘爆した。黒煙と炎が厄介な目印となり、同艦はさらに特攻機の攻撃を受けた。それでもUSSラッフィーは自らを見事に守り抜き、6機の特攻機と4発の爆弾に直撃されたにもかかわらず浮き続け、80分間の戦闘で9機を撃墜したのだった。

駆逐艦USSプリングルが警戒にあたっていた第14レーダー観測点も攻撃にさらされていた。プリングルは3機の九九艦爆に同時攻撃された。艦の砲火が1機を撃墜したが、他の2機は命中した。それらの爆弾が艦内で爆発して船体を引き裂いたため、同艦は5分以内に乗組員約100名とともに沈没した。空母USSイントレピッドも特攻機2機に突入された。艦隊が後退を余儀なくされるまでに、さらに6隻の米艦が損傷を受けた。

その後10日間にわたり日本軍の特攻は続いたが、攻撃は単機のみによるものばかりだった。この期間中、12隻の艦艇が損傷を受け、うち掃海駆逐艦USSスワローと上陸支援艇LCS-15は撃沈された。しかし米軍はさらなる大規模特攻作戦を予期しており、実際それは1945年4月27日に実施された。夜明けの直前に115機の日本機が襲来したが、うち50機が陸軍機だった。壮絶な攻撃の最中、駆逐艦USSハッチンスと輸送艦カナダ・ヴィクトリーが撃沈された。

しかしこれは主力攻撃隊ではなかった。それは翌日に実施された菊水4号作戦で、編成は海軍機120機と陸軍機45機からなり、うち59機が特攻機だった。桜花を搭載した一式陸攻も4機が参加していた。日本軍は払暁に目標上空に到達したが、必死の攻撃にもかかわらず突入された艦は数隻のみで、しかも大半が小破という非常に乏しい戦果に終わった。例外は赤十字の標識をはっきりと掲げていたにもかかわらず、特攻機1機に突入された病院船USSコンフォートだった。攻撃で看護婦と負傷兵を含む28名が戦死した。この攻撃はアメリカ世論、特に病院船に頼ることもある軍人た

1945年3月21日、特攻に出撃する戦友を見送る指揮官と同僚隊員たち。桜花11型に搭乗したのは723空のパイロットで、母機の一式陸攻24型丁は708空の所属。

ちのあいだに激しい怒りを巻き起こした。ルイーズ・キャンベル看護婦少尉はこう述べている「一番許せないのは看護婦が戦死や負傷したり、大火傷を負ったりしたことです。皆がそのことを話し続け、そんなことを平気でやる敵が恐ろしいと囁いていました」。

1945年4月最後の特攻は29日に実施された。米軍の対空砲火をかいくぐれた日本機はごくわずかで、攻撃を受けたのは駆逐艦USSハガードとUSSヘイゼルウッド、それに敷設艦2隻だった。4月中の攻撃で日本軍は合計200機もの航空機を喪失した。

5月に米海兵隊が沖縄本島の首里地区にあった厳重に要塞化されていた日本軍陣地を突破すると、牛島満中将と長勇中将は総反撃を決意した。反撃は1945年5月4日に発動される予定だった。日本軍地上部隊による総攻撃の地ならしのため、前日から空襲が開始された。空襲の主要目標は読谷飛行場で、九州から出撃した飛行第6戦隊の九七重爆12機が実施した。攻撃の結果は散々だった。米軍は警戒しており、日本機は哨戒中のレーダー駆逐艦に誘導された戦闘機隊に迎撃され、大部分が撃墜されてしまった。

こうしたレーダー観測点の駆逐艦は日本軍にとり由々しき存在だったため、3日から開始された菊水5号作戦で最優先攻撃目標とされた。海軍機86機と陸軍機37機が鹿屋と台湾の基地から出撃した。この作戦には桜花を搭載した一式陸攻7機も参加していた。海軍飛行隊の指揮官は土山忠英中尉、堀家晃中尉、村上勝巳大尉だった。彼らの目標は第10レーダー観測点にいた駆逐艦USSリトルで、まず村上大尉の九九艦爆隊が襲いかかった。3機が米軍に撃墜されたものの、4機目が弾幕をかいくぐって上部構造物に突入して損傷を与えた。同機の爆弾は甲板を突き破って爆発し、それが第3および第4ボイラーを誘爆させると同時に甲板の一部を吹き飛ばし、同艦を12分以内に轟沈させ、戦死者30名を出した。同日、ロケット発射上陸支援艇LSM/R-195が沖縄本島沖で彗星1機に攻撃された。突入によりロケット発射装置が爆発し、上陸支援艇を完全に破壊した。

一方で敷設艦USSアーロン・ワードは6機の特攻機に突入されたが、乗組員の必死の努力により沈没を免れ、修理のため戦闘水域を離脱した。他にも10隻の艦が小〜大破していた。

1945年5月4日午前零時直後、60機の日本軍爆撃機が米第5艦隊を攻撃した。攻撃はあまり成功せず、米軍の損害は軽微だった。同日朝、日本軍の地上部隊と航空部隊の協同攻撃が実施された。またしてもレーダー駆逐艦が日本軍の最初の標的にされた。第12観測点にいた駆逐艦USSルースはわずか3分の間に2機の特攻機（隼？）に突入され苦闘していた。1機が甲板に、1機が艦尾に命中していた。2機の爆発により発生した火災は急速に燃え広がると10分後にボイラーと燃料タンクを爆発させ、戦死者148名に負傷者94名が出た。駆逐艦は転覆するとゆっくりと沈んだ。

次に攻撃されたのは第1観測点にいた駆逐艦USSモリソンだった。同艦と哨戒中だったコルセア戦闘機はそれぞれ零戦1機を撃墜したが、別の2機がほぼ垂直降下で艦に同時突入した。この激突によりボイラー1基が爆発した。無事だった乗組員が艦を救おうと必死に努力していたが、そこに爆装した2機の九四式2号水偵が突入した。この最後の特攻機の爆発がとどめとなり同艦は沈没し、乗組員331名中、生存者はわずか71名だった。

同じころハグシ・ビーチに到達した特攻隊が停泊していた上陸用艦艇を攻撃していた。ロケット上陸支援艇LSM/R-194に突っ込んだ1機の零戦が爆発し、沖縄島の日本軍陣地を斉射していた同艦

721空の桜花11型の操縦席に納まった上田英二上飛曹の形見の写真。1945年4月、鹿屋飛行場にて。彼は1945年4月16日に九州南東に集結していた連合軍艦船に特攻を敢行した。

のロケット弾を次々に誘爆させた。この攻撃の生存者はわずか25名で、日本軍は次の標的を上陸支援艇LSM/R -190に移すと、彗星1機が突入してこれを爆沈した。爆発は艦尾が消し飛んだほど強力で、沈没は一瞬だった。特攻機は目に入ったものを手当たり次第に攻撃し、続いてロケット機桜花が攻撃を開始した。最初の桜花は駆逐艦USSヘンリー・A. ウィリーを標的にした。乗組員が発見した時、桜花は艦から距離200m前後を高度約12mで飛行していた。同艦は全砲門を開いた。これが功を奏し、桜花は同艦から距離25mで爆発した。

その桜花を発射した一式陸攻は哨戒中だったヘルキャット戦闘機の1機に撃墜され、海面に突っ込んだ。その時、別の桜花が高度50mで滑空してきた。その桜花は海面高度3mまで急降下していったが、そこでロケットエンジンに点火した。またしても狙われたのは駆逐艦USSヘンリー・A. ウィリーだったが、その5インチ砲の弾幕が迫り来る小型ロケット機を破壊した。

3機目の桜花が攻撃したのは、それまでに2機の特攻機を撃退していた高速掃海艇USSホプキンスだった。母機の一式陸攻は高度を600mまで下げて桜花を射出すると回避運動に入った。その時桜花は目標から約250mの位置にいた。パイロットは巧みに機を敵艦へと操縦して射撃指揮所に命中させたが、炸薬が不発のまま海中に落下した。射撃指揮所にいた3名が戦死したが、損害はそれだけだった。

大橋進大尉が操縦する4機目の桜花は第14レーダー観測点で警戒にあたっていた駆逐艦USSシェイに命中した。この桜花は高度2mで接近したため、低すぎて乗組員に発見されなかった。桜花の爆発で艦の後部上部構造物が破壊されて火災が発生し、その激しい損傷に同艦は持ち場に留まれず、修理のため後退した。水兵27名が戦死し、91名が負傷した。

さらに3機の桜花が発進前に母機ごと撃墜されていた。彗星3機が軽巡USSバーミンガムを損傷させていた。第2砲塔が破壊された同艦は内部爆発により航行不能となり、零戦2機の攻撃で甲板を破壊された空母USSサンガモンとともに修理のため曳航されていった。

第57任務部隊所属のイギリス空母は宮古諸島沖で攻撃を受けたが、状況はずっとよかった。装甲甲板と当時の平均的な航空母艦よりも頑丈な設計のおかげで、英艦は特攻機に攻撃されても全般的にその損傷は最小に抑えられていた。零戦1機に突入されたHMSフォーミダブルではボイラーが多少損傷して修理されるまで速力が低下しただけでなく、火災で艦載機11機を失った。同艦は数時間後に戦闘能力を回復したが、HMSインドミタブルは至近1機のみで無傷だった。

1945年5月9日、数十機の日本機がハグシ・ビーチに襲来し、護衛駆逐艦USSオーバーレンダーとイングランドを攻撃した。2艦にはそれぞれ特攻機2機が突入し、両艦とも後退を強いられた。翌日も第762航空隊の日本機14機がハグシ・ビーチに再襲来したが、主に悪天候のためほとんど戦果を上げずに終わった。

宇垣中将は執拗だった。1945年5月24日と25日には菊水7号作戦が実施された。今回の攻撃は夜間に行なわれ、標的を航空機の標準装備である着陸灯で照らし出す作戦だった。照明弾も併用し、搭載機銃も最大限に活用する予定だった。攻撃目標は主に上陸用艦艇だった。この攻撃には特攻機182機、直掩戦闘機311機、第2波には桜花搭載の一式陸攻12機が参加した。攻撃隊には九州K11W白菊練習機も加わっていた。

攻撃結果は期待を大幅に下回った。離陸からまもなく、かなりの数の機体がエンジン故障のため帰還せざるをえなかった。日本機の編隊は第15レーダー観測点で警戒にあたっていた駆逐艦に探知され、同艦は一式陸攻1機を桜花を分離する前に射撃した。泊地にいた艦艇は攻撃隊の前方に対空砲火の弾幕を形成した。燃え盛る2機の特攻機が高速輸送艦ベイツに突入し、大爆発とともに轟沈させた。戦車揚陸艦LST-135も同様の攻撃を受け、さらに1機の特攻機に突入されると船体が裂けて沈没した。この夜襲により合計11隻の米艦が損傷を受けた。

日本側の損害は比較的少なかったため、まだ翌日に菊水8号作戦を実施することが可能だった。再びレーダー哨戒駆逐艦が最優先目標とされ、第2観測点にいた駆逐艦USSドレックスラーが攻撃された。攻撃はまず低く垂れ込めた雨雲から出現した川田茂中尉率いる白菊練習機隊で始まった。攻撃は激しく、同艦は5機に突入され、連続爆発により水兵158名が戦死し、51名が負傷した。最後に引火した燃料タンクが大爆発し、艦は転覆すると沈没した。

次に攻撃された駆逐艦はUSSブレインで、特攻機の1機が甲板に突っ込み、弾薬庫で爆発した。さらに続いた爆発で乗組員56名が戦死し、艦はひっくり返ると急速に沈没した。他の艦も軽微な損害を受けたが、日本軍は半分以上の航空機を失った。5月の菊水作戦はこれで終了した。

この時期になると特攻作戦は日本軍の士気に悪影響を与え始めていた。特攻の戦果が微々たることが明らかになりつつあった。連合軍は損害をすぐに補充し、艦艇や航空機などの武器を続々と繰り出していた。それに対し日本軍では装備に関する問題が次々と発生していた。もはや使用できるのは旧式機と低速な練習機だけだった。不足していなかったのは特攻隊に志願するパイロットだけだった。

沖縄での作戦行動は終結に近づき、日本軍の敗北はほぼ決定的となっていた。宇垣中将はさらなる大規模特攻作戦を1945年6月5日に計画した。
　菊水9号作戦が発令されたのはその日だった。この日は米海軍にとって厄日となった。日本軍の3個の攻撃隊は50機に上った。攻撃は0520時に開始され、朝から重く垂れ込めた雨雲により視程が悪かったことが攻撃隊に味方した。戦艦USSミシシッピが最初の標的とされ、砲塔1基と無線電探指揮所が機能を失った。巡洋艦USSルイスヴィルも同様の被害を受け、第1観測点にいたレーダー駆逐艦USSアンソニーも攻撃された。対空砲火で炎上した1機の零戦が爆発し、同艦は火災を発生した。
　攻撃からしばらくのち、米艦隊は台風に直撃され、日本軍による以上の損害を出した。艦隊の40％にあたる戦艦3隻、空母4隻、巡洋艦3隻、駆逐艦13隻、その他15隻が修理のため米本土に後退せざるをえないほどの損傷を受けた。
　宇垣中将は偵察機からの報告で台風のもたらした結果を知った。彼はこれを歴史的な好機と捉え、さらなる大規模攻撃の準備にかかった。台風で大損害を被った米艦隊は対空砲火もろくに当てられまい、現状の特攻隊でも撃破しうるに違いないと彼は考えた。しかし攻撃隊が遭遇したのは防備の万全な米軍だった。1945年6月6日の攻撃は第2観測点付近を哨戒中だった護衛空母USSナトマ・ベイの甲板に彗星1機が突入爆発したにもかかわらず、小破させただけに終わった。駆逐艦USSウィリアム・B.ポーターは6月10日に第15観測点で単機の九九艦爆の攻撃を受けた。艦爆は同艦の甲板に垂直降下で突っ込み、弾薬庫を直撃した。同艦は大爆発して沈没した。同じころ米機動部隊は日本軍の飛行場を攻撃し続けていた。
　それに続く日本軍の攻撃は6日後に実施された。駆逐艦USSツイッグスが第10観測点で警戒中に攻撃された。同艦は4月と5月の特攻は切り抜けていたものの、今回は武運に恵まれなかった。同艦は天山艦攻1機と一式陸攻から射出された桜花1機の攻撃をほぼ同時に受けた。半時間の死闘後、USSツイッグスは艦長ジョージ・フィリップ中佐を含む乗組員128名とともに沈没した。
　沖縄戦における最後の菊水作戦は1945年6月21日に実施された。ハグシ・ビーチ付近で輸送艦LSM-59と駆逐艦USSバリーが攻撃された。両艦はいずれも3機の特攻機に突入されて沈没した。攻撃は翌日も続き、桜花を装備した一式陸攻6機が直掩戦闘機25機とともに出撃した。戦果は落胆すべきものだった。空母3隻が小破しただけに対し、日本軍の損害は大きく、戦闘機数機が帰還しただけだった。
　沖縄戦の結果、米軍は本島を制圧し、日本軍は甚大な損害を被った。日本軍は作戦機のうち計70％を特攻に使用した。沖縄戦の期間中に日本軍は7,600機の航空機を失ったが、米軍の喪失機はわずか763機にすぎなかった。撃沈ないし修理のために回航された米艦は計40隻だった。368隻の艦が損傷を受けたものの、戦闘を継続可能だった。

特攻のため胴体下面に加え、両翼下にも爆弾を懸吊した九九艦爆。編隊長を示すスパッツの白帯に注意。

高知海軍航空隊の九州K11W1白菊のような練習機も特攻に参加した。

1945年5月4日、第7次桜花攻撃隊の大橋進中尉の桜花が突入した、USSシェイ。

大橋中尉の桜花がシェイの艦橋に開けた破孔。遅延信管のため、すぐに爆発せず、右から左に抜けて海面で爆発した。シェイの損害は戦死者27名、負傷者91名。

## 本土防衛戦における最後の特攻
The last Kamikaze attacks in defence of the Japanese Islands

沖縄の陥落は次なる戦場が日本本土であることを意味した。宇垣中将は九州で最後となる特攻部隊を編成した。彼らの任務はただ一つ、日本周辺のあらゆる連合軍艦艇の撃滅だった。そのための戦術は悲壮なほど忠実に実行され、駆逐艦USSキャラハンは第5レーダー観測点を持ち場としてから3ヵ月と27日後、12機の特攻機からなる部隊に攻撃された。特攻機は前方からほぼ垂直降下で攻撃した。対空砲火が応戦したが、ついに1機の旧式複葉艦上攻撃機、九六艦攻が管制室に突入した。2時間にわたる戦闘後、同艦は乗組員37名とともに沈没した。キャラハンは米国が対日戦争で喪失した最後の艦となった。

特攻作戦は1945年8月13日にも実施され、沖永良部島沖で特攻機2機が輸送艦USSラグランジを損傷させた。

連合軍の攻撃が日本本土に及ぶようになると、特攻作戦の目標は艦艇以外にも広げられた。ボーイングB-29長距離爆撃機が日本本土攻撃を実施できる島々の飛行場が制圧されて以来、空襲は常態化していた。この空襲に対し日本軍の本土防空隊は体当たり戦法を用いるようになった。体当たり攻撃の最初の例は1944年12月3日に近衛戦闘機隊飛行第244戦隊の四宮徹中尉、板垣政雄伍長、中野松美伍長らが川崎キ61飛燕戦闘機で米軍のB-29スーパーフォートレスに対して敢行したものだった。彼らは急上昇すると数分後に2機の米軍機の真下に到達し、まっすぐ突っ込んだ。2機は15秒以内に破壊された。日本機は主翼を損傷したが基地へ帰投した。似たような攻撃法でも純粋な自爆攻撃としては、河野敬少尉がやはり飛燕で1945年4月7日にB-29に突入して撃墜した例があった。この自爆攻撃が実施されたのは川口市の上空だった。こうした体当たり攻撃で計7機のB-29が撃墜された。

日本本土に連合軍が上陸作戦を実施することはなかった。日本の都市に2発の原子爆弾が投下されると、天皇は無条件降伏を受諾した。特攻による逆襲が予測されていた本土上陸作戦はついに起こらなかった。停戦後、敗戦を容認しない狂信者に利用されないよう、係留されていた本土決戦用の自爆艇を連合軍機が機銃掃射した。こうして特攻隊は過去のものとなった。

待機中の飛行第244戦隊の白井長雄大尉と愛機の川崎キ61飛燕。

所沢飛行場を基地とする飛行第53戦隊の震天制空隊の二式複戦屠龍。1945年2月25日の空襲警報時の撮影。

## 特攻作戦による影響
### The effects of Kamikaze

　少数の例外を除き、大部分の特攻作戦が与えた影響は物質面では大きくなかったといえるだろう。体当たり自爆戦法は間違いなく連合軍に衝撃を与えた。一般的に特攻作戦の与えた影響は物質面よりも精神面でのものが大きかったが、これは西洋人には自ら死を選ぶこと（例え思想のためでも）がまったく理解できなかったためである。戦術面においては、連合軍は特攻作戦により海軍とそれ以外の軍種との緊密な連携による、さらに強力な防御体制の構築を強いられた。特にレーダー技術の導入により米軍は特攻機に奇襲されることがほとんどなくなり、これは菊水作戦での大規模特攻では特に有効だった。

最後の特攻出撃の直前、彗星43型の後席に納まった宇垣纒中将。

大西は航空機至上主義という先進的な思想を持っていたが、終戦間際には2,000万人の特攻隊を出せば戦局挽回が可能と主張していた。

### 特攻隊の父たちの末路
The fate of the Kamikaze godfathers

　特攻戦法の導入後、大西瀧治郎中将は軍令部次長に任命された。彼は徹底抗戦を主張していたが、それは十死零生の戦いを意味していた。

　広島と長崎に原子爆弾が投下されると、日本の敗戦が不可避なのは明白になった。焼け野原となった都市部の住人のあいだには厭戦気分が高まっていた。1945年8月15日、日本国民は天皇の肉声を初めて聴いたが、これは彼が日本の無条件降伏を発表したからだった。8月16日の夜、大西中将は切腹した。彼は介錯を断り、翌未明に絶命するまで苦しみ続けた。

　1945年8月15日朝、宇垣纏中将は自分用に機体を用意するよう命じたが、これは自ら沖縄近海の敵艦への特攻作戦に参加するためだった。先任参謀の宮崎隆大佐はこの命令を聞くと、長官の意図を悟った。彼は城島高次少将にこのことを話し、一緒に宇垣中将のもとへ行った。宇垣は2人をにこやかに迎えたが、ついに決心は変えなかった。「停戦命令はまだだ。武人としての死に場所を与えてくれ。考慮の余地はない！」。

　長官の命令に従い、中津留達雄大尉は彗星艦爆5機を用意した。一方ラジオからは日本の無条件降伏を告げる玉音放送が流れていた。訪れた沈黙の中、全機出撃の命令が下され、整備兵たちは急遽他の機も爆装させた。合計11機が出撃準備を整えたのを見て、5機にしか出撃命令を下していなかった宇垣中将本人までもが驚いた。長官直卒の最後の特攻出撃に同行したいと志願した搭乗員は22名いた。中将は通常ならば射撃員が占める後席に乗り込んだ。離陸からしばらくのち、4機がエンジン故障のため飛行場へ戻ったが、残りの機は沖縄へ向かった。編隊はこれより敵艦に突入するという無電を最後に宇垣機は消息を絶った。しかしこの日特攻を受けたと報告した連合軍艦船はなく、編隊が何を攻撃しようとしていたのかも不明である。翌日、石垣島の海岸で連合軍兵士が墜落機の残骸と宇垣と思われる遺体を発見した。

　福留繁中将は太平洋戦争末期、第10方面艦隊司令長官としてシンガポールへ異動していた。戦後彼は戦犯として起訴され、懲役3年を宣告された。福留は1950年に帰国し、1971年に死亡した。

最後の特攻出撃を控え、乗機となる彗星43型の前に立つ宇垣纏中将。

## 特攻の戦果
### Kamikaze effectiveness

特別攻撃の戦果について以下の表にまとめた。しかし公式出撃記録のある特攻隊以外にも、搭乗員個人や小部隊が自発的に行なった自爆攻撃も多数存在したので、本表は決してすべてを網羅したものではない。

| 特攻作戦の回数 | 1944年 | 31回 |
|---|---|---|
|  | 1945年 | 75回 |
| 撃沈艦船数 | 1944年 | 17隻 |
|  | 1945年 | 39隻 |
| 撃破艦船数 | 1944年 | 112隻 |
|  | 1945年 | 256隻 |

| 合計戦死搭乗員数 | 3,913名 |
|---|---|
| 海軍搭乗員 | 2,525名 |
| 陸軍搭乗員 | 1,388名 |

海軍は合計1,727名の搭乗員を養成したが、その年齢は18〜20歳（実際には17歳の者も数人いた）だった。うち110名が海軍兵学校出身者だった。戦死者のうち中将は1名、大佐は2名で、それ以外の隊員の階級は飛行兵長（飛長）から大尉までだった。その多くは1943年に海軍兵学校を卒業した者だった。

陸軍では大部分の搭乗員が飛行学校卒業者だった。搭乗員の大部分は少尉と中尉で、平均年齢は25歳だった。准尉の年齢は18〜19歳だった。

戦後開廷された戦犯裁判を通じて世界は特攻隊の編成と作戦内容について詳しく知ることになった。極東国際軍事裁判所による東京裁判は1946年3月3日から1948年11月まで開廷され、28名の日本軍指揮官が戦犯であるかを裁かれた。罪状は55項目にもわたったが、その多くは平和に対する罪、通例の戦争犯罪、人道に対する罪だった。

罪状第48号には特攻隊の行使に対する罪が含まれていた。これは人道に対する罪であるだけでなく、自国に対する犯罪でもあるとされた。しかし1974年10月25日、フィリピンのマバラカット基地で最初の特攻隊が編成されてから30周年にあたるこの日、銘板つきの慰霊碑が除幕された。その後、特攻隊基地が置かれていたあらゆる場所に慰霊碑が次々と建立された。自らの生命を国と陛下に捧げた多くの搭乗員の最初の1人、関行男を偲ぶ碑も建てられた。

特攻隊の活動に関する書籍はますます増えているが、その多くは出撃に至らなかった元特攻隊員の回想録である。日本人は祖国の防衛のために確実な死地に赴いた若者たちのことを今も忘れていない。

1945年9月2日、東京湾に停泊するUSSミズーリ艦上で重光葵が署名した日本帝国の無条件降伏文書を受領するリチャード・K.サザーランド中将。

## 主な特攻部隊
List of the most important suicide units and formations

### フィリピン戦に参加した陸海軍の特攻部隊
Suicide units of the Army and Navy participating in actions over the Philippines

| 海軍特攻隊 | | |
|---|---|---|
| 名称 | 原所属部隊 | 備考 |
| 第1神風特別攻撃隊 | 201空 | フィリピンの基地より出撃：零戦、彗星 |
| 第2神風特別攻撃隊 | 701空 | 零戦、彗星、九九艦爆 |
| 第3神風特別攻撃隊 | 201空、221空、341空、634空、653空 | 戦闘航空隊を改称：零戦、彗星 |
| 第4神風特別攻撃隊 | 701空 | 零戦、彗星、九九艦爆 |
| 第5神風特別攻撃隊 | 762空、763空 | 銀河、零戦 |
| 神武特別攻撃隊 | 601空 | 九九艦爆 |
| 神風特別攻撃隊第1〜30金剛隊 | 元山、大村、台南、高雄、筑波、谷田部空より編成 | 日本と台湾の基地より出撃：零戦、彗星 |
| 第1〜3新高隊 | 戦317 | 252空に所属し、台湾から出撃：零戦、彗星 |
| 陸軍特攻隊 | | |
| 名称 | 原所属部隊 | 備考 |
| 第1〜12八紘隊 | 第4航空軍所属の諸戦隊より | 隼、九九襲、屠龍 |

### 沖縄戦に参加した陸海軍の特攻部隊
Suicide units of the Army and Navy participating in actions over Okinawa

| 陸軍特攻隊 | | |
|---|---|---|
| 名称 | 戦隊名 | 備考 |
| 誠飛行隊 | 第8飛行師団隷下の飛行第15、16、17、31〜39、41、71、114、116、119、120、123戦隊 | 台湾：九九双軽、隼、九九襲、疾風、九八直協、九七戦、屠龍 |
| 振武隊 | 飛行第18〜24、26〜30、40、42〜46、48〜70、72〜81、102〜113、141、144、159、160、165、179、180、213〜215、431〜433戦隊、第1特別、第6航空軍の司偵 | 万世基地の第102、104戦隊を除き、九州より出撃：隼、九九襲、屠龍、疾風、九七戦、飛燕、九八直協、九九高練、二式高練、百式司偵 |
| 震天制空隊 | 第10飛行師団 | 東京地区：飛燕 |
| 回天隊 | 第12飛行師団 | |
| 海軍特攻隊 | | |
| 名称 | 原所属部隊 | 備考 |
| 第1〜21大義隊 | 205空 | 第1航空艦隊、石垣島、台湾より出撃：零戦 |
| 勇武隊 | 765空攻401 | 銀河、彗星 |
| 忠誠隊 | 765空攻102、攻252 | 彗星 |
| 震天隊 | 12空、381空 | 九七艦攻、九九艦爆 |
| 神風桜花特別攻撃隊 第1〜10神雷部隊 | 701空→721空の攻708、攻711 | 鹿屋基地（九州）：一式陸攻＋桜花 |
| 神雷部隊 第1〜11建武隊 | 721空桜花隊（爆戦） | 零戦のみ |
| 第1、2神雷爆戦隊 | 721空戦306 | 零戦 |
| 菊水部隊 | | |
| 第2彗星隊 | 701空攻103、攻105 | 彗星 |
| 菊水雷桜隊 | 931空攻251 | 天山 |
| 小禄彗星隊 | 701空攻103 | 彗星 |
| 第210部隊彗星隊 | 210空 | 彗星 |
| 第210部隊零戦隊 | 210空 | 零戦 |
| 天山隊 | 131空、701空の攻251、攻254、攻256 | 天山のみ |
| 天桜隊 | 701空→901空→931空の攻251 | 天山のみ |
| 戦闘航空隊から編成された部隊 | | |
| 第1〜6筑波隊 | 筑波航空隊および721空 | 鹿屋：零戦 |
| 第1〜7七生隊 | 元山航空隊および721空 | 鹿屋：零戦 |
| 第1〜6神剣隊 | 大村航空隊および721空 | 鹿屋：零戦および零式練戦 |
| 第1〜7昭和隊 | 谷田部航空隊および721空 | 鹿屋：零戦および零式練戦 |
| 攻撃航空隊から編成された部隊 | | |
| 第1〜3八幡護皇隊 | 宇佐航空隊 | 九七艦攻および九九艦爆 |
| 八幡神忠隊 | 宇佐航空隊 | 九七艦攻 |
| 八幡振武隊 | 宇佐航空隊 | 九七艦攻 |
| 第1〜4正統隊 | 百里原航空隊 | 九九艦爆 |
| 第1〜4正気隊 | 百里原航空隊 | 九七艦攻 |
| 常磐忠華隊 | 百里原航空隊 | 九七艦攻 |
| 皇花隊天山隊 | 百里原航空隊 | 九七艦攻 |
| 第1〜3草薙隊 | 名古屋航空隊 | 九九艦爆 |
| 第1〜3護皇白鷺隊 | 姫路航空隊 | 九七艦攻 |
| 白鷺赤忠隊 | 姫路航空隊 | 九七艦攻 |
| 白鷺揚武隊 | 姫路航空隊 | 九七艦攻 |

| 水偵航空隊から編成された部隊 | | |
|---|---|---|
| 第1、2魁隊 | 北浦および鹿島航空隊 | 零式水偵および九四式水偵 |
| 琴平水心隊 | 詫間航空隊 | 零式水偵および九四式水偵 |
| 琴平水偵隊 | 福山航空隊 | 零観 |
| 第12航戦第2水偵隊 | 天草航空隊 | 零戦 |
| 白菊隊 | | |
| 第1～3菊水部隊白菊隊 | 高知航空隊 | 白菊 |
| 第1～5徳島白菊隊 | 徳島航空隊および高知航空隊 | 白菊 |
| 混成部隊（第3航空艦隊所属機） | | |
| 第1御盾隊 | 252空戦317 | サイパン飛行場への特別機銃掃射部隊、零戦のみ |
| 第2御盾隊 | 飛行310戦隊および601空攻1、攻254 | 沖縄戦：零戦、彗星、天山のみ |
| 第3御盾隊、第706部隊、第601部隊、天山部隊、第252部隊 | 706空攻405、飛行308、310戦隊、601空攻1、210空、飛行304、313戦隊、252空攻3、攻5 | 沖縄戦：銀河、零戦、彗星、天山のみ |
| 第4御盾隊 | 601空攻1 | 百里原基地：彗星のみ |
| 第7御盾隊第1～4流星隊 | 752空攻5 | 木更津、宮崎基地、1945年6～8月：流星のみ |
| 銀河隊 | | |
| 第1、2銀河隊 | 762空攻501 | 宮崎：銀河のみ |
| 第3銀河隊 | 762空攻262 | 宮崎：銀河のみ |
| 第4銀河隊 | 762空攻262、攻501 | 宮崎：銀河のみ |
| 第5銀河隊 | 762空攻262、攻501 | 宮崎：銀河のみ |
| 第6銀河隊 | 762空攻262 | 宮崎：銀河のみ |
| 第7銀河隊 | 762空攻406 | 出水：銀河のみ |
| 第8銀河隊 | 762空攻406 | 出水：銀河のみ |
| 第9銀河隊 | 762空攻406、攻501 | 宮崎：銀河のみ |
| 第10銀河隊 | 752空攻405、762空攻406 | 宮崎、のち美保：銀河のみ |

米空母USSバンカーヒルは、特攻機によって甚大な被害を受けた数少ない米正規空母だ。(USN)

## 上記以外の航空特攻部隊
### Organisation of some aircraft suicide units

| 部隊名 | 編成年月日、地域、実施作戦など | 指揮官名 |
|---|---|---|
| 朝日隊 | 1944年10月19日、マバラカット基地にて201空の志願者で編成（のちダバオへ移動）。 | 上野敬一一飛曹 |
| 梓隊 | 1945年2月23日、鹿屋にて編成。丹作戦用。 | 黒丸直人大尉 |
| 万朶隊 | 1944年10月21日、鉾田教導飛行師団の精鋭で編成。 | 岩本益臣大尉 |
| 忠勇隊 | 1944年10月26日、マバラカット基地にて701空の志願者で編成。 | 山田恭司大尉 |
| 富嶽隊 | 1944年10月25日、浜松基地にて編成。第1教導飛行師団は特攻用に改造された四式重爆飛龍を装備。 | 西尾常三郎少佐 |
| 義烈隊 | 1944年10月26日、ニコルス基地にて701空の志願者で編成。 | 近藤寿男中尉 |
| 純忠隊 | 1944年10月26日、ニコルス基地にて701空の志願者で編成。 | 深堀直治大尉 |
| 菊水隊 | 1945年4月編成。沖縄上陸中の米軍に対し、九州から出撃した航空特攻隊の一般名称。第3、5、10航空艦隊の志願者で構成。陸軍機は第6航空軍から参加したもののみ。 | 宇垣纏中将により編成される。 |
| 菊水1号作戦 | 1945年4月6〜11日に出撃。総計で海軍機547機、陸軍機188機が参加、うち303機が特攻機。敵艦船の撃沈6隻、撃破34隻。 | |
| 菊水2号作戦 | 1945年4月12〜15日に出撃。総参加機500機。 | |
| 菊水3号作戦 | 1945年4月16〜17日に出撃。総参加機155機。撃沈1隻、撃破10隻。 | |
| 菊水4号作戦 | 1945年4月22〜30日に出撃。総参加機120機、うち陸軍機50機、単機特攻機59機。桜花11型4機からなる第2桜花部隊も参加。撃沈1隻、撃破11隻。 | |
| 菊水5号作戦 | 1945年5月3〜9日に出撃。総参加機305機、うち特攻機75機。陸軍機は50機。作戦には直掩機120機、爆装爆撃機60機も同行。撃沈6隻、撃破28隻。日本軍の損害は280機。これが最大の特攻作戦だった。 | |
| 菊水6号作戦 | 1945年5月11〜14日に出撃。総参加機255機、うち陸軍機40機。全機が特攻機だった。撃破3隻。 | |
| 菊水7号作戦 | 1945年5月24〜25日に出撃。総参加機311機、うち特攻機182機。桜花11型6機からなる第3桜花部隊も参加。撃沈2隻、撃破13隻。 | |
| 菊水8号作戦 | 1945年5月27〜29日に出撃。訓練部隊が主体。撃沈2隻、撃破8隻。 | 川田茂中尉 |
| 菊水9号作戦 | 1945年6月3〜7日に出撃。総参加機50機。撃破1隻。 | |
| 菊水10号作戦 | 1945年6月21〜22日に出撃。沖縄戦最後の特攻隊。総参加機55機。桜花11型6機からなる第3桜花部隊も参加。撃沈2隻、撃破6隻。 | |
| 御盾隊 | 1945年2月18日、香取基地にて601空の志願者で編成。初出撃は32機による米軍硫黄島上陸部隊攻撃。 | 村川弘大尉 |
| 桜花隊 | ロケット推進機空技廠桜花11型を操縦する搭乗員のみで構成された海軍航空隊。出撃は菊水作戦のものが大半だった。九州にて編成。 | 岡村基春大佐 |
| 桜花部隊 | 8機の桜花11型からなる。撃破28隻、撃沈2隻。 | |
| 左近隊 | 1944年11月5日、マバラカット基地にて203空第304戦闘航空隊の志願者で編成。 | 大谷寅雄上飛曹 |
| 誠忠隊 | 1944年10月24日、マバラカット基地にて701空の志願者で編成。 | 五島智勇喜中尉 |
| 吉野隊 | 1944年10月29日、マバラカット基地にて201空の志願者で編成。 | 高武公美中尉 |

上記の部隊の他にも海軍航空隊の金剛隊のように、各地の基地で戦況に応じて自然発生的に編成された部隊が多数ある。

| 部隊名 | 編成年月日、地域、実施作戦など | 指揮官名 |
|---|---|---|
| 第19金剛隊 | 1945年1月、マバラカット基地にて編成。零戦16機でミンドロ海峡方面を攻撃し全滅。 | 青野豊大尉 |
| 第20金剛隊 | マバラカット基地にて編成。零戦5機と彗星1機で巡洋艦HMASオーストラリアを攻撃。全機未帰還。 | 中尾勇三少尉 |
| 第21金剛隊 | 編成当日にニコルス基地を空襲した米軍艦載機によりほぼ全滅。 | |
| 第22金剛隊 | 1945年1月編成。零戦5機。クラーク基地から離陸中に米機により撃破。 | 三宅輝彦中尉 |
| 第23金剛隊 | 零戦2機と彗星1機で編成。第1波として攻撃し、全機未帰還。 | 大森茂中尉 |

上記だけでなく他にもこの種の部隊が編成されたが、該当海軍航空隊本部の記録には記載されていない。その理由は親部隊内の一部隊として編成されたためである。

米空母だけでなく、英空母HMSにも特攻機が突入した。写真は炎上する空母ヴィクトリアス。(UKG)

## 特攻隊に撃沈破された艦船
Ships damaged and sunk during attacks by Kamikaze or Shimpu suicide units

| 年月日 | 撃沈 | 撃破 |
|---|---|---|
| **1944年** | | |
| 5月27日 | | SC-699 |
| 10月13日 | | CV-13フランクリン |
| 10月14日 | | CL-96レノ |
| 10月21日 | | オーストラリア（重巡） |
| 10月24日 | ATソノマ、LCI-1065 | APD-11アウグスタス・トーマス |
| 10月25日 | CVE-63セント・ロー | CVE-26サンガモン、CVE-27スワニー、CVE-29サンティー、CVE-66ホワイト・プレーンズ、CVE-68カリニン・ベイ、CVE-71キトカン・ベイ |
| 10月26日 | | CVE-27スワニー |
| 10月27日 | | MCアレクサンダー・メジャー、MCベンジャミン・ホイーラー |
| 10月28日 | | CL-58デンヴァー |
| 10月29日 | | CV-11イントレピッド |
| 10月30日 | | CV-13フランクリン、CVL-24ベロー・ウッド |
| 11月1日 | DD-526アブナー・リード | DD-411アンダーソン、DD-527アメン、DD-571クラクストン、DD-593キレン |
| 11月2日 | | AGマシュー・P. デディー |
| 11月12日 | | AGエゲリア、AGアキレス、MCジェレミア・M. デーリー、MCレオニダス・メリット、MCモリソン・R. ワイト、MCトーマス・ネルソン |
| 11月17日 | | APA-92アルパイン、MCギルバート・スチュアート |
| 11月18日 | | MCアルコア・パイオニア、MCケープ・ロマノ、MCシルヴァース・アルミランテ |
| 11月25日 | | CV-9エセックス、CV-11イントレピッド、CV-19ハンコック、CVL-28キャボット |
| 11月27日 | SC-744 | BB-45コロラド、CL-49セント・ルイス、CL-57モンペリエ |
| 11月29日 | | BB-46メリーランド、DD-465ソーフリー、DD-569オーリック |
| 12月3日 | DD-695クーパー | |
| 12月5日 | LSM-20 | DD-366ドレイトン、DD-389マグフォード、LSM-23 |
| 12月7日 | DD-364マハン、APD-16ワード、LSM-318 | DD-367ラムソン、DE-206リドル (Liddle)、LST-737 |
| 12月10日 | MCウィリアム・S. ラッド、PT-323、LCT-1075 | DD-410ヒューズ |
| 12月11日 | DD-369リード | CL-43ナッシュヴィル、DD-605コールドウェル |
| 12月13日 | | DD-585ハラデン、DD-605コールドウェル |
| 12月15日 | LST-472、LST-738 | CVE-77マーカス・アイランド、DD-390ラルフ・タルボット、DD-590ポール・ハミルトン、DD-592ホワース、PT-223 |
| 12月17日 | | PT-84 |
| 12月18日 | PT-300 | |
| 12月21日 | LST-460、LST-749 | DD-511フート |
| 12月28日 | MCジョン・バーク | DD-665ブライアント、MCウィリアム・シャロン |
| 12月30日 | IX-126ポークパイン | DD-477プリングル、DD-608ゲインズヴール、X-73オレステス |
| **1945年** | | |
| 1月2日 | | AO-79コワネスク |
| 1月4日 | CVE-79オマニー・ベイ、MCルイス・L. ダイク | |
| 1月5日 | | CVE-61マニラ・ベイ、CVE-78サヴォ・アイランド、CA-28ルイスヴィル、DD-388ヘルム、DE-411スタフォード、オーストラリア（重巡）、アルンタ（駆逐）、AVP-21オルカ、ATF-67アパッチ、LCI(G)-70 |
| 1月6日 | DMS-12ロング | BB-40ニュー・メキシコ、BB-44カリフォルニア、CA-28ルイスヴィル、CA-36ミネアポリス、CL-56コロンビア、オーストラリア（重巡）、DD-586ニューコム、DD-692アレン・M. サマー、DD-664リチャード・P. リアリー、DD-723ウォーク、DD-725オブライエン、APD-10ブルックス、DMS-10サザード |
| 1月7日 | DMS-5パーマー、DMS-11ホーヴェイ | CL-47ボイス、APD-111キャロウェイ、LST-912 |
| 1月8日 | | CVE-71キトカン・ベイ、CVE-76カダシャン・ベイ、オーストラリア（重巡）、ウェストラリア（高速輸送艦） |
| 1月9日 | | BB-41ミシシッピ、CL-56コロンビア、オーストラリア（重巡）、DE-231ホッジズ |
| 1月10日 | | DE-414ル・レイ・ウィルソン、APA-47デュページ |
| 1月12日 | | DE-342リチャード・W. スーザンス、DE-508ギリガン、APD-34ベルクナップ、MCオーティス・スキナー、MCカイル・V. ジョンソン、MCデヴィッド・ダドリー・フィールド、MCエドワード・N. ウェストコット、MCウォー・ホーク、LST-700、LST-778 |
| 1月13日 | | CVE-96サラマウア、APA-97ゼイリン |
| 1月16日 | LSM-318 | CV-14タイコンデロガ、CVL-27ラングレー、DD-731マドックス、LST-700 |
| 2月5日 | | MCジョン・エヴァンズ |
| 2月21日 | CVE-95ビスマーク・シー | CV-3サラトガ、CVE-94ルンガ・ポイント、MCケオクク、LST-477、LST-809 |
| 3月11日 | | CV-15ランドルフ |

| 年月日 | 撃沈 | 撃破 |
|---|---|---|
| 3月18日 | | CV-11イントレピッド |
| 3月19日 | | CV-18ワスプ、DD-686ハルゼー・パウエル |
| 3月20日 | | SS-292デヴィルフィッシュ |
| 3月27日 | | BB-36ネヴァダ、BB-43テネシー、CL-80ビロクシー、DD-521キンバリー、DD-725オブライエン、DD-792キャラハン、DE-633フォアマン、DMS-1ドースリー、DMS-10サザード、ACM-74スカーミッシュ、APA-55ヌドソン、APD-11ギルマー、DM-23ロバート・H. スミス |
| 3月31日 | | CA-35インディアナポリス、ACM-79アダムズ、LSM-188、LST-724 |
| 4月1日 | | BB-48ウェスト・ヴァージニア、DD-792キャラハン、キング・ジョージV世（戦艦）、インドミタブル（空母）、インディファティガブル（空母）、イラストリアス（空母）、APA-92アルパイン、APA-71ティレル、APA-120ハインズデール、LST-884 |
| 4月2日 | APD-21ディッカーソン | APAヘンリコ、APAチャイルトン、APAグッドヒュー、APAテルフェア、LCI(G)-568、LST-599 |
| 4月3日 | | CVE-65ウェーク・アイランド、DD-733マナート・L. エベール、DMS-49ハンブルトン |
| 4月6日 | DD-329ブッシュ、DD-801コルホウン、DMS-22エモンズ、APA-111ホップス・ヴィクトリー、APA-196ローガン・ヴィクトリー、LST-477 | CVL-30サン・ジャシント、DD-328マラニー、DD-386ニューコーム、DD-417モーリス、DD-476ハッチンス、DD-481ロイツェ、DD-573ハリソン、DD-591ツイッグス、DD-593ホワース、DD-700ヘインズワース、DD-732ハイマン、DD-746タウシッグ、DE-636ウィッター、DE-640フィーバーリング、DMS-44ロッドマン、ACM-16ランサム、ACM-20ディフェンス、ACM-22リクルート、ACM-47ファシリティ、LCS-64、YMS-311、YMS-321 |
| 4月7日 | | CV-19ハンコック、BB-46メリーランド、DD-473ベネット、DD-559ロングショー、DE-84ウェッソン、YMS-81 |
| 4月8日 | | DD-802グレゴリー |
| 4月9日 | LCT-876、LST-447 | DD-407スターレット |
| 4月10日 | | DE-183サミュエル・S. マイルズ |
| 4月11日 | | CV-6エンタープライズ、BB-63ミズーリ、DD-133ヘール、DD-660バラード、DD-661キッド、DD-702ハンク、DE-183サミュエル・S. マイルズ、LCS(L)-36 |
| 4月12日 | DD-733マナート・L. エベール | BB-40ニュー・メキシコ、BB-42アイダホ、BB-43テネシー、DD-478スタンリー、DD-734パーディ、DD-777ゼラーズ、DD-793カッシン・ヤング、DE-185リドル (Riddle)、DE-304ラール、DE-412ウォルター・C. ワン、DE-634ホワイトハースト、DM-32リンジー、DMS-27ジェファース、AM-319グラディエーター、LSM(R)-189、LCS(L)-57 |
| 4月13日 | | DE-306コノリー |
| 4月14日 | | BB-34ニュー・ヨーク、DD-502シグズビー、DD-659ダシール、DD-674ハント |
| 4月15日 | | DD-408ウィルソン、LCS-51、LCS-116 |
| 4月16日 | DD-477プリングル | CV-11イントレピッド、BB-63ミズーリ、DD-665ブライアント、DD-724ラッフィー、DMS-61ハーディング、DMS-65ホブソン、AO-101タルガ、APD-40ボワーズ、LCI-407、LCS-116 |
| 4月17日 | | DD-796ベナム |
| 4月22日 | AM-65スワロー、LCS-15 | DD-475ハドソン、DD-516ワズワース、DM-520イシャーウッド、DM-30シェイ、ACM-16ランサム、AM-319グラディエーター |
| 4月25日 | | DE-635イングランド、MCSホール・ヤング |
| 4月27日 | APA-441カナダ・ヴィクトリー | DD-113ラスバーン、DD-390ラルフ・タルボット |
| 4月28日 | | DD-516ワズワース、DD-519ダリー、DD-591ツイッグス、DD-662ベニオン、DD-546ブラウン、DMS-29バトラー、AH-6コンフォート、AH-10ピンキー、LCI-580 |
| 4月29日 | | DD-531ヘイゼルウッド、DD-555ハガード、DM-25シャノン、DM-26ハリー・F. バウアー |
| 4月30日 | | DD-662ベニオン、CM-5テラー |
| 5月3日 | DD-803リトル、LSM(R)-195 | DD-470バッチ、DM-34アーロン・ワード、MCマコーム、LCS(L)-25 |
| 5月4日 | DD-552ルース、DD-560モリソン、LSM(R)-194、LSM-190 | CVE-26サンガモン、CL-62バーミンガム、フォーミダブル（空母）、インドミタブル（空母）、ヴィクトリアス（空母）、AM-239ゲイエティ、DD-470バッチ、DD-546ブラウン、DD-547コーウェル、DD-749ヘンリー・A. ウィリー、DD-694イングラハム、DD-770ローリー、DD-778マッシー、DE-344オーバーレンダー、DE-635イングランド、DM-30シェイ、DM-33グウィン、DMS-13ホプキンス、AV-9セント・ジョージ、AG-81パスファインダー、YMS-331、YMS-327 |
| 5月10日 | | MCハリー・F. バウアー |
| 5月11日 | | CV-17バンカー・ヒル、DD-552エヴァンス、DD-774ヒュー・W. ハドリー |
| 5月12日 | | BB-40ニュー・メキシコ |
| 5月13日 | | DD-470バッチ、DE-747ブライト |
| 5月14日 | | CV-6エンタープライズ |
| 5月17日 | | DD-779ダグラス・H. フォックス |
| 5月18日 | | APA-56シムズ |
| 5月20日 | | APA-71チェイス、APA-33レジスター、DD-514サッチャー、LST-808 |

| 年月日 | 撃沈 | 撃破 |
|---|---|---|
| 5月24日 | APA-47ベイツ、LSM-135 | DD-472ゲスト、DD-780ストームズ、DE-188オニール、DE-641ウィリアム・C. コール、DMS-29バトラー、AM-305スペクタブル、APA-19バリー、APA-44ローパー |
| 5月26日 | | DMS-24フォレスト、PC-1063、AG-11ダットン |
| 5月27〜29日 | DD-741ドレックスラー、DD-630ブレイン | DD-268シュブリック、DD-515アンソニー、DE-508ギリガン、DMS-10サザード、APA-89ロイ、APA-92レッドノアー、APA-93サンドヴァル、APA-98タタム、MCブラウン・ヴィクトリー、MCソシア・スネリング、MCメアリー・A. リヴァーモア、AM-239ゲイエティ、LCS(L)-52 |
| 6月5日 | | BB-41ミシシッピ、CA-28ルイスヴィル |
| 6月6日 | | CVE-62ナトマ・ベイ、DM-26ハリー・F. バウアー、DM-31 J. ウィリアム・ディッター |
| 6月7日 | | DD-515アンソニー |
| 6月10日 | DD-579ウィリアム・D. ポーター | |
| 6月11日 | | LCS(L)-122 |
| 6月16日 | DD-591ツイッグス | |
| 6月21日 | LSM-59、DM-93バリー | DE-305ハロラン、AV-4カーティス、AV-5ケネス・ウィッティング |
| 6月22日 | | DMS-19エリソン、LSM-213、LSM-534 |
| 7月19日 | | DD-514サッチャー |
| 7月29日 | DD-792キャラハン | DD-561プリチャットDD-793カッシン・ヤング、APD-191ホレース・A. バス |
| 8月9日 | | DD-704ボリー |
| 8月13日 | | APD-144ラグランジ |

日本海軍が誇った戦艦「大和」を旗艦とする第2艦隊は、水上特攻部隊として沖縄に出撃した。しかし途中で「大和」は撃沈され、作戦は失敗となる。(USN)

# アメリカ海軍艦種記号
U.S. NAVY SHIPS

| 記号 | 艦種 | 記号 | 艦種 |
| --- | --- | --- | --- |
| AG | 補助艦 | ACM | 高速掃海艇 |
| AH | 病院船 | AM | 掃海艇 |
| AO | 燃料補給艦 | APA | 攻撃輸送艦 |
| APD | 高速輸送艦（駆逐艦改造） | AT | 航洋曳船 |
| AV | 水上機母艦 | BB | 戦艦 |
| CA | 重巡洋艦 | CL | 軽巡洋艦 |
| CM | 敷設艦 | CV | 航空母艦 |
| CVL | 軽空母 | CVE | 護衛空母 |
| DD | 駆逐艦 | DE | 護衛駆逐艦 |
| DM | 軽敷設艦 | DMS | 高速掃海艇（掃海駆逐艦） |
| DL | 嚮導駆逐艦 | LCI(FF) | 歩兵揚陸艇（隊旗艇） |
| LCI(G) | 歩兵揚陸艇（砲艇） | LCI(L) | 歩兵揚陸艇（大型） |
| LCI(M) | 歩兵揚陸艇（迫撃砲） | LCI(R) | 歩兵揚陸艇（ロケット） |
| LCP(L) | 兵員揚陸艇（大型） | LCP(R) | 兵員揚陸艇（ランプ付き） |
| LCV | 車輌揚陸艇 | LCVP | 車輌兵員揚陸艇 |
| LCM | 機動揚陸艇 | LCS(L) | 上陸支援艇（大型） |
| LCS(S) | 上陸支援艇（小型） | LCT | 戦車揚陸艇 |
| LSM | 中型揚陸艦 | LSM(R) | 中型揚陸艦（ロケット） |
| LST | 戦車揚陸艦 | LVT | 装軌式水陸両用車 |
| LVT(A) | 装軌式水陸両用車（装甲型） | MCB | 機動輸送艇（沿岸警備隊） |
| PC | 駆潜艇 | PG | 哨戒砲艦 |
| PT | 魚雷艇 | PTC | 機動駆潜艇 |
| SS | 潜水艦 | SC | 駆潜艇 |
| IX | 非分類雑役船 | YMS | 機動掃海艇 |

# 特殊攻撃機
Kamikaze (or Shimpu) aircraft

　特攻隊の出撃は1945年8月15日の玉音放送まで絶えることなく続いた。大戦末期の日本軍は飛行可能ならば練習機や水上機まであらゆる機種の飛行機を特攻機にしただけでなく、ロケット機桜花11型のような有人飛行爆弾まで投入した。

　日本海軍は特攻機として主に三菱A6M零戦を使用した。特攻出撃時には250kg爆弾（25番）が主翼下面中央に懸吊された。胴体下面に爆弾を搭載することにより、同機のかつては無敵を誇った運動性と速度が低下した。このため特攻機が最新型の米軍艦載機に遭遇した場合、作戦の成功は極めておぼつかなかった。

　特攻には空技廠D4Y彗星艦爆も使用された。特攻出撃時には500kg爆弾（50番）か250kg爆弾が1発胴体爆弾倉に搭載された。彗星は高性能だったが、2人乗りで出撃した場合、搭乗員の損失も2倍になった。1944年末には特攻専用型の彗星43型が開発された。これは800kg爆弾1発を胴体の半埋め込み式爆弾倉に搭載でき、さらに胴体下面後部に3基の離陸補助ロケットブースターを装備できた。これは敵戦闘機の攻撃を振り切るのにも使用できたが、実際に装備されることはほとんどなかった。彗星の使用例で有名なものには、何といっても宇垣中将が全11機で出撃した最後の特攻がある。

　中島B6N天山単発三座艦攻もまた少ないながら特攻に使用された。本機は800kg爆弾か魚雷を1発搭載できた。特攻時には高感度の触発信管が装着された。魚雷を搭載した場合は、「雷撃特攻」として魚雷投下後に体当たりすることが求められていた。本機は操縦者1名だけが搭乗することもあったが、特攻時は2名が搭乗することが多かった。

　他に広く使用された機として愛知D3A九九艦爆がある。本機は主脚間に250kg爆弾1発を装備した上に、左右主翼下面に60kg爆弾各1発を懸架できた。大戦末期には特攻専用型も開発された。その型は1945年1月に清水少佐のもと横須賀航空隊で飛行試験が行なわれた。この型では設計変更により翼内燃料タンクが撤去され、航続距離がほぼ半分になっていた。離陸後、必要な高度に達した時点で、急降下速度を上げるため主翼両端を投棄することもできた。同審査部艦爆隊のテストパイロット田中茂雄によると、ある試験飛行では翼端を投棄すると速度が時速450kmから620kmへ、着陸速度は時速220kmに上昇したという。1945年2月に同様の改修をした九九艦爆がテスト用に作られたというが、その後の経緯は不明である。

　1945年5月ないし6月には全木製機の開発が始められた。これは高速偵察機中島C6N彩雲の改造型C6N6試製彩雲改四で、日本本土近海を遊弋する米軍上陸用艦艇への特攻用だった。

　大戦の最末期になると海軍は航空機不足から1930年代初期が全盛期だった高翼単葉の九〇式陸上機上作業練習機のような旧式機も特攻に使用するまでに追い詰められた。練習機や水上機も特攻に使用されたが、その理由は飛べる飛行機がなかったせいもあるが、最大の理由は来たるべき本

250kg爆弾を搭載した第3昭和隊の零戦21型で、操縦者は中村栄三少尉。彼は1945年4月16日に特攻出撃した。

30mm砲を斜銃として装備した中島C6N1-S彩雲夜戦。

土決戦での航空戦用に戦闘機を温存しつつあったためだった。

陸軍は中島キ43隼戦闘機を主力特攻機とした。同機は中国と東南アジア戦線では一般的だった陸軍戦闘機で、優れた運動性と整備のしやすさから好評を得ていた。隼は250kg爆弾2発を両翼下面に装備できた。

日本陸軍航空隊は対ボーイングB-29スーパーフォートレス4発爆撃機用の特別攻撃隊を作っていた。B-29は爆弾を最大6t搭載可能で、大戦末期に日本を組織的に爆撃していた。日本軍はB-29の迎撃にあたり、貧弱な高射砲や防空組織の不備など多くの困難に直面していたが、これは日本本土への空襲の可能性すら想定していなかった大本営の近視眼的な方針によるところが大きかった。1942年春にドゥーリットル中佐のB-25ミッチェル爆撃機隊の空襲があったにもかかわらず、大本営は防空体制の改善に着手しなかった。これらのB-25は空母USSホーネットから発進し、東京、横浜、神戸、名古屋に爆弾を投下したのだった。

日本の軍需産業は高射砲の新型化を開始したが、生産能力の限界のため充分な門数の砲が調達できなかった。そこで防空の重責は戦闘機隊だけが担うことになった。最初に開発された迎撃用戦闘機は中島キ44鍾馗で、実用上昇限度は11,000mだった。川崎キ61飛燕と川崎キ45屠龍戦闘機はいずれも米軍爆撃機に充分対抗でき、両者はアメリカの巨人機に対して通常戦闘だけでなく、体当り攻撃も敢行した。

終戦前の数ヵ月間、陸軍は大型重要目標の破壊用に2種類の航空機を使用した。それは川崎キ48九九双軽と三菱キ67飛龍重爆だった。両機については後述する。

陸軍と海軍は両者とも長野県の三菱第23工場で製造されていた標準型航空爆弾を使用していた。爆弾にはさまざまな種類があったが、特攻にはTNT弾頭（榴弾）が使用された。

250kg爆弾は「25番」と呼称された。1945年初めにはすべての爆弾に新型の高感度信管が装備されたが、これは至近弾や擦過しただけでも爆発するようにするためだった。実験により、この種の爆弾は標的から最大10m離れた場所で爆発しても艦艇に重大な損害を与えられることが確認された。

1944年8月に海軍航空本部は新たな戦略計画を策定したが、それには皇国兵器という秘匿名称の3種類の特殊攻撃機が使用されることになっていた。この計画には敵部隊に対する組織的な自爆攻撃という戦術が含まれていた。この計画を検討す

B-29スーパーフォートレスに対して最も善戦した日本軍戦闘機川崎キ61飛燕。

1945年6月6日の第10次航空総攻撃（菊水10号作戦）時に250kg爆弾を搭載して出撃する第113振武隊の満州キ79乙二式高練で、操縦は中島璋夫伍長。カラーイラスト参照。

るため、海軍航空本部は川西、三菱、中島などの各社の代表者を会議に招集した。代表者たちは計画の詳細を説明され、作戦実施に必要な皇国1号兵器なる第一の種別は800kg爆弾1発を搭載可能な航空機で、三菱J2M雷電、川西N1K2-J紫電、空技廠D4Y彗星などがこれにあたった。第二の種別、皇国2号兵器はロケットないしジェット推進機とされ、第三の種別、皇国3号兵器は特別攻撃機（略称は特攻機）と呼ばれる自爆攻撃機で、その開発には川西があたるとされた。これは1,280馬力の三菱金星14気筒星型発動機などの既存エンジンを使用するとされた。その任務は連合軍艦艇への体当り攻撃だった。海軍は第三の種別に該当する機体は結局1機も調達できなかったが、陸軍はこれに該当する中島キ115剣を受領したものの、それを闇雲に使用することはなかった。

すでに量産中だった作戦機は皇国1号兵器へと改造されたが、残りの2機種には新型の特攻専用機の開発が必要だった。要求仕様は1945年初頭に提示されたが、その設計に求められた条件とは、構造が単純で生産が容易であり、まだ入手可能な材料を使用し、幹線道路、田舎道、舗装飛行場からでも離陸できる、ないしカタパルト射出が可能で、非熟練工員しかいない小工場でも製造可能というものだった。

こうした要求を満たすべく各種の機体が設計されたが、実戦に使用されたものは皆無だった。各計画機についてはのちに詳述する。

日本が降伏する日まで、その戦争指導者たちはアメリカ大陸を攻撃するため、さまざまな計画を立案、推進し続けていたが、それには偏西風に乗って飛んでいく風船爆弾や、米本土を爆撃してからドイツ占領下のフランスへ脱出する6発巨大爆撃機などがあった。もちろん特攻による米本土攻撃も検討されていた。その一つとして潜水艦から攻撃機を発進させる計画もあった。

日本は潜水艦から発進する航空機を1930年代に実用化していた。1938～1942年の日中戦争ではこうした機が東シナ海を哨戒し、中国軍輸送船を効果的に攻撃していた。1942年には潜水艦伊25から発艦した空技廠E14Y1零式小型水偵がオレゴン州沿岸部の森林に焼夷弾を投下していた。この攻撃は戦局にはほとんど影響しなかったが、のちに潜水艦搭載型の攻撃機が開発される一因になった。こうして愛知航空機が潜水艦用の特殊水上攻撃機の開発を命じられた。そして完成し

特攻機に改造された立川キ9練習機。

B-29迎撃に活躍した川崎キ45屠龍。

たのが愛知M6A1晴嵐である。攻撃と組み立ての便を図るため、同機は伊400型潜水艦の特殊防水格納筒に納められることになり、同型潜は晴嵐3機を搭載した。晴嵐は800kg爆弾1発を搭載できた。晴嵐は計18機が完成されたが、1944年12月の時点で作戦可能な潜水艦はまだ2隻しかなかった。

　1945年5月、日本軍の作戦参謀たちは米本土攻撃計画に再着目した。今回の目標はパナマ運河とされたが、これはアメリカ最大の造船所群が大西洋側にあり、より強力な新型艦を送り出して米太平洋艦隊を強化し続けていたためだった。日本軍はパナマ運河を攻撃すれば米海軍が太平洋方面へ増援艦を投入する速度が落ちると考えた。パナマ運河の施設を破壊無力化するため攻撃作戦が立案された。

　計画では潜水艦から晴嵐をフロートなしで射出する予定だったが、それは作戦が事実上の特攻となることを意味していた。この作戦の専任部隊として第1潜水隊が創設され、指揮官に有泉龍之介大佐が着任し、潜水艦伊400と401が各3機の晴嵐の運搬を担当した。発進後、両潜は予定されたパナマ運河ではなく、ウルシー泊地の米軍空母群を8月17日に攻撃せよとの命令変更を受けた。しかしウルシー泊地攻撃は天皇の降伏受諾により中止された。

　無人飛行爆弾の開発と並行し、一部の航空機メーカーでは無線操縦式などの無人ミサイルも開発していた。日本では陸軍のイ号1型誘導弾など、各種の誘導飛行爆弾が開発中だった。海軍は特型噴進弾奮龍の開発に力を注いでいたが、これは当初は対艦用だったが、のちに対B-29用にされた。

# 日本帝国陸軍の特殊攻撃機
Special attack aircraft of the Imperial Japanese Army

## 川崎キ48 九九双軽
Kawasaki Ki-48 ('Lily')

　川崎キ48九九式双発軽爆撃機は大戦末期にはほぼ時代遅れになっていたこともあり、特攻によく使用された。本機は特攻専用型が作られた最初の機種とされている。

　1937年に始まった日中戦争で日本陸軍航空隊は中国軍がソ連から入手していたツポレフSB中型高速爆撃機に強い衝撃を受けた。

　1937年12月に川崎と三菱がSB爆撃機に対する日本側の回答となる機の設計を命じられたが、その要求性能は高度5,000mにおける最高速度480km/時、高度3,000mにおける巡航速度350km/時、高度5,000mまでの上昇時間10分以内、防御武装に機銃3～4門を装備し、爆弾搭載量は400kgというものだった。エンジンは中島ハ25星型発動機の双発が指定され、満州シベリア国境のような厳しい冬季条件でも運用可能であることとされた。開発を加速するため、各社にはすでに先行開発中の機体の設計を流用することも推奨された。

　三菱製のキ47は選定審査の早い段階で脱落した。当時の三菱は数多くの計画や設計作業に追われ、それ以上機体を開発する余裕がなかった。川崎は1938年1月から「陸軍試作双発軽爆撃機キ48」とされた新型機の設計に着手した。新型機は片持式単葉中翼機だった。胴体は乗員室と爆弾倉を納めた前半部が太く、主翼後縁から尾部までが細いのが特徴だった。4名の搭乗員は操縦手、ガラス張り機首の爆撃手兼7.7㎜八九式旋回機銃手、乗員室後端の通信手兼八九式旋回機銃手、胴体下面の引き込み式銃座の航法手兼八九式旋回機銃手からなっていた。爆弾搭載量は15kg爆弾24発ないし50kg爆弾6発が標準だった。エンジンは940馬力の中島ハ25星型発動機の双発で、金属製3翅可変ピッチプロペラを駆動した。降着装置は引き込み式で、主輪は左右のエンジンナセルに完全に格納されたが、尾輪は一部が露出した形で胴体後部に引き込まれた。

　試作1号機の完成が遅れたのは、土井武夫技師を主務者とする設計チームがキ45双発重戦闘機の試験中に発見された多くの問題の解決に力を割かれたためだった。キ48試作1号機は1939年7月にようやく完成し、同年9月までの飛行試験で同機は優れた速度、運動性、飛行特性を示した。しかし水平尾翼フラッターという問題があった。これは胴体前部の形状が重心の安定に悪影響を与えたためで、主翼後縁よりも後方の胴体が延長された。9月から11月にかけて4機の増加試作機が作られたが、各機の補強型後部胴体と尾翼構成はどれも異なっていた。最終的に尾翼フラッターは垂直尾翼の高さを試作1号機よりも40cm増し、胴体構造を強化することで解消された。

　キ48の試作機と先行量産機は追加試験のため立川の陸軍航空技術研究所に引き渡された。ここで陸軍テストパイロットによる飛行試験が繰り返され、試験は1939年11月に成功裏に終了した。機体の最終形状が確定されると、最終運用試験のためにさらに5機の先行量産機が作られた。1939年末には量産が決定され、「九九式双発軽爆撃機I型甲」（キ48-I甲）の制式名を与えられた。しかし量産が開始されたのは運用試験の終了した1940年5月11日になってからだった。

　最初の量産型であるキ48-I甲は川崎航空機岐阜工場で1940年7月に完成した。最初期型のキ48は1941年初めに中国戦線で実戦投入され、戦訓により各種の改良が取り入れられた。1941年12月に太平洋戦争が始まると、九九双軽はフィリピン、ビルマ、マラヤ、インドシナ戦線へ投入された。1943年2月にはエンジンをハ115に換装したII型（キ48-II）が制式採用され、防御武装の強化、爆弾搭載量の増加が図られたが、急降下爆撃機型のII型乙も出現した。しかし戦争が長期化するにつれ九九双軽はたちまち旧式化した。キ48-II型の生産は1944年11月まで続き、その生産数は1,408機に達した。

　さまざまな欠点があったにもかかわらず、キ48は実に1944年末まで陸軍航空隊に留まっていた。キ48はますます困難さを増す戦術任務の主力を担い続けたが、これは本機に後継機がないためだった。連合軍側では当初キ48に中国戦線では「ジュリア」、ビルマ・スマトラ・ジャワ戦線では「リリー」と二つのコードネームを与えていた。1942年12月に各戦線で異なっていた日本機のコードネームを統一する際、より広く使われていた「リリー」が採用された。

フィリピン戦が終末に近づくころには川崎キ48軽爆撃機はビルマとインドシナ方面以外ではほとんど見られなくなっていた。フィリピン戦で大きな損害を出した飛行第3および75戦隊は川崎キ102重戦闘機への機種転換を進め、飛行第16戦隊は三菱キ67飛龍を装備する重爆撃隊に改編された。内地でもキ48は飛行第6および208戦隊にしか残っていなかった。

1945年4月から5月にかけ、多数のキ48が初めて特攻に使用された。キ48は沖縄周辺の連合軍艦艇への攻撃に使われたが、連合軍に占領された沖縄の飛行場への夜間空襲にも出撃していた。キ48は沖縄方面への昼間攻撃も散発的に行なっていたが、キ48の残存機は来たるべき本土決戦での特攻用に温存され、そのまま進駐軍に接収された。

神風特攻隊の出撃開始よりも3ヵ月ほど前の1944年7月、第3陸軍航空技術研究所（航空機の兵装や爆弾の研究開発を担任）所長だった正木博少将は旧式化していたキ48を特攻機に改造する案を陸軍航空本部に提出した。この提案では爆弾倉にではなく胴体前部に800kg爆弾を内蔵できるよう改造し、敵艦艇への特攻に使用するとしていた。正木少将の案は当時同様の計画を多数推進していた陸軍航空本部で高く評価され、立川の第1陸軍航空廠で改造作業が実施されることになった。指示書によれば12機が特攻型、通称「ト号」に改造される予定だった。制式名称はキ48-II乙改とされた（本型はキ174とされたとする資料もあるが、キ174は公式には立川飛行機が計画していた軽爆撃機に与えられていた機体番号なので、仮に事実だったとしても非公式の名称である）。改造作業には目標突入時に爆弾を起爆させるために機首から突出した触発信管の取り付けも含まれていた。作業の責任者は経験豊富な士官、酒本英夫少佐だった。9月に最初の改造型が完成し、試験のため福生市の陸軍航空審査部へ送られた。試作機の試験は最優先とされ、直ちに開始された。キ48-II乙改の飛行試験の責任者は竹下福寿少佐だった。

第1回試験飛行は1944年9月12日に実施されたが、結果は芳しくなかった。報告書のテストパイロットの証言によると、800kg爆弾の搭載により最高速度は460km/時にまで低下し、運動性も悪化したという。さらに離陸滑走距離は1,000mから1,400mに増加した。実のところ800kg爆弾の重量は同機の揚力限界に近く、そのため機体から防御武装をすべて撤去した結果、敵戦闘機に遭遇した場合の生存性は著しく低下した。

こうした問題点にもかかわらず陸軍航空本部は特攻型の製造を加速するよう命じ、残る11機の改造が進められた。キ48-II乙改の実戦投入が急がれたのは、米軍艦載機が9月に行なった攻勢が上陸作戦が間近であることを示していたからだった。上陸作戦に備え、陸軍航空本部はさらに100機をト号機に改造するよう命じた。これらが陸軍航空特別攻撃隊として知られる3個の「特攻」部隊の装備機に予定された。同じころ中島キ49呑龍重爆撃機にも同様の改造が実施されていた。

1944年9月末、キ48-II乙改の最初の3機が岩本益臣大尉を隊長とする特攻部隊、万朶隊に引き渡された。同部隊は米軍のフィリピン上陸時は訓練中だった。訓練はまだ終了していなかったが、フィリピンの戦況が逼迫したため部隊は10月末に急遽進出した。しかし岩本大尉は11月5日に他の隊員たちと1機のキ48-II乙改に同乗してリパへ

川崎キ48-I型九九式双発軽爆撃機。

川崎製軽爆2種、キ32（遠方）とキ48-I甲、鉾田陸軍飛行学校にて。

の移動中にF6Fヘルキャットの編隊に遭遇し、撃墜されてしまった。防御機銃を欠く本機は米軍戦闘機にとって格好のカモでしかなく、撃墜したパイロットたちは自分たちが遭遇したのが新型の特攻用九九双軽であることすら知らなかった。万朶隊のキ48-Ⅱ乙改はその後爆弾が投下可能なように改造が加えられ、通常の爆撃機として出撃を繰り返した。残りの機のキ48-Ⅱ乙改への改造は中止された。

編隊飛行する3機のキ48-Ⅱ乙改特攻機の試作機。最初の飛行試験は1944年9月12日に実施された。

諸元
機体要目： 双発中翼単葉軽爆撃機、急降下爆撃機（キ48-II乙）、特攻機（キ48-II乙改）。全金属構造、羽布張り操縦舵面。
乗員： 4名（操縦手、副操縦手、爆撃手兼銃手、通信手兼銃手）、キ48-II乙急降下爆撃機およびキ148誘導弾母機では3名、キ48-II改乙特攻機では2名。
動力： 中島ハ25（陸軍九九式）空冷14気筒星型エンジン〔離昇出力940馬力（690kW）、高度3,000mでの出力970馬力（715kW）〕×2；金属製3翅可変ピッチプロペラ、直径2.86m；燃料タンク容量1,360リットル（キ48試作機、キ48先行量産機およびキ48-I）。
中島ハ115-I（陸軍百式）空冷14気筒星型エンジン〔離昇出力1,130馬力（830kW）、高度2,800mでの出力1,070馬力（785kW）、高度6,000mでの出力980馬力（720kW）〕×2；金属製3翅可変ピッチプロペラ、直径2.90m；燃料タンク容量2,680リットル（キ48-Iおよびキ48-II改）。
武装： 7.7mm八九式旋回機銃×3（キ48-I甲、キ48-I乙、キ48-II甲、キ48-II乙）。
12.7mm一式機関砲×1、7.7mm八九式旋回機銃×3（キ48-II丙）。
爆弾搭載量：300〜310kg（キ48-I甲）。
400kg（キ48-I乙）、500kg（キ48-II甲、キ48-II丙、キ48-II丁）。
800kg（キ48-II乙、キ48-II乙改）、ないしキ148誘導弾。

飛行第16戦隊のキ48-I、朝鮮の飛行場にて。

酒本英夫少佐の指揮のもと、福生飛行場で飛行試験中のキ48-II乙改。

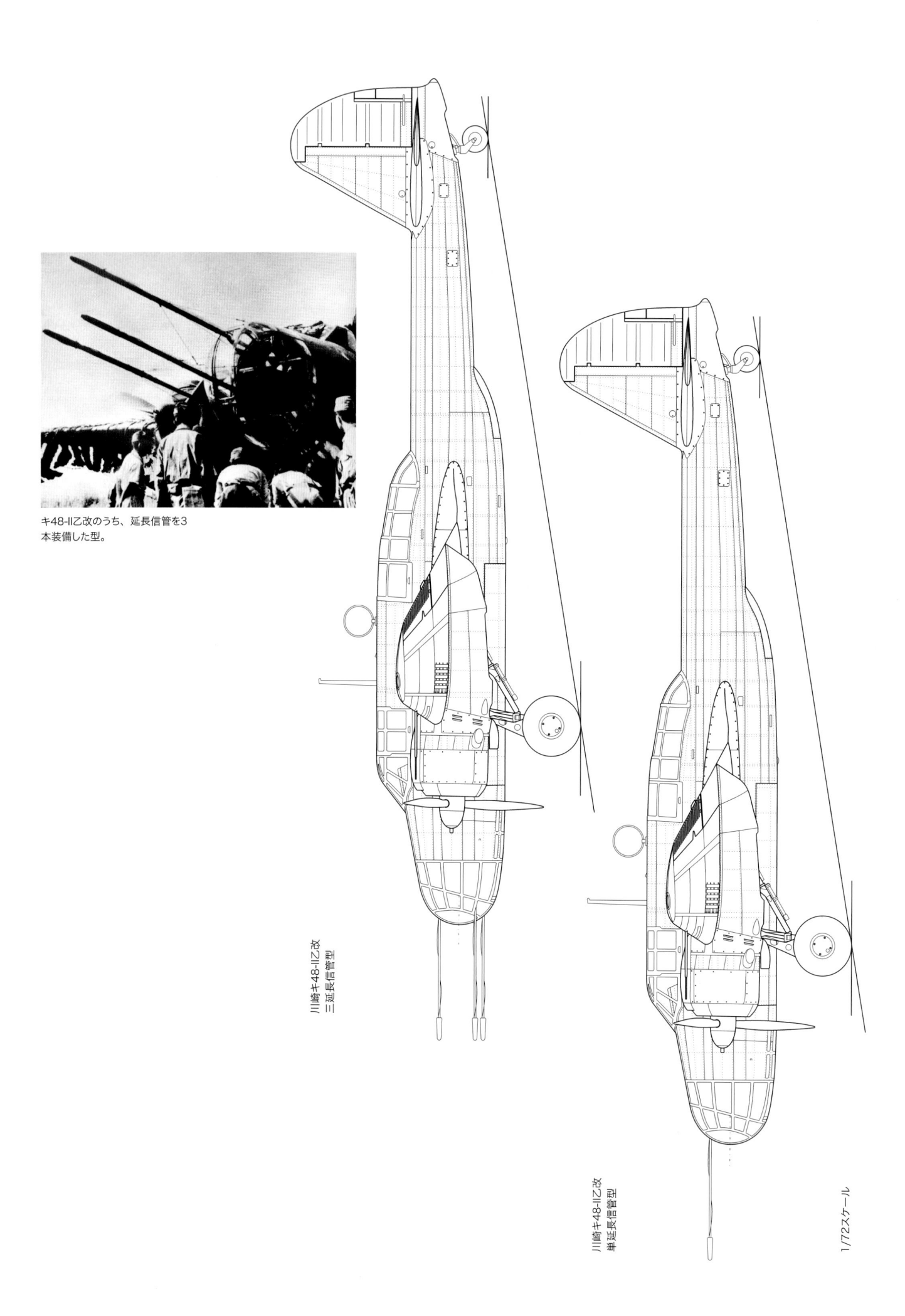

キ48-II乙改のうち、延長信管を3
本装備した型。

川崎キ48-II乙改
三延長信管型

川崎キ48-II乙改
単延長信管型

1/72スケール

川崎キ48-II乙改　単延長信管型

67

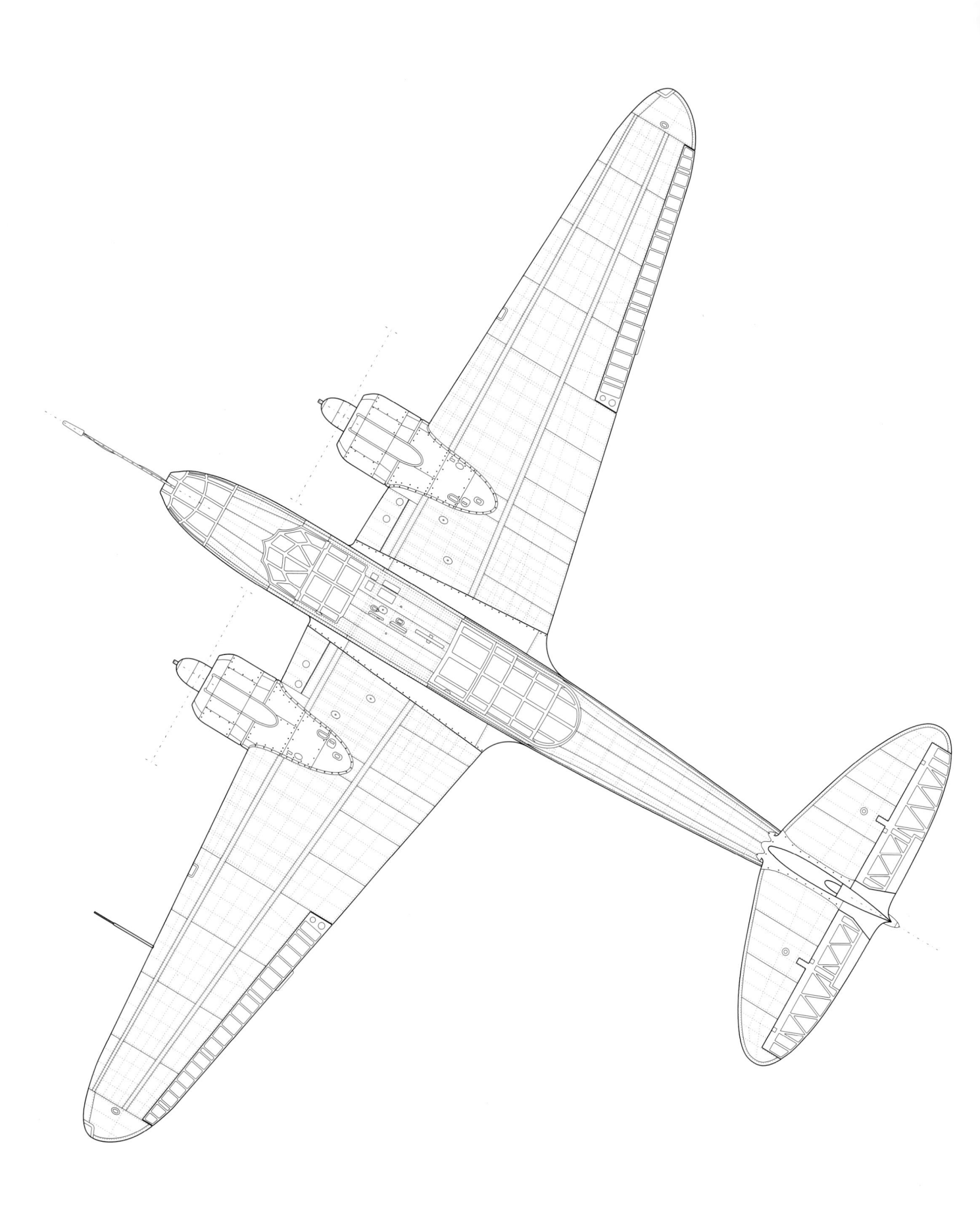

1/72スケール

| 型式 | キ48-I甲 | キ48-II甲 | キ48-II乙改 | キ48-II丙 |
|---|---|---|---|---|
| 全幅（m） | 17.47 | 17.47 | 17.47 | 17.47 |
| 全長（m） | 12.875 | 12.875 | 14.050 | 12.875 |
| 全高（m） | 3.8 | 3.67 | 3.67 | 3.67 |
| 翼面積（㎡） | 40 | 40 | 40 | 40 |
| 自重（kg） | 4,050 | 4,550 | 4,470 | 4,650 |
| 最大離陸重量（kg） | 5,900 | 6,750 | 6,620 | 6,500 |
| 有効搭載量（kg） | 1,850 | 2,200 | 2,150 | 1,850 |
| 翼面荷重（kg/㎡） | 145.7 | 168.75 | 165.5 | 162.5 |
| 馬力荷重（kg/馬力） | 3.21 | 2.99 | 3.06 | 2.88 |
| 最大速度（km/時） | 480 | 505 | 504 | 485 |
| 最大速度記録高度（m） | 3,500 | 5,600 | 5,000 | 5,550 |
| 巡航速度（km/時） | 350 | 395 | 368 | 350 |
| 巡航高度（m） | 3,000 | 3,500 | 3,000 | 5,000 |
| 着陸速度（km/時） | 120 | 125 | 130 | 129 |
| 高度5,000mまでの上昇時間 | 9分00秒 | 8分05秒 | 9分56秒 | 9分30秒 |
| 上昇限度（m） | 9,500 | 10,100 | 10,000 | 10,000 |
| 通常航続距離（km） | 2,400 | 2,400 | 2,400 | 2,400 |

生産：1939～1944年にかけて川崎航空機工業株式会社 岐阜工場において合計1,997機が生産されたが、その内訳は以下のとおり。
- キ48試作機──4機（1939年）
- キ48増加試作機──5機（1940年）
- キ48-Ⅰ量産型──557機（1940年7月～1942年6月）
- キ48-Ⅱ試作機──3機（1942年2月）
- キ48-Ⅱ量産型──1,408機（1942年4月～1944年10月）

上記以外：
- キ48-Ⅱ乙改（既存機からの改造）──3機
- キ48-Ⅱ乙 キ148誘導弾母機への改造機──4機

# 川崎キ119
Kawasaki Ki-119

　川崎キ119爆撃機は要求諸元に特攻任務が含まれた最初の機の一つだった。本機にはまた生産と整備の容易さ、非戦略資源の使用などの要求も盛り込まれていた。

　連合軍上陸部隊が日本本土に迫っていた1945年初め、陸軍航空本部は通常作戦にも特攻にも使用可能な特殊軽爆撃機の緊急開発を要請した。この新たな要求を満たすため、陸軍航空本部が特に要求したのは生産と整備の容易さ、そして非熟練搭乗員でも操縦できる単純さだった。また要求には既存の量産化済み航空機エンジンを使用することも含まれていた。そのため航続距離は二の次とされ、機体は単発低翼単葉形式が選ばれ、名称は「陸軍試作軽爆撃機」とされ、キ119の機体番号が与えられた。

　1945年3月、陸軍航空本部はその要求内容を大幅に変更した。新しい要求仕様書では本機は高速軽爆撃機とされ、洋上の敵艦に急降下爆撃が可能である上に護衛戦闘機としても使用可能なものとされた。新キ119には800kg爆弾搭載で最小航続距離600km、武装に20mm機関砲2門が要求された。さらに優れた飛行性能、離着陸の容易さ、整備の簡便さ、単純な構造も求められていた。本機は既存の戦闘機と爆撃機を補うものとなり、重爆撃機1機の製造に必要な資源でこの軽戦闘爆撃機2機が生産されれば、余剰エンジンと減り続ける搭乗員が有効活用できると考えられていた。

　設計作業を加速するため、新型機は鋳造、鍛造、機械加工による軽金属製部品など、すべての金属製部品を既存機から最大限流用することが要求された。それらはトンネルや坑道などに分散されていた多数の小工場ですみやかに製造されることになったが、これらはそれ以前から既存機の部分品を生産していた。

　開発は土井武夫技師と北野純技師の両名を主務者とする川崎の設計チームに一任された。キ119の設計は3ヵ月足らずで終わり、実大模型が作られた。本機は全金属製単発片持式低翼単葉機で、主翼は翼面積の広い高アスペクト比テーパー翼だった。主降着装置は左右の間隔が広く、緩衝装置のストロークが長かったが、これはキ102双発重戦闘機からの流用だった。この脚配置のおかげで例え技量の低い操縦者でも安全な離陸と着陸（も

し必要ならだが）が可能になった。胴体の設計には川崎キ100単発戦闘機と同様の手法がとられ、同機の艤装品も流用された。操縦席はキ100-Ⅰ乙に似た水滴風防で覆われ、その位置は主翼の前寄りで前方視界に優れていた。エンジンは出力2,000馬力、空冷18気筒の三菱ハ104で、3翅プロペラを駆動した。

　機体構造の単純化は難しくなかったが、キ100-Ⅰ乙の部分品の流用が設計上の難問だった。最終的に既存部分品が使われた主な個所は降着装置、フラップ、カウルフラップを作動させる油圧系と滑油冷却器などだった。

　キ119には自動操縦装置が装備される予定だったが、装置自体がまだ試作段階だったため、初期生産型には方向舵自動操縦装置のみが装備された。

　設計が開始されたのは1945年3月中旬だったが、4月4日に川崎は新型機の生産設備を岐阜県の美濃村、和知村、戸狩村のトンネル内に疎開させよとの命令を受けた。キ119の最終組み立て地は戸狩工場が予定されていた。しかし生産工場が建ち上がる前に太平洋戦争は終結した。

　1945年6月初旬、キ119の木製実大模型が各務原工場で完成し、陸軍航空本部の専門家たちにより評価を受け、設計が承認された。そして試作1号機の初飛行は1945年9月初旬とされ、同月末から先行量産型の生産が予定されていた。

　軽爆撃機型の武装は機首上部の20mmホ5機関砲2門に、胴体下面の懸吊架に装備される800kg爆弾1発だった。急降下爆撃時には250kg爆弾2発を両翼下面に装備した。その翼下面懸吊架は爆弾の代わりに600リットル落下タンクも装備でき、これにより航続距離が1,200kmに増大した。護衛戦闘機型はさらに主翼内にもホ5機関砲2門を装備する予定だった。

　各務原工場が1945年6月22日から4日間にわたる爆撃で完全に破壊されたため、1945年9月に予定されていた試作機の初飛行は実現しなかった。キ119に関係する設計図類もほぼ全部が焼失した。しかし設計者たちは試作機を11月に完成させ、先行量産を開始させるべく、空襲の直後から設計図を再び描き起こし始めた。終戦となったのはその段階だった。

川崎キ119

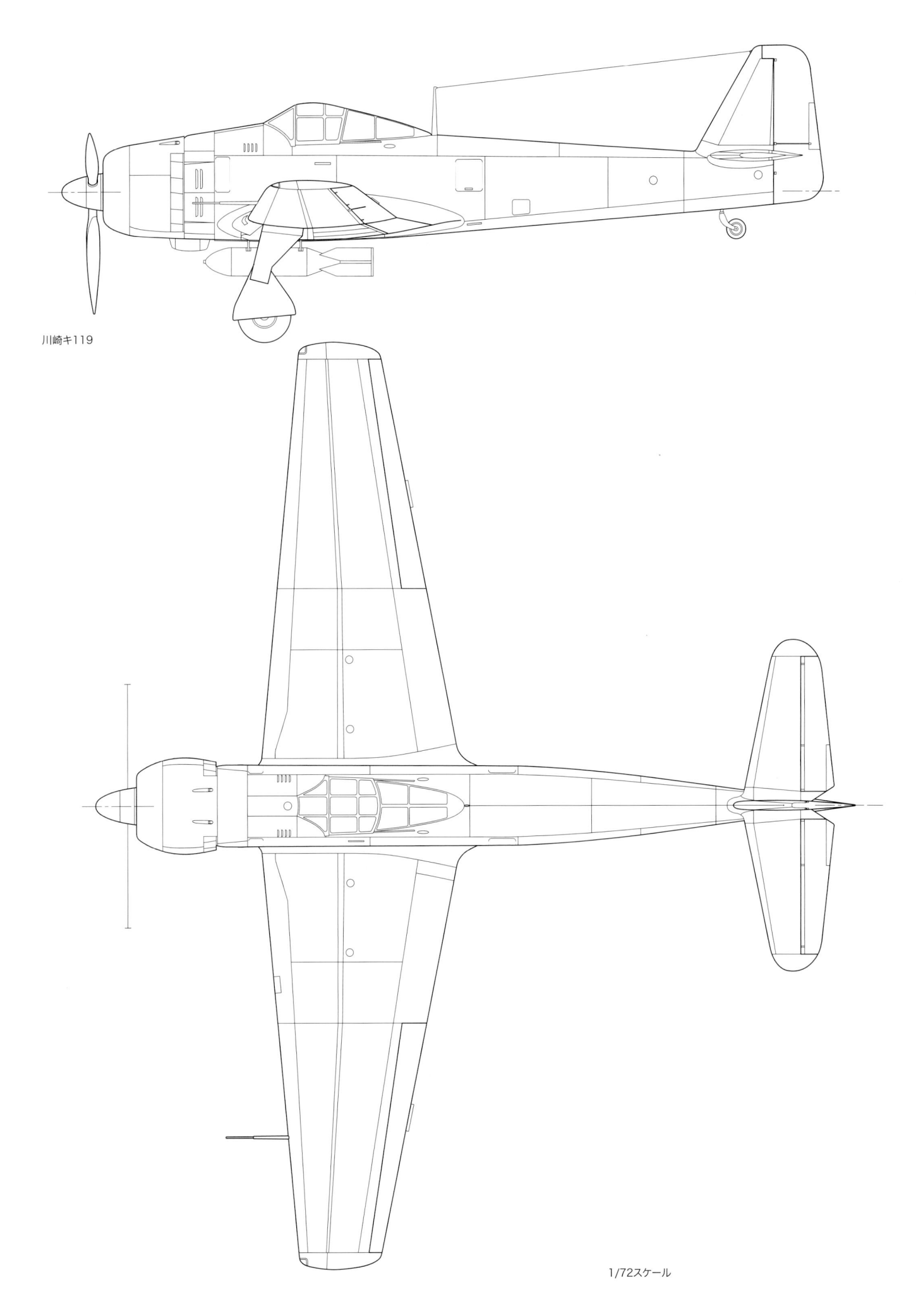

1/72スケール

川崎キ119

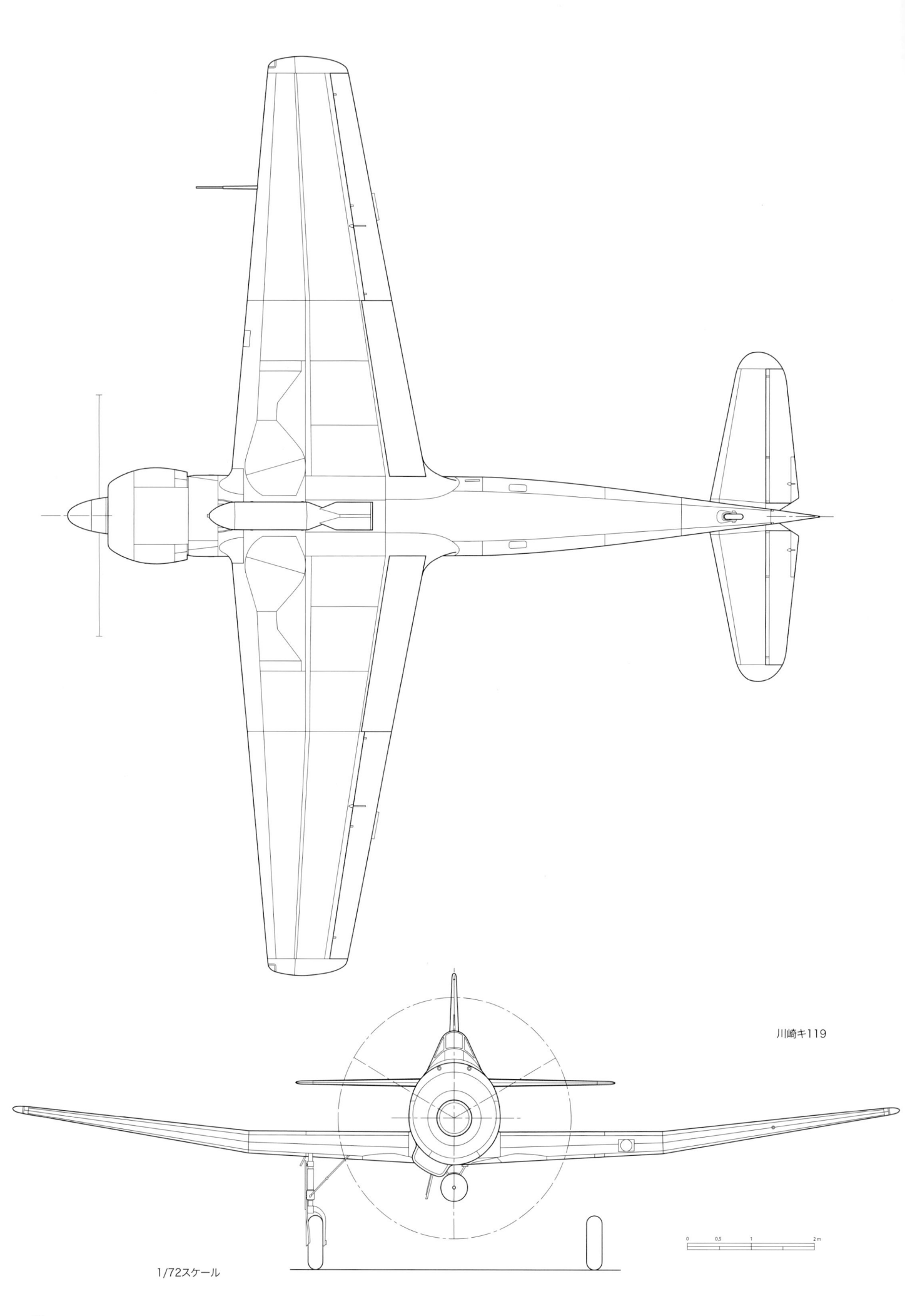

1/72スケール

諸元
機体要目： 単座低翼単葉軽爆撃機、同急降下爆撃機兼護衛戦闘機。密閉式操縦席、引き込み降着装置および固定尾輪。全金属製構造、羽布張り操縦舵面。通常型尾翼。
乗員： 密閉式操縦席に操縦手。
動力： 三菱ハ104空冷18気筒複列星型発動機〔離昇出力2,000馬力（1,470kW）、公称出力1,900馬力（1,395kW）、高度5,400mでの出力1,720馬力（1,265kW）〕×1；金属製3翅可変ピッチプロペラ。
武装： 爆撃機型——20mm固定機関砲ホ5×2（機首）、胴体下面懸吊架に800kg爆弾×1、ないし両翼下面懸吊架に250kg爆弾×2。
戦闘機型——20mm固定機関砲ホ5×2（機首）および20mm固定機関砲ホ5×2（主翼内）。

| 型式名 | キ119 |
| --- | --- |
| 全幅（m） | 14.0 |
| 全長（m） | 11.85 |
| 全高（m） | 4.5 |
| 翼面積（㎡） | 31.9 |
| 自重（kg） | 3,670 |
| 離陸重量（kg） | 5,980 |
| 有効搭載量（kg） | 2,310 |
| 翼面荷重（kg/㎡） | 187.46 |
| 馬力荷重（kg/馬力） | 2.99 |
| 最大速度（km/時） | 580 |
| 最大速度記録高度（m） | 6,000 |
| 巡航速度（km/時） | 475 |
| 高度6,000mまでの上昇時間 | 6分09秒 |
| 上昇限度（m） | 10,500 |
| 通常航続距離（km） | 600 |
| 最大航続距離（km） | 1,200 |

生産：開発およびキ119実大模型製作、川崎航空機工業株式会社 各務原工場。試作機は未成、量産機なし。

# 国際夕号
## Kokusai Ta-Go

　迫りくる連合軍上陸部隊を撃退ないし撃滅するため、日本では数多くの案が検討されていた。その中には崩壊に瀕した日本帝国の最も有効な戦法である特攻作戦用の新型機計画もあった。夕号の設計は正確には2種類あり、開発開始時から単純安価さと省資源を目ざしていた。両設計はいずれも低出力エンジンの搭載を予定していた。

　公式には中島キ115剣が特殊攻撃機として採用されていたが、立川の陸軍航空技術研究所の若手士官たちは別の案を提出した。

　軽合金不足と連合軍の戦略爆撃による日本の航空産業の損害を考慮した結果、さらに簡素な機体が提案された。この新型特攻機は通常の航空機工場ではなく、木材や鋼鉄などの入手の容易な材料を使用して小工場で非熟練工員により生産されるものだった。このため機体構造には徹底的な簡略化が要求され、性能すらも二の次とされた。本機に求められたのは、とにかく離陸して一度限りの体当たり攻撃をすることだけだった。

　この夕号（夕は竹槍から）という新型特殊攻撃機の推進派の代表が水山嘉之大尉だった。彼は簡略設計の夕号機の設計を2種類にすることで、あらゆる調達可能なエンジンが使用できるようにした。当時調達が可能だったエンジンの調査が行なわれ、その結果を踏まえて2種類の機体が設計された。第1の機種は出力500馬力級のエンジン用の機体で、第2の機種はずっと小出力の150馬力級エンジンを使用するものだった。

　水山大尉の案は当初、陸軍航空本部の承認を得られなかった。しかし水山大尉は公式な指示がないのをものともせず、1945年2月にいずれも軽飛行機を専門に製造していた立川飛行機と日本国際航空工業の代表者に接触した。水山大尉の構想に基づき、立川は500馬力エンジン用の機を、国際はより小型の150馬力エンジン用の機を製作することになった。さらに水山大尉は同月中に京都の国際京都工場を訪問し、その構想を説明した。説明会は立川よりもはるかに好感触で、国際の代表者は立川のように陸軍航空本部の公式命令を待ってからといった条件も付けずに試作機の製作を快諾し、夕号の設計を直ちに開始した。製造用図面の作成は設計と並行して進められた。

　夕号の機体は小型低翼単葉のコンパクトな設計で全木製構造だった。木製骨格には合板と羽布が張られた。本機の構想では非熟練工による大量生産が大前提だったため、機体形状の洗練は論外だった。生産簡易化のため、垂直尾翼と水平尾翼は同一形状だった。胴体は側面形だけでなく断面形までが長方形だった。操縦席は非常に狭い開放式で、小さな風防が付いていた。主翼も非常に簡素な木製で、敵偵察機に発見されにくくし、機体を洞窟や小屋に隠すため、内翼部のすぐ外側のヒンジで折り畳めるようになっていた。主降着装置と尾橇は単純な構造で、エンジンは国際キ86練習機にも使われた離昇出力110馬力の日立ハ47初風直列倒立空冷発動機だった。使用された木製プロペラも国際キ86練習機からの流用だった。本機は胴体下面に100kg爆弾1発を装備できた。

　最初の（そして結局最後となった）夕号特殊攻撃機の試作機は京都府の大久保にあった陸軍航空技術研究所の学生により製作された。国際のテストパイロットによる初飛行は1945年6月25日だったが、簡略な設計に起因する操縦性の問題のため飛行試験は長く続けられなかった。それにもか

国際夕号特殊攻撃機の側面。

かわらず量産化への努力は続けられたが、本機には未だに陸軍航空本部からの正式承認が下りず、キ番号もなかった。計画では本機を鉄道トンネルや洞窟の中で生産し、そこから直接出撃させる予定だったが、終戦までに完成した量産機は1機もなかった。量産化実現時にはタ号には大阪、神戸地区を拠点として関西方面の防衛が期待されていた。タ号の攻撃目標としては、米軍の後方陣地のテント群が想定されていた。

　終戦の直前、国際航空工業では他にもツ号とギ号という計画機が設計中だったという説もあるが、確かな情報は今のところ発見されておらず、写真や図面も存在しない。

諸元
機体要目：　単発低翼単葉機。木製羽布張り構造。
乗員：　　　開放式操縦席に操縦手。
動力：　　　日立ハ47初風（GK4A11型）4気筒空冷直列発動機〔離昇出力110馬力（82kW）〕×1；木製2翅固定ピッチプロペラ、直径2,180m。
武装：　　　100kg爆弾×1。

| 最高速度（km/時） | 580 |
| --- | --- |
| 最高速度記録高度（m） | 6,000 |
| 高度6,000mまでの上昇時間 | 6分09秒 |
| 上昇限度（m） | 10,500 |
| 通常航続距離（km） | 600 |
| 最大航続距離（km） | 1,200 |

生産：日本国際航空工業株式会社により1945年にタ号試作機が1機のみ完成。

夕号は主翼が折り畳み式で、トンネルや陸橋の下に隠せた。

正面から見た夕号で、主翼は手動折り畳み式。本機のエンジンは離昇出力110馬力（82kW）の日立ハ47初風（GK4A11型）4気筒空冷直列エンジンで、直径2.180mの木製固定ピッチプロペラを駆動した。プロペラとの干渉を避けるため屈曲したピトー管に注意。

0　　　1　　　2 m

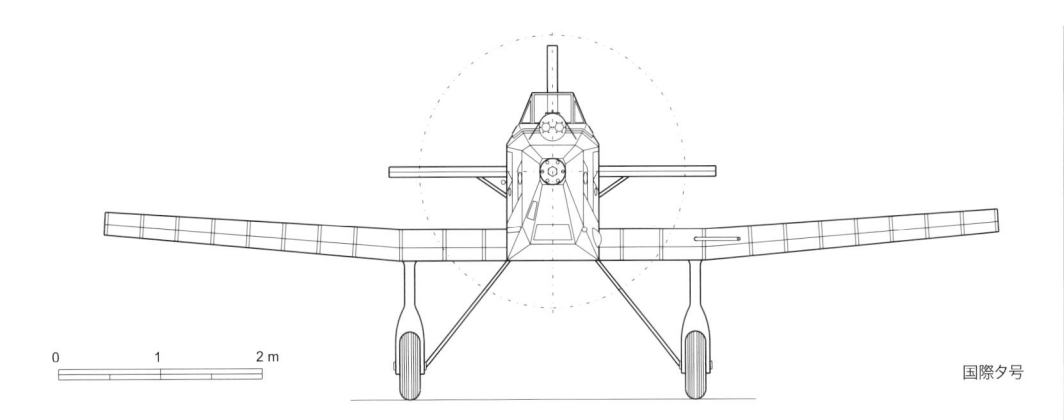

1/72スケール

国際夕号

最初で最後の機となった国際夕号特殊攻撃機の試作機は京都府大久保の陸軍航空技術研究所の学生により製作された。初飛行は1945年6月25日に国際のテストパイロットによって行なわれた。

夕号は全木製構造で、胴体下面に100kg爆弾1発を装備できた。

京都の国際航空工業で完成した夕号は100馬力エンジンを搭載していた。写真中央で手を組んでいるのが設計主務者の益浦幸三技師。

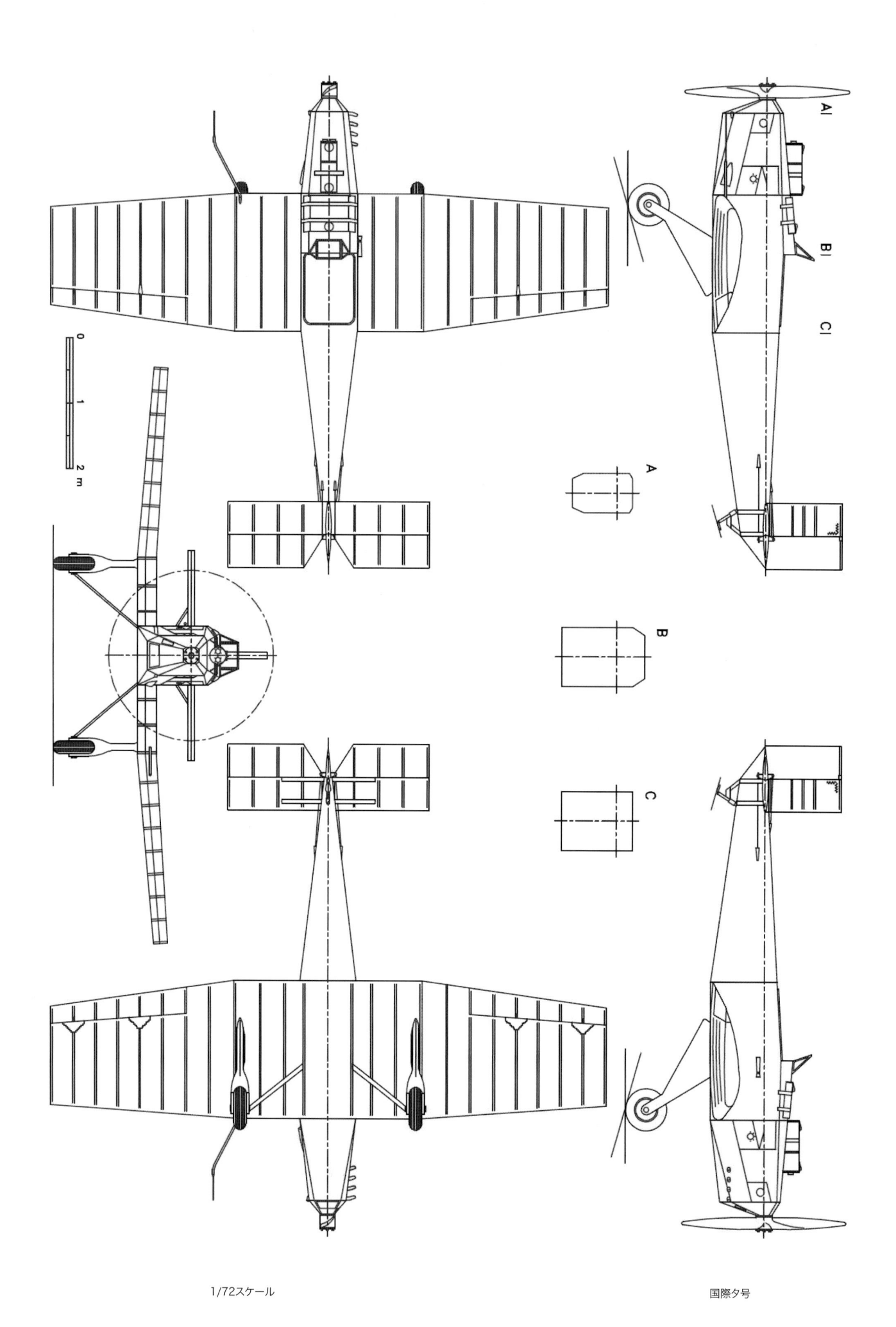

1/72スケール　　　　　　　　　　国際夕号

## 中島キ49呑龍
### Nakajima Ki-49 Donryu 'Helen'

中島キ49呑龍は爆撃機としては一般に不成功だったとされる機体で、特攻機として期待されたものの、本格的に使用される前に終戦を迎えた。

日本最大の航空機メーカー、中島飛行機は1930年代前半まで大きな業績を上げていなかった。それまでは最大のライバル、三菱が陸軍航空本部と海軍航空本部から出された新型機開発計画の大部分を受注していた。中島にとって特に痛手だったのは陸軍と海軍の両方が当時日本軍の航空戦力で最も重要視されていた双発爆撃機において、中島製でなく三菱製の機体を採用したことだった。アメリカのダグラスDC-2旅客機を参考に中島が開発したLB-2爆撃機は三菱のG3M九六陸攻に敗れた。陸軍向けの同クラス機の審査でも中島のキ19は三菱のキ21九七重爆に惜敗した。中島が得られたのはキ21のライセンス生産権だけだった。これらの挫折を踏まえ、中島は次期爆撃機の競争試作に特に周到な準備をした上で臨んだのだった。

キ21の後継機の要求仕様を陸軍航空本部が提示したのは1938年初めだった。日中戦争の戦訓から最重要視された要求は、戦闘機の掩護なしでも敵地奥深くまで単独侵攻可能な重爆撃機というものだった。これを満足させるため、新型機にはキ21を超える性能だけではなく、敵戦闘機の攻撃を撃退可能な重武装も必要になった。要求諸元には以下の項目が含まれていた。

- ●最大速度──500km/時。
- ●爆弾750kg搭載での航続距離──3,000m。
- ●爆弾搭載量──通常750kg、最大──1,000kg。
- ●防御武装──20mm機関砲1門、機銃5門。
- ●乗員保護用の装甲と自動防漏式燃料タンクの装備。
- ●乗員──6名、ただし8名搭乗可能とする。

キ21の量産開始からまだ1年も経っていなかった1938年末、中島はキ49と名付けられた新型機の実大模型を完成させた。設計には中島の主任設計技師糸川英夫博士、先進的なアイディアで有名だった小山悌技師、同社で双発機設計の第一人者だった西村節朗技師らが参加していた。

1939年初頭、キ49の実大模型と計画性能を審査した陸軍航空本部の技術部がこれを承認、設計の継続を命じた。本機は中島飛行機の発祥地、群馬県太田町にある名刹の開祖、呑龍上人にちなみ命名された。キ49の試作1号機は1939年8月に完成し、同月中に初飛行した。

本機は中翼単葉機だった。主翼の中央部は外翼よりも弦長が長くされ、6個の自動防漏燃料タンクが収められた（胴体左右に各3個）。さらに自動防漏燃料タンク2個と滑油タンクが胴体内に設けられた。エンジンナセルと胴体のあいだには離着陸性能を向上させるためファウラーフラップが装備された。広い胴体内には乗員6〜8名が搭乗した。防御武装は20mmホ1機関砲1門が背面砲座に、7.7mm八九式旋回機銃5門が機首、両側方、下面、尾部銃座に1門ずつ装備された。最大爆弾搭載量は爆弾の種類と目標までの距離により、750〜1,000kgだった。爆弾はすべて主翼中央部の弦長と同じ長さの大型爆弾倉に完全に格納された。キ49には中島製の最新型エンジン、出力1,200馬力のハ41の装備が予定されていた。しかし試作1号機が完成した当時まだハ41は完成していなかったので、計画の遅滞を防ぐため離昇出力950馬力のハ5改が搭載され、ハミルトンスタンダード

浜松航空教育隊はキ49-I型呑龍などの爆撃機を使用して搭乗員を養成するため1944年6月20日に編成された。

社製3翅2段可変ピッチプロペラ（住友金属製のライセンス生産品）を駆動した。さらに2機の増加試作機が1939年11月に完成し、当初の計画どおりハ41を装備した。

キ49試作機は飛行試験で満足すべき飛行特性と運動性を示した。いくつかの改良が施されたのち、本機は1940年11月20日に量産化が決定された。こうして本機には「陸軍百式重爆撃機 呑龍Ⅰ型」（キ49-Ⅰ）の制式名称が与えられた。

量産型キ49-Ⅰ型の1号機が中島工場からロールアウトしたのは陸軍航空本部によるキ49の基本設計の承認から3年後、量産化の決定から9ヵ月後の1941年8月だった。それにもかかわらず先行型のキ21九七重爆は新型のキ49の就役開始後も増産され続け、キ49の生産は少数にとどまった。

キ49の最初の実戦部隊が運用を開始したのは1942年中盤だった。それは飛行第61戦隊（重爆撃機戦隊）で、1942年2月からキ49の受領を開始し、同年6月に機種転換訓練を終了した。それからまもなく61戦隊はセレベス島ケンダリー基地へ進出した。

同戦隊の任務はオーストラリアの爆撃だった。最新型への機種転換と移動のため、隊が戦備を整え終えたのは1943年6月のことだった。最初の作戦は1943年6月20日で、18機のキ49がポートダーウィンを空襲した。本機の初陣は成功とはいえなかった。2機のキ49が目標上空で撃墜され、帰途で1機がティモール島に不時着し、さらに2機が着陸時に損傷した。1942年末にキ49-Ⅰ型はどの前線からも遠く離れた満州の飛行第74戦隊にも配備された。同戦隊は61戦隊以外でキ49-Ⅰ型を装備した唯一の部隊だった。

1941年中盤、キ49がまだ実戦部隊に配備されていなかった時点で改良型の設計が開始された。キ49-Ⅱ甲は出力の向上したハ109発動機と改良型の自動防漏式タンクを装備し、燃料タンクの防弾装甲も強化され、夜間爆撃が可能な新型爆撃照準器が取り付けられた。1943年6月には飛行第7戦隊がキ49-Ⅱ甲に装備を再更新した。しかし数週間の実戦ののち、同戦隊の残存機はわずか6機となった。1943年12月に満州の74戦隊とセレベス島の61戦隊もⅠ型からⅡ型に機種更新した。

1943年9月に小規模な改良を施したキ49-Ⅱ乙の量産が開始された。これはキ49-Ⅱ甲に似ていたが、従来の機首、尾部、胴体下面の7.7mm機銃が12.7mm機関砲に変更され、爆撃照準機が改良されていた（続く改良型キ49-Ⅲ型の最大の改良点はさらに出力の向上したエンジンだったが、予定されていた中島ハ117は終戦までに量産化できなかった）。

最初のキ49-Ⅱ乙は1944年4月初旬に第4航空軍に引き渡された。新型機はホランジアに上陸中だった連合軍部隊の夜間攻撃に使用された。これらは通常1〜4機からなる編隊単位で運用され、メナド、ケンダリー、マカッサルの飛行場から出撃した。

1944年初頭、キ49-Ⅱ型はビルマで作戦中だった飛行第62戦隊にも配備された。初陣は1944年3月27日だったが、出撃した9機は全機が未帰還となった。キ49のうち8機が連合軍戦闘機に撃墜され、残る1機は大破してビルマ領内に不時着した。1944年5月になると同戦隊はインドのインパール方面などへ散発的な攻撃を実施した。しかし損害があまりにも多かったため、早々にフィリピンへ引き揚げられた。同じころキ49部隊を含む第4航空軍の大部分もニューギニアからフィリピンへ後退していた。キ49は飛行第7および74戦隊に加え、第95戦隊にも配備されたが、後者は第74戦隊の代わりに満州に配置された。連合軍が

ジャワ島のカリジャチ飛行場の陸軍機は主に輸送任務に使用されていた。遠方の機は中島キ49呑龍Ⅱ型甲。

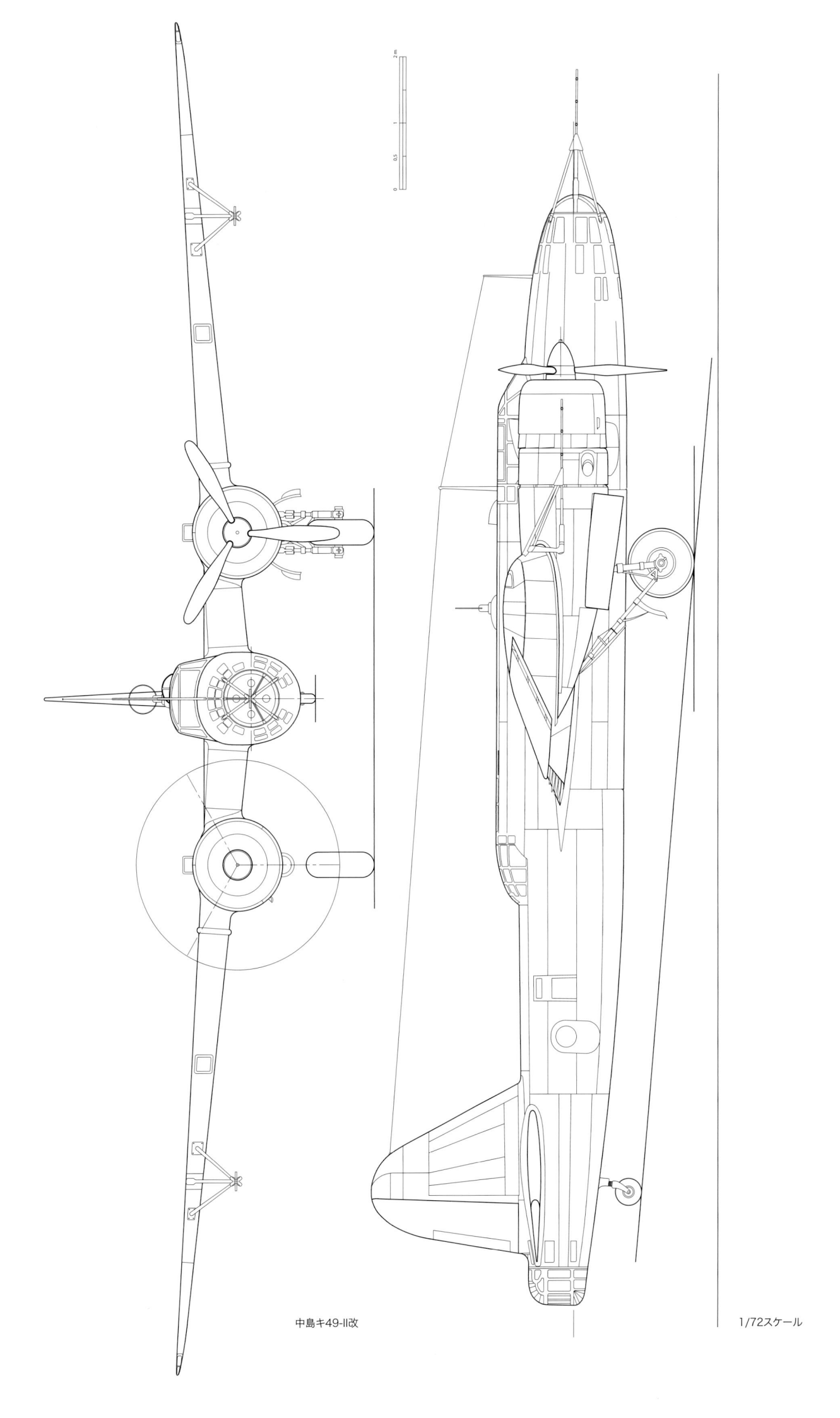

中島キ49-II改 1/72スケール

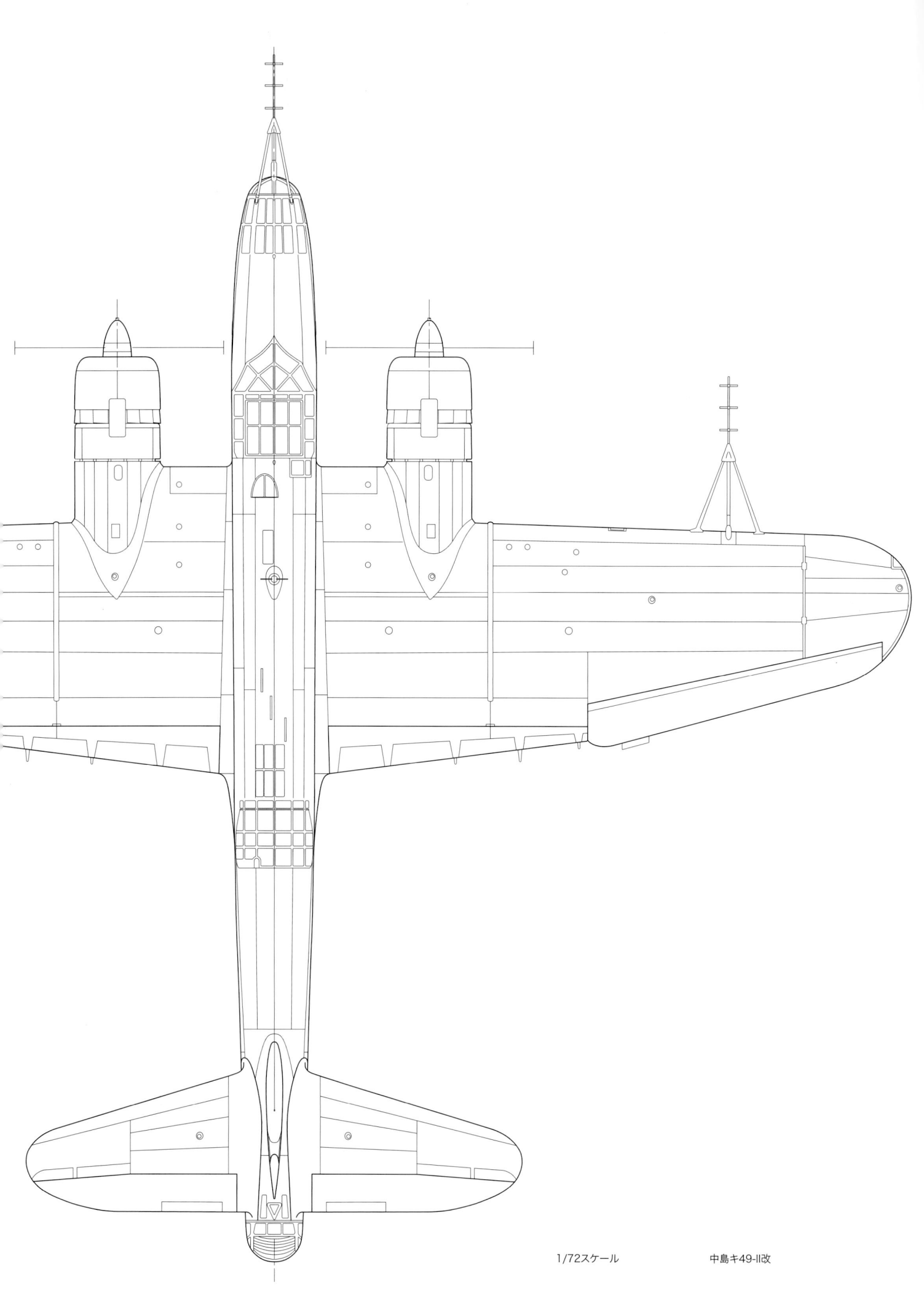

1/72スケール　　中島キ49-II改

浜松陸軍飛行学校のキ49-I型呑龍。

フィリピン上陸作戦中だった1944年10月、比島方面のキ49は全機がルソン島のクラーク飛行場かリパを基地としていた。その大半は上陸作戦の最初の数日間で連合軍機に地上撃破され、残存機は夜間にのみ活動した。1944年12月からキ49は特攻に使用され始めた。

川崎キ48の特攻型を使用する万朶隊が有望視されたのを受け、他の機種にも同様の改造を施すことが決定された。数ある機体の中から選ばれたのが12機のキ49だった。通常型と比べ、特攻型は乗員が2名に減り、防御武装は全廃、胴体前部には800kg爆弾1発が内蔵され、機首の爆撃手兼銃手席からは起爆信管が突出していた。最初の特攻型は「陸軍百式重爆撃機 呑龍II型改」（キ49-II改）とされ、1944年8月に中島飛行機で改造された。選抜された志願者からなる隊の訓練は、キ49-II改がまだ完成していなかった1944年夏に開始された。連合軍のフィリピン上陸の報せに、2個の特攻部隊のうち74戦隊の搭乗員で編成されていた最初の隊が10月末に戦地へ向かった。まもなく95戦隊を原所属部隊とする第二の隊もこれに合流し、両部隊は第4航空軍の予備戦略部隊とされた。その初特攻出撃は1944年12月6日で、これが成功したことから、さらに計216機のキ49-II改からなる18個の特攻隊を編成する計画が立てられた。計画は直ちに承認されたが、フィリピン戦の終結により中止された。

最前線がフィリピンにまで達した1944年末にキ49の戦歴は事実上幕を閉じ、新型の三菱キ67飛龍が就役を開始した。沖縄戦の最中の1945年5月に旧式爆撃機を輸送機に転用して陸戦決死隊を送り込む作戦が立案され、残存していたキ49-II型の数機が輸送機に改造された。これらの機は敵に占領されている飛行場に着陸し、降り立った決死隊が飛行場の航空機と施設を破壊する予定だった。しかし沖縄の読谷飛行場でキ21九七重爆を使用した同様の作戦が失敗すると、計画は放棄された。

結局多くのキ49が戦争を生き残り、戦後に中国から日本兵を復員させるのに使用された。キ49は1942年9月に連合軍情報部に認識され、コードネーム「ヘレン」を与えられた。最初に連合軍に捕獲されたキ49は1943年6月20日にオーストラリアのポートダーウィン上空で撃墜された61戦隊のものだった。これよりもやや良好な状態で鹵獲されたのは1943年12月にニューブリテン島のグロセスター岬で米軍の手に落ちた機だった。数機分の部品から1機に仕立てられたあるキ49は、戦後蘭印でインドネシア人民革命軍機として1947年まで使用された。

キ49は陸軍航空隊の搭乗員にはあまり好評でなかった。本機は重すぎてどの型も出力不足だったため、操縦性が悪かった。その性能は先行機のキ21九七重爆より大して優れていなかった。連合軍が制空権を握ったため一般化した夜間作戦では搭乗員たちは排気炎による眩惑に悩まされたが、これはエンジンが操縦席の真横に位置していたためだった。本機はキ21よりも複雑な構造のせいで整備が面倒で生産にも時間がかかり、キ49を装備した飛行隊は訓練部隊1個、実戦部隊5個にとどまった。

機首に延長信管を装備したキ49-II改。

飛行第74戦隊のキ49-II改特殊攻撃機で、機首の延長信管は800kg爆弾の起爆用。

放棄されたキ49-II乙呑龍。1945年3月、フィリピンのニコルス飛行場にて。

諸元

機体要目： 双発中翼単葉重爆撃機（キ49）、ないし輸送機（キ49改）、ないし特攻機（キ49-II改）。全金属構造、羽布張り操縦舵面。

乗員： 8名（操縦手、副操縦手、爆撃手兼銃手、通信手兼銃手、航法手、銃手3名）。

動力： 中島ハ5改空冷14気筒星型エンジン〔離昇出力950馬力（699kW）、高度4,000mでの出力1,080馬力（794kW）〕×2；金属製3翅可変ピッチプロペラ、直径3.175m；燃料タンク容量2,350リットル、滑油タンク容量150リットル（キ49試作1号機）。
中島ハ41空冷14気筒星型エンジン〔離昇出力1,200馬力（883kW）、高度3,700mでの出力1,260馬力（927kW）〕×2；金属製3翅可変ピッチプロペラ、直径3.175m；燃料タンク容量2,350リットル、滑油タンク容量150リットル（キ49試作2～10号機、キ49-I、キ49-I改）。
中島ハ109（陸軍二式）空冷14気筒星型エンジン〔離昇出力1,520馬力（1,118kW）、高度2,150mでの出力1,440馬力（1,059kW）、高度5,250mでの出力1,310馬力（963kW）〕×2；金属製3翅可変ピッチプロペラ、直径3.175m；燃料タンク容量2,700リットル、滑油タンク容量150リットル（キ49-II）。
中島ハ117空冷14気筒星型エンジン〔離昇出力2,420馬力（1,779kW）、高度4,000mでの出力2,370馬力（1,742kW）〕×2；金属製3翅可変ピッチプロペラ、直径3.200m；燃料タンク容量2,700リットル、滑油タンク容量150リットル（キ49-III）。

武装： 20mmホ1機関砲×1、7.92mm八九式旋回機銃×5（キ49試作機、キ49-I、キ49-II）。
20mmホ1機関砲×1、12.7mmホ113（一式）機関砲×3、7.92mm八九式旋回機銃×2（キ49-II乙、キ49-III）。
7.92mm八九式旋回機銃×3（キ49-I改、キ49-II改）。

爆弾搭載量：通常——750kg；最大——1,000kg。

| 型式 | キ49-I | キ49-II | キ49-III |
|---|---|---|---|
| 全幅（m） | 20.424 | 20.424 | 20.424 |
| 全長（m） | 16.808 | 16.808 | 16.808 |
| 全高（m） | 4.25 | 4.25 | 4.25 |
| 翼面積（㎡） | 69.33 | 69.05 | 69.05 |
| 自重（kg） | 6,250 | 6,070 | 6,750 |
| 通常離陸重量（kg） | 10,225 | 10,150 | 10,680 |
| 最大離陸重量（kg） | 10,675 | 11,400 | 13,500 |
| 有効搭載量（kg） | 3,975 | 4,080 | 3,930 |
| 翼面荷重（kg/㎡） | 153.93 | 147.00 | 158.22 |
| 馬力荷重（kg/馬力） | 5.38 | 3.39 | 3.76 |
| 最大速度（km/時） | 466 | 492 | 540 |
| 最大速度記録高度（m） | 5,000 | 5,200 | 5,300 |
| 巡航速度（km/時） | 350 | 350 | 350 |
| 巡航高度（m） | 3,000 | 3,500 | 4,000 |
| 着陸速度（km/時） | 131 | 133 | 133 |
| 高度5,000mまでの上昇時間 | 14分05秒 | 13分39秒 | 10分30秒 |
| 上昇限度（m） | 8,650 | 9,300 | 8,500 |
| 通常航続距離（km） | 2,000 | 2,950 | 2,000 |
| 最大航続距離（km） | 3,070 | 3,500 | 3,120 |

生産：キ49全型式の総生産数は814機、内訳は以下のとおり。
中島飛行機株式会社（太田町）
- ●キ49試作機——3機（1939年8月）
- ●キ49先行量産型——7機（1940年1～12月）
- ●キ49-I量産型——129機（1941年8月～1942年8月）
- ●キ49-II試作機——2機（1942年8月～1942年9月）
- ●キ49-II量産型——587機（1943年3月～1943年12月）
- ●キ49-III試作機——6機（1943年3月～1943年12月）

立川飛行機株式会社（立川市）
- ●キ49-II量産型——50機（1943年1月～1943年12月）

満州飛行機製造株式会社（ハルビン）
- ●キ49-II量産型——30機

# 三菱ト号およびキ167
Mitsubishi To-Go and Ki-167

　三菱キ67飛龍は本来は双発の爆撃機兼雷撃機だった。本機は台湾や沖縄近海の米艦隊の攻撃に使用されたが、ついには他の機種同様、特攻機に改造された。陸軍航空本部は1944年8月8日に本機の特攻型（ト号機）の試作を指示し、1945年2月には破壊力を最大化するため先端技術の成形炸薬爆弾の搭載型（キ167）の試作も指示した。

　計画は基本的に二つの段階から構成されていた。第1段階はキ67の機体を800kg爆弾2発が搭載できるよう応急改造したもので、キ67-Ⅰ改ないしト号（特別攻撃のトから）と呼称された。第2段階は成形炸薬爆弾を搭載した特攻専用型のキ167だった。本機は桜弾機とも呼ばれた。

　1944年9月、極秘裏に中島キ49呑龍と三菱キ67-Ⅰ甲飛龍爆撃機を特殊攻撃機に改造する命令が下された。キ67-Ⅰ改はキ67の機体をそのまま流用していた。要求に基づき爆弾搭載量が1,600kgに増加され、機種から長く突出した棒の先に信管が取り付けられた。不要な装備品はすべて撤去された。側方、尾部、後上方砲座は廃止され、開口部は金属板で整形された。ガラス張りの機首はソリッド化されて800kg爆弾1発が収められたが、もう1発は既存の爆弾倉に納められた。乗員は操縦手、副操縦手、通信手の3名に減らされた。1944年9月までに10機が改造された。改造は立川にあった第1陸軍航空廠の監督のもと、立川飛行機と川崎航空機の工場が担当した。改造を終えた機は特別攻撃隊の富嶽隊に配備された。

　富嶽隊は1944年10月にフィリピンに到着した。同隊は西尾常三郎少佐を隊長とし、浜松教導飛行師団第1教導飛行隊の教官から選ばれた6名で編成されていた。同隊はフィリピンで第7戦隊から人員を補充された。垂直尾翼に描かれた富嶽隊の部隊マークは富士山を図案化したものだった。隊は10月末には隊員数が志願者により26名にまで増え、キ67-Ⅰ改（ト号機）10機を擁するまでになり、作戦準備が整った。部隊は同じくフィリピンにあった第4飛行師団の直属となり、師団長は富嶽隊を予備戦略部隊として温存することにした。

　富嶽隊は1944年11月7日と13日に出撃したが、この時の稼動機はそれぞれ、わずか4機と5機だった。富嶽隊最後の特攻出撃は1945年1月12日だった。富嶽隊の戦果は不明だったが、1944年12月にさらに5機のキ67をト号機に改造することが決定された。これらは直ちにフィリピンに送られ、戦力を失っていた74戦隊に配備された。当時74戦隊はキ49呑龍を使用していたが、1944年末に特攻任務を命じられ、1945年1月9日にト号機数機を受領した。しかし同部隊のト号機は出撃の前にルソン島のリンガエン基地で破壊され、特攻計画は実現しなかった。フィリピンに放置されていたト号機の残骸はその後接収され、米軍航空技術情報部隊（TAIU）の専門家は誤ってこれをキ67飛龍の偵察機型と判別した。

　キ67改造の第2の特攻型は成形炸薬爆弾の桜弾を搭載するため開発された。本機には「陸軍試作攻撃機」（キ167）の名称が与えられたが、このキ番号は公式なものではなかった（公式のキ167は試作練習機の計画に与えられていた）。桜弾はドイツ製の成形炸薬弾を参考に開発された。成形炸薬弾は1942年10月に設計図とともに潜水艦伊30で日本にもたらされた。日本軍はこの弾頭の研究開発を満州の白城子で極秘裏に進めた。ある実験では成形炸薬弾の噴炎は弾着点から1,000m先まで伸びたという。この弾頭は距離300m以内の平均的な戦車なら完全に破壊できた。その後桜弾の艦艇に対する有効性が水戸市近郊の馬渡爆撃場でテストされた。実験で桜弾の成形炸薬の噴炎は傾斜角45度、2m、4m、6mずつの間隙を置いて配置された厚さ6mm、40mm、172mm、35mmの4枚の装甲板を貫通した。実験結果の分析により、噴炎は艦底まで貫通しうることが判明した。次にこの巨大な爆弾をどうすれば爆撃機に搭載できるかという問題が残り、1944年5月に第3陸軍航空技術研究所において小型化が行なわれた。形状はほぼお椀形で、前部直径1.6m、重量が2,900kg、炸薬量は1,600kgとなり、前面に薄い炸薬カバーが付き、側面は厚さ数mmの装甲板製だった。米軍報告によれば、さらに小型化した桜弾2号の開発が行なわれていた。重量は1,300kg、炸薬量900kgとなり、前部直径は1.12m、前後長は1mで、前面に薄い炸薬カバーが付き、側面は厚さ4mmの装甲板製だった。このようにかなり軽量化されていたにもかかわらず、桜弾2号が爆撃機に搭載されることはなかった。

　桜弾はキ67の機体に組み込まれた。重心位置を変化させないよう桜弾は操縦席後方の銃塔部に配置された。弾体は下方へ15度傾斜されたが、これは水上目標に対して最適な角度と考えられたためだった。しかしキ67の機体に桜弾を内蔵するには胴体にさまざまな改造を加える必要があった。機体の上背部は切り欠かれ、桜弾設置後にベニヤ板で整形された。このためキ167の背中は異様に膨らんだ形状になった。乗員は半分の4名に減らされた。全廃された砲座の跡は整形され、資源節約のため胴体前部と尾翼の一部が木製化された。

　桜弾を搭載した最初のキ167試作機2機は1945年2月に名古屋の試験工場で完成し、3月には桜

弾機9機が完成した。これらのキ167は西筑波基地の飛行第62戦隊に引き渡されることになった。その後同戦隊は太刀洗基地に移動し、キ167を受領した。

　1945年3月当時、5～6機のト号機が内地の62戦隊と98戦隊に配備されていた。1945年4月17日、飛行第62戦隊の桜弾機が鹿児島の鹿屋から初出撃した。金子寅吉曹長操縦のキ167桜弾機1機とト号機2機は沖縄方面の米艦隊へ向かった。ト号機の1機は撃墜され、1機は被弾しながらも鹿屋に帰還した。桜弾機は0932時の「戦場到着」の無線を最後に未帰還となった。62戦隊のキ167の二度目の出撃は5月25日だった。桜弾機2機とト号機2機からなる編隊は沖縄方面の敵艦攻撃に向かった。ト号機2機は敵を発見できず帰還したが、2機のキ167は会敵し、「突入す」と打電した。それがキ167からの最後の通信となり、攻撃の成否は不明だった（桜弾機の最期については巻末に最新の研究成果を日本語版用に新たに付記した）。

　現存するキ167の写真はほとんどなく、キ167の残存機は進駐軍が日本に来る前にすべて破壊された。同じく桜弾の設計図や詳細資料も失われ、連合軍側がキ67飛龍の桜弾型の存在を知ったのは戦後になってからだった。

諸元
機体要目：　双発片持式中翼単葉特殊攻撃機。全金属構造、羽布張り操縦舵面。
乗員：　　　3名（ト号機）、4名（キ167）。
動力：　　　三菱ハ104（陸軍四式）空冷18気筒星型エンジン〔離昇出力2,450回転/分にて1,900馬力（1,395kW）；高度2,200m、2,350回転/分にて出力1,810馬力（1,330kW）；高度6,100m、2,350回転/分にて1,610馬力（1,185kW）〕×2；金属製4翅可変ピッチプロペラ、直径3.6m；燃料タンク容量5,116リットル（ト号機、キ167）。
防御武装：　なし。
爆弾搭載量：1,600kg（800kg×2）（ト号機）、2,900kg桜弾（キ167）。

| 型式 | ト号（キ67-I改） | キ167 |
|---|---|---|
| 全幅（m） | 22.5 | 22.5 |
| 全長（m） | 18.7 | 18.7 |
| 全高（m） | 7.7 | 7.7 |
| 翼面積（㎡） | 65.85 | 65.85 |
| 自重（kg） | 8.650 | |
| 通常離陸重量（kg） | 13.765 | |
| 有効搭載量（kg） | 5,115 | |
| 翼面荷重（kg/㎡） | 209.04 | |
| 馬力荷重（kg/馬力） | 2.81 | |
| 最大速度（km/時） | 537 | 535 |
| 最大速度記録高度（m） | 6,100 | 6,100 |
| 巡航速度（km/時） | 400 | |
| 巡航高度（m） | 8,000 | |
| 着陸速度（km/時） | 120 | |
| 高度6,100mまでの上昇時間 | 14分30秒 | |
| 上昇限度（m） | 9,470 | |
| 通常航続距離（km） | 3,800 | |

生産：何機のキ67飛龍が特攻機型に改造されたか正確な数字は不明だが、少なくともト号（キ67-I改）は15機が、キ167は9機が製作された。改造は三菱重工業株式会社名古屋試験工場、川崎航空機工業株式会社、立川飛行機株式会社で行なわれた。

離陸に向かう富嶽隊のト号機。

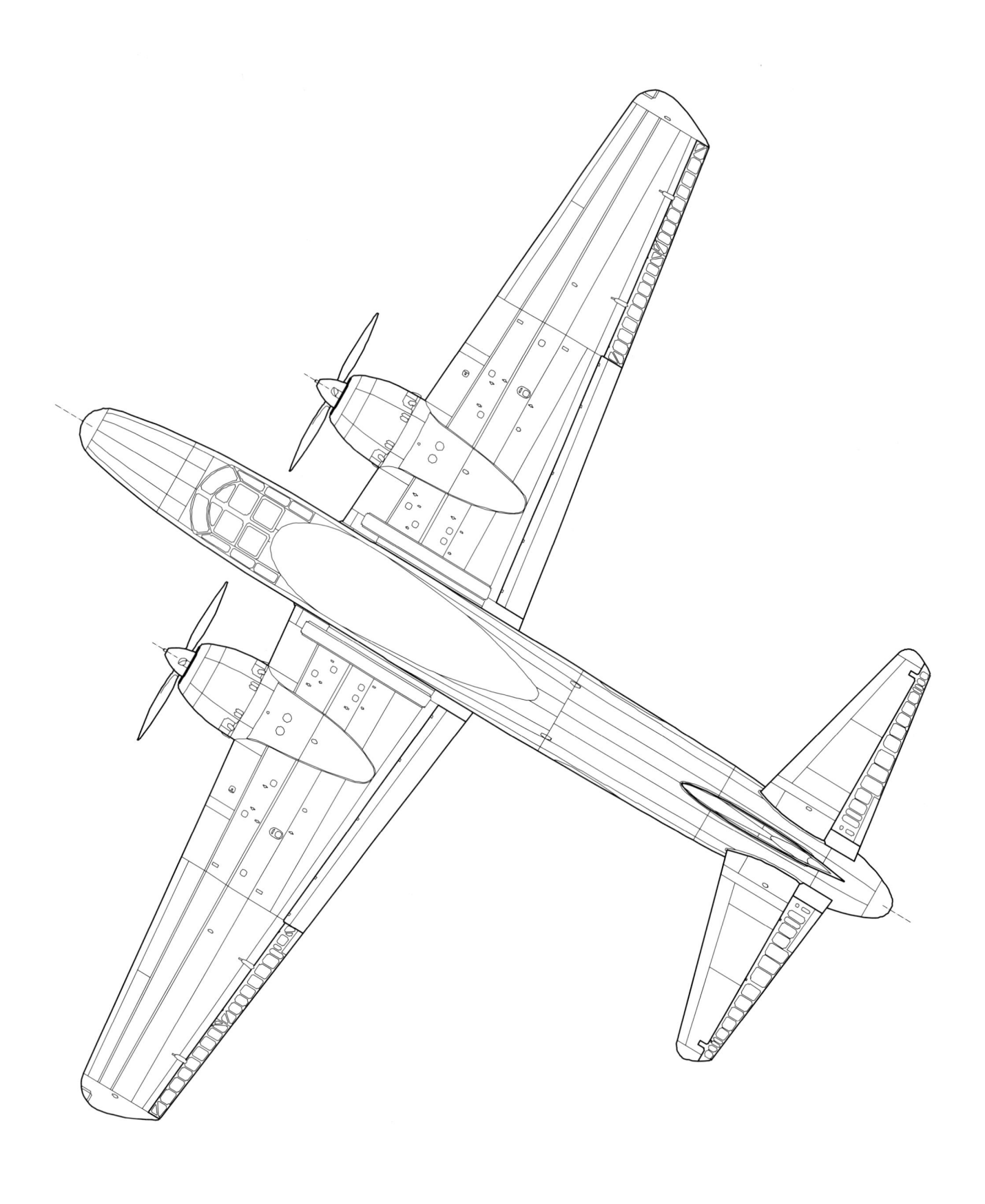

キ167　　　1/100スケール

機首信管付きのト号機の残骸。

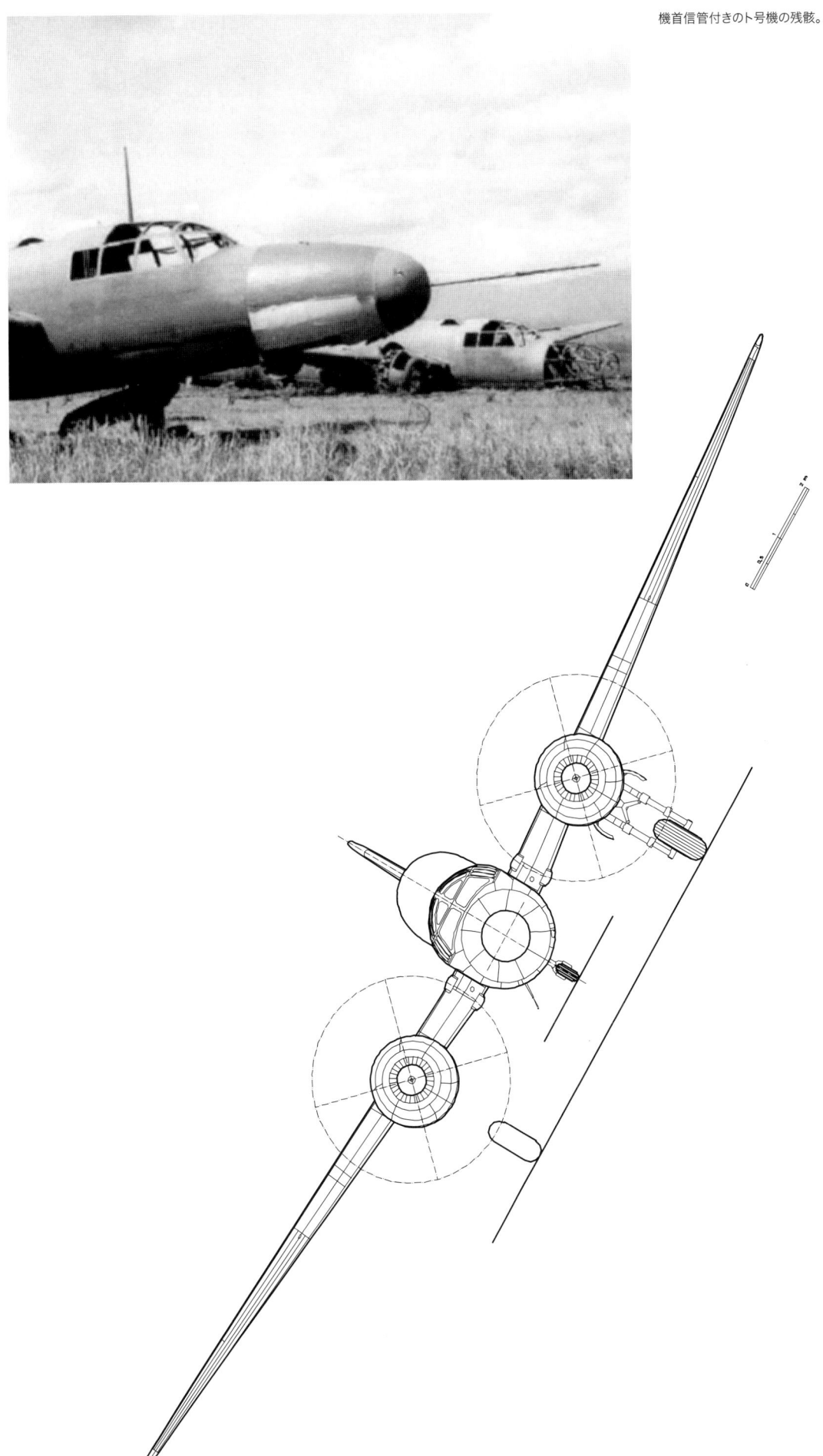

キ167　　　　　　　　　　　　　　　　1/100スケール

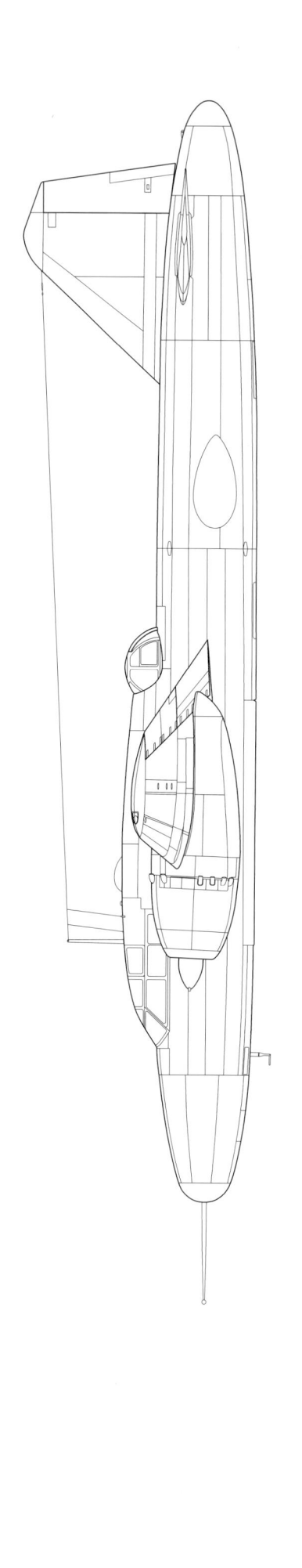

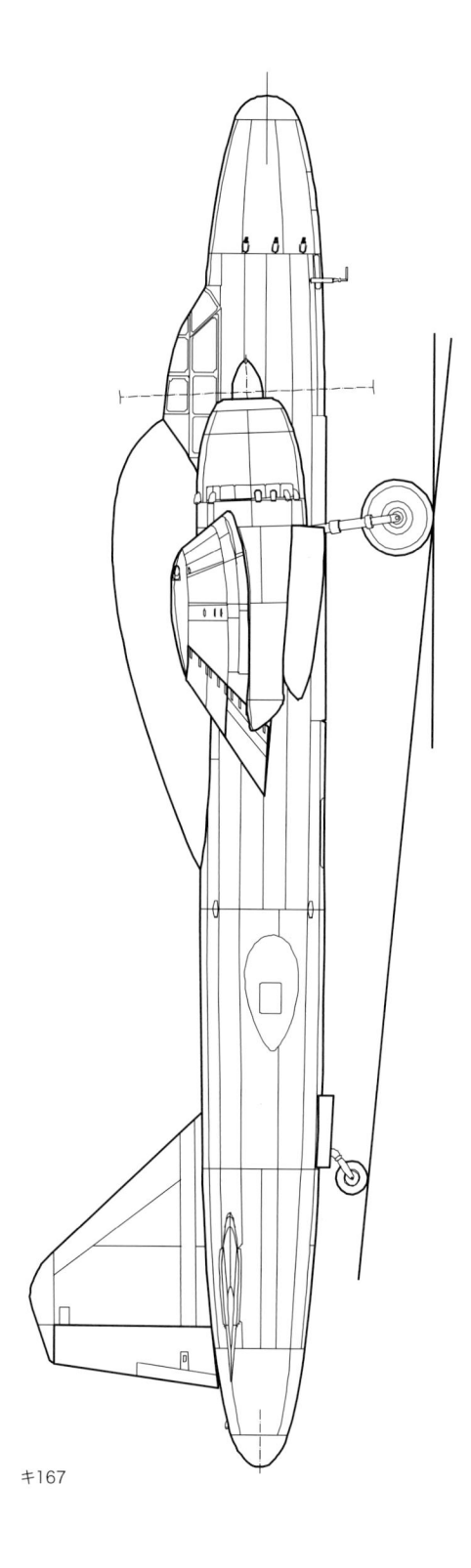

三菱ト号

キ167

## 中島キ115剣
### Nakajima Ki-115 Tsurugi

キ115は本来、戦争末期に簡易爆撃機として中島で自主開発された機体だったが、実際には特攻機として採用され、量産されたのだった。それでもキ115が闇雲に特攻に使用されることはなかった。

日本の占領後、航空機工場を視察した連合軍技術委員会はそれまで情報部が把握していなかった機体を多数発見した。その正体は連合軍の上陸侵攻艦隊などに対して集団特攻を実施するため量産中だった特殊攻撃機中島キ115剣だった。

アメリカ軍のフィリピン上陸作戦の勢いと規模は日本軍を驚愕させた。特攻隊はまだ戦備を完全に整えていなかったが、状況が許しうる最大規模の出撃を敢行した。フィリピン戦の敗北後、特攻専用機の開発は大幅に加速され、先述の皇国3号兵器が最優先とされた。この簡略機型が優先されたのは米軍の海上封鎖により戦略物資が枯渇しつつあったことと、長期にわたる連合軍の戦略爆撃によって日本の生産力が大きく低下し、熟練工員がほとんど残っていなかったためだった。そこで大規模な生産態勢を構築するには非熟練工員に大きく依存するしかなかった。さらに生産が加速された理由としては、特攻隊志願者の大量養成計画が急がれていたこともあった。

1945年1月20日、陸軍航空本部は以下のような新型特殊攻撃機の要求仕様を提示した。
- 疎開先の小工場の非熟練工員でも大量生産可能な単純な設計と構成部品。
- 最小限の訓練しか受けていない搭乗員でも容易に操縦できること。
- アルミニウムと非鉄合金を最小限に抑え、比較的入手が容易な材料を使用すること。
- 仮設飛行場からでも離陸が容易なこと。
- 武装：中型爆弾1発。
- エンジン：800〜1,300馬力級の空冷発動機ならどれでも装備可能なこと。
- 固定脚で爆弾搭載時の最大速度：340km/時。
- 最大急降下速度：515km/時。

実は本機は三鷹研究所と群馬県太田の太田製作所（中島飛行機の一部門）がすでに1944年末から自主的に設計開発を開始していたものだった。設計主務者は中島の青木邦弘技師だった。排気タービン過給機付き高度戦闘機キ87の設計をほぼ終えていた青木技師たちは、日本本土へと押し寄せる米軍上陸部隊に対抗するにはキ87などの新型機では実用化に時間がかかりすぎ間に合わない以上、既存エンジンを利用した戦闘機サイズの爆撃機を多数そろえるのが最善の策だと考えていた。そこで飛行速度と生産性を最優先するため、降着装置を投下式にして機体の軽量化と簡略化を徹底的に図ることにした。着陸は胴体下面の蓋なし爆弾倉を橇として胴体着陸するものとされた。こうして開発が進められていた機体が「陸軍試作特殊攻撃機　剣」（キ115剣）として採用されたのだった。本機は当初「研一」と呼ばれていた。その研究所の研の音読みが剣に通じていたため、剣が公式名称になった。

キ115の構造は要求仕様を先取りしており、極めて単純だった。主翼はアルミ合金を使用した全金属製構造で、前縁には約1度の後退角があった（平面図参照。従来の資料では前縁は一直線としているものも多い）。胴体は骨格が鋼管溶接構造で、前半部がジュラルミン板張り、後半部が薄鋼板張りで、尾翼部は木製構造ベニヤ外皮張りだった。動翼は羽布張りだった。エンジンの固定支点は4点のみで各種の星型エンジンが装備できたが、完成したキ115は全機が離昇出力1,130馬力の中島ハ115-Ⅱ空冷発動機を装備し、3翅定速プロペラを駆動した。操縦席は開放式で、最低限の操縦用とエンジン用計器が備えられ、風防は前方だけだった。本機の降着装置には緩衝装置がなく、鋼管溶接構造の主脚は離陸後に投棄され、再使用される予定だった。こうした徹底した簡略化は生産性だけでなく開発期間短縮のためでもあったが、この降着装置の構造によりさまざまな問題が生じた。胴体下面には800kg爆弾1発が半埋め込み式に装備された。調達が無理ならば250kgや500kg爆弾も使用できた。これがキ115の唯一の武装だった。

キ115の試作1号機は1945年3月5日に完成し、直ちに飛行試験が開始された。試験では問題点が続出した。緩衝装置やブレーキのない無骨な降着装置に起因する問題が多数明らかになった。操縦席からの視界が悪かったため、この欠点は一層深刻だった。翼面積が狭すぎ、フラップのない主翼も問題だった。このため離陸は困難で、離陸距離が非常に長くなってしまった。本機は熟練搭乗員でも扱いが難しく、総合評価は不合格とされた。青木邦弘技師の設計チームは設計の改良を迫られた。

改良型の試作機は1945年6月に完成した。今度は主脚に緩衝装置が組み込まれ、離陸性能向上のために主翼後縁に単純な構造のフラップが装備されたが、これらの変更により元々悪かった操縦席からの視界がさらに悪化した。しかし改良型試作機は一連の基本飛行試験をこなし、審査部の承認を受けた。これと同時にキ115甲の量産が開始されたが、本機の飛行試験結果は必ずしも良くなかった。1945年3月から8月にかけて104機のキ115

キ115甲剣の量産型の1機。中島飛行機太田製作所を接収した進駐軍による撮影。胴体と主翼の日の丸は濃緑色地の上に塗装されている。操縦席前方にはつや消し黒の反射防止塗装。

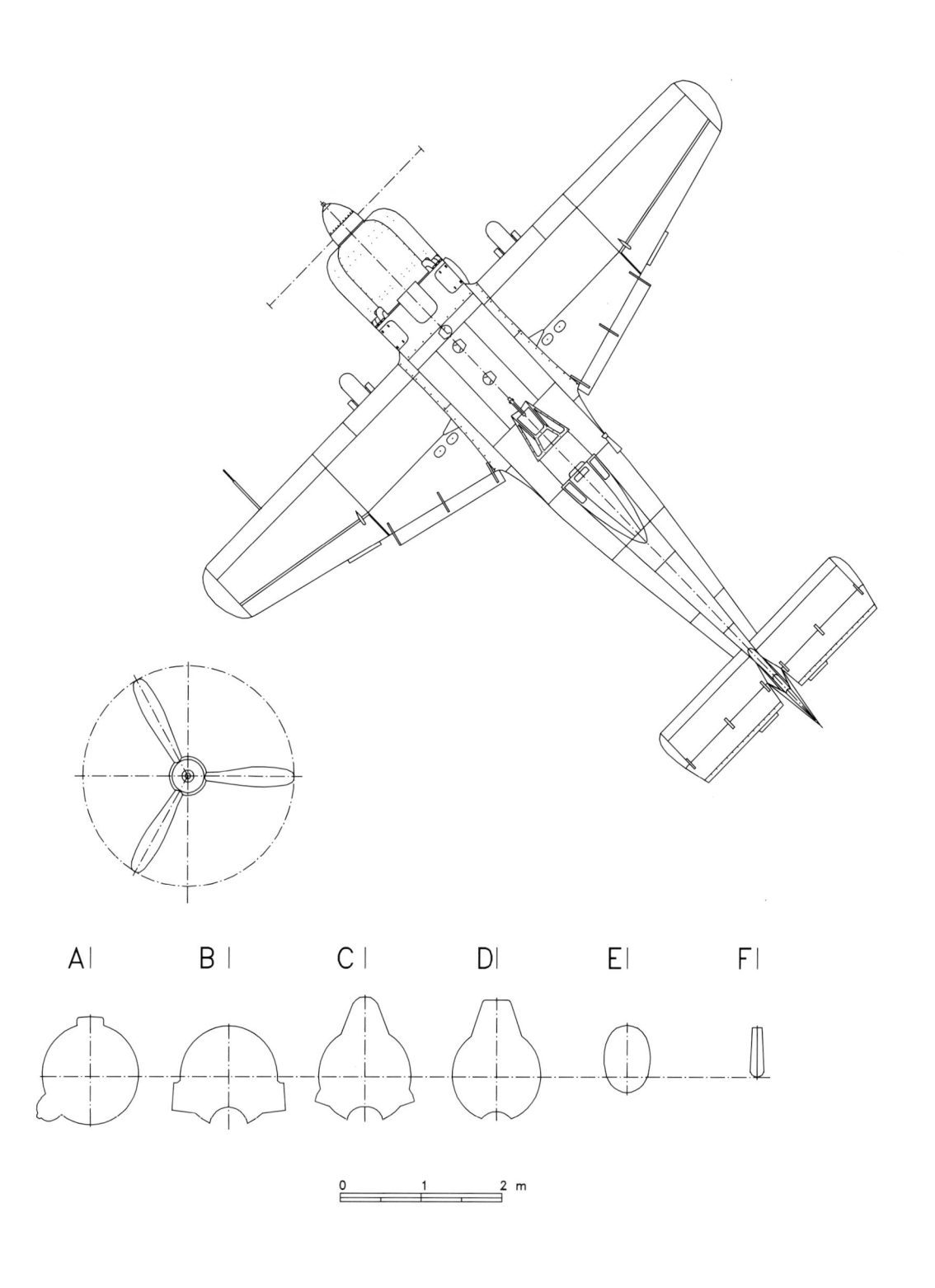

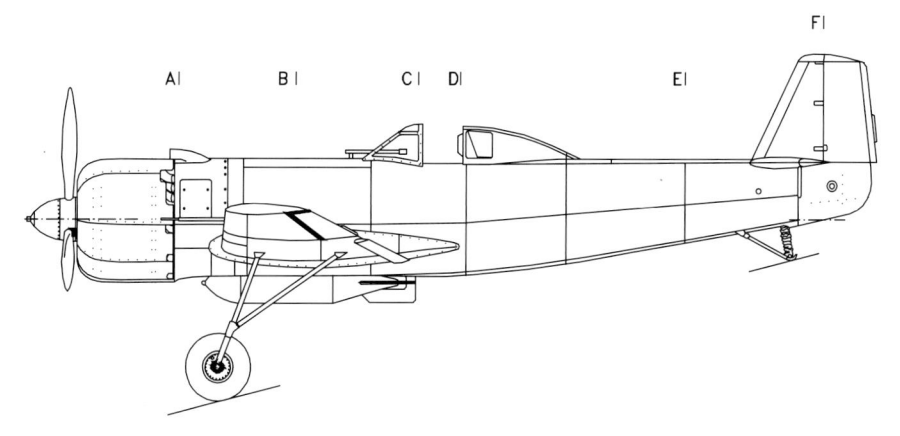

1/72スケール　中島キ115甲剣

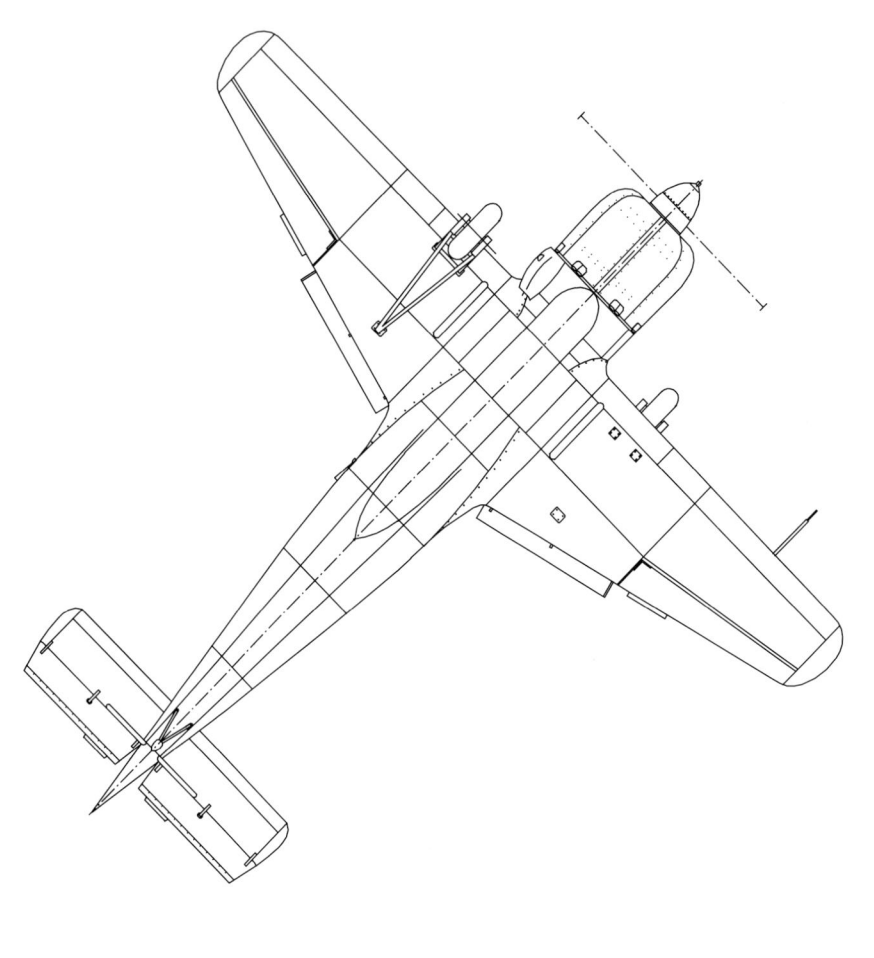

中島キ115甲剣　　　1/72スケール

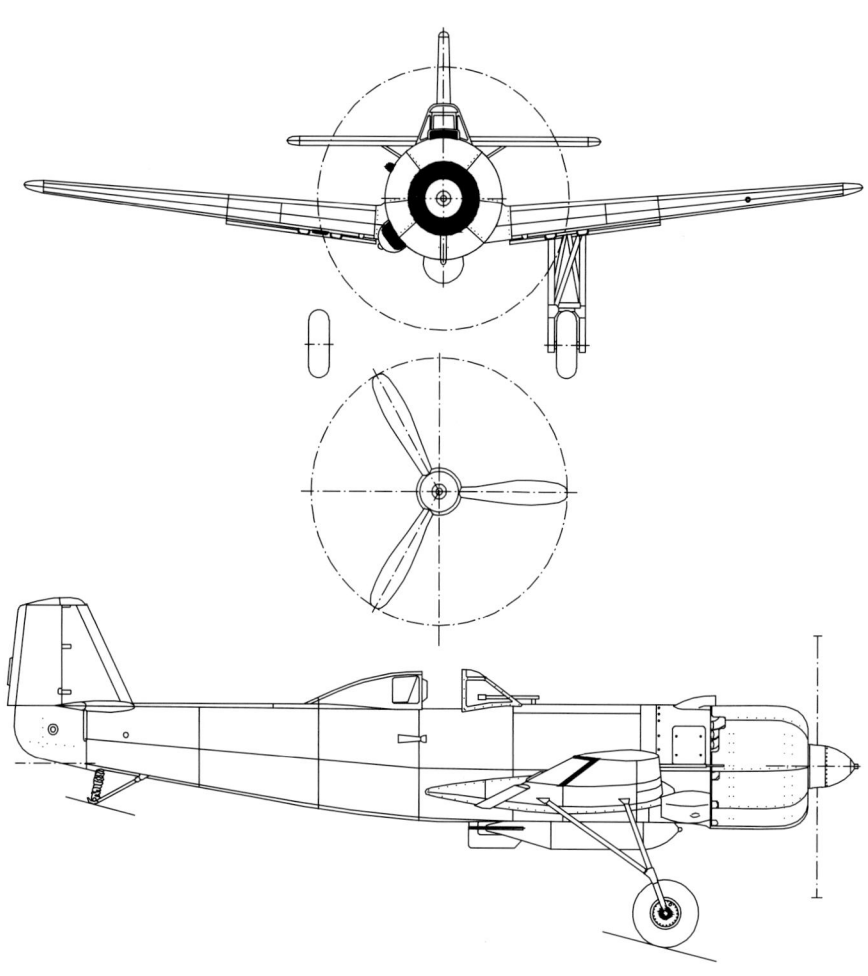

中島キ115甲剣。

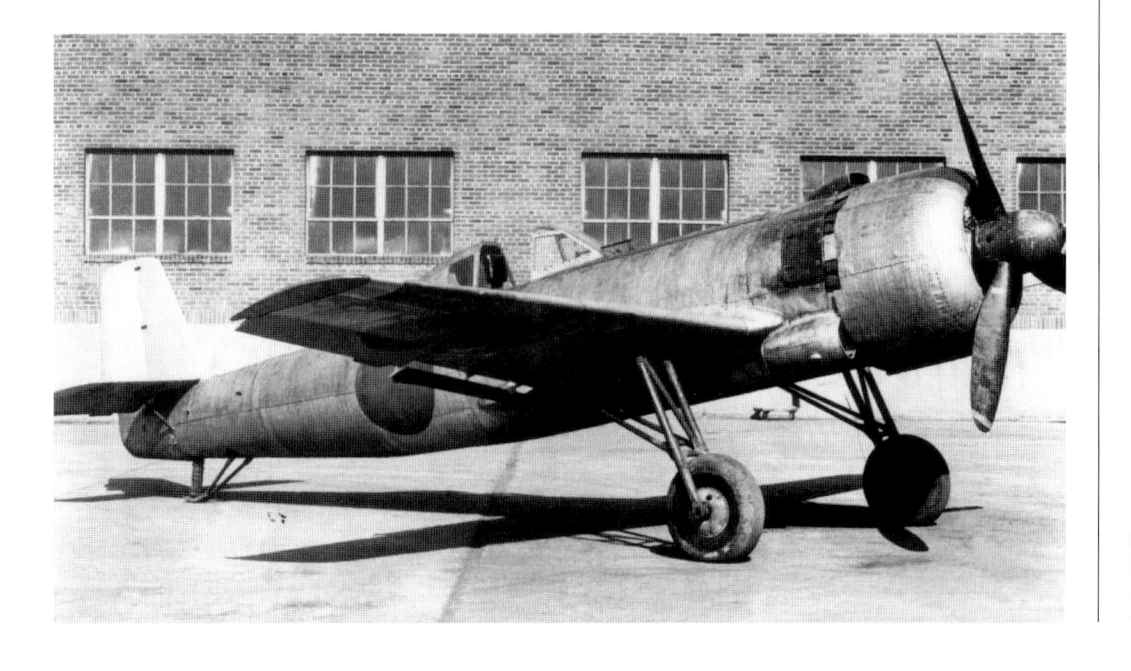

組み立て工場前のキ115甲剣。硬直的な主脚構造がよくわかる。エンジンカウリング直後右下にあるのは滑油冷却器。

| 型式 | キ115甲 | キ115乙 | キ115丙 |
|---|---|---|---|
| 全幅（m） | 8.572 | 9.72 | 9.72 |
| 全長（m） | 8.55 | 8.55 | 8.55 |
| 全高（m） | 3.3 | 3.3 | 3.3 |
| 翼面積（㎡） | 12.4 | 14.5 | 14.5 |
| 自重（kg） | 1,640 | 1,640 | |
| 最大離陸重量（kg） | 2,880 | | |
| 有効搭載量（kg） | 940 | 940 | |
| 翼面荷重（kg/㎡） | 208.06 | 182.64 | |
| 馬力荷重（kg/馬力） | 2.24 | 2.29 | |
| 最大速度（km/時） | 550 | 558 | |
| 最大速度記録高度（m） | 2,800 | 2,800 | |
| 巡航速度（km/時） | 300 | | |
| 巡航高度（m） | 3,000 | | |
| 上昇限度（m） | 6,500 | 6,500 | |
| 通常航続距離（km） | 1,200 | 1,200 | |

生産：合計105機のキ115剣が生産されたが、その内訳は以下のとおり。
三鷹研究所：
●キ115試作機
中島飛行機株式会社 黒沢尻製作所（岩手県）
●キ115甲量産型
中島飛行機株式会社 太田製作所
●キ115甲量産型──82機
昭和飛行機株式会社：
終戦までに量産に至らず。

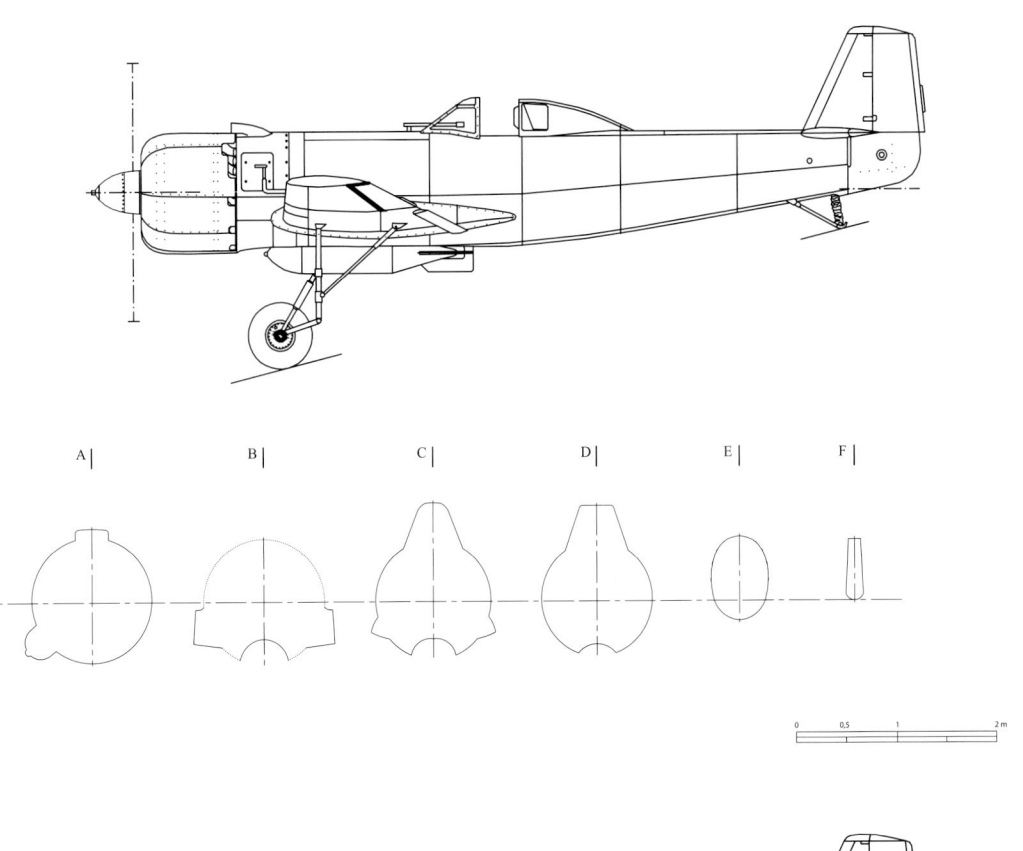

緩衝装置を装備した中島キ115
甲改剣の試作機。

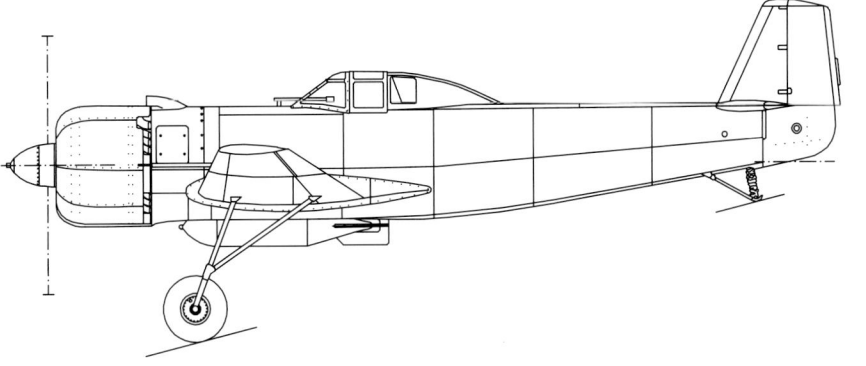

| A | B | C | D | E | F |

中島キ115乙剣
（密閉風防タイプ）

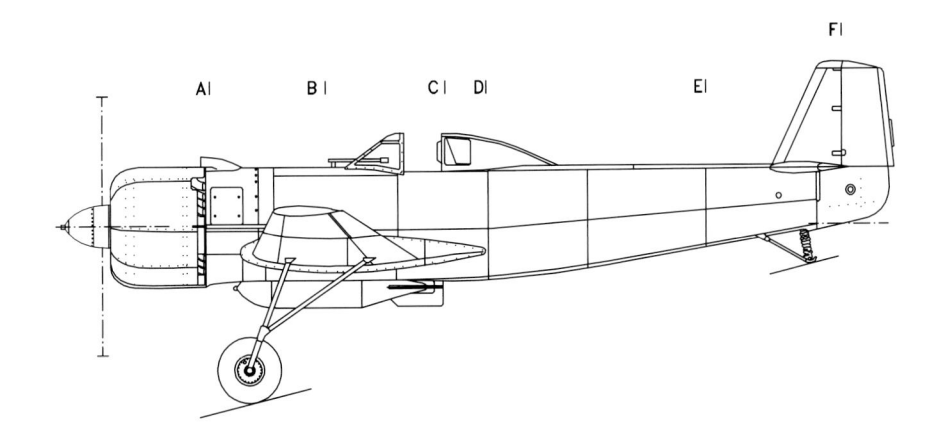

1/72スケール

中島キ115乙剣

101

中島キ115乙剣

A B C D E F

1/72スケール

## 陸軍単発噴進式戦闘機
Rikugun single jet-engine fighter

　大戦末期に開発中だった数多くの計画機の一つ、陸軍単発噴進式戦闘機は特攻を目的としたターボジェット推進単座機だった。終戦前に日本は多くの主要航空機工場を連合軍の空襲で失っていたため、特攻機の量産は各地の小工場で行なうことが計画されていた。同時に各社の設計部ではさまざまな特攻機の開発が推し進められていた。

　中島飛行機がキ201火龍を開発していたころ、陸軍航空工廠はドイツのメッサーシュミットMe262シュヴァルベ戦闘機に匹敵する性能のジェット戦闘機の試作を命令した。本機はジェットエンジン単発で、飛行時間は30分以上とされていた。

　本計画には初期段階で二つの設計チームが参加していた。各チームの主務者は林大尉と家田中尉だった。林大尉の設計案は胴体尾部の下にジェットエンジンを装備する流線型機体だった。家田中尉の案は短い胴体に双垂直尾翼をもつ機体だった。エンジンは中央胴体ナセルの尾部、重心位置付近に装備されていた。両設計案を審査した陸軍航空本部技術審査部の瀬川技術少佐は林大尉案を採用した。しかし終戦のため同機の開発は基本設計段階で終わった。

諸元
機体要目：　単発低翼単座特殊攻撃機。木金混合構造。
乗員：　　　密閉式操縦席に操縦手。
動力：　　　ジェットエンジン単発。
　　　　　　機体寸法、性能データ：不明。
生産：　　　なし。


## 立川キ74
Tachikawa Ki-74 'Patsy'

　立川キ74の設計目的は当初の長距離高高度偵察機から偵察爆撃機、高速輸送機へとめまぐるしく変わり、最終的に片道行「アメリカ爆撃機」となった。

　1930年代中盤、日本軍内の政策は海軍が支持する「南進論」と、陸軍が支持する「北進論」とに二極分化していた。どちらの方面へ進出するべきかという議論は、主導権を得た軍種の方が軍事費を獲得するという問題に変質していった。南方進出には強力な艦隊と無数の上陸部隊が必要であり、北方進出は天然資源の豊富なシベリアの獲得を意味していた。このためソ連軍との衝突を想定していた陸軍は、仮想敵国の領土の奥深くまで到達可能な長距離戦略偵察機の開発命令を下した。

　基本要求仕様は1939年春に陸軍航空本部により策定された。要求では将来の戦略偵察機は満州の前進基地からバイカル湖西岸まで到達可能な航続距離をもつ双発単葉機とされていた。同年末に要求の細部が詰められ、航続距離が最優先となり、要求仕様は巡航速度450km/時で5,000km以上とされた。本機は高高度で運用されるため、与圧操縦室の装備が求められた。高高度飛行と高速性能により敵戦闘機の脅威は無視できるとされ、防御武装は最小にされた。新型機には「陸軍試作遠距離高高度偵察機」（キ74）の試作名が与えられた。

　これらの要求に基づく機体の開発は立川飛行機の木村秀政博士を主務者とする設計チームに一任された。立川が1社特命で指名されたのは、1939年当時においてこのような高性能機の設計開発がまぎれもない技術的大挑戦だったからだった。これには理由があり、1938年に木村博士の率いる設計チームは航研機という単発長距離機を開発し、航続距離11,651km超の世界記録を樹立していたためだった。これとほぼ同じ時期に立川飛行機は東京帝国大学航空研究所と共同で同様の長距離機A-26（キ77）を開発していたが、同機は紀元2600年を祝賀するために世界記録を更新する予定だった。キ74開発ではA-26で得られた経験が活用された。

　木村博士以下の設計チームは本機の成否は高高度でも高性能を発揮できるエンジンの開発にかかっていることを認識していた。そこで本機にはまだ開発の初期段階だった三菱ハ214ル排気タービン付き星型エンジンの搭載が決定された。ハ214は計画では海面高度で2,400馬力を発揮するとされていた。ターボチャージャー（過給機）のおかげで本エンジンは高度9,500mでも1,700馬力を発揮できた。各エンジンは6翅プロペラを駆動した。しかし基本設計が終了した時点でもハ214が未完成だったため、計画は中断された。

　一方立川は研究機A-26（キ77）とSS-1の開発を続けていたが、これらの実験結果はキ74への

転用が可能だった。例えば不成功に終わったものの A-26 では与圧操縦室がテストされていた。開発作業は1941年にさらに減速されたが、これは陸軍航空本部技術部が当時の偵察用機材のあまり高くない性能を考えれば高高度偵察は有効でないと結論したためだった。陸軍は立川に三菱キ46百式司偵の後継機となる高速偵察機キ70の開発に集中するよう命じた。この決定には国際情勢も影響していた。アメリカの強硬な態度に南進論者が勢力を増し（蘭印の石油資源獲得のため）、対ソ戦の実現性は薄れていった。

太平洋戦争の勃発により、キ74の開発に新たな必要性が生まれた。それに伴い本機の任務も変更された。緒戦の大勝利により日本は太平洋方面で広大な占領地を獲得したが、さらなる進出のためには従来以上の航続距離が必要になった。そこで陸軍航空本部は立川にキ74を偵察爆撃機として再設計するよう命じた。新たな任務に機体を適合させるため、設計チームと木村博士はそれまでの設計を若干変更した。まず胴体内に爆弾1,000kgを搭載可能な爆弾倉が設置された（250kg爆弾×4、100kg爆弾×9ないし500kg爆弾×1＋100kg爆弾×3）。通常式だった翼内燃料タンクは自動防漏式に改められ、5名の乗員の防護用に防弾装甲が設けられた。ハ214ル発動機の開発が難航していたため、離昇出力2,200馬力の三菱ハ211-Iエンジンで4翅可変ピッチプロペラを駆動することとされた。

1942年9月に陸軍航空本部は基本設計を承認し、試作機3機の製作を命じた。しかし試作機の製作はなかなか進まなかった。キ74試作1号機がようやく完成したのは1944年3月だったが、飛行試験の結果は芳しくなかった。それでも陸軍がキ74にかける期待は大きく、開発は続行された。

まもなくさらに2機の試作機が完成したが、これらは高高度性能が向上した過給機付きのハ211ル発動機を装備していた。しかしハ211系エンジンはまだ開発途上だったので、さまざまな問題が生じた。そのため再度エンジンが変更され、今度はより信頼性の高い離昇出力2,000馬力の過給機付きエンジン、三菱ハ104ルが採用された。本機の先行量産型にはこの新型エンジンが装備されることになった。

先行量産機は13機生産され、終戦まで本格的な試験を行なった。キ74は全金属製大型双発中翼単葉機だった。A-26と共通な主翼は高アスペクト比の層流翼だった。通常型の尾翼は高高度での操縦性のため面積が広く設計されていた。5名の乗員は胴体前部の大型与圧操縦室に収容されたが、乗員が新たに2名増えたため操縦室は初期設計よりもかなり長くなっていた。武装は尾部に装備された装弾数500発の12.7mm一式機関砲1門で、操縦席後部の対空砲手が遠隔操作した。本機は100kg、250kg、500kg爆弾をさまざまな組み合わせで最大1,000kg搭載できた。

大戦末期になると、キ74はサイパンの米軍戦略爆撃機基地攻撃隊の主力機に予定されていた。しかし試作型、先行量産型ともに終戦までに実戦能力を備えるまでに至らなかった。

また日本と他の枢軸国との航空連絡用に改造されたキ74の長距離輸送機型はキ74特と呼ばれたが、未成に終わった。しかし改造中だった2機にはその後他に類を見ない種類の特別攻撃作戦が計画された。

まだ最初の3機の試作型の試験が立川で行なわれていた1944年4月、キ74-II型の開発が始められた。これは長距離爆撃機型だった。この新派生型の主翼は再設計され、全幅が29.60mに拡大さ

米本土での技術調査のための搬送に先立ち、キ74には日本人整備員により米軍マークが描かれた。

れていた。胴体も大幅に設計変更され、操縦席の位置が前進し、空力特性を改善するため胴体と滑らかに融合され、尾部の遠隔操作機関砲は対空砲手が2門の12.7mm機関砲を手動操作する通常型砲座に改められた。爆弾搭載量は2,000kgに増加され、乗員は7名に増やされた。そしてム5遠距離無線機、無線方向探知機、妨害電波発信機などが新たに装備された。これらの変更による重量増加に対処するため、主脚タイヤはシングルからダブルに改められた。

本機の名称はヤ号機とされ、その航続距離ならば米本土報復爆撃が可能になると期待された。しかし計画値の約8,000kmの航続距離では片道攻撃が精一杯だったが、プロパガンダ的な理由からそれでよしとされた。ヤ号機は2機種が生産される予定だった。ヤ号甲型は航続距離増大型で、米本土爆撃用だった。乗員は3名に減らされ、与圧操縦室は小型化された。搭載爆弾は500kg爆弾2発のみだったが、これは爆弾倉の余剰空間に燃料タンクを増設するためだった。ヤ号甲型の燃料総容量は12,000リットルに達した。試作1号機の完成は設計開始から4ヵ月後の1944年8月に予定されていた。ヤ号乙型は試作1号機が1944年10月完成の予定で、航続距離を減らす代わりに爆弾搭載量を組み合わせにより最大2,000kg（500kg爆弾×3、250kg爆弾×4ないし1,000kg爆弾×2）にまで倍増させた型だった。しかしキ74-II型の開発は実大模型が完成したところで終戦を迎えた。

大戦末期に陸軍航空本部はキ74開発計画の中止を再決定したが、これはその人材と資源をさらに大きな成果が期待される「Z計画」——米本土爆撃が可能な航続距離17,000kmの4発重爆撃機開発計画——に振り向けるためだった。キ74計画を継続したかった立川飛行機は陸軍航空本部に改修型のキ74-II改計画を提案した。この改修型は爆弾1,000kgを搭載してアメリカ西海岸へ到達可能というものだった。やはりキ74-II改も片道攻撃しかできなかったが、立川は本機ならば西海岸の都市を空襲後、内陸部へ離脱してから搭乗員が落下傘降下して米国内でゲリラ戦を展開できると主張した。この作戦のため、機体には1週間分の糧食と必要な装備と武器の搭載が予定された。

しかしキ74先行量産型の試験は遅れ、さらに戦局は逼迫しつつあった。こうした事情からキ74-IIの実用化は間に合わないと判断された。そこで米本土特別爆撃作戦は2機のキ74改造型遠距離輸送機で実施することが決定された。これらの遠距離輸送機には本来キ74-IIのものだったヤ号の名称が与えられた。1945年8月9日、極秘命令により少人数の陸軍航空隊士官が埼玉県の第114飛行隊に配属された。そこで彼らはニューヨーク空襲特別作戦に抜擢されたことを告げられた。この作戦には特殊長距離機の使用が予定され、その名称はキ114だったことが確認されている。しかしこの番号はキ92から開発された立川キ114輸送機に割り当てられていたものだった。本作戦にはヤ号機かキ77が予定されていた可能性が高い。しかし作戦は結局実施されなかった。

連合軍情報部がキ74の情報を得たのは、まだ試作機が製作中だった時点だった。しかし情報不足から同機は遠距離高高度重戦闘機と推測された。このためキ74のコードネームは命名規則に従い男子名の「パット」にされた。その後の情報調査により本機の真の任務が判明すると、パットから爆撃機と偵察機に与えられる女子名である「パッツィー」に変更された。

エンジンを試運転中のキ74。

キ74遠距離爆撃機。

与圧操縦室が組み込まれたキ74の機首。

諸元
機体要目： 双発片持式単葉中翼戦略偵察機（キ74初期計画）、高高度遠距離重偵察爆撃機（キ74およびキ74-Ⅱ）、特殊攻撃機（ヤ号およびキ74-Ⅱ改）、連絡機（キ74特）。全金属構造、羽布張り操縦舵面。

乗員： 3名（キ74初期計画、ヤ号、キ74-Ⅱ改）、5名（キ74-ⅠおよびキK74-Ⅱ）、7名（キ74-Ⅱ）。

動力： 三菱ハ214ル過給機付き空冷18気筒星型エンジン〔離昇出力2,500馬力（1,840kW）、高度7,600mでの出力2,310馬力（1,700kW）、高度8,300mでの出力1,930馬力（1,420kW）〕×2；金属製6翅可変ピッチプロペラ、直径3.80m；燃料タンク容量3,886リットル（キ74初期計画）。

三菱ハ211-Ⅰ空冷18気筒星型エンジン〔離昇出力2,200馬力（1,620kW）、高度1,000mでの出力2,070馬力（1,520kW）、高度5,000mでの出力1,930馬力（1,420kW）〕×2；金属製4翅可変ピッチプロペラ、直径3.80m；燃料タンク容量9,200リットル（キ74試作1号機）。

三菱ハ211-Ⅰル過給機付き空冷18気筒星型エンジン〔離昇出力2,200馬力（1,620kW）、高度1,800mでの出力2,130馬力（1,565kW）、高度9,500mでの出力1,720馬力（1,265kW）〕×2；金属製4翅可変ピッチプロペラ、直径3.80m；燃料タンク容量10,900リットル（キ74試作2および3号機、キ74-Ⅱ、キ74-Ⅱ改）。

過給機付き三菱ハ104ル空冷18気筒星型エンジン〔離昇出力2,000馬力（1,470kW）、高度2,000mでの出力1,900馬力（1,395kW）、高度7,360mでの出力1,810馬力（1,330kW）〕×2；金属製4翅可変ピッチプロペラ、直径3.80m；燃料タンク容量10,900リットル（キ74試作4〜16号機、キ74-Ⅱ）ないし12,420リットル（キ74特）。

武装： 遠隔操作式12.7mm一式機関砲×1（キ74）。
尾部砲塔手動式12.7mm一式機関砲×2（キ74-Ⅱ）。
爆弾搭載量：1,000kg（キ74試作4〜16号機、キ74-Ⅱ改）。
　　　　　2,000kg（キ74-Ⅱ）。

技術調査のため米本土への搬送準備を整えたキ74試作13号機。

立川キ74-II型

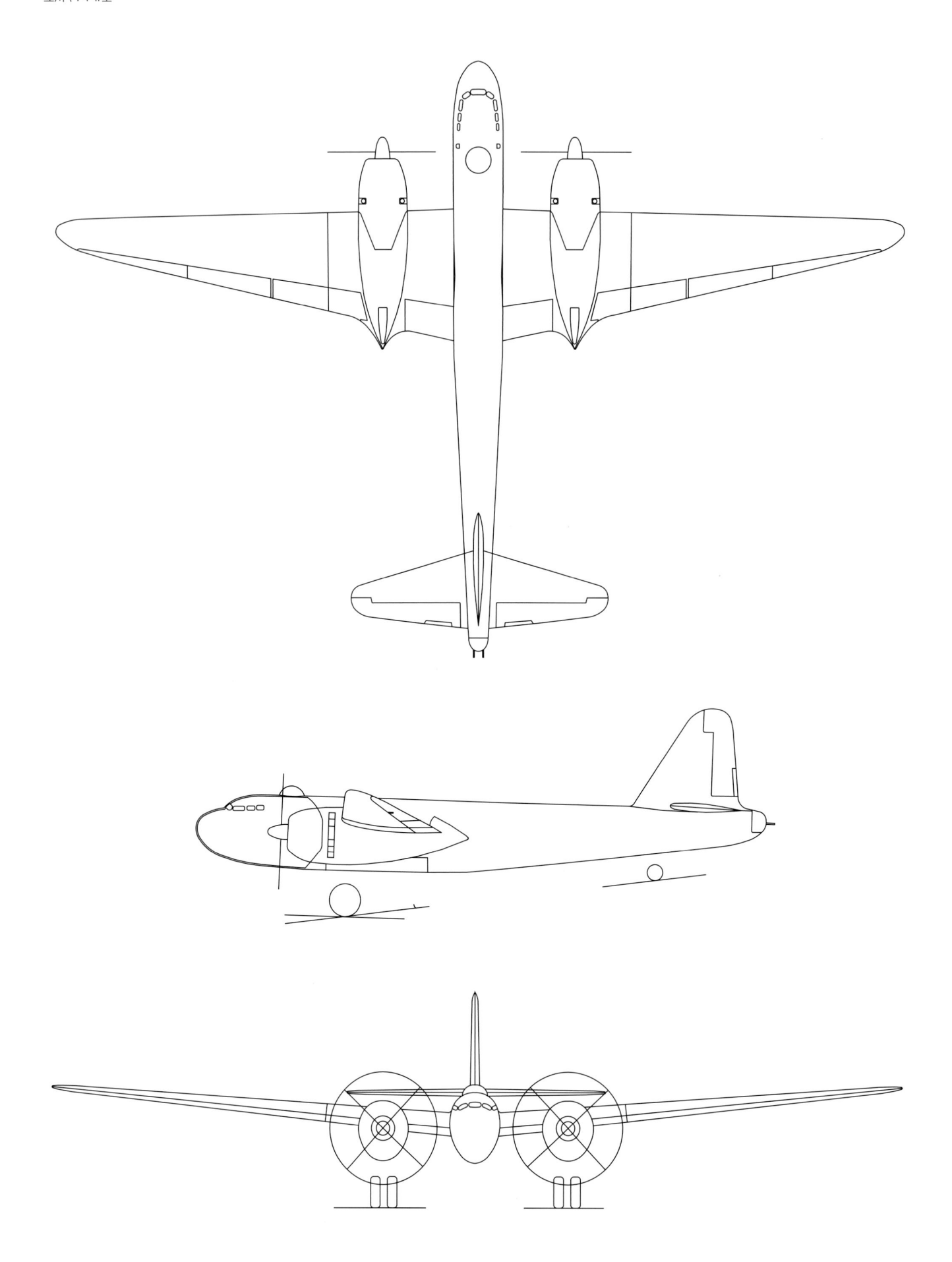

ノンスケール

108

| 型式 | キ74試作1号機 | キ74試作3号機 | キ74試作7号機 | キ74-II |
|---|---|---|---|---|
| 全幅（m） | 27.0 | 27.0 | 27.0 | 29.6 |
| 全長（m） | 17.65 | 17.65 | 17.65 | 20.0 |
| 全高（m） | 5.1 | 5.1 | 5.1 | 5.5 |
| 翼面積（㎡） | 80.0 | 80.0 | 80.0 | |
| 自重（kg） | 9,232 | 8,078 | 10,200 | |
| 離陸重量（kg） | 18,524 | 19,025 | 19,400 | |
| 有効搭載量（kg） | 9,292 | 9,947 | 9,200 | |
| 翼面荷重（kg/㎡） | 231.55 | 237.81 | 242.50 | |
| 馬力荷重（kg/馬力） | 4.21 | 4.33 | 4.85 | |
| 最大速度（km/時） | 600 | 540 | 570 | |
| 最大速度記録高度（m） | 10,000 | 9,000 | 8,500 | |
| 巡航速度（km/時） | 400 | 400 | 400 | |
| 巡航高度（m） | 8,000 | 8,000 | 8,000 | |
| 着陸速度（km/時） | | | 150 | |
| 上昇時間 | 高度5,000mまで10分01秒 | 高度8,000mまで17分00秒 | 高度8,000mまで17分00秒 | |
| 上昇限度（m） | 12,000 | 12,000 | 12,000 | |
| 通常航続距離（km） | 8,000 | 8,000 | 8,000 | |
| 最大航続距離（km） | 9,000 | 12,000 | | |

生産：東京立川の立川飛行機株式会社において計16機のキ74が完成したが、うち3機が試作型で、2機がキ74特（ヤ号機）。

# 立川夕号
Tachikawa Ta-Go

　立川夕号は純然たる特攻専用機で、本土決戦における集団特攻のために非戦略物資で作られた簡易即製機だった。しかし夕号は簡略化の面では特殊攻撃機キ115剣を上回っていた。

　立川の陸軍航空技術研究所に所属していた水山嘉之大尉らの若手士官たちは「最終兵器」として新型の特殊攻撃機を提案した。この新型機はキ115よりも単純な構造で、木材やブリキ板など入手の容易な材料を最大限に使用し、非熟練工員しかいない小工場でも生産が可能だった。本機はどの型式の低出力エンジンでも装備できた。夕号という共通名称のもと、2機種の生産が提案された。500馬力級エンジンを搭載する大型タイプは立川飛行機で、150馬力級エンジンを搭載する小型タイプは国際航空工業で作られることになった。

　1945年2月、水山大尉は立川の小口工場長に面会し、彼の計画案を説明した。小口氏は立川としては該当機の開発と製造にはやぶさかでないが、現行の生産計画の都合上、陸軍航空本部からの公式命令が必要だと述べた。しかしキ115開発計画を推進していた陸軍航空本部は水山大尉案にまったく興味を示さなかった。陸軍航空本部が夕号計画を却下したため、立川が設計開発と量産を担当することは不可能になった。しかし水山大尉は諦めなかった。彼は設備の整えられた倉庫内で、賛同者たちとともに試作機の製作を開始した。

　夕号は建築用木工所を緊急転用した工場など、いかなる環境でも生産できる単純さが取り柄だったため、胴体骨格は鋼線補強入りの木製構造だった。操縦席まわりはベニヤ張りで、それ以外の胴体部分は羽布張りだった。生産容易化のため、垂直尾翼の寸法と形状は水平尾翼と同じだった。操縦席には最低限の飛行計器しか取り付けられなかった。主降着装置は離陸後に投下され、無線機は装備しなかった。動力には離昇出力510馬力の日立ハ13甲空冷星型エンジンを使う予定だった。胴体下面の500kg爆弾が唯一の武装だった。

　設計作業は順調に進み、1ヵ月の作業で試作1号機が完成した。機体は強度試験のため立川に運ばれたが、日常化していた連合軍の空襲で立川の試験所は夕号1号機とともに破壊された。

　水山大尉の構想はそれで潰えることはなかった。終戦直前に夕号の生産に関する会議が立川の陸軍航空技術研究所において開かれた。この時期になると軍需省は本機の生産に意欲的になっていた。しかし試作2号機の製作に着手したところで終戦となり、量産は実現しなかった。終戦後、進駐軍は水山大尉が借りていた倉庫内で未完成の夕号2号機を発見した。胴体骨格の写った写真数枚を除き、本機に関する図面や仕様書などは残っていない。

立川工場で組み立て中だった立川夕号特殊攻撃機試作2号機。本機はこの状態で1945年9月に進駐軍に接収された。

夕号の胴体内部構造。奥が尾部。

下：夕号の胴体前部構造で、エンジンと降着装置の取り付け部が見える。

諸元

機体要目： 単発単葉機。木製構造、羽布張り。
乗員： 開放式操縦席に操縦手。
動力： 日立ハ13甲空冷9気筒エンジン〔離昇出力510馬力（790kW）、高度1,700mでの出力470馬力（345kW）〕×1；木製2翅固定ピッチプロペラ。
武装： 500kg爆弾×1。
寸法および性能：データなし。
生産： 1945年に夕号試作1号機が完成、試作2号機の完成前に終戦を迎える。

立川夕号（推定）

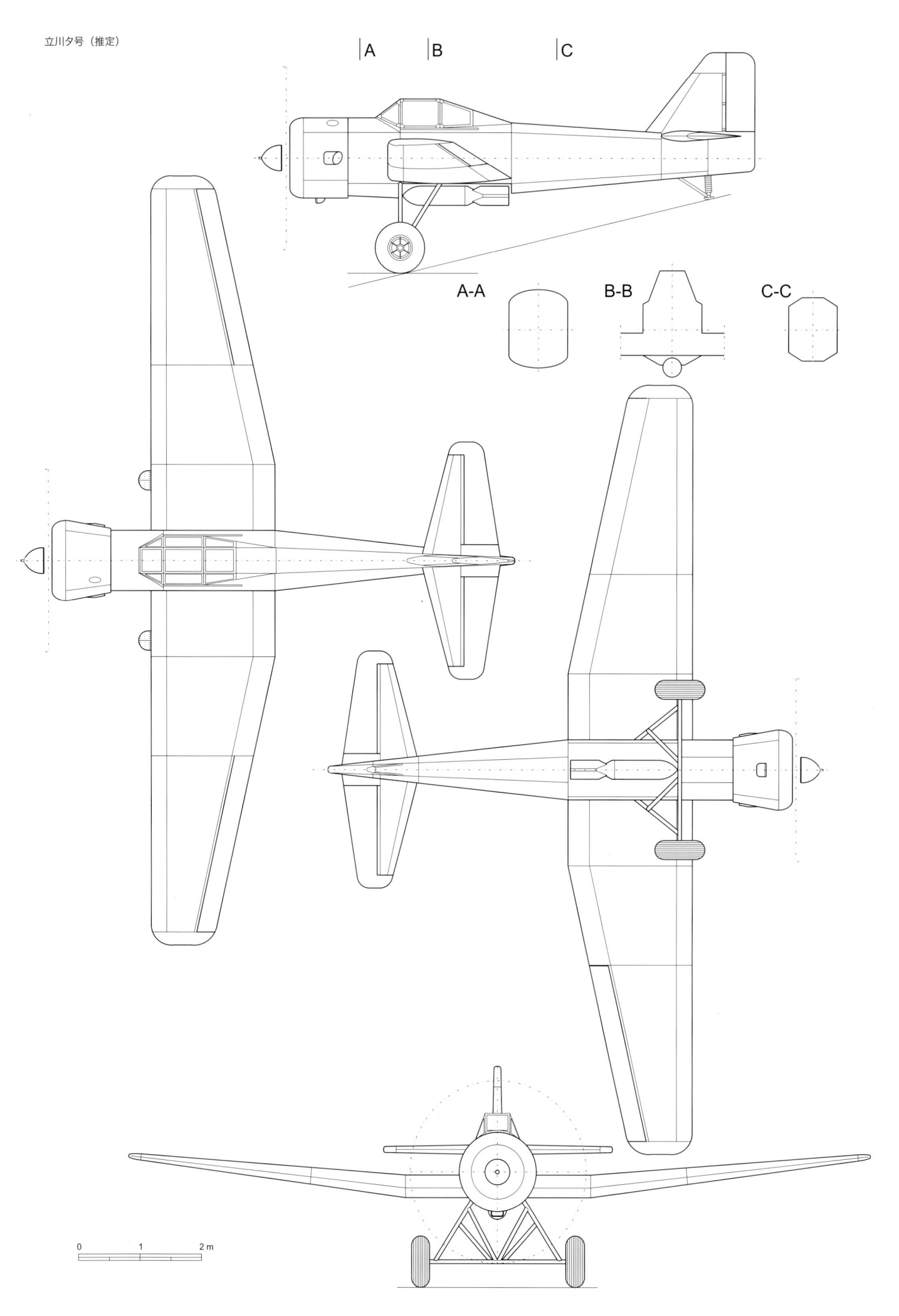

A-A  B-B  C-C

0  1  2 m

## 試作単座奇襲機
### The Experimental Single-seat Attack Aeroplane

　キ番号も制式名称もなく、ただ「試作単座奇襲機」としてのみ知られる本機は、中島キ115に似た構想の陸海軍共同の攻撃機として開発されたが、より空力的に洗練され、剣に見られた欠点も最初から考慮されていた。沖縄戦の最中だった1945年4月末にシンガポールで開かれた陸軍航空本部と海軍航空本部の代表者たちが出席する会議において現地の生産能力が検討され、既存の1,000馬力級空冷エンジンとプロペラの備蓄を利用して約250機の特攻機を仕立て上げ、陸海軍の航空隊で特攻に使用するという基本構想がまとめられた。

　設計作業は井上真六技師を主務者とし、1945年5月初めから開始された。井上技師はかつて東京航空という小航空機メーカーに勤務しており、陸軍航空技術研究所と共同で生産技術と野戦環境下での航空機製造について研究していた。

　機体は流線型で木金混合構造の低翼単葉単座機となった。キ115同様、動力は1,000馬力級の星型エンジンならば何でもよく、プロペラも備蓄品を使用した。主翼と尾翼は木製でベニヤ外皮、胴体は骨格が鋼管溶接構造でやはりベニヤ張りだった。主翼は小上半角付きのテーパー翼で、キ107に似た構造のフラッペロンが設けられていた。操縦舵面は羽布張りだった。操縦席は涙滴形キャノピーで覆われ、視界は非常に良好だった。降着装置はキ115の溶接鋼管製の簡素なものとは異なり、緩衝機付きでスパッツを履いた片持式主脚と尾輪からなっていた。珍しいことに本機は既存の損傷機から部分品を流用できるよう設計されていた。設計では胴体下面に250kg爆弾懸吊架を装備し、60度の急降下爆撃が可能だった。本機はシンガポール周辺の野戦工廠で攻撃機として生産される予定だった。しかし主翼と胴体の製造開始から10週間後に終戦を迎え、未完成に終わった。

諸元
機体要目： 低翼単葉固定脚単座攻撃機。木金混合構造、主尾翼は全木製、胴体は鋼管骨格ベニヤ張り。羽布張り操縦舵面。
乗員： 密閉式操縦席に操縦手。
動力： 1,000馬力級空冷星型エンジン×1、金属製4翅可変ピッチプロペラ。
武装： 胴体下面に250kg爆弾×1。

| 種別 | 攻撃機 |
|---|---|
| 全幅（m） | 11.35 |
| 全長（m） | 8.35 |
| 翼面積（㎡） | 20.0 |
| 自重（kg） | 2,500 |
| 離陸重量（kg） | 3,000 |
| 翼面荷重（kg/㎡） | 150.0 |
| 馬力荷重（kg/馬力） | 3.0 |

生産：シンガポール周辺の野戦工廠において1945年6月までに主翼と胴体が数組だけ製作されたが、完成機はなし。

1/72スケール

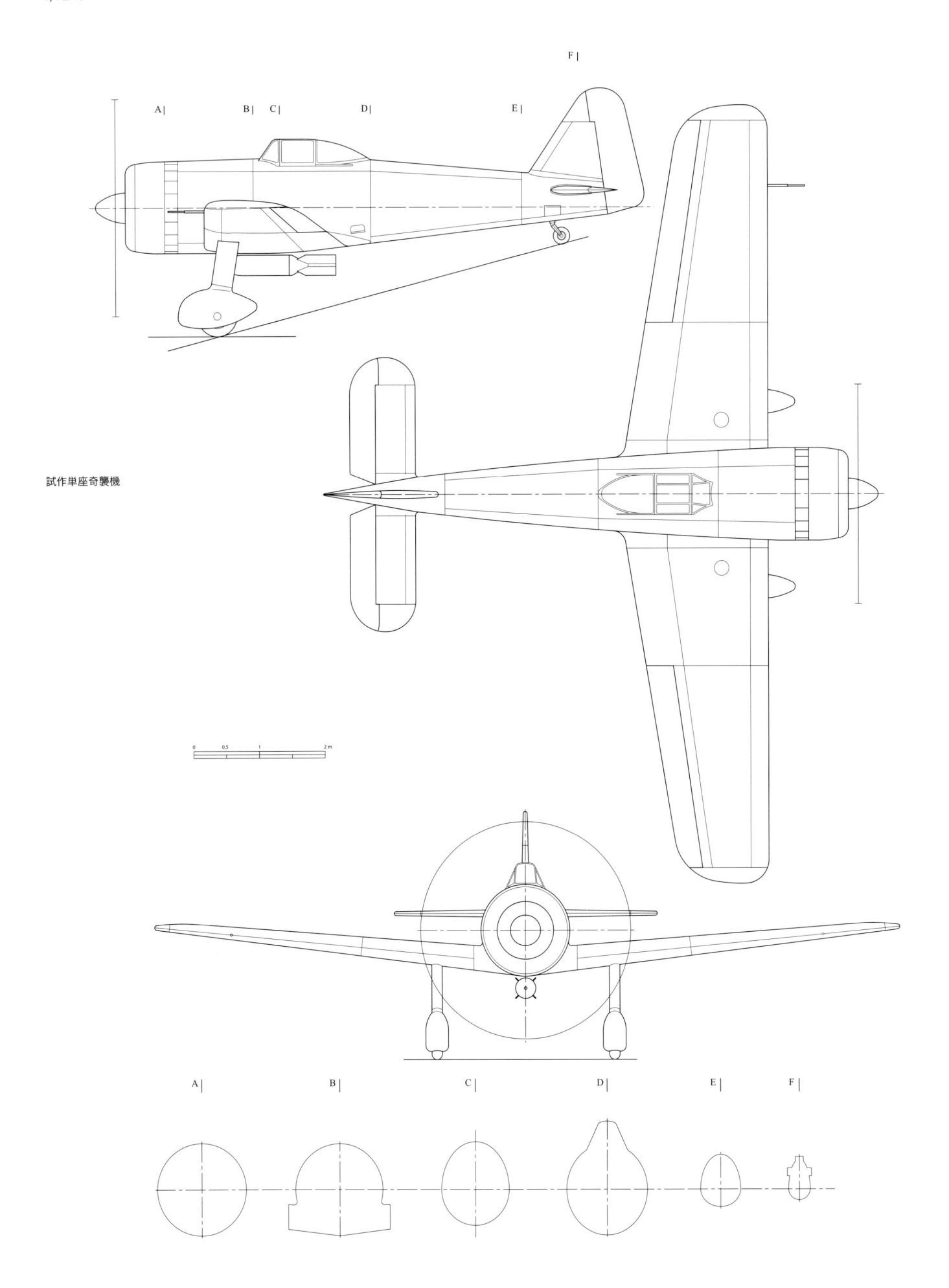

試作単座奇襲機

# 日本帝国海軍の特殊攻撃機
Special attack aircraft of the Imperial Japanese Navy

## 愛知M6A晴嵐／南山
Aichi M6A Seiran/Nanzan

　愛知M6Aはいわゆる「特攻機」とはまったく異なる「特殊攻撃機」である。本機は潜水艦から発進してアメリカ本土を奇襲攻撃するために開発された。当時の日本軍新型機の多くと同じく、本機も片道攻撃用だった。

　潜水艦に搭載できる航空機というアイディア自体は海軍が航空機を初めて導入した時代から存在していた。1915年1月15日にフリードリヒスハーフェンFF29a水上機が初めて潜水艦U-12の前部甲板から発艦して以来、世界各国で同様の実験が何度も繰り返された。第一次大戦末期から第二次大戦終結まで潜水艦搭載機が秘める可能性に多大な関心が寄せられた。潜水艦搭載機の構想は流行から衰微へと向かったが、日本帝国海軍のみが太平洋戦争終結の瞬間までこのアイディアの実現化にこだわり続けたのだった。この種の航空機を偵察機としてではなく、攻撃機として開発したのは日本だけだった。

　潜水艦搭載機による直接攻撃という新たな海軍戦術のために晴嵐は開発された。本機は開発の最初の段階からこの戦略兵器システムにおける潜水艦の主力兵器として位置付けられていた。晴嵐は米国本土の都市や従来型の航空戦力では攻撃圏外にあった目標に対して完全な奇襲攻撃が可能な兵器だった。

　本機の計画は海軍軍令部が太平洋戦争開戦の数ヵ月前に太平洋戦域やその他の遠隔地を攻撃可能な特殊兵器の一つとして提案したものだった。艦政本部による秘匿名マル四という仕様書により、攻撃機の搭載と発艦が可能な超大型航洋潜水艦が要求された。この新兵器には太平洋を横断できるだけの航続力を備えた潜水空母艦隊の編成が必要だった。この潜水艦は敵に航空攻撃を仕掛けられる距離にまで接近すると搭載機を発進させ、自身は探知を避けるため潜水した。攻撃後、搭載機は所定の会合地点に着水し、直ちに艦内へ収容された。その数分後、潜水艦隊は波間の下へ姿を消した。このように攻撃機が跡形もなく消失する戦術作戦ならば、虚を衝かれた敵は疑心暗鬼に駆られるだろうと考えられた。そしてその最大の目的は太平洋沿岸の都市に住むアメリカ人を、次の攻撃はいつどこなのかと常に不安な状態にさせておくという心理的効果だった。

　さらに敵の占領域内に前進基地を確立することができれば、潜水艦隊は攻撃のたびに航空機、装備、燃料を補給できた。これが実現すれば攻撃のたびに本土に帰還する必要がなくなり、攻撃頻度を増やせた。また別の選択肢として潜水艦に魚雷発射管を装備しておけば、通常の沿岸通商破壊を燃料が続く限り実行することもできた。

　本計画は敵の諜報部にその存在すらも知られぬよう、最極秘裏に進められた。大本営は本計画を優先扱いとし、1942年初頭から日本帝国海軍の技術者たちは原子力潜水艦の出現まで世界最大の座を占める潜水艦の設計を開始した。これは特型潜水艦と呼ばれ、基本設計終了は1942年4月とされた。この強力な潜水艦の建造は18隻が予定され、計画は海軍改マル五計画と呼称された。

　特型潜水艦は水上排水量4,550トンで、水上機2機を搭載可能だった。本潜は1943年1月18日に呉海軍工廠で起工されたが、1944年に搭載機数が増やされた。水上排水量は5,223トンに増加し、搭載機数は3機および予備となった。特型潜水艦の仕様が確定したことにより、その建造の根本目的である航空機の設計が可能になった。

　海軍航空本部は青木鎌太郎が社長を務める愛知航空機と打合せを行なったが、同社は1920年代初期から専ら日本帝国海軍のために航空機を開発していた。打合せは1942年初春に行なわれ、海軍の要求と潜水艦の格納庫の寸法制限を踏まえた上で、このまったく新しい分野の軍用機の基本仕様が決定された。

　海軍ではこの新型潜水空母の成否は搭載機の性能にかかっていることを認識していた。この機は敵の迎撃をかわさなければならなかったので、その要求性能は野心的だった。要求最大速度は外部搭載物なしの状態で高度4,000mにおいて300ノット（556km/時）だった。本機は米国の太平洋沿岸部からある程度沖の地点から発進し、内陸の目標まで飛行するため、少なくとも800海里（1,480km）の航続力が必要とされた。海軍航空本部では本機が使い捨て機となることを見越していたので、降着装置を不要な重量物と考えていた。本機を納める水密格納筒の寸法は直径3.5m、全

長34mに決定された。海軍はこの直径からはみ出す部分は着脱式でなく折り畳み式が好ましいとした。この要望は空技廠E14Y1零式小型水偵の運用経験から出されたものだった。

　試作計画の総責任者である五明得一郎技師以下、愛知の設計チームはこれらの要求仕様を壮大な挑戦と受け止めた。1942年5月15日に海軍の要求は十七試という仕様書で公式提示され、設計は尾崎紀男技師を主務者とし、森盛重技師と小沢技師を補佐とするチームに一任された。

　本機は社内開発名AM-24と試作名「海軍十七試攻撃機」(M6A1)が与えられたが、設計開始から14ヵ月後に晴嵐と名付けられた。設計はその斬新さの割に順調に進んだ。エンジンには海軍の指定に従いドイツのダイムラーベンツDB601のライセンス生産型、愛知熱田液冷12気筒倒立V型発動機が選ばれた。開発初期段階で設計チームはすでにフロートを本機唯一の着脱式部品にすることを決定していたが、これは運用法の幅を広げるためだった。フロートは戦闘時、必要に迫られれば空中投棄も可能だった。特型潜水艦の方も設計が変更され、カタパルトの両側にフロート着脱と滑走台車取り付け用の浅い溝が設けられた。

　1942年夏に木製実大模型が製作され、主尾翼の折り畳み法が検討された。その結果、主翼は中央部に回転式継ぎ手が設けられ、油圧で前縁を下方に回転させながら90度後方へ折り畳まれ、胴体に沿う形になった。次に手動で水平尾翼の外側が下へ折り畳まれ、垂直尾翼の頂部が右舷側へ畳まれた。こうして機体の全幅は2.46mに、滑走台車を含めた全高は2.10mになった。夜間でも組み立て作業が可能なよう、すべての接合部に夜光塗料が塗られた。機には潜水艦がまだ潜航中の時点から格納筒内で暖気済みの潤滑油を循環注入できた。計算によれば浮上後、作業員4名でフロート非装着ならば4分半以内にカタパルト射出が可能で、フロート装着ならばさらに2分半が必要だった。

　M6A1は標準的な全金属構造だったが、翼端部だけは木製構造ベニヤ外皮張りで、表面はワニス塗り羽布仕上げだった。補助翼、昇降舵、方向舵は金属骨格に羽布張りだった。フラップは不時着時の安全性を重視した特殊な設計だった。これにより本機の失速速度は113km/時となった上に、フラップの最後縁部は最大90度まで下ろせ、着水時や急降下時に制動板として働いた。2名の搭乗員は2個の投棄可能スライドキャノピーを備えたコクピットに乗り込んだ。当初本機の武装は前部の7.7㎜固定機銃1門と旋回式の7.7㎜機銃1門からなっていたが、1943年1月に後席の13㎜二

海軍航空本部の審査用に準備されたAM-24水上機の実大模型、1943年1月15日。

実戦状況下でのフロート装着所要時間はわずか2分半だった。愛知M6A1晴嵐水上攻撃機1機の組み立て所要時間は7分未満だった。

愛知M6A1試製晴嵐の1機。機体全体が橙黄色に塗装され、尾翼記号には横須賀の航空技術廠（空技廠）を示すコの字が見える。

式旋回機銃のみに変更された。本機の搭載武装としては850kg九一式改2航空魚雷1発、または800kg爆弾1発ないし250kg爆弾2発が予定されていた。

1943年初めに愛知航空機の永徳工場で試作機6機が完成したが、うち2機はM6A1-K南山という練習機型で、当初これは晴嵐改と呼ばれていた。M6A1-Kでは翼折り畳み機構が全廃され、引き込み式降着装置が装備された。フロート非装着状態でも空力特性を一致させるために垂直尾翼の頂部を短縮した以外、M6A1-Kは滑走台車固定具に至るまで通常型晴嵐と同じだった。これはその後陸上で行なわれたカタパルト射出訓練で役立った。

一方、特型潜水艦の建造も順調に進んでいた。1943年に起工された1番艦は伊400とされ、続いて2隻の同型艦伊401と伊402が佐世保工廠で起工されていた。さらに伊404と伊405の建造準備が呉工廠と川崎重工神戸造船所で進められていた。これ以外に12隻の特型潜水艦の建造が計画され、同時に晴嵐2機を搭載する巡潜甲型改2を10隻建造する計画も決定された。巡潜甲型改2の水上排水量は3,217トンだった。本型の1番艦は1943年2月に起工された。この艦が格納筒に搭載できたのは水偵1機のみだった。川崎重工神戸造船所で建造中に本艦は設計が変更され、さらに2隻が起工された。

1943年11月に愛知航空機永徳工場でM6A晴嵐の試作1号機が完成し、翌月から飛行試験が開始された。1944年2月には試作2号機が試験に加わった。M6A晴嵐は空力設計に力が注がれていた。晴嵐の開発にあたり、尾崎紀男技師率いる設計チームは愛知が量産中だった空技廠設計のD4Y彗星艦爆を参考にしたとする説もあるが、実際のところは彗星を潜水艦搭載攻撃機に改造する計画はあったものの、研究の初期段階で実現困難として中止されていた。M6A晴嵐は機体については空技廠の設計の影響が若干見られたが、それ以外について両機はまったくの別物だった。

最初の2機の試作機にはAE1P熱田32型エンジンが間に合わなかったため、これより低出力の離昇出力1,400馬力の熱田21型が装備された。試験結果は残っていないが、1944年初春から永徳工場が量産用設備を準備し始めたことからも、おおむね良好だったと思われる。試作5号機と6号機はほぼ同時に完成した。これらは先の4機の試作機に準じていたが、陸上用の降着装置を備えていた。M6A1-Kと命名されたこの2機は熱田32型エンジンを装備していた。両機の組み立て作業は1944年5月と6月に終了した。

M6A1晴嵐11型の第1次量産は1944年10月に終わり、さらに4機が12月7日までに完成したが、この日名古屋を襲った昭和東南海地震により永徳工場は治具をはじめとして大きな被害を受け、操業を停止した。その後永徳工場は復旧されて生産を盛り返しかけたが、今度は3月12日の名古屋大空襲により焼失した。さらに周辺の下請工場も多数罹災したため、被害は極めて深刻だった。空襲当時、永徳工場はすでに1ヵ月前から一部を疎開させていたが、さらなる空襲が予想されたため疎開作業は加速された。5月17日に名古屋が再び大空襲された時も量産は継続中だった。しかしM6A晴嵐の量産に終止符を打ったのはこうした障害でなく、日本帝国海軍が計画の優先度を変更したためだった。

M6A晴嵐の量産打ち切りは潜水空母作戦の予想戦果の見直しにより決定された。伊400潜は1944年12月30日に竣工し、伊401もそのほぼ1週間後の1月8日に完成したが、そこで当時まだ建造中だった伊402の改造が決定された。伊402は米軍の海上封鎖を突破して蘭印から日本へ石油を輸送する潜水タンカーに改造されることになった。伊403は建造中に空襲で損傷し、工事が中止された。伊404は1945年3月竣工予定だった。伊405は起工直後に建造中止され、伊406から伊417までは起工に至らなかった。

特型潜水艦の建造中止という3月の決定を受

愛知M6A1晴嵐

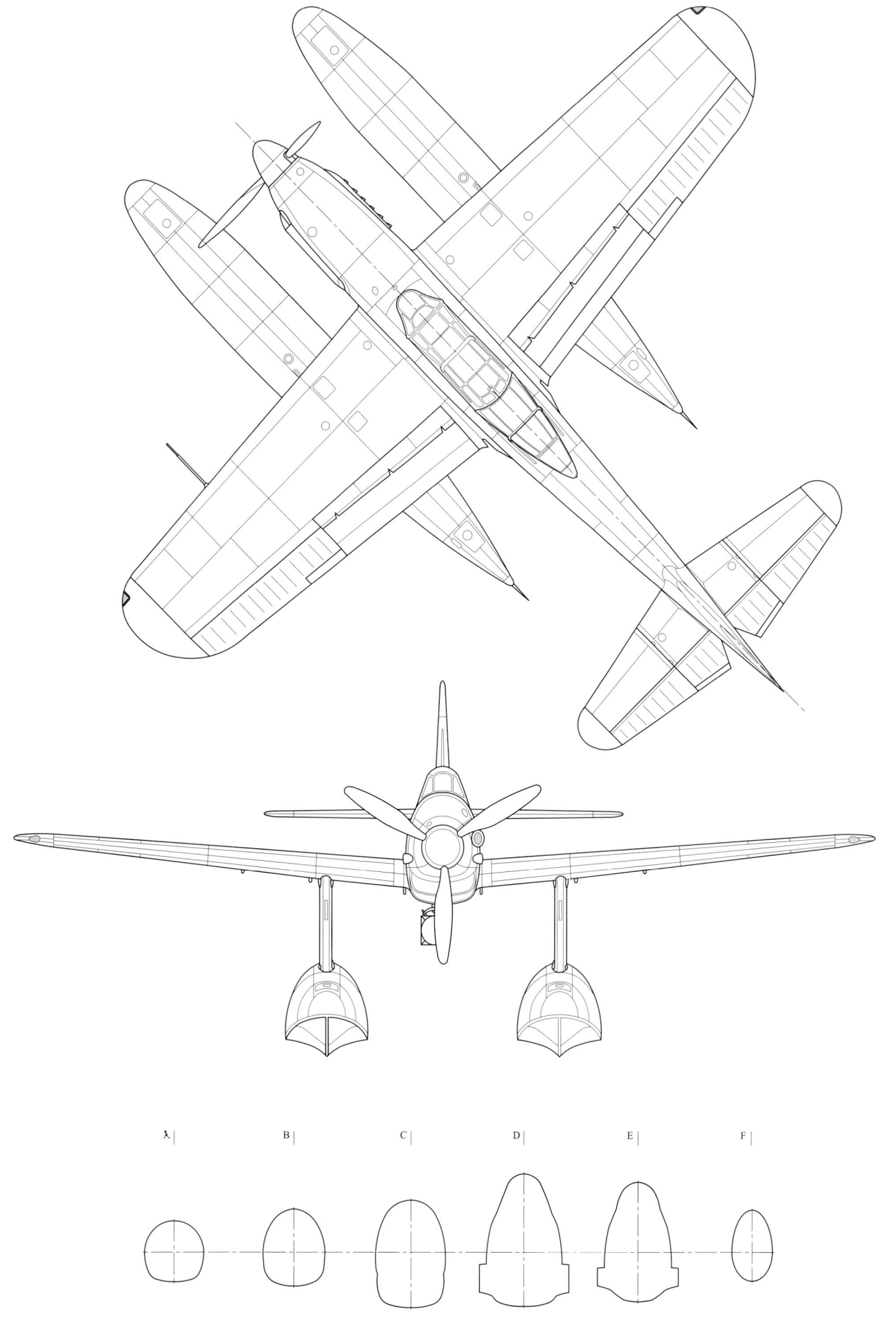

A| B| C| D| E| F|

1/72スケール

愛知M6A1晴嵐

A| B| C| D| E| F|

G| H| I| J|
G| H| I| J|

1/72スケール

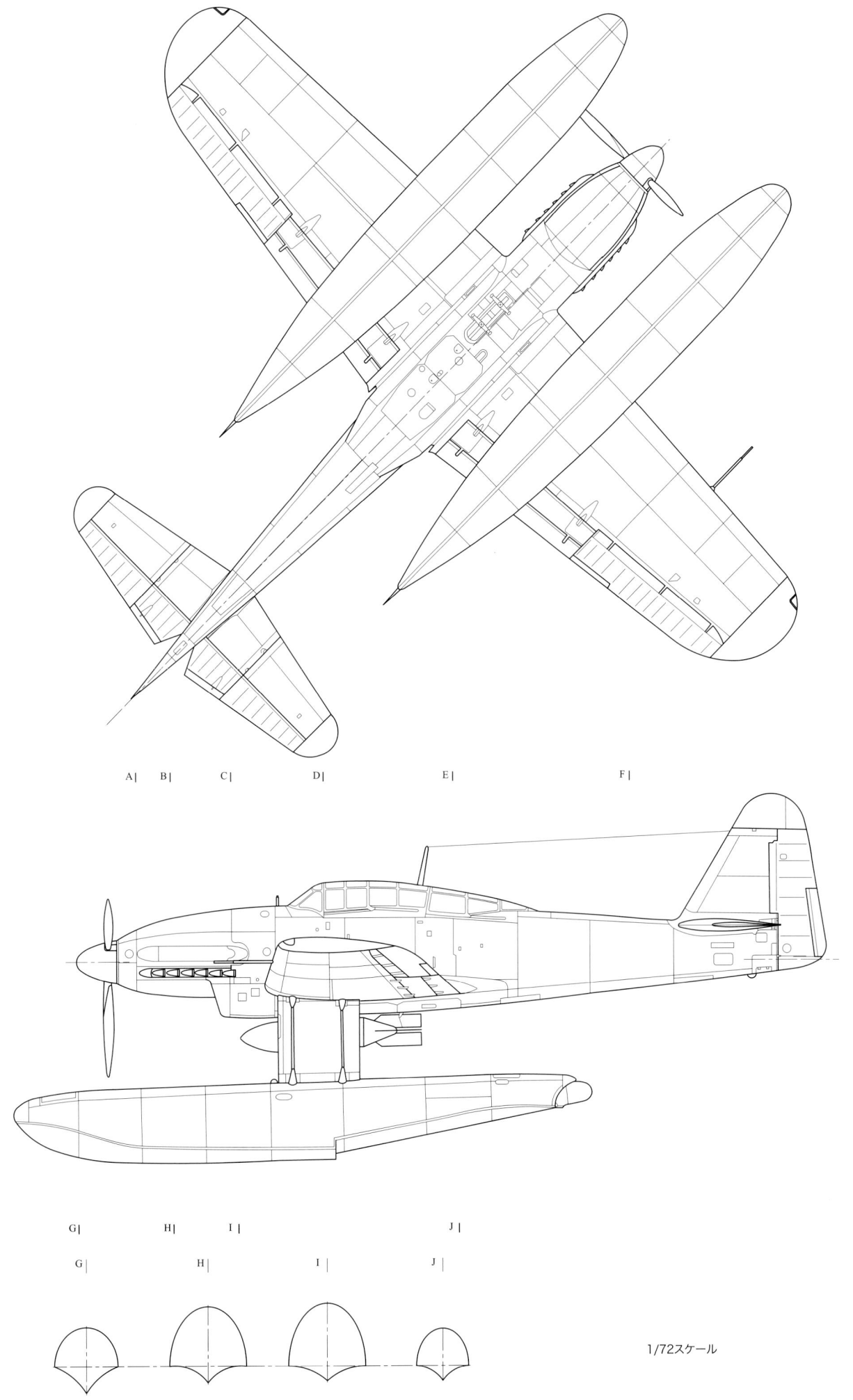

119

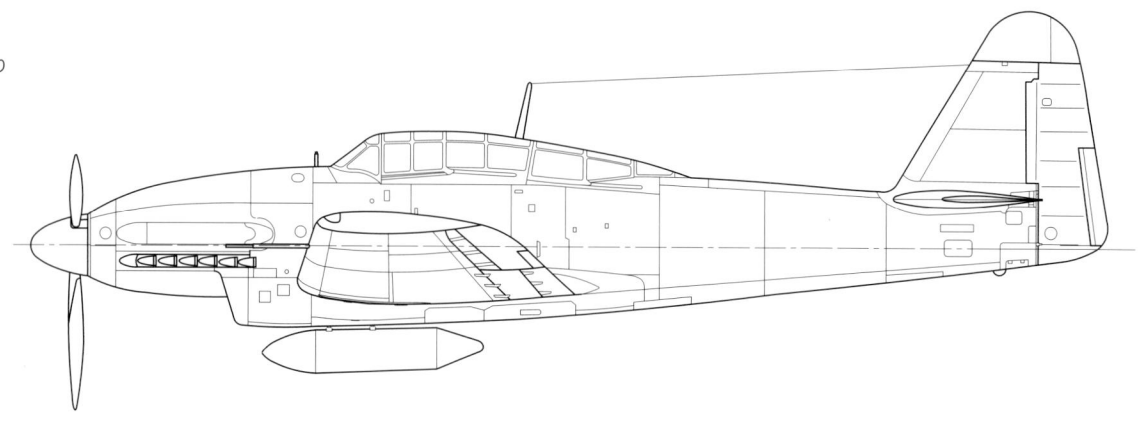

愛知M6A1晴嵐
特攻時
増槽に見えるように安定板が取り外された800kg爆弾に注意。

け、巡潜甲型4隻の建造計画も見直された。1944年6月10日に神戸で進水していた伊1号潜は70％まで完成していたが、艤装段階で未成に終わった。巡潜甲型改2の1番艦だった伊13は1944年12月16日に竣工し、伊14は1945年3月14日に竣工した。伊15は95％まで完成していたにもかかわらず建造を中止された。こうして海軍の潜水空母が少数になったため、それ用の攻撃機を大量生産する理由もなくなったのだった。計画では44機のM6A晴嵐が製造されるはずだったが、生産中止の決定により1945年3月末までに引き渡されたのはわずか14機だった。晴嵐の部分品の生産は続けられたものの、本機の使用目的は野心的なアメリカ本土攻撃からまったく通常の作戦に変更された。その結果、永徳工場でさらに6機が完成したのをもって、残りの未完成機の作業は打ち切られた。

1944年晩秋、日本帝国海軍はM6A晴嵐攻撃機を潜水艦から運用する専任飛行隊の編成を開始した。乗組員と搭乗員の選抜は過去の経歴を考慮して慎重に進められた。1944年12月15日、この第631海軍航空隊の司令に有泉龍之介大佐が着任した。本部隊は第6艦隊直卒の第1潜水隊に属する第1航空戦隊の主力だった。第1潜水隊には特型潜水艦2隻（伊400、伊401）に補助の巡潜甲型改2の伊13と伊14が所属したが、伊14はまだ試験中だった。これらの艦は計10機の晴嵐を搭載する予定だった。

訓練は大部分が横須賀の第1海軍航空技術廠で行なわれた。晴嵐のカタパルト射出訓練を含む第1次訓練航海は1945年1月に実施された。訓練は主に呉の西方、瀬戸内海の伊予灘で実施されたが、晴嵐の飛行訓練は6機が常駐していた広島県の福山海軍航空隊で行なわれていた。さまざまな問題が発生したが、その多くは晴嵐の熱田エンジンに起因するものだった。潜水隊と晴嵐隊の共同訓練は記録上は4月2日から開始されていたが、燃料は事実上なく、物資はすべて実戦のために温存されていた。このため伊401がまだ燃料の入手可能だった満州の大連に急遽派遣されることになった。航海に際して大型潜水艦伊401には海防艦に擬装するために偽の上部構造物が設けられたが、宇部を通過したところで磁気機雷に触雷し、修理のため呉への帰港を強いられた。偽の上部構造物は伊400に移設され、同潜は大連へ向かい訓練用の燃料を持ち帰ったが、それも一時しのぎにすぎなかった。

潜水艦と攻撃機の生産は1945年1月に打ち切られていたものの、すでに完成していた艦と搭載機は当初計画よりも規模を縮小した作戦のために集結した。1945年5月11日、2隻の特型潜水艦が伊13と伊14とともに呉を出発し、関門海峡から日本海へ入った。潜水艦隊が向かったのは第1潜水隊の根拠地に選ばれた京都の舞鶴港だった。潜水隊はここで晴嵐隊と合流し、石川県の七尾湾で運用訓練を実施した。カタパルト射出訓練には6週間があてられた。訓練で判明したのはフロート装着開始から特型潜水艦搭載の晴嵐全3機が飛行準備を整えるまでに30分かかるものの、その半分は3番機が占め、これを格納筒から引き出すのにほとんどの時間が費やされることだった。計算により実戦状況下で晴嵐をフロートなしで発進させるならば、浮上から潜航までの時間は14分半にまで短縮できると算定された。

第1潜水隊の第1回攻撃目標はパナマ運河のガツン閘門だったが、パナマ運河は対独戦の勝利後、連合軍部隊を太平洋方面に移送するのにフル回転していた。もしこの攻撃が成功すれば対日戦に向けられる戦力と物資の流入を断てるはずだった。攻撃は浅村敦大尉を隊長とする10機の晴嵐隊が実施する予定で、うち6機が雷装、残り4機は爆装だった。それぞれの閘門を攻撃するのは2機の予定だった。晴嵐隊はガツン閘門に見立てた大型模型で攻撃訓練を重ね、周辺の地形の特徴を頭に叩き込んだ。この訓練中、2機の晴嵐が事故で失われた。潜水隊は3年半前に南雲艦隊が真珠湾を目ざしたのと同じ航路をたどってからオアフ島近海でコロンビアへ向けて変針し、最後にアメリカ

本土岸へと北進するはずだった。小型の巡潜甲型には全航程をまかなえるだけの燃料タンク容量がなかったため、途中で大型潜水艦からの給油が予定されていた。

この壮大な攻撃は戦争の帰趨を根底から覆す作戦というよりは最後のあだ花に近かったが、結局実現しなかった。戦局の逼迫と日本本土への上陸作戦の脅威により計画は変更された。その理由は日本周辺の連合軍部隊への直接攻撃の方が、効果が表れるのに時間のかかりすぎる戦略的攻撃よりも日本を包囲から解放するのに緊要だと考えられたからだった。1945年6月25日付の指令第95号により、第1潜水隊はその晴嵐全機をウルシー泊地停泊中の米軍空母艦隊への片道特攻作戦に差し向けることになった。

この新作戦は二段構成だった。まず本州最北端の大湊海軍基地で特型潜水艦隊はC6N1彩雲偵察機を分解搭載した巡潜甲型2隻と合流する。次に彩雲はまだこの時点では日本軍のものだったトラック島へ輸送され、そこで組み立て後にウルシー泊地の目標を偵察する。作戦のここまでの段階は光作戦という秘匿名だった。

その情報は伊400と伊401に搭載された晴嵐攻撃隊に伝えられる予定だった。潜水艦伊13と14が先に出航したが、伊13が7月16日に空母USSアンツィオの艦載機に撃沈されたため、トラック島に到達できたのは伊14だけだった。8月4日に彩雲が揚陸され、偵察作戦の準備を整えた。作戦のここからの段階は嵐作戦という秘匿名だった。

一方、伊400と401は舞鶴を発進して大湊へ向かった。それに先立ち舞鶴海軍工廠で伊400と伊401の晴嵐6機は奇襲攻撃時に米軍機に偽装するため機体を銀色に塗装され、米軍の国籍マークが描かれた。さらに爆弾は増槽に見えるよう安定板が取り外された。伊400と伊401は7月23日に時間をずらして大湊を出港した。8月6日に有泉大佐の座乗する旗艦伊401で電気系統のショートにより火災が発生し、修理が終わるまで同潜は潜航できなくなった。有泉大佐が会合地点を目標からさらに遠方の東カロリナ諸島ポナペ島の沖100海里（185km）に移すという電報を打電したのは、おそらくこのためだったろう。ウルシー泊地を攻撃する嵐作戦の実施は8月17日に予定されていたが、伊400の日下敏夫艦長中佐は会合地点変更の命令を受信しておらず、原命令どおり目標の東方で伊401を待っていたことを有泉大佐は知る由もなかった。

嵐作戦の実施予定日の2日前、アジア大陸と太平洋戦域の日本軍は戦闘を停止したが、海軍軍令部は攻撃を8月25日に延期しただけだった。8月16日朝に潜水隊は終戦の報せを受け、日本への帰還を命じられた。4日後、有泉司令は全攻撃兵装と晴嵐3機の廃棄を命じられた。伊401では晴嵐は無人のままカタパルト射出されたが、伊400では格納筒からそのまま甲板の外へ押し出された。両潜はそれぞれ8月27日と29日に洋上で投降した。こうして第二次大戦中、他に類を見ない戦略作戦は幕を閉じたのだった。

斜め後方から見た愛知M6A1試製晴嵐。胴体下面に通常型の250kg航空爆弾が装備されている。

諸元

機体要目： 潜水艦搭載用単発水上攻撃機（M6A1）、練習攻撃機（M6A1-K）。全金属構造、羽布張り操縦舵面、木製翼端。

乗員： 密閉式操縦室に2名。

動力： 愛知AE1A熱田21型(ハ60-21)液冷12気筒倒立V型エンジン〔離昇出力1,400馬力(1,030kW)、高度1,700mでの出力1,250馬力（920kW）、高度5,000mでの出力1,290馬力（950kW）〕×1（M6A1晴嵐試作機）。
愛知AE1P熱田32型(ハ60-32)液冷12気筒倒立V型エンジン〔離昇出力1,400馬力(1,030kW)、高度1,700mでの出力1,340馬力（985kW）、高度5,000mでの出力1,290馬力（950kW）〕×1（M6A1晴嵐11型、M6A1-K南山）。
金属製3翅可変ピッチプロペラ、直径3.20m；燃料タンク容量934リットル、滑油タンク容量49リットル。

武装： 13mm二式機関銃1門を偵察員席に装備。

爆弾搭載量：250kg爆弾×2ないし800kg爆弾×1、または850kg九一式航空魚雷×1。

晴嵐の正面。

| 型式 | M6A1（AM-24） | M6A1晴嵐11型 | M6A1-K南山 |
|---|---|---|---|
| 全幅（m） | 12.262 | 12.262 | 12.262 |
| 全長（m） | 11.640 | 11.640 | |
| 胴体長（m） | 10.640 | 10.640 | 10.640 |
| 全高（m） | 4.580 | 4.580 | 2.940 |
| 翼面積（㎡） | 27.00 | 27.00 | 27.00 |
| 自重（kg） | 3,362 | 3,301 | 3,002 |
| 通常離水／離陸重量（kg） | 4,250 | 4,040 | 3,642 |
| 最大離水／離陸重量（kg） | 4,900 | 4,445 | 4,225 |
| 有効搭載量（kg） | 888 | 739 | 640 |
| 翼面荷重（kg/㎡） | 157.41 | 149.63 | 134.89 |
| 馬力荷重（kg/馬力） | 3.04 | 2.88 | 2.60 |
| 最大速度（km/時） | 439 | 444 | 575 |
| 最大速度記録高度（m） | 4,000 | 4,200 | 3,000 |
| 巡航速度（km/時） | 277 | 277 | 295 |
| 巡航高度（m） | 3,000 | 3,000 | 3,000 |
| 着陸速度（km/時） | 115 | 113 | 124 |
| 高度3,000mまでの上昇時間 | 5分55秒 | 5分48秒 | 8分09秒 |
| 上昇限度（m） | 9,000 | 9,900 | 9,600 |
| 航続時間 | 3時間58分 | 4時間15分 | |
| 離水滑走距離（m） | 215 | | |

生産：愛知航空機株式会社永徳工場にてM6Aは計28機が完成。内訳は以下のとおり。
- M6A1試製晴嵐──8機（1943年10月〜1944年10月）
- M6A1晴嵐11型──18機（量産機：1944年10月〜1945年7月）
- M6A1-K試製南山──2機（1944年）

愛知M6A1-K試製南山の左側面と左斜め前方。

晴嵐の保存機の操縦席。
Timothy Hortman氏撮影

名古屋市の愛知航空機永徳工場のM6A1晴嵐水上機。設計変更のため取り外された垂直尾翼に注意。

練習機型の愛知M6A1-K試製南山の右斜め前方。

前席計器盤

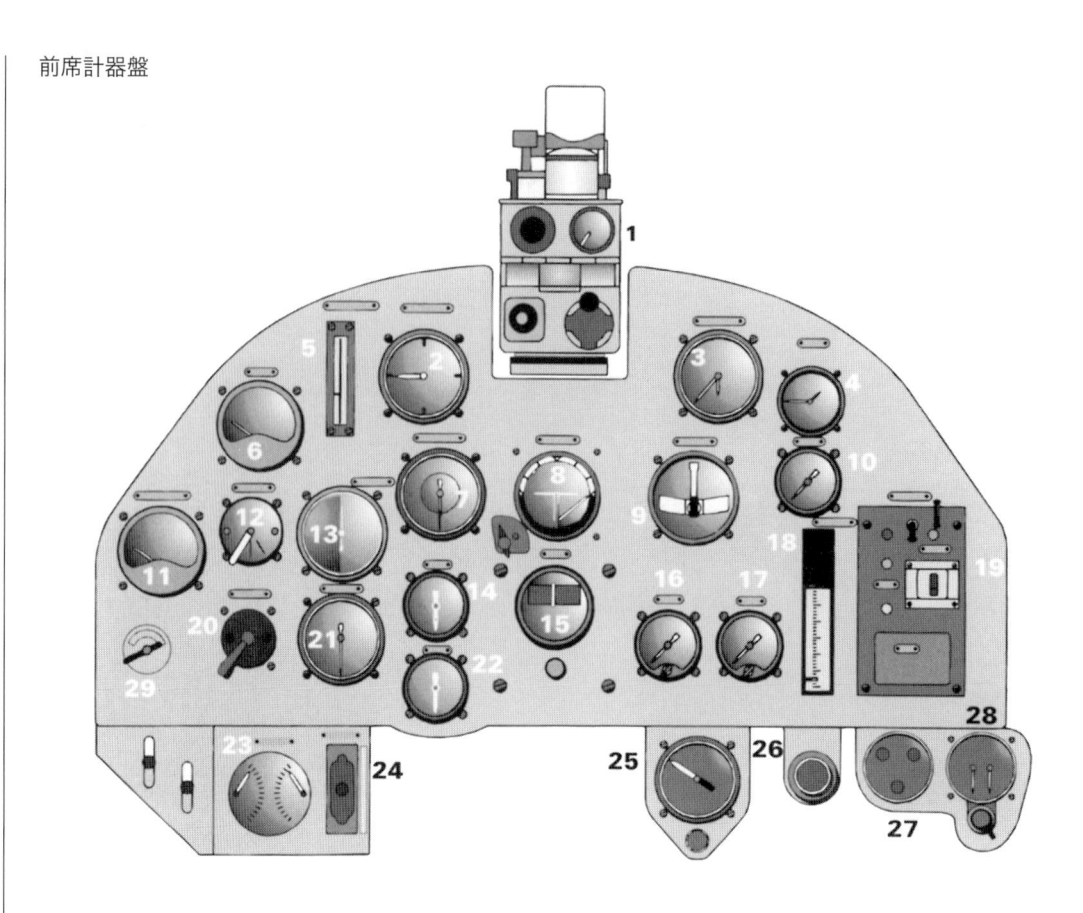

1. 二式射爆照準器、のちに三式1号射爆照準器1型
2. 昇降計1型
3. 高度計1型
4. 航空時計
5. 前後傾斜計2型
6. 燃料計
7. 速度計3型改1
8. 水平儀2型
9. 旋回計2型
10. 真空計1型
11. 排気温度計1型
12. 燃料計選択スイッチ
13. 吸入圧力計1型
14. 2号油圧計4型
15. 定針儀1型
16. 油温計2型（冷却系）
17. 1号油温計5型
18. 加速度計
19. 電源装置
20. 始動装置
21. 回転計1型改1
22. 1号油圧計1型
23. 急降下制動板／フラップ角指示器
24. 着陸時フラップスイッチ
25. 零式羅針儀2型改1、のちにク一式遠隔羅針儀3型
26. 燃料ポンプ
27. 火災警告灯メグミ2型
28. 酸素調節器2型
29. 消火装置切替スイッチ

計器盤：三式1号射爆照準器1型と操縦桿。左から昇降舵トリム操作手輪、補助翼トリムノブ（後）、方向舵トリムノブ（前）、スロットルレバー（トリム操作輪上）。［スロットル横の］暗く見えるレバー（赤）は混合比調節用で、明るく見えるレバー（銀）はプロペラピッチ角調節用。
Timothy Hortman氏撮影

# 川西 梅花
## Kawanishi Baika

　川西 梅花はロケット推進の桜花やジェット推進の橘花の後継機となる特攻機だった。梅花はこれらとは異なり、ドイツのV-1号飛行爆弾フィーゼラーFi103と同様のパルスジェット推進だった。

　終戦直前の1945年7月2日、海軍航空本部は川西航空機に「海軍試製特殊攻撃機 梅花」という新型機の開発仕様書を提示した。この新型機はすでに存在していた特殊攻撃機、桜花11型および22型や中島橘花に替わるものだった。桜花22型の開発を担当していた横須賀の第一海軍航空技術廠（空技廠）にも同様の試作仕様書が示され、桜花43型乙という名称が与えられた。

　日本軍の参謀たちはこれらの新規開発機により来たるべき連合軍の日本本土上陸作戦を阻止しようと考えていた。両機は専用発射台から射出されるか、沿岸部の飛行場から離陸する計画だった。両機の最大の違いは推進器だった。桜花43型乙にはネ20ターボジェットエンジンが、梅花にはカ10パルスジェットエンジンが搭載を予定されていた。

　当時の日本の航空産業は連合軍の激しい空襲により見る影もなく崩壊していた。米軍のB-29スーパーフォートレスによる連日の爆撃で日本の航空機工場の大部分が破壊されていた。そのため航空機の生産施設は地方に疎開されるか地下工場に移された。また当時、数多くの新型特攻機が設計開発中だった。これらの特攻機は落日を迎えつつあった大日本帝国の「最終兵器」になるはずだった。その一つ、桜花11型の量産は1944年8月から始まったが、戦果が乏しかったため、生産は数百機をもって1945年3月に打ち切られた。

　桜花43型乙は22型のツ11モータージェットエンジンをネ20ターボジェットエンジンに換装した改良型だった。しかしその構造はかなり複雑で、各地に分散した非熟練工員ばかりの工場しかなく、戦略物資も枯渇していたのが実情という当時の航空機産業には大量生産は不可能だった。敵の日本本土上陸が目前に迫り、時間が1秒でも惜しい中でも、複雑な構造のために開発と生産は遅々として進まなかった。

　そのころ東京帝国大学の航空研究所では小川太一郎教授と谷一郎教授がドイツのフィーゼラーFi103飛行爆弾やハインケルHe162ジェット戦闘機の設計に倣って独自の新型機を開発していたが、これは梅花の要求仕様にも合致するものだった。空技廠の計画案も航空研究所のそれも推進器にはドイツのV-1飛行爆弾のパルスジェットエンジンと同じカ10間欠燃焼ロケットを予定していた。この推進器が選ばれた最大の理由は構造が単純で大量生産に適していたからだった。さらにこのエンジンはネ20ターボジェットエンジンとは異なり高品質燃料も不要で、松根油のような代用燃料も使用できた。敵に察知されやすい大きな作動音や、激しい振動、短寿命の燃料直噴弁などは些細な短所とされた。直噴弁の問題はエンジンを使用するたびに弁を交換することで、振動は防振材を使用することで解決された。最終的に空技廠と航空研究所は双方の人的資源を統合し、合同開発で設計を進めた。

　1945年8月5日に関係者全員を集めた会議が航空研究所で開かれた。海軍航空本部からは和田操中将と片平琢治少将が、航空研究所からは中西不二夫所長と小川太一郎、木原博の両教授が、メーカーの川西からは片平少将が社長代理として設計主務者の竹内為信技師とともに出席した。会議では設計から量産準備までの日程決定と具体的作業内容が話し合われた。この会議では二つの基礎設計案のうち、どちらを公式に採用するのかの最終決定も行なわれた。最も重視された選択条件は構造の単純さと生産の容易さだった。この二点については全体的に空技廠案が優れているとされたが、航空研究所案にも設計手法に将来性の期待できる点があったため、それについては研究を継続することと結論された。

　梅花の胴体は細長い円筒形で、ドイツのFi103（V-1号）飛行爆弾に似ていた。コクピットは狭かったが、視界良好なキャノピーで覆われていた。エンジンの装備位置には複数の候補案があったが、それに応じてキャノピーの開閉方式は片側開放式か後方スライド式になった。主翼は翼端の丸いテーパー翼で、通常型の単純隙間式補助翼が設けられていた。機体構造は鋼製の接合部を除き、全木製だった。基本レイアウトは2種類考案された。第一の案（梅花1と2と本書では呼称、以下同じ）ではエンジンは操縦席の直上（梅花1）またはやや後方（梅花2）に位置していた。胴体には非引き込み式の降着装置が取り付けられ、離陸後に主脚固定部に組み込まれた火薬で投棄された。

　第二のレイアウト案（梅花3）ではエンジンは胴体下面に取り付けられていた。この型には降着装置がなく、空技廠が本来桜花43型乙用に設計していた専用カタパルトから発射される予定だった。梅花3用には改良型の離陸用滑走車も開発され、その動力は桜花用よりも推力の低い固体燃料ロケットで、推力800kgを9秒間発揮した。梅花はいずれの型も機首に炸薬250kgを搭載する設計だった。

　これらの設計はいずれも長所と短所があった。カタパルト射出型は海岸ならば事実上どこでも使用可能だった一方、車輪型は未熟なパイロットでも扱いやすかった。そこで車輪型を搭乗員訓練に

川西 梅花1

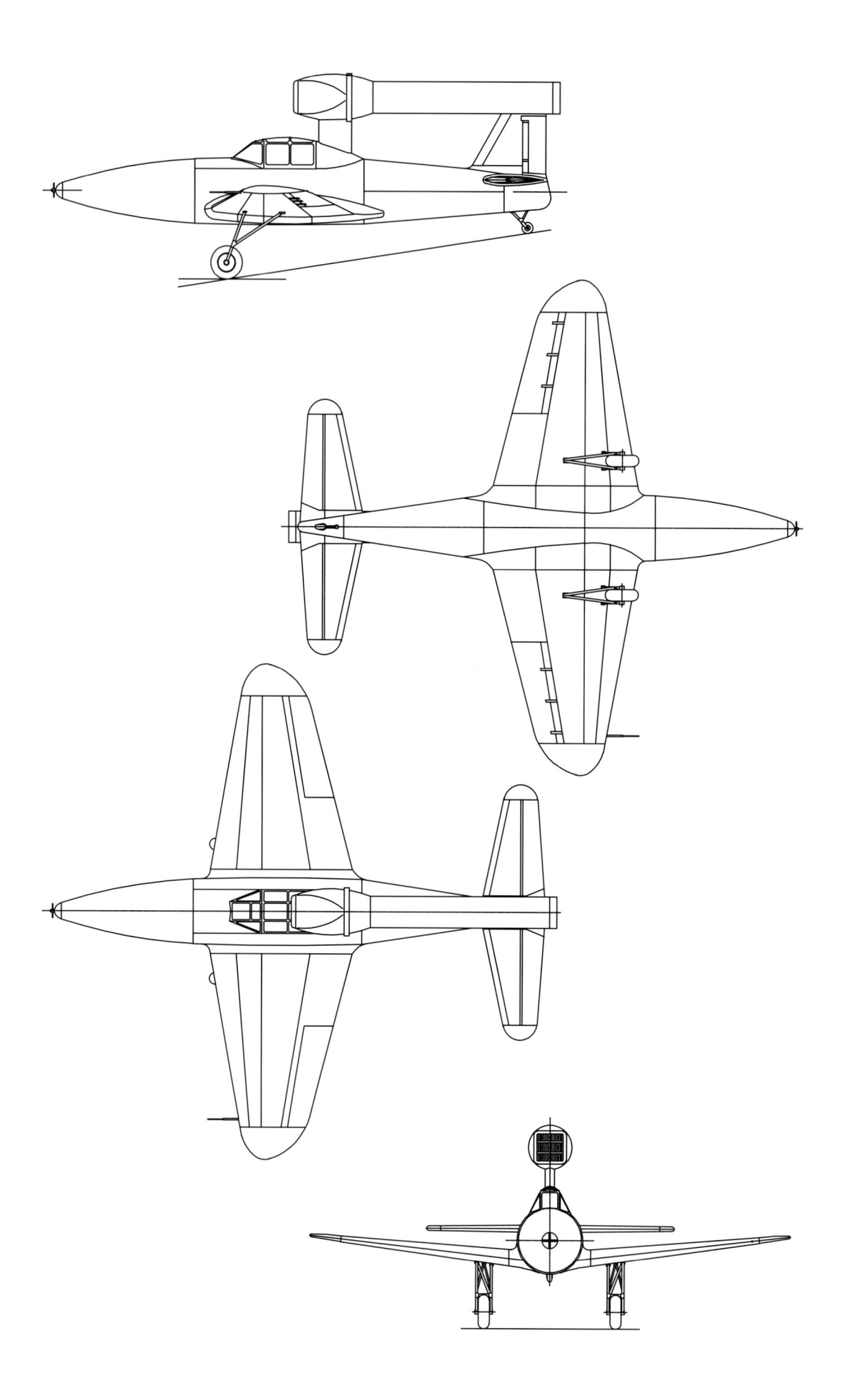

1/72スケール

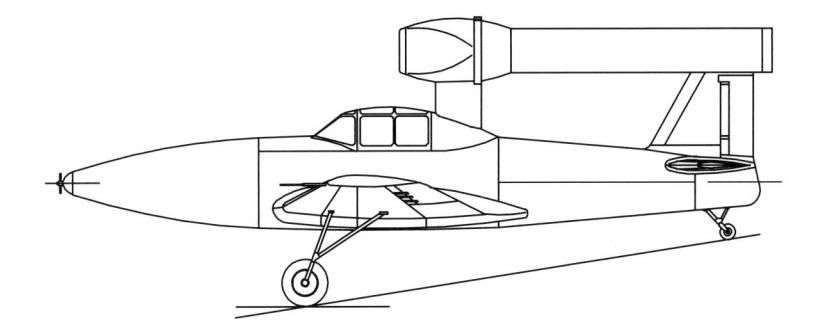

川西 梅花1

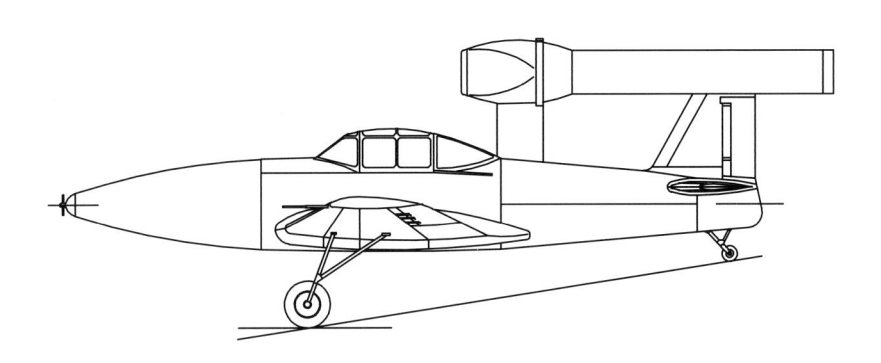

川西 梅花2

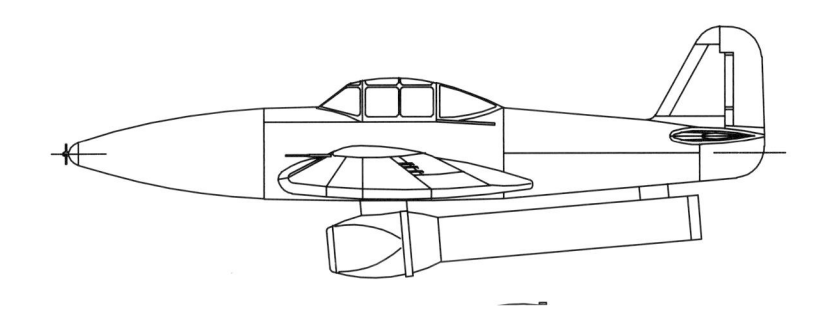

川西 梅花3

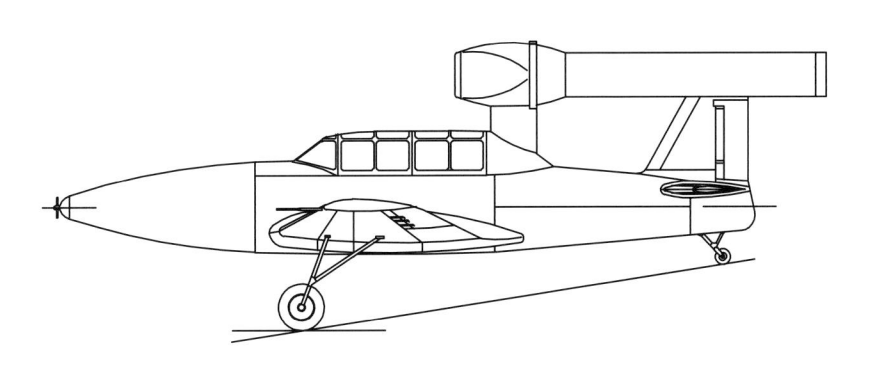

川西 梅花複座練習機型（推定）

（写真に基づき、128〜130ページ図面のエンジンナセル形状を原書より改訂）

1/72スケール

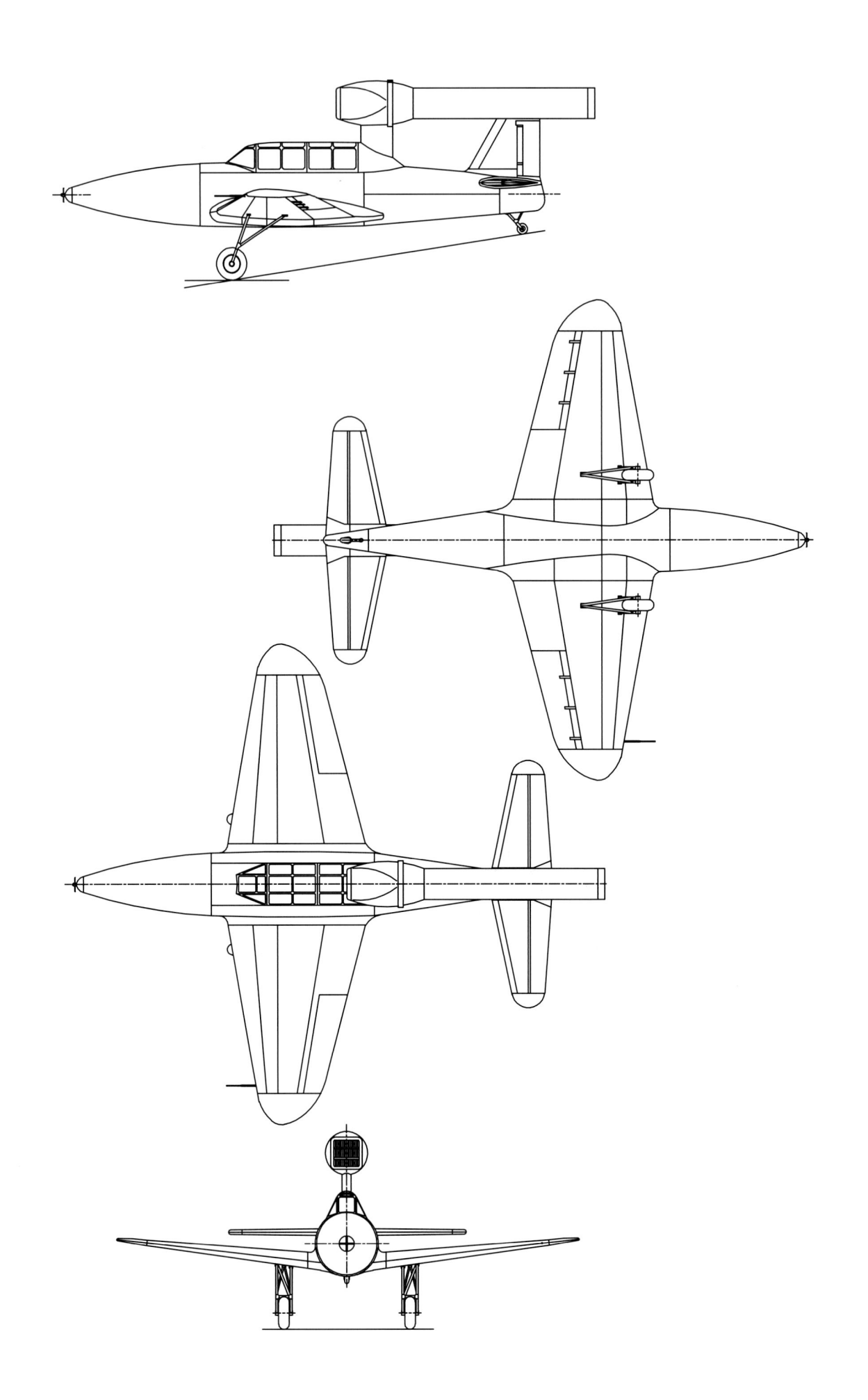

川西 梅花複座練習機型（推定）　　　　　　　　　　　　　　　　　　　　　　　　　　　　　　　　　　1/72スケール

使用し、カタパルト射出型を実戦に使用することが決定された。先の会議では川西に作業段階ごとの期限日が厳格に設定された。設計図の提出期限は1945年9月末日まで、量産開始は10月中とされた。また同時に実戦用梅花1機と練習用複座梅花3機の製作命令も下された。

この会議では以下の設計諸元もまとめられた。
- ●機体概要：敵上陸用舟艇攻撃用の陸上機、単純安価なカタパルトより発進。
- ●機体要目：パルスジェット推進単葉機。
- ●基本寸法：最小化に努めること：主翼折り畳み時全幅:3.6m、全長8.5m、全高4.0m以下（カタパルトも含めて全高5.0m以下）。
- ●推進器：カ10パルスジェット1基。
- ●乗員：操縦員1名。
- ●性能:海面高度における最高速度463km/時（250ノット）以上；エンジン最大出力で海面高度を飛行時の航続距離：130km以上；実用上昇限度2,000m以上；視界と急降下時の操縦性は零戦より良好なこと。
- ●カタパルト諸元:仰角0度。射出速度44m/秒(向かい風、エンジン使用時)。
- ●武装：爆薬100kg以上。
- ●装甲：操縦手背後に8mm防弾板。
- ●飛行計器:エンジン関係（燃料計、燃料液面計、出力計）および航法関係（速度計、高度計、羅針儀、人工水平儀）。

まもなく航続距離の要求値が落とされ、パイロット用防弾板がなくなったが、爆薬量は250kgに増加された。

1945年8月6日の会議では木材や鋼材などの材料の使用が検討された。この議題を提案したのは海軍航空本部だった。新たに良好な操縦性、量産性、航続距離なども要求された。

次回の会議は2日後の1945年8月8日に今度は川西航空機の施設で開かれた。竹内為信技師を主務者とする設計チーム60名が任命されたが、その多くは空技廠の所属だった。8月11日に徳田晃一技師をはじめとする技師の第一陣10名が到着した。20名の第二陣は8月15日に到着し、残り全員の第三陣は8月20日の到着予定だった。しかし第二陣が到着した日の正午に終戦が発表され、梅花の生産はついに実現することなく終わった。

諸元
機体要目：　　片持式低翼単葉特殊攻撃機（特攻機）。木金混合構造。
乗員：　　　　密閉式コクピットに操縦員、ないし練習生と教官（練習機型）。
推進器：　　　カ10パルスジェットエンジン×1；燃料タンク容量600リットル。
武装：　　　　爆薬250kg。

| 型式 | 梅花1 | 梅花2 | 梅花3 |
|---|---|---|---|
| 全幅（m） | 6.6 | 6.6 | 6.6 |
| 全長（m） | 7.0 | 7.58 | 7.0 |
| 全高（m） | | | |
| 翼面積（㎡） | 7.59 | 7.59 | 7.59 |
| 自重（kg） | 750 | | |
| 最大離陸重量（kg） | 1,430 | | |
| 有効搭載量（kg） | 680 | | |
| 翼面荷重（kg/㎡） | 188.00 | | |
| 推力重量比（推力/重量） | 3.97 | | |
| 最大速度（km/時） | 648 | | |
| 最大速度記録高度（m） | 2,000 | | |
| 巡航速度（km/時） | 485 | | |
| 巡航高度（m） | 6,000 | | |
| 着陸速度（km/時） | 111 | | |
| 高度2,000mまでの上昇時間 | 3分55秒 | | |
| 上昇限度（m） | 6,000 | | |
| 通常航続距離（km） | 278 | | |
| 離陸滑走距離（m） | 900 | | |

生産：兵庫県鳴尾村の川西航空機株式会社で梅花の製造用図面作成作業が開始されたのは1945年8月。終戦までに試作機は完成せず。

# 空技廠D3Y明星
## Kugisho D3Y Myojo

　D3Y明星は非戦略物資製の練習用爆撃機として開発に着手されたが、当時の日本機の多くと同じく最終的には特攻専用機として開発された。

　太平洋戦争に突入した当初、日本は戦争を早期終結させるつもりだった。電撃的な侵攻により獲得された新領土の豊富な資源がさらなる拡大につながるはずだった。緒戦で広大な領土が確保されたものの、商船隊は兵員の搬送で手一杯になり、戦時体制に移行した産業界に充分な天然資源を供給するだけの余力はなかった。やがて連合軍が日本軍の進撃を頭打ちにすると、米軍の潜水艦と航空攻撃により占領地域からの資源の流入は徐々に減少していった。日本の軍需産業界は戦略資源の備蓄が乏しくなるにつれ代替資材を求め始めた。

　資材不足は1943年から航空産業界にも及び始めた。軽合金不足の影響を受けたのは当初は練習機や輸送機の生産だったが、備蓄がさらに減少すると作戦用航空機にも影響が及んでいった。熟練工員も健康な男性が日増しに前線に送られるようになると大幅に減少していった。こうした事情から代替資材と機体構造の単純化が模索され始めた。

　第1海軍航空技術廠（空技廠）では計画名Y-50という機体の開発が開始された。本機は全木製の練習用爆撃機で、その設計はかつて一世を風靡したものの今やすっかり旧式化していた愛知D3A1九九式艦爆11型にほぼ完全に準じていた。原型機は全金属製だったが、戦略物資の節約と非熟練工でも生産を可能にするため、本機の設計では徹底的な簡略化が図られた。このため九九艦爆の特徴的な楕円翼の主尾翼は翼端の丸い直線テーパー翼に置き換えられた。主翼下面には急降下制動板も取り付けられた。安定性向上のため胴体は九九艦爆より延長されたが、これは練習機なので空母のエレベーター寸法に合わせる必要がないために可能だった。

　Y-50は出力1,300馬力の三菱金星54型星型エンジンを搭載した。本機は機銃射撃訓練にも使用できるよう7.7mm機銃2門をカウリング内に固定装備した。主翼中央部下面には30kg練習爆弾4発を懸吊できた。主脚は緩衝装置付きの固定式でスパッツが付いていた。

　試作1号機は1944年7月に、同2号機は翌月に完成した。本機は「海軍試製九九式練習用爆撃機明星」（D3Y1-K）と命名された。飛行試験で本機は重量過大による飛行性能の低さが判明し、高等練習機としては性能不足とされた。

　このため重量軽減策がとられた。海軍航空本部は改良が成功すると見越し、松下航空工業に量産準備を命じた。重量の軽減は困難だったが、最終的に明星の飛行特性は改善された。しかしこのため固定武装が全廃されてしまい、射撃訓練に使用できなくなった。主な設計変更点は胴体を約30cm延長したことと、翼面積を32.8㎡から30.5㎡に減少させたことだった。これにより総重量が150kg減少した。こうして本機の量産が決定され、「海軍九九式練習用爆撃機 明星22型」（D3Y1 K 22）と命名された。しかしそのころには当局の本機に対する興味は薄れており、D3A九九艦爆が二線級部隊へ降格されたことで同等の練習機がだぶつくことになった。そのため終戦までに製作された練習機型の量産機はわずか7機だった。

　しかし特攻作戦の活発化が明星の第二の人生を開いた。1945年初め、海軍航空本部の提示した仕様書に従い、空技廠はD3Y2-K明星22型改の開発名称で特攻用の単座特殊急降下爆撃機の開発を

進駐軍が製造工場で発見したD3Y1-K明星22型練習用爆撃機。

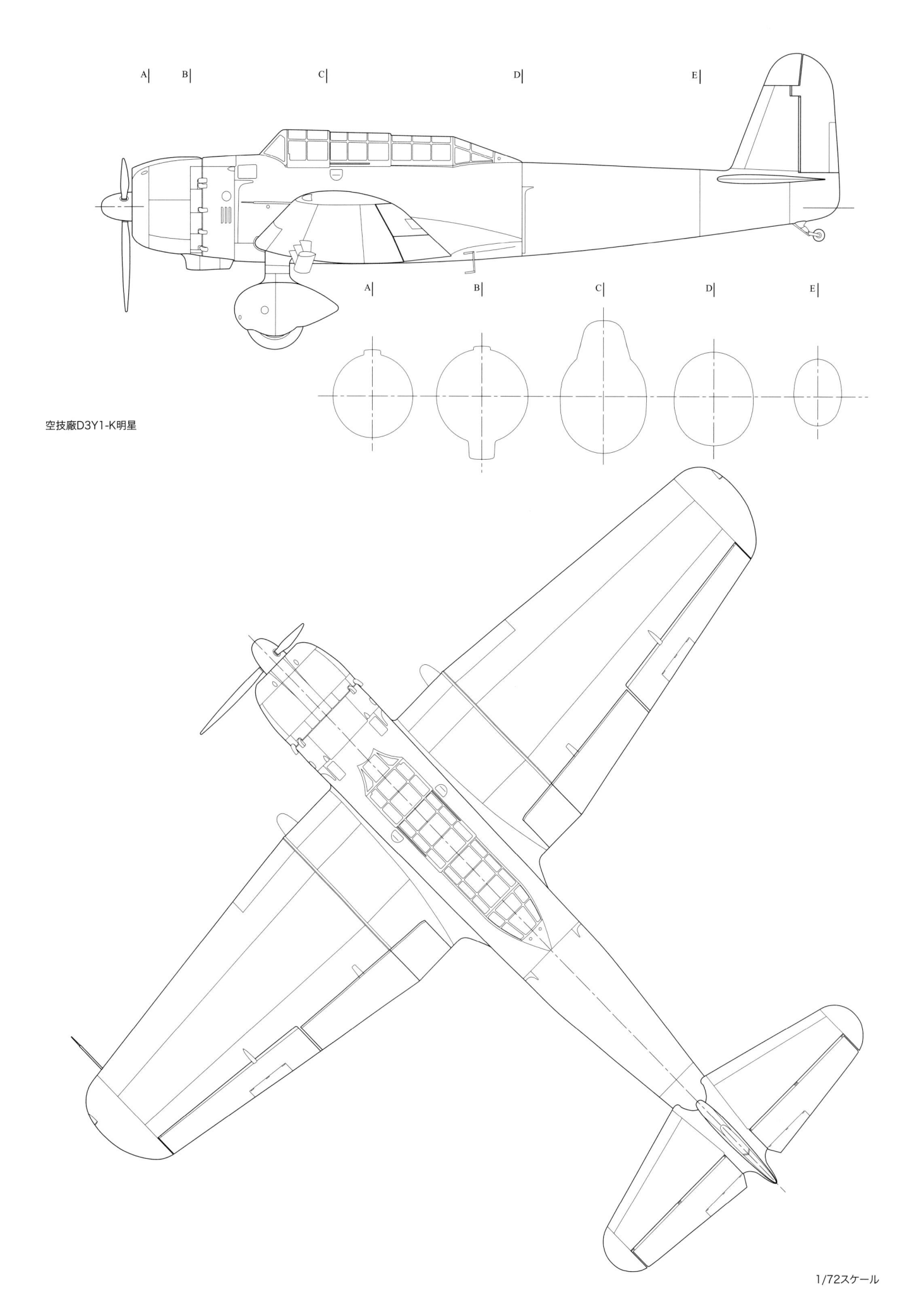

空技廠D3Y1-K明星

1/72スケール

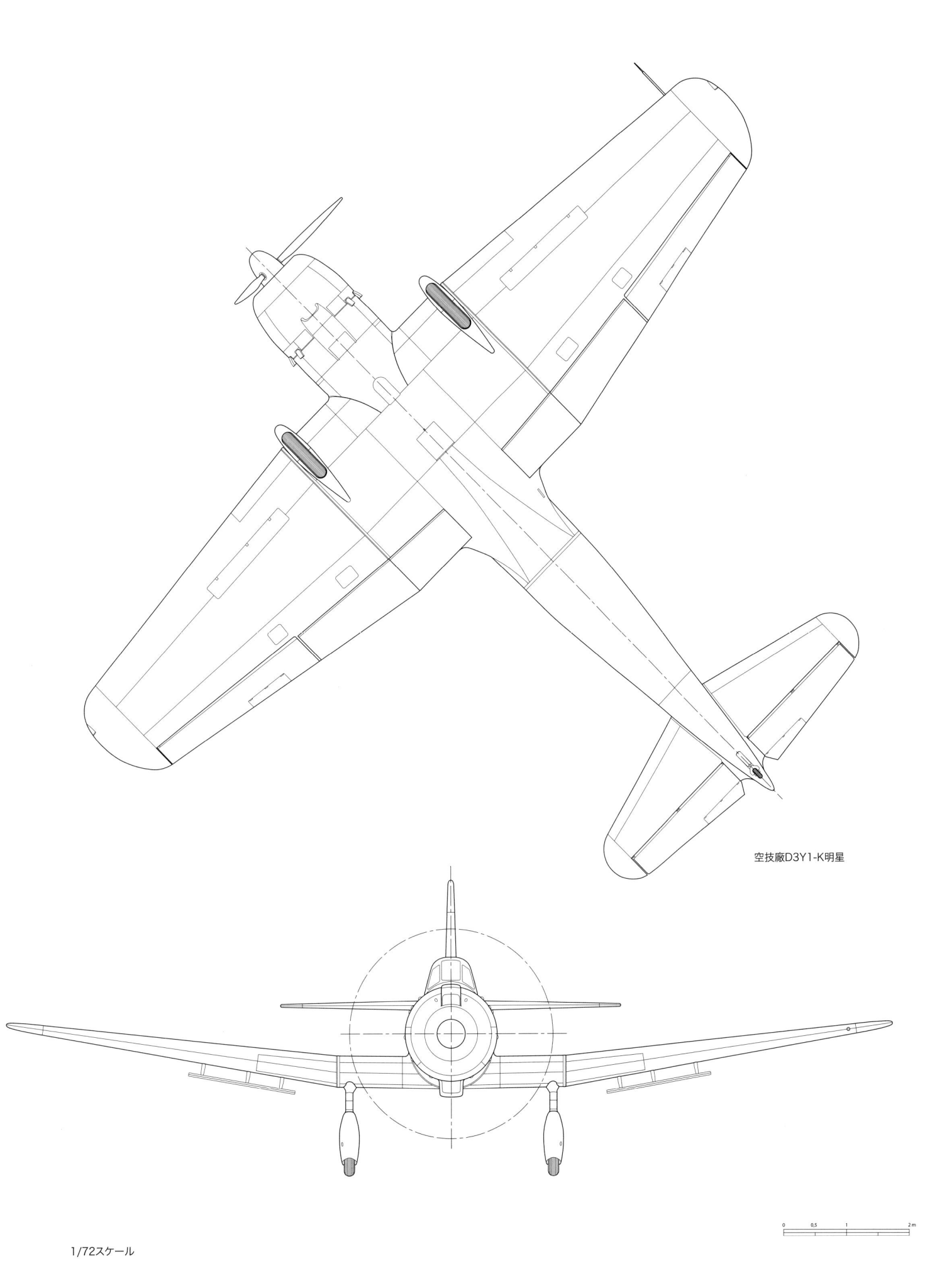

空技廠D3Y1-K明星

1/72スケール

開始した。機体はD3Y1-K練習機に準じていたが、エンジンはより強力な三菱MK8F金星62型が選定された。明星改は胴体下面に800kg爆弾1発を固定し、武装として20mm九九式機関砲2門をカウリング下部に装備していた。敵艦への体当たり前にパイロットは機銃射撃により標的までの距離を測定できた。この改良は海軍航空本部からの要求で導入されたが、それは直掩戦闘機隊員から特攻が距離の目測を誤ったために失敗したという報告が数多く寄せられていたからだった。明星改の主脚は離陸後に投棄可能になった。この抵抗減少により明星改の最大速度は向上した。引き込み脚は「使い捨て機」には不相応な贅沢品だった。しかし実戦では偵察の不徹底さから特攻機が会敵できず、やむなく帰還を強いられる例も多かった。こうした欠点にもかかわらず本機は量産化が決定され、月産30機が予定された。量産機の制式名称は「海軍特殊艦上爆撃機 明星改」（D5Y1）になる予定だった。1945年8月の終戦時、D3Y2-K試作機の完成機はまだなかった。

諸元

機体要目： 単発片持式低翼単葉複座練習用爆撃機（D3Y1-K）、単座特殊攻撃機（D3Y2-K）。木製構造、羽布張り操縦舵面。

乗員： 密閉式操縦席に練習生と教官（D3Y1-K）、密閉式操縦席に操縦員（D3Y2-K）。

動力： 三菱MK8E金星54型（ハ33-54）空冷14気筒星型エンジン〔離昇出力1,300馬力（955kW）、高度3,000mでの出力1,200馬力（885kW）、高度6,200mでの出力1,100馬力（810kW）〕×1；金属製3翅可変ピッチプロペラ、直径3.20m；燃料タンク容量1,190リットル、滑油タンク容量60リットル（D3Y1-K）。
三菱MK8F金星62型（ハ33-62）空冷14気筒星型エンジン〔離昇出力1,560馬力（1,145kW）、高度2,000mでの出力1,350馬力（995kW）、高度5,800mでの出力1,190馬力（875kW）〕×1；金属製3翅可変ピッチプロペラ、直径3.20m；燃料タンク容量1,200リットル（D3Y2-K）。

武装： 7.7mm固定機銃×2（D3Y1-K）。
20mm九九式固定機関砲×2（D3Y2-K）。

爆弾搭載量：30kg爆弾×4（D3Y1-K）。
500～800kg爆弾×1（D3Y2-K）。

7機製造されたD3Y1-K明星22型試作機のうち1機の引き渡し式。

離陸滑走中のD3Y1-K明星22型。

| 型式 | D3Y1-K明星22型 | D3Y2-K明星23型 |
|---|---|---|
| 全幅 (m) | 13.918 | 14.0 |
| 全長 (m) | 11.515 | 11.515 |
| 全高 (m) | 4.185 | 4.2 |
| 翼面積 (㎡) | 32.84 | 30.5 |
| 自重 (kg) | 3,200 | 3,150 |
| 通常離陸重量 (kg) | 4,200 | 4,630 |
| 有効搭載量 (kg) | 1,000 | 1,580 |
| 翼面荷重 (kg/㎡) | 128.05 | 151.80 |
| 馬力荷重 (kg/馬力) | 3.23 | 2.97 |
| 最大速度 (km/時) | 450 | 470 |
| 最大速度記録高度 (m) | 6,200 | 5,000 |
| 巡航速度 (km/時) | 296 | 296 |
| 巡航高度 (m) | 3,000 | 3,000 |
| 着陸速度 (km/時) | 130 | 124 |
| 高度6,000mまでの上昇時間 | 13分23秒 | 11分45秒 |
| 上昇限度 (m) | 9,000 | 9,250 |
| 通常航続距離 (km) | 1,780 | 1,760 |
| 最大航続距離 (km) | 2,360 | 2,315 |
| 着陸距離 (m) | 228 | |

生産：第1海軍航空技術廠にてD3Y1-K試作機2機が完成、松下航空工業株式会社にてD3Y1-K明星22型量産機7機が完成。D3Y2-K明星改特殊攻撃機の試作機は未成。

### 空技廠D4Y彗星
### Kugisho D4Y Suisei ('Judy')

　日本帝国海軍の第一線作戦機の多くと同様、空技廠D4Y彗星も特攻機として当初は即製改造型が、のちには本格的な特攻専用型が使用された。彗星の特攻型といえば、「特攻隊の父たちの末路」の章で触れた宇垣纒中将が消息を絶った1945年8月15日の最後の特攻出撃が想起される。

　彗星は初期型において当時主流だった空冷星型エンジンでなく液冷エンジンを採用した日本帝国海軍機としては異例の機体である。本機は有名な愛知D3A九九艦爆の後継機として開発されたが、その実戦デビューは艦上偵察機としてだった。

　1937年にドイツを訪問した日本帝国海軍の視察団はドイツ空軍の主力急降下爆撃機の競争試作でユンカースJu87に敗れたハインケルHe118のライセンス生産権を購入した。1937年2月に出力1,175馬力のダイムラーベンツDB601Aを搭載したHe118試作4号機（D-OMOL）が日本へ送られ、その後横須賀航空隊のテストパイロットにより飛行試験が実施された。同機には「海軍ハ式試製急降下爆撃機」（DXHe1）の名称が与えられた。海軍航空本部はDXHe1の量産を計画したが、本機は航空母艦で運用するにはあまりにも大きく重く、また性能も不充分だった。そのため1938年に試作4号機が墜落すると国産化計画は中止された。

　とはいえ海軍航空本部はHe118の試験運用から多くの有益な情報を得、それを1938年末に空技廠が設計した「十三試艦上爆撃機」に反映させた。本機には特に以下の性能が要求されていた。最高速度518km/時、巡航速度426km/時、250kg爆弾1発搭載時の航続距離1,480km、偵察任務時の航続距離2,220km、小型空母でも運用可能なこと、He118よりも機体寸法を小型化すること。

　これらの要求を満足させるため、空技廠の主任設計者、山名正夫技師を主務者とする設計チームは比較的小型の片持式中翼単葉機を計画した。本機は全金属製の複座艦爆で、「海軍十三試艦上爆撃機 彗星」（D4Y1）の試作名称を与えられた。D4Y1の全幅と翼面積は三菱A6M零戦とほぼ同じだったが、先行機のD3A2九九艦爆同様、燃料搭載量はより多かった。11.5mと小ぶりな全幅のため、主翼折り畳み機構を省略することができ、大幅な重量軽減につながった。またD4Y1彗星の主翼には高揚力装置が設けられた。急降下時、彗星の速度は3枚の電動式急降下制動板によって制御された。主降着装置と脚庫扉も電動式だった。D4Y1の設計チームは抵抗を減少させるため空力的洗練にも努め、500kgまでの爆弾は九九艦爆のように機体外部の懸吊架に装備するのではなく、胴体内爆弾倉に収納できた。翼下面の懸吊架には30kg小型爆弾や信号弾も搭載できた。D4Y1が搭載を指定されたエンジンはドイツのダイムラーベンツDB601Aのライセンス生産版、出力1,175馬力の愛知熱田12型だった。初期の試作型では熱田エンジンが間に合わなかったため、やむをえず別のドイツ製エンジンで出力960馬力のダイムラーベンツDB600Gが搭載された。

　D4Y1の試作1号機は1941年11月、太平洋戦争の開戦直前に完成した。同機は翌月、横須賀基地で飛行試験を実施し、十三試の要求仕様を上回る性能を示した。その高性能に加え、開戦間近という状況から、飛行試験日程の加速と増加試作機の製作が急がれた。1941年末には熱田12型エンジンを搭載した増加試作機4機が完成した。武装は7.7mm九七式固定機銃2門が機首上部に、7.7mm九二式旋回機銃1門が通信手兼銃手席に設けられた。

　本機が「彗星艦爆11型」（D4Y1）として制式採用される直前、急降下爆撃試験中に大事故が起きた。緩降下中だった試作5号機が胴体後部の異常振動により空中分解したのだった。艦爆にとって急降下は絶対に不可欠なため、愛知航空機での量産準備は機体構造の強化が終了するまで延期された。こうしてD4Y1の制式採用は1943年12月になった。

　1942年に海軍航空本部は試作3号機と4号機をその優れた高速性能から艦上偵察機に改造することを決定した。偵察形D4Y1-CにはK-8型固定式自動航空写真機と増設燃料タンクが爆弾倉内に装備された。同機は主翼左右下面にも増槽各1個を懸吊できた。

　2機のD4Y1-Cが航空母艦蒼龍に搭載され、ミッドウェイ海戦に参加した。うち1機は事故で失われた。蒼龍の損傷後、残りのD4Y1-Cは姉妹艦飛龍に移され、その沈没まで偵察任務に従事した。ミッドウェイ海戦でのD4Y1-Cの活躍ぶりに海軍航空本部は「二式艦上偵察機 彗星11型」として1942年7月6日に愛知に量産を命じた。空母用偵察機の需要はそれほど多くなかったため、生産はなかなか進まなかった。1943年3月までに愛知が完成させたのは艦爆型と偵察型合わせて25機のみだった。1943年末までに空母運用に至ったD4Y1-Cは数機だけだった。しかし前線部隊ではD4Y1はその高性能から好評を得ていた。本機は燃料タンクと操縦席に防弾装甲がなかったが、これは本機に限らず多くの日本機に共通する弱点だった。熱田12型エンジンに関する問題は多かったが、その原因は主に液冷エンジンについての経験不足によるものだった。

　彗星の改良は続けられた。主翼の主桁が強化さ

れ、制動板も改良された。これらの変更は1943年3月から量産型に導入された。D4Y1-C彗星の性能は旧式化した愛知D3A2九九艦爆を大幅に凌いでいたため、本来の艦爆型D4Y1の量産の加速が決定された。1943年4月から1944年3月までに愛知は計589機のD4Y1とD4Y1-Cを生産した。1944年6月のアメリカ軍のマリアナ諸島奪回上陸作戦では81機のD4Y1とD4Y1-Cが空母から戦闘に参加したが、それ以外に陸上基地からもD4Y1がパラオとテニアンの飛行隊から参戦した。少数だったが彗星21型（D4Y1改）も出撃していた。この型は胴体構造が強化されカタパルト射出も可能だったが、急降下制動板は廃止されていた。生産数はごく少数だった。この戦いに参加した日本機は大多数が撃墜され、D4Yは敵艦を1隻も撃沈できなかった。

さらなる改良型が開発されたが、これらはマリアナ沖海戦で明らかになった戦訓、すなわち防弾装備が貧弱で自動防漏式燃料タンクがないために被弾に対して極めて脆弱である点について、ほとんど対策を講じていなかった。D4Y2では風防に厚さ15mmの防弾ガラスが設けられただけで、出力が増大した熱田32型エンジンは熱田12型よりも信頼性がやや劣っていた。7.7mm旋回機銃の代わりに13mm二式機関銃1門を装備した小改良型もD4Y2aとしてD4Y2と並行生産された。その後カタパルト射出用機構が追加されると、D4Y2はD4Y2改に、D4Y2aはD4Y2a改になった。これらの2型式は彗星21型（D4Y1改）と並行して特に航空戦艦伊勢と日向用の艦載機として生産された。

偵察型も生産されたが、先行型のD4Y1-Cとの違いは愛知熱田32型エンジンを搭載していた点だけだった。この型には「二式艦上偵察機 彗星12型」（D4Y2-R）の制式名が与えられ、さらに二式旋回機銃を装備した型には「二式艦上偵察機 彗星12型甲」（D4Y2a-R）の制式名が与えられた。

フィリピン戦では上記すべての型式が使用されたが、米海軍戦闘機隊により大損害を出した。彗星の大多数は特攻に使用された。

その誕生時から彗星には愛知熱田エンジンに起因する整備および運用上の問題が付きまとっていた。このため彗星の運用部隊の指揮官たちは液冷式よりも信頼性の高いエンジンへの換装を要望していた。空冷エンジン装備の可能性を研究していた愛知航空機の技術陣は、小断面積の胴体に最適なエンジンとして三菱金星61型（のちに62型）を選択した。空力的な洗練を維持するため、カウリングは限界まで絞り込まれ、細い胴体中央部に滑らかにつながるよう整形されたが、前面面積の増大により速度が16.7km/時低下した。

この試験的に改造されたD4Y2は試製彗星改とされ、1944年5月に飛行試験を開始した。その結果、この案の有効性が確認され、海軍航空本部は愛知に本機を彗星33型（D4Y3）として量産化を命じた。D4Y3の13mm二式旋回機銃装備型には彗星33型甲（D4Y3a）の制式名が与えられた。新エンジンは信頼性に優れ、爆弾搭載量は750kgに増加した（250kg爆弾1発を爆弾倉に搭載し、250kg爆弾2発を左右主翼下面に懸吊）。着艦フックはもはや大半の日本海軍機が陸上基地で運用されていたため廃止された。

D4Y彗星の最終量産型は彗星43型（D4Y4）だった。本機は三菱金星62型星型エンジンを装備していたが、重量増加のため最大速度は552km/時に低下していた。本型では搭乗員は操縦員1名のみとなり、爆弾搭載量は800kgに増加したが、前期型のように爆弾倉に完全に収納するのでなく、胴体に半埋め込み式に搭載した。最新の戦訓により乗員防御が強化され、前部風防には厚さ75mmの防弾ガラスが、コクピットの前後にはそれぞれ厚さ5mmと9mmの防弾鋼板が装備された。燃料タンクの防御も強化された。旋回機銃は撤去され、後席の風防は金属板で整形されたものもあった。離陸時の補助用と敵戦闘機回避時の緊急加速用に2種類の補助ロケットエンジンも装備可能になった。離陸促進用には最大合計推力1,200kgの四式1号噴進器20型が機首下面に2基、緊急加速用には最大合計推力2,000kgの四式1号噴進器10型が胴体後部腹面に3基装備できた。機首の7.7mm九七式機銃2門は1945年4月に廃止された。43型は1945年2月以降、296機が生産された。本型は特攻専用型としての性格が強かった。

1944年4月から終戦まで広島県広村［訳者注：現在は呉市内］の第11海軍航空廠でも彗星D4Y1、D4Y2、D4Y3の生産が行なわれ、本工廠では計215機の彗星が製造された。

少数のD4Y2が第11海軍航空廠の岩国工場で夜間戦闘機に改造され、彗星12型丙（D4Y2-S）の制式名を与えられた。本型では後席に20mm九九式二号機関砲1門を仰角30度で斜銃として装備していた。1945年初頭の第302航空隊には本機が9機配備されていた。しかし夜間に敵爆撃機を捕捉できるレーダーがなく、上昇力が劣っていたため、D4Y2-Sは新任務で戦果を上げられなかった。また彗星33型に同じ武装を搭載した夜戦型、彗星33型丙（D4Y3-S）も存在した。

D4Y彗星の最終計画型は出力1,825馬力の誉12型エンジンを装備する彗星54型（D4Y5）だった。しかし誉12型の問題のため、試作機は完成しな

かった。

　多くの彗星が、特にフィリピンと硫黄島の防衛戦で、特攻機として散華した。本機の優れた速度と爆弾搭載能力は迎撃をかわして最大の打撃を与えうることを意味したため、特攻機に選ばれたのは当然といえた。

諸元

機体要目： 単発艦上急降下爆撃機（D4Y1、D4Y2、D4Y3、D4Y4、D4Y5）、艦上偵察機（D4Y1-C、D4Y2-R、D4Y2a-R）、夜間戦闘機（D4Y2-S、D4Y3-S）；片持式中翼全金属製構造、羽布張り操縦舵面。

乗員： 密閉式操縦席に操縦員および偵察員（大部分の型）、操縦員のみ（D4Y4）。

動力： ダイムラーベンツDB600G液冷12気筒倒立V型エンジン〔離昇出力960馬力（706kW）〕×1、金属製3翅可変ピッチプロペラ、直径3.2m；燃料タンク容量1,070リットル（D4Y1試作機）。

愛知AE1A熱田12型（ハ60-12）液冷12気筒倒立V型エンジン〔離昇出力1,200馬力（883kW）、高度1,500mでの出力1,010馬力（723kW）、高度4,450mでの出力965馬力（690kW）〕×1；金属製3翅可変ピッチプロペラ、直径3.2m；燃料タンク容量1,070リットル（D4Y1、D4Y1改、D4Y1-C）。

愛知AE1P熱田32型（ハ60-32）液冷12気筒倒立V型エンジン〔離昇出力1,400馬力（1,030kW）、高度1,700mでの出力1,250馬力（920kW）、高度5,000mでの出力1,290馬力（949kW）〕×1；金属製3翅可変ピッチプロペラ、直径3.2m；燃料タンク容量1,660リットル（D4Y2、D4Y2a、D4Y2-R、D4Y2a-R、D4Y2改、D4Y2a改、D4Y2-S）。

三菱金星62型（ハ33-62）空冷14気筒星型エンジン〔離昇出力1,500馬力（1,103kW）、高度2,000mでの出力1,350馬力（993kW）、高度5,800mでの出力1,190馬力（875kW）〕×1；金属製3翅可変ピッチプロペラ、直径3.0m；燃料タンク容量1,660リットル（D4Y3、D4Y3a、D4Y3-S、D4Y4）。

中島NK9B誉12型（ハ45-12）空冷18気筒星型エンジン〔離昇出力1,825馬力（1,342kW）、高度2,400mでの出力1,670馬力（1,228kW）、高度6,600mでの出力1,500馬力（1,103kW）〕×1；金属製3翅可変ピッチプロペラ、直径3.0m；燃料タンク容量1,660リットル（D4Y5）。

武装： 7.7mm九七式固定機銃×2（機首上面）、7.7mm九二式旋回機銃×1（偵察員席）（D4Y1試作機、D4Y1、D4Y1改、D4Y1-C、D4Y2、D4Y2改、D4Y2-R）。

7.7mm九七式固定機銃×2（機首上面）、7.9mm一式旋回機銃×1（偵察員席）（D4Y3）。

7.7mm九七式固定機銃×2（機首上面）、13mm二式旋回機銃×1（偵察員席）（D4Y2a、D4Y2a改、D4Y2a-R、D4Y3a、D4Y5）。

7.7mm九七式固定機銃×2（機首上面）、20mm九九式二型機関砲×1（後席斜銃）（D4Y2-S、D4Y3-S）。

7.7mm九七式固定機銃×2（機首上面）（D4Y4）。

爆弾搭載量：通常——310kg。胴体内に250kg爆弾×1および両翼下に30kg爆弾×2（D4Y1、D4Y1改、D4Y2、D4Y2改、D4Y2a）。
最大——560kg。胴体内に500kg爆弾×1および両翼下に30kg爆弾×2。ないし750kg——胴体内に250kg爆弾×1および両翼下に250kg爆弾×2（D4Y3、D4Y3a）。
800kg爆弾×1（D4Y4）。本機は偵察任務時には両翼下に爆弾の代わりに380リットル増槽を2個装備可能。

特攻の最終突入時に使用する加速用ロケットブースターを装備したD4Y4彗星43型（写真左）、進駐軍接収後の飛行場にて。

1/72スケール

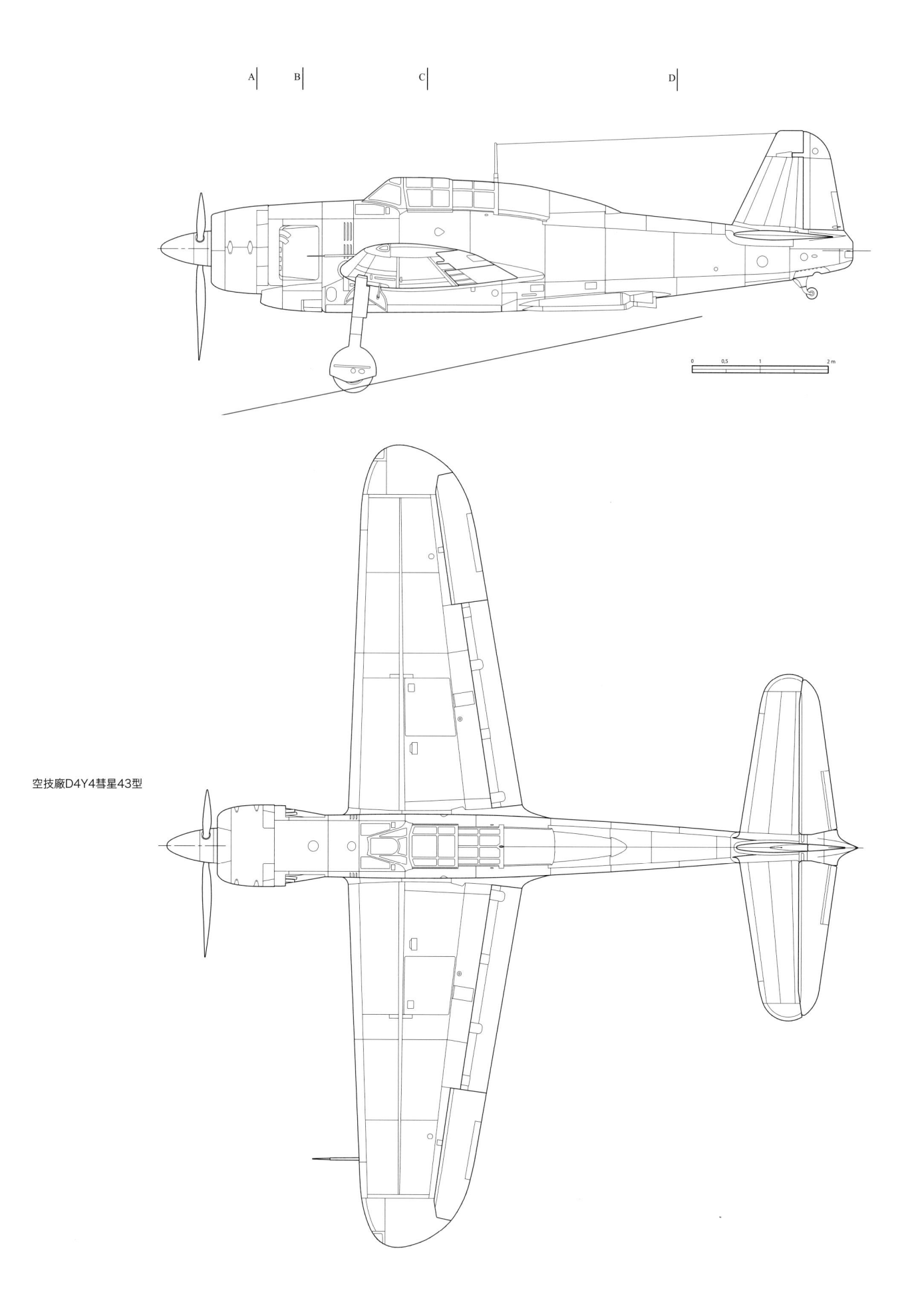

A B C D

空技廠D4Y4彗星43型

1/72スケール

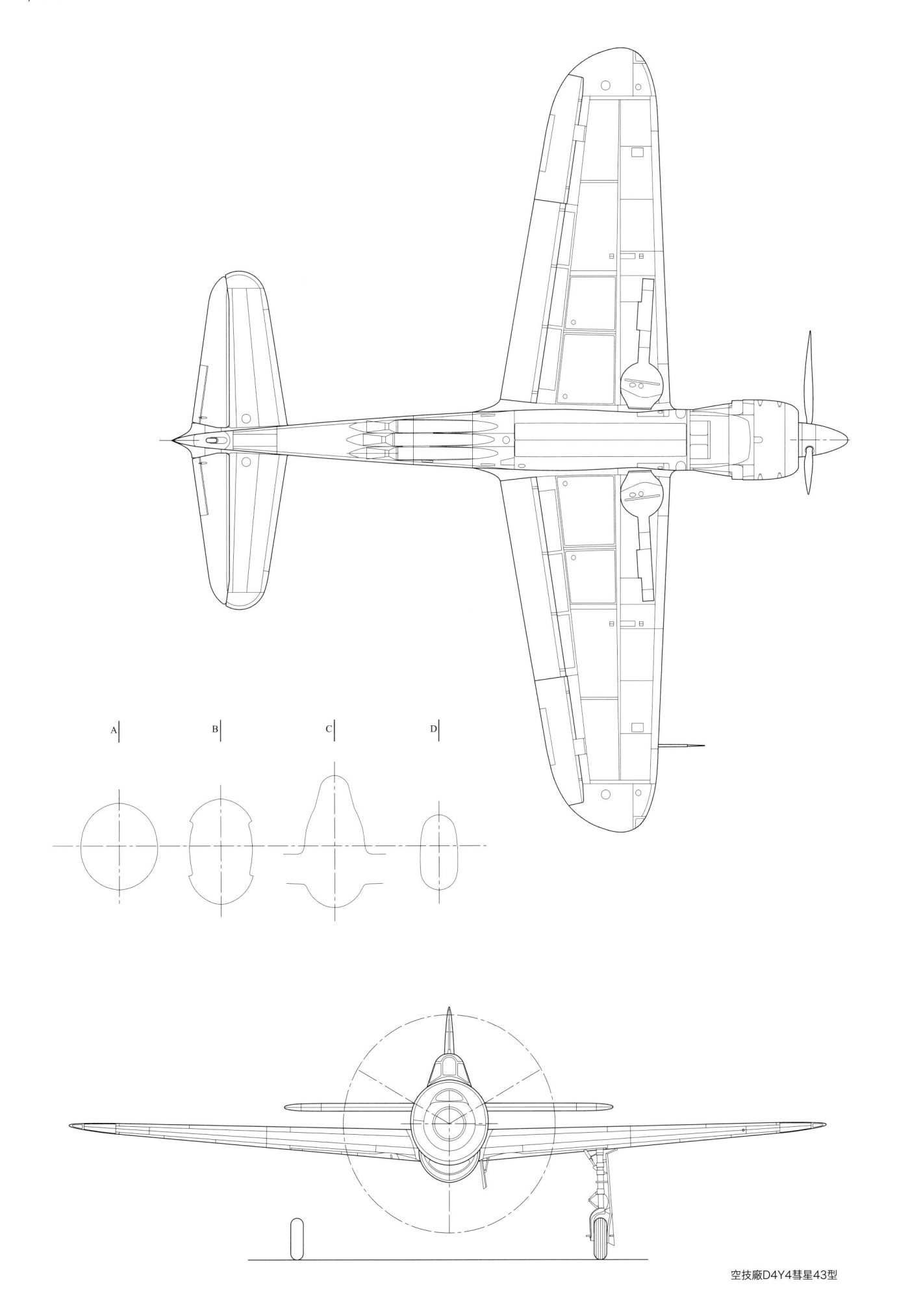

A B C D

空技廠D4Y4彗星43型

143

同じD4Y4彗星43型の後部。

戦後撮影されたD4Y4彗星43型。

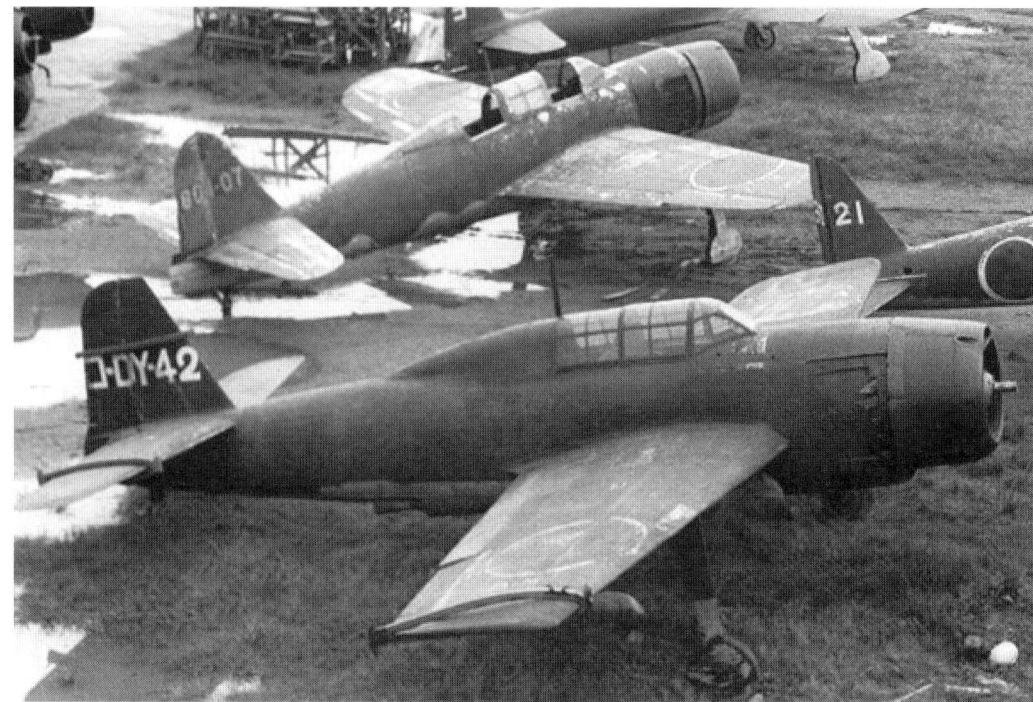

ロケットブースター3基の取り付け部。

| 型式 | D4Y1<br>十三試 | D4Y1-C<br>11型 | D4Y2<br>12型 | D4Y2-S<br>12型丙 | D4Y3<br>33型 | D4Y4<br>43型 | D4Y5<br>54型 |
|---|---|---|---|---|---|---|---|
| 全幅（m） | 11.5 | 11.5 | 11.5 | 11.5 | 11.5 | 11.5 | 11.5 |
| 全長（m） | 10.22 | 10.22 | 10.22 | 10.22 | 10.237 | 10.237 | 10.237 |
| 全高（m） | 3.295 | 3.295 | 3.295 | 3.295 | 3.74 | 3.74 | 3.74 |
| 翼面積（㎡） | 23.60 | 23.60 | 23.60 | 23.60 | 23.60 | 23.60 | 23.60 |
| 自重（kg） | 2,390 | 2,440 | 2,635 | 2,456 | 2,470 | 2,630 | 2,750 |
| 通常離陸重量（kg） | 3,650 | 3,650 | 3,835 | 3,750 | 3,850 | 3,960 | 4,200 |
| 最大離陸重量（kg） | 4,250 | 3,960 | 4,353 | 4,750 | 4,250 | 4,646 | 4,630 |
| 搭載量（kg） | 1,260 | 1,210 | 1,200 | 1,294 | 1,380 | 1,325 | 1,450 |
| 翼面荷重（kg/㎡） | 154.66 | 154.66 | 163.35 | 158.90 | 163.14 | 167.80 | 177.97 |
| 馬力荷重（kg/馬力） | 3.80 | 3.04 | 2.74 | 2.68 | 2.57 | 2.64 | 2.30 |
| 最大速度（km/時） | 552 | 552 | 579 | 580 | 571 | 551 | 563 |
| 最大速度記録高度（m） | 4,750 | 4,750 | 5,250 | 5,250 | 6,000 | 5,600 | 5,900 |
| 巡航速度（km/時） | 426 | 426 | 426 | 370 | 304 | 333 | 370 |
| 巡航高度（m） | 3,000 | 3,000 | 3,000 | 3,000 | 3,000 | 3,000 | 3,000 |
| 着陸速度（km/時） | 140 | 140 | 145 | 145 | 145 | 145 | 145 |
| 上昇力 | 3,000mまで<br>5分14秒 | 3,000mまで<br>5分13秒 | 5,000mまで<br>7分40秒 | 3,000mまで<br>4分36秒 | 5,000mまで<br>9分18秒 | 5,000mまで<br>9分22秒 | 5,000mまで<br>7分30秒 |
| 上昇限度（m） | 9,900 | 9,900 | 10,720 | 10,700 | 10,500 | 8,500 | 9,000 |
| 通常航続距離（km） | 2,590 | 2,590 | 2,390 | 1,510 | 1,520 | 1,650 | 1,400 |
| 最大航続距離（km） | 3,890 | 3,890 | 3,600 | 2,400 | 2,900 | 2,600 | |

生産：D4Y彗星の総生産数は2,038機。内訳は以下のとおり。

第1海軍航空技術廠（横須賀）：
- D4Y1試作機——5機（1940年〜1941年）

愛知時計電機株式会社永徳工場（名古屋）：
- D4Y1——660機（1942年〜1944年4月）
- D4Y2——326機（1944年4月〜1944年8月）
- D4Y3——536機（1944年5月〜1945年2月）
- D4Y4——296機（1945年2月〜1945年8月）

第11海軍工廠（広）：
- D4Y1、D4Y2、D4Y3——215機（1944年4月〜1945年7月）

最手前がD4Y4彗星43型単座特殊攻撃機。胴体下面にロケットブースターのノズルが見える。

彗星43型のロケットブースターのアップ。

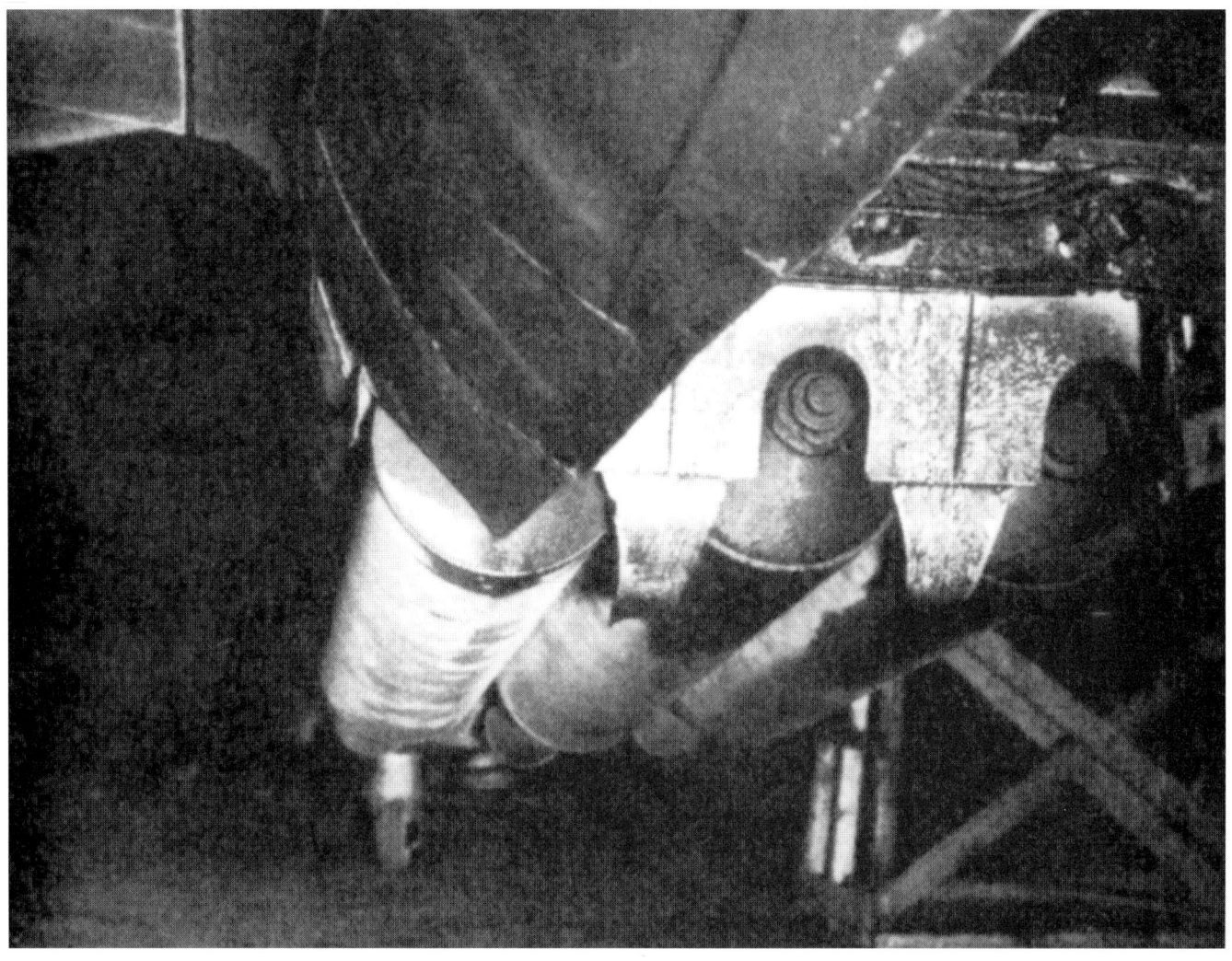

# 空技廠MXY7桜花
Kugisho MXY7 Ohka (Baka)

連合軍に「バカ」の名称で知られていた桜花は開発当初から特攻機として計画され、闇雲に実戦投入された数少ない機体の一つである。ロケット推進式単座機という極めて先進的な機体だったが、期待されていた決戦兵器とはなりえなかった。

特攻作戦は当初は緊急措置的な方策にしかすぎなかったが、まもなく戦法として定着した。日本の航空産業がライバルの米軍機に対抗しうる数の新型機を生産できなかったため、日本軍は特攻作戦にますます依存するようになっていった。生産が容易で安価な特攻用航空機が次々に計画された。そうした案の一つが第1081空所属の偵察員、大田正一少尉が考案した機体だった。それは専用改造された三菱G4M一式陸攻を母機とするロケット推進式特攻機だった。

1944年中盤の日本ではいくつかの無人飛行爆弾計画が進行中だったが、これらはドイツで使用され一定の成果を上げていたものに似ていた。空技廠の三木忠直技術少佐は設計図の一部が潜水艦で日本にもたらされていたドイツのV-1号に似た飛行爆弾用の遠隔誘導装置の開発を命じられていた。しかし大田少尉が上層部に提案したロケット推進有人特攻機が承認されると、無人飛行爆弾計画は遠隔誘導装置を開発するという問題が有人化により「解決された」ため、先を越されたのだった！

大田少尉が1943年以来取り組んできた計画は三木忠直少佐により詳細に検討された。最終的に彼の案は承認され、大田少尉は計画推進の許可を得た。大田少尉の名字からこの計画の秘匿名称はマルダイとされた。大田少尉は東京帝国大学航空研究所の所員とともに基本設計をまとめ、1944年8月に海軍航空本部に提出した。設計は好評で、直ちに生産の準備が開始された。開発は空技廠に一任され、計画全体の責任者には三木忠直少佐が、技術担当者には山名正夫技師と服部六郎技師が任命された。この計画機には「海軍試製攻撃機 桜花」（MXY7）の試作名が与えられた。

桜花は本土防衛戦時の上陸阻止用特攻機として意図されていた。本機は目標の近くまで母機で運ばれ、分離後は桜花パイロットの操縦により単独突入する計画だった。当初の計画では航続距離の長い液体燃料ロケットエンジンが搭載される予定だったが、日本には国産の液体燃料ロケットエンジンがなかったのでドイツ製のものを参考にしようとした。しかしドイツの二液式燃料は日本の化学工業には技術的に高度すぎ、液体燃料の安定供給は困難と判断された。そこで設計チームは固体燃料ロケットエンジンを機体尾部に3基装備することにした。この決定がMXY7の運命を定め、短い飛行距離のために桜花の戦果は微々たるものとなってしまった。

急速に悪化する戦局に迫られた日本人は信じられないほどの勢いで開発を進めた。設計図の作成終了と試作機の完成を待たずに海軍航空本部はこの新型機に「海軍特殊攻撃機 桜花11型」の制式名称を与えて量産化を決定した。設計段階から本機は非熟練工員でも大量生産ができるよう構造が非常に単純化されていた。

桜花11型は双尾翼式の片持式低翼単葉機だった。推進器は四式1号噴進器20型固体燃料ロケットエンジンを3本束ねたもので、合計推力は約800kg、連続燃焼時間は8〜10秒だった。桜花11型は胴体、主翼、エンジン搭載部である尾部、弾頭を内蔵する先端部から構成されていた。三部構成の胴体は全金属製で、胴枠と縦通材はジュラルミン製だった。外皮はジュラルミン板を沈頭鋲で接合していた。推進器と弾頭の搭載部も同様の外皮構造だった。主翼と尾翼は木製だった。二本桁構造の主翼はベニヤ張りで、やはり木製の補助翼には釣り合い重りが組み込まれていた。尾翼は水平安定板とマスバランス付きの昇降舵、2枚の垂直安定板とやはりマスバランス付きの方向舵で構成されていた。弾頭にはTNT炸薬1,200kgが充填され、取り付け金具にボルト固定されていた。弾頭には先端の着発信管1個に加え、慣性信管4個が取り付けられていた。信管は母機搭載時には安全装置がかけられた。先端の信管は母機からの分離時に安全解除されたが、4個の高感度弾底信管（着発信管が作動しなかった場合の予備）は桜花の突入角度が定まってからパイロットが解除した。

操縦席にはパイロットの背後に厚さ6mmないし8mmの防弾鋼板が設けられていた。飛行計器は対

桜花11型の狭いコクピットの計器盤にはごく基本的な飛行計器しかない。写真は保存機。Arthur Lochte氏撮影。

気速度計、高度計、羅針儀など必要最小限のものだけだった（試作機には旋回計も設けられていたが、量産型では省略された）。計器盤には電気式のエンジン点火スイッチも5個設けられ、胴体尾部のロケットエンジン3基と主翼下面の補助ブースター2基（オプション）を制御できた。本機は風防の前方に設けられた単純な照準環を頼りに目標へ突入した。

桜花11型は専用改造された三菱G4M2e一式陸攻24型丁への搭載が予定されていた。桜花は一式陸攻の爆弾倉に操縦席前方の懸吊金具を介して半埋め込み式に搭載された。桜花のパイロットは往路の大部分は母機内におり、目標に接近した時点で爆弾倉を通って桜花に乗り込んだ。母機と桜花は機内電話と酸素管で結ばれていた。高度8,000m以上でも母機から分離できるよう、桜花には小型の酸素供給用ボンベが搭載され、単独飛行を可能にしていた。桜花11型は3輪式台車で母機まで運ばれ、台車は母機爆弾倉への搭載時に桜花を45cm持ち上げることができた。

1944年9月、海軍航空本部は初の桜花実戦部隊として第721航空隊を編成した。司令は特攻の熱心な主唱者だった岡村基春大佐だった。当初721空は神ノ池を基地にしていたが、その後再編成を経て鹿屋へ移動した。その一方で桜花の開発は進められていた。製造用設計図の完成も待たずに試作機10機の製作が開始された。これはわずか数週間後の1944年9月に完成した。MXY7試製桜花の無動力飛行試験は1944年10月23日に相模で開始され、最初の動力飛行は1ヵ月後に鹿島航空基地で実施された。飛行試験の結果は良好で、1945年1月のテストでMXY7桜花は高度3,500mにおける水平飛行で最大速度648km/時を、無動力急降下で462km/時を達成した。

桜花11型の量産は技術的には極めて容易だった。機体は部分品ごとに下請け会社で製造され、胴体は神奈川県の茅ヶ崎製作所の担当で推進器と弾頭が取り付けられ、主翼と尾部は富士飛行機で、鋳造部品は大阪府と広島県で製造された。それ以外の部品と部分品は東京周辺から調達された。最終組み立てと検査を横須賀の空技廠で行なったのち、各機は分解梱包されて前線の各特攻部隊に届けられた。桜花11型を最初に受領した隊は神雷部隊と命名された。

残念なことに50機の桜花11型が実戦投入の前に失われた。1944年11月29日に潜水艦USSアーチャーフィッシュは第二次大戦中最大の空母信濃を撃沈したが、信濃は桜花を輸送中だった。この桜花はフィリピン向けで、上陸作戦に対する逆襲で使用される予定だった。信濃の沈没により桜花11型の初陣はフィリピンからでなく日本本土からの出撃となった。連合軍の沖縄上陸に対し、1945年3月21日に18機の一式陸攻が出撃したが、うち16機が桜花を搭載していた。戦闘機30機が

沖縄で連合軍に武装解除後、接収された特殊攻撃機桜花11型（製造番号1022号）で、外板パネルが一部失われている。弾頭部には部隊記号と特攻隊のシンボルである桜のマークが描かれている。

この編隊を護衛していた。特攻機の任務は九州南方で発見された米空母3隻の撃沈だった。しかし米艦隊から50海里の地点で日本軍編隊はレーダーにより攻撃を予告誘導された約50機の米軍戦闘機に迎撃された。短時間の戦闘でF6Fヘルキャット戦闘機隊は身重の一式陸攻が空母に接近して桜花を発進させる前に全機を撃墜した。

桜花11型を使った次の攻撃は4月1日に予定された。今回の作戦は小規模で、桜花11型を搭載した一式陸攻3機によるものだった。鹿屋を出撃した攻撃隊は集団攻撃ではなく先頭機から順に単独攻撃を実施したが、成功はおぼつかなかった。戦艦USSウェスト・ヴァージニアと輸送艦アルパインが損傷したが、基地へ帰還できた母機は1機のみだった。桜花11型は菊水2号作戦中の4月12日にも使用された。これは桜花11型9機を含む約90機の特攻機が参加した大規模な作戦だった。この日、日本軍は戦艦3隻を含む敵艦7隻を撃沈したと発表したが、戦艦のうち1隻は土肥三郎中尉操縦の桜花11型による戦果であることが確実としていた。帰還した母機の搭乗員の報告によれば、土肥中尉は高度6,000m、目標から距離18kmで母機から発進した。彼は標的に対して教科書どおりの突入を敢行し、その大爆発で高さ500mの水柱が立ち上がったという。戦後、記録から土肥中尉が実際に撃沈していたのは日本軍が主張していた戦艦ではなく、駆逐艦USSマナート・L.エベールであることが確認された。4月14日にはさらに7機の桜花が使用されたが、戦果は皆無だった。桜花11型による攻撃は1945年6月まで続けられたが、戦果は微々たるものだった。

こうして連合軍は沖縄戦で桜花に初遭遇したのだった。情報部が用途不明の新型機を報告していたものの、それは練習機とされて見過ごされていた。桜花11型の真の任務が判明すると、同機は非公式に「バカ」と呼ばれるようになった。日本軍の戦術では特攻機は攻撃目標から距離約35km、速度約280〜325km/時、高度6,000〜8,250mで母機から分離した。分離後、特攻機は時速370km前後で狙った標的へ向けて最適の角度、通常5度で約35秒間滑空した。滑空の最終段階でようやく特攻機のパイロットはロケットエンジンに点火できるようになり、標的から5kmの距離で時速860kmにまで加速した。この最終段階でパイロッ

沖縄県嘉手納（読谷）海軍基地の近くの林でアメリカ占領軍に発見された空技廠桜花11型（10号）。

連合軍が接収した格納庫内の桜花K-1練習用グライダー。胴体前部とコクピット後方には水バラストタンクが入っている。海軍練習機特有の塗装に注意。上側面は橙黄色で、下面は明灰色。胴体の塗り分け線が波形なのがわかる。日の丸は胴体側面のみ。

寸法計測中の桜花11型（I-13号機）。後方は桜花11型（18号）で、これものちに綿密な技術調査を受けた。

前方から見た桜花11型（13号）で、この直後に技術調査のため運び去られた。

上：桜花11型製造番号1020号、沖縄にて。
Arthur Lochte氏蔵。

左：42ページの写真と連続して撮影された桜花操縦席内の上田英二上飛曹。

沖縄で接収された擬装網に覆われた桜花11型（I-18号）。技術調査時の撮影。

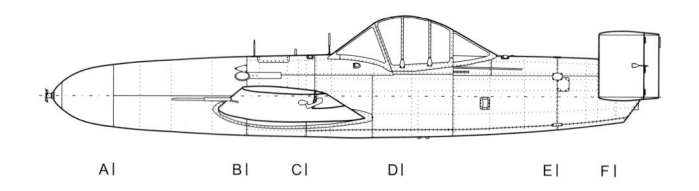

1/72スケール

空技廠桜花11型

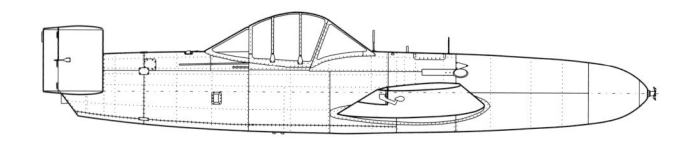

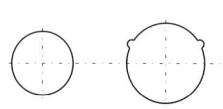

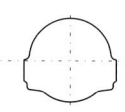

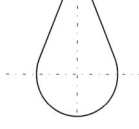

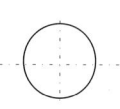

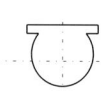

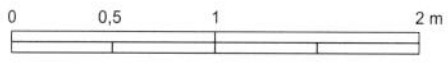

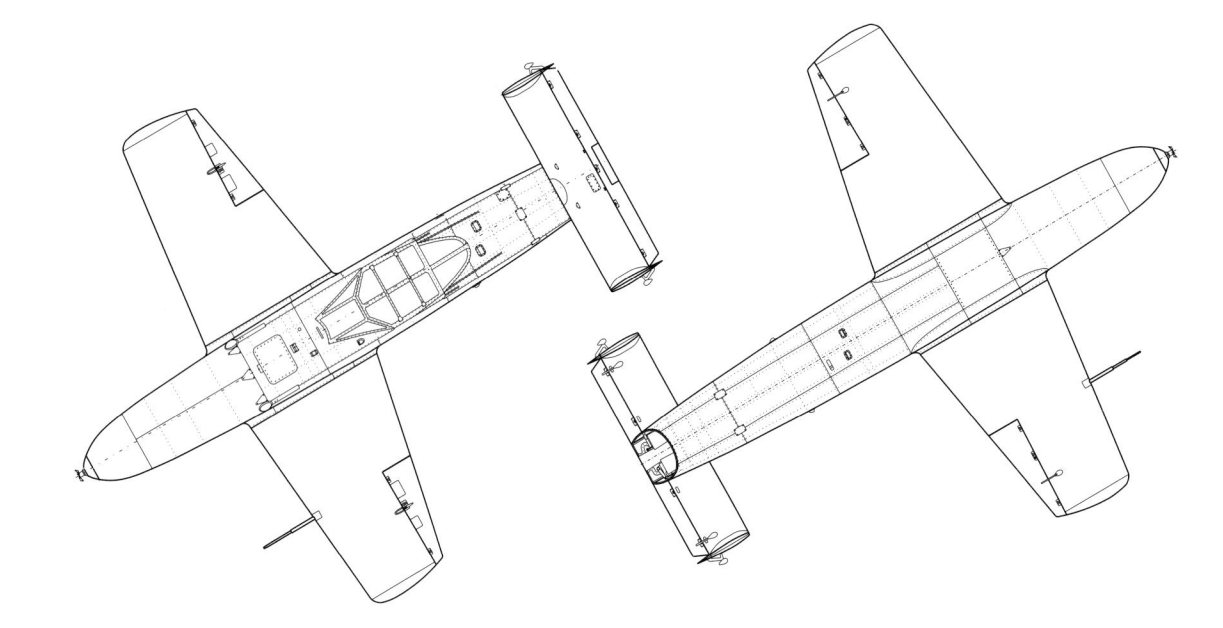

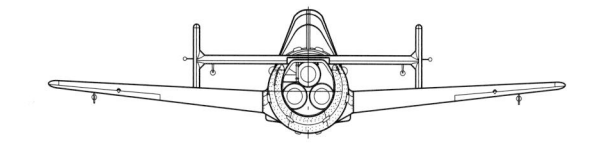

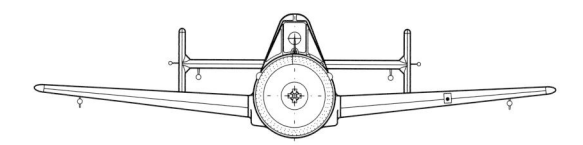

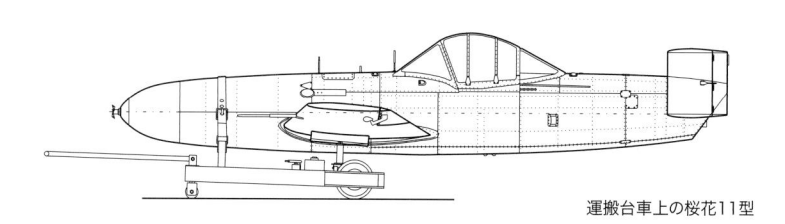

運搬台車上の桜花11型

運搬台車

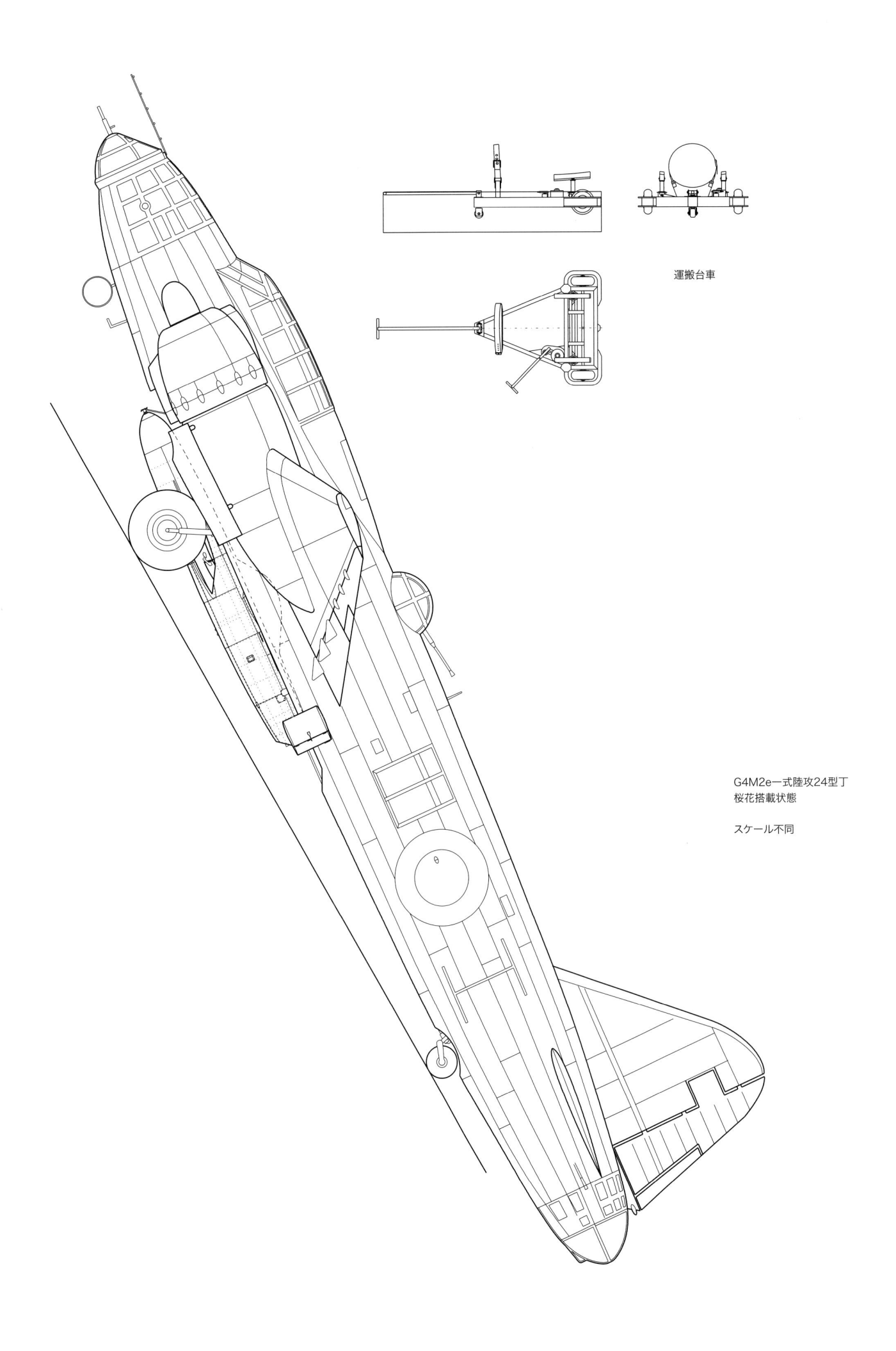

G4M2e一式陸攻24型丁
桜花搭載状態

スケール不同

A B C D E F G

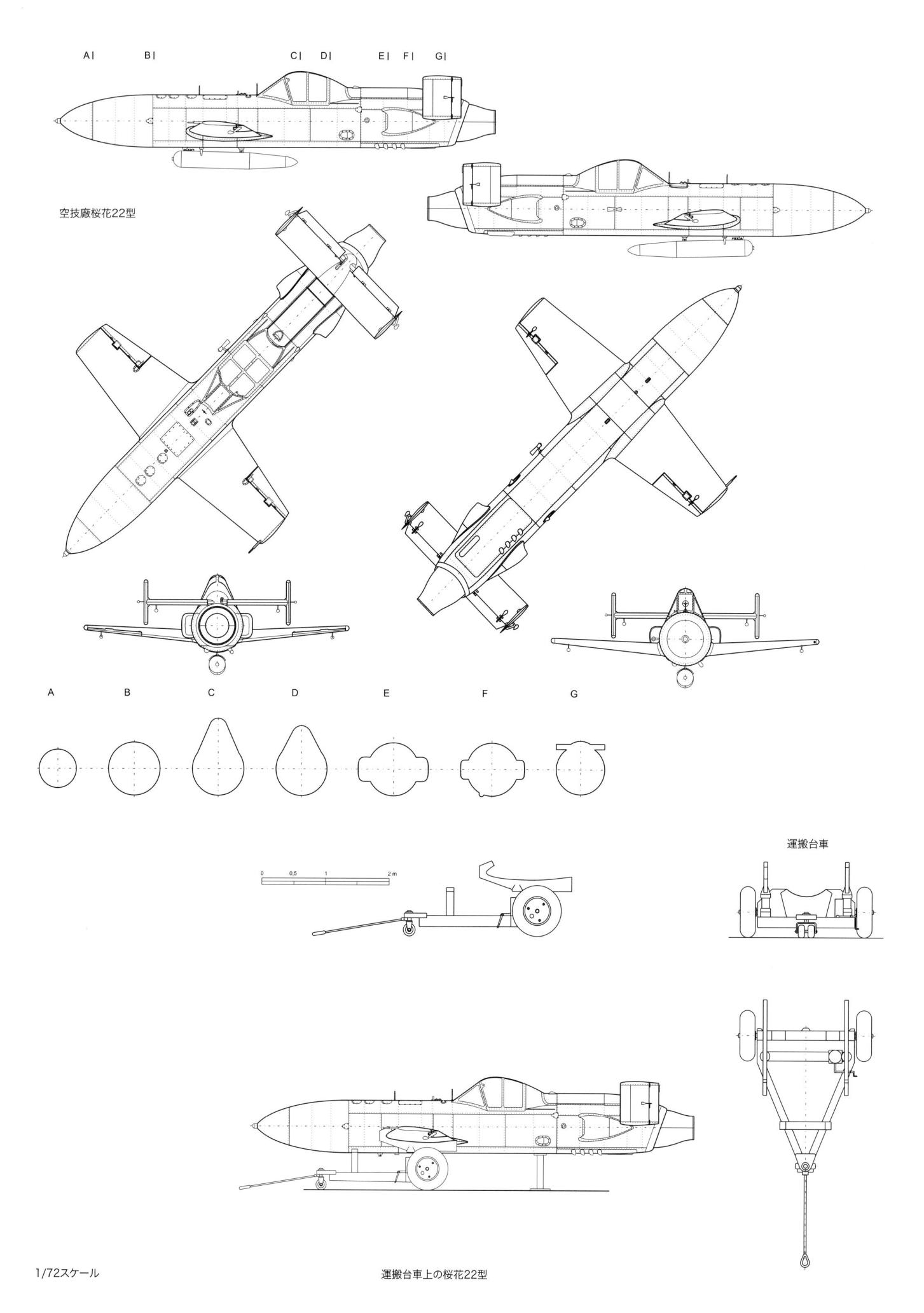

空技廠桜花22型

A B C D E F G

1/72スケール

運搬台車

運搬台車上の桜花22型

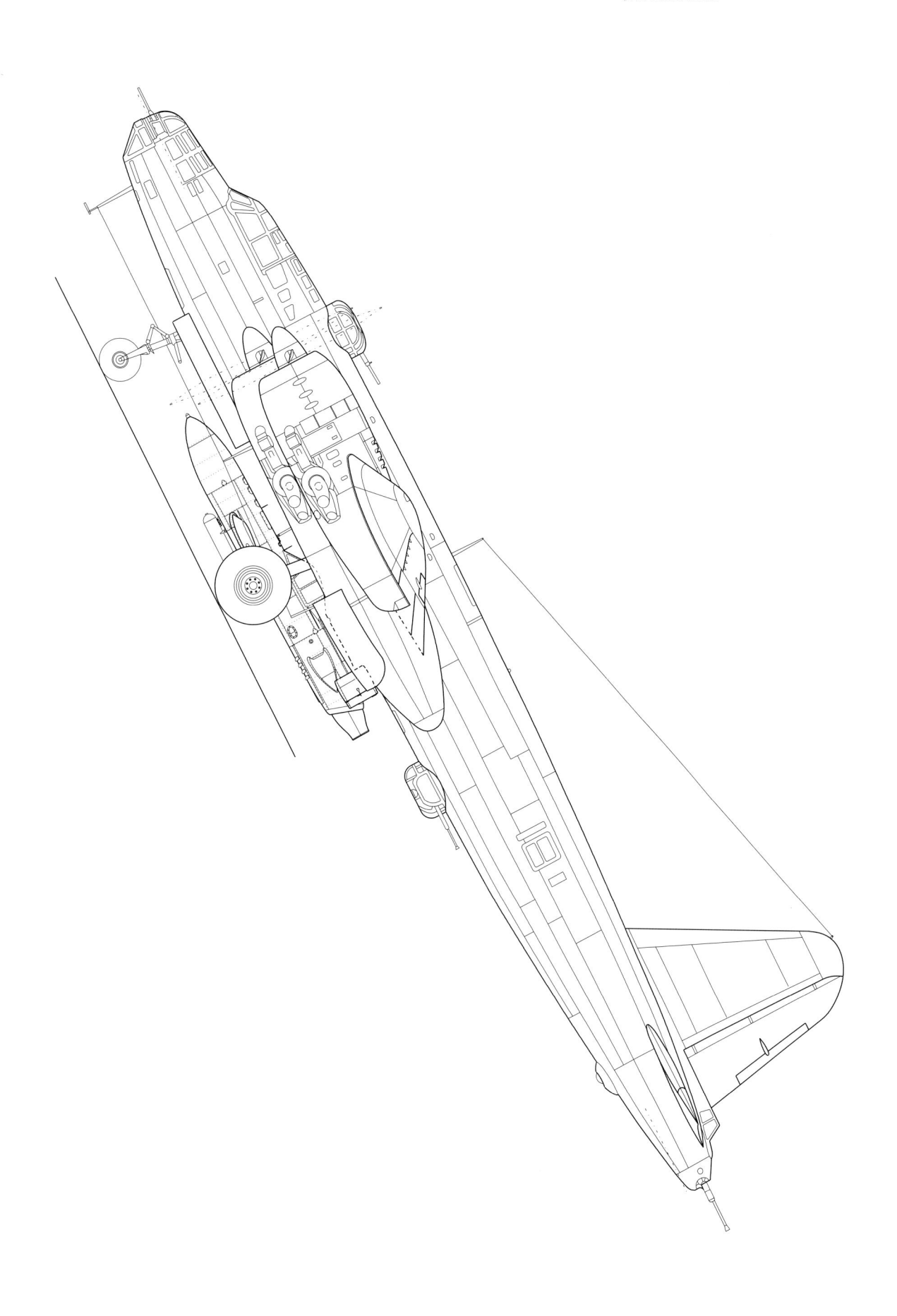

中島G8N1連山
桜花22型搭載状態

1/100スケール

トは機を50度の急降下に持ち込んだ。降下速度が時速995kmに達すると、パイロットは狙いの標的へ直進した。この飛行法は命中率を最大にするために編み出されたものだった。

これほど戦法が緻密に練り上げられていたにもかかわらず、桜花11型は実戦では無力だった。米艦隊の護衛戦闘機隊は哨戒範囲を拡大し、日本軍の母機が攻撃圏内に到達しないようにした。発進が早すぎれば桜花は突入可能距離に達せず、また高高度飛行で目標に接近を試みるのはレーダーに誘導された米軍戦闘機隊の迎撃をかいくぐる必要があり、事実上不可能だった。初期の成功は奇襲の要素と機体の小型さによるものが大きかった。こうした問題に加え飛行中、特に急降下中に故障する機が続出した。最終突入段階で機体を巧みに操って高速で運動する敵艦へ命中させることは困難を極め、未熟な特攻隊員の操縦では海面に激突するのが関の山だった。

桜花11型の問題点を認識した海軍航空本部は1945年3月11日に桜花の生産を中止した。それまでに155機の桜花11型が横須賀の空技廠で、600機が霞ヶ浦の第1海軍航空廠で完成していた。沖縄戦中には約300機の桜花11型が沖縄に配備された。米軍が日本軍の地下格納庫を接収したところ、完全稼動機3機と小破機2機が鹵獲され、この日本の極秘兵器だった本機は米軍技術情報部の知るところとなった。

横須賀の空技廠では通常の戦闘型の桜花11型以外に桜花K-1という練習用グライダーも製造していた。この型は弾頭と推進器の代わりに水バラストを積んでいた。それ以外は動力型とほぼ同一だった。主翼にはフラップと翼端橇が設けられ、ロケットエンジン用の開口部は金属板で塞がれていた。桜花K-1グライダーは離陸後も胴体下面の特殊緩衝装置付きの橇で安全に着陸できた。グライダー型の生産は1944年10月に開始された。最初の1ヵ月で18機分の主翼と尾部が下請け工場で製作され、1945年3月までに45機の桜花K-1グライダーが完成した。これらのグライダーは操縦と航法の経験が少ない特攻隊員候補生の訓練に使用された。パイロットたちは母機から切り離され、操縦訓練を行なった。訓練の終了後、グライダーは水バラストを投棄し、橇を使用して時速152kmで着陸した。実際に使用したところ水バラストは投棄が難しく、水タンクを撤去した型もあった。

その後、急激な加速にパイロットを慣熟させるため、推力400kg、燃焼時間9秒の四式1号噴進器30型ロケットエンジンの搭載が計画された。この計画機は若桜K-1改と命名されたが、実現しなかった。

単座の練習機型に加え、3機が改造されてMXY7 K-2という複座練習用グライダーになった。MXY7 K-2グライダーには練習生用と教官用に2ヵ所の独立式操縦席が設けられていた。胴体は戦闘用の桜花11型のものを踏襲していたが、増設された操縦席は弾頭部に位置していた。全幅も拡大され、主翼にはフラップと翼端橇も設けられた。戦後、接収されたMXY7 K-2のうち1機は空母USSコアで米本土に運ばれた。

桜花11型の戦果が乏しかったため、海軍航空本部の士官と技術者たちは後継機を求め始めた。後継機に特に要求されたのは長い航続距離だったが、これは母機から発進する前に撃墜される桜花の損害を減らすためだった。固体燃料ロケットは燃焼時間が非常に短いため放棄された。こうしてジェットエンジン案が復活した。桜花には大推力は不要だったため、低推力のツ11カンピーニ式モータージェットエンジンが選ばれた。これは出力110馬力の日立GK4A初風11型直列エンジン1基でコンプレッサーを駆動するもので、推力は約200kgだった。このエンジンを装備した機体は桜花22型と名付けられた。エンジンの換装に加え、本機は翼幅が短縮され、胴体が延長された。主翼の小型化に伴い桜花22型の炸薬量は600kgに減少

沖縄で発見された5機の桜花のうち1機。
Arthur Lochte氏蔵。

桜花11型を胴体下面に搭載し、最終出撃準備を進める三菱G4M2e一式陸攻24型丁、神ノ池飛行場にて。写真の搭乗員たちの隊長は721空の野中五郎少佐。撮影はおそらく1945年3月21日。

したが、航続距離の延長がそれを補い余っていた。桜花22型の翼長が短縮されたのは母機が空技廠P1Y銀河に変更されたためで、専用母機として主翼を延長したP1Y1銀河13型が用意された。

桜花22型は終戦までに横須賀の空技廠に加え、愛知航空機と富士飛行機で完成機がわずか35機、機体のみが15機分生産された。桜花の量産が計画されていた愛知では頻繁な空襲のため終戦までに生産ラインを確立できなかった。桜花22型量産機の部品は霞ヶ浦にあった第1海軍航空廠の地下工場で製造された。

桜花22型は桜花11型に似た木金混合構造の双尾翼付き片持式低翼単葉機だった。主尾翼は木製構造で、胴体は11型同様、3分割式の全金属製モノコック構造だった（機首部、中央部、尾部）。機首部には炸薬600kgが内蔵され、中央部には桜花11型と同様の計器を備えた操縦席が設けられ、尾部には初風11型ピストンエンジンとツ11ジェットエンジンからなる推進器が収められ、噴射口は胴体から少し突出していた。胴体の両側面には空気取り入れ口が設けられ、ピストンエンジンの単排気管が胴体下面に並んでいた。

桜花22型による第1回試験飛行がようやく実施されたのは1945年8月12日のことだった。これは空中投下試験だった。この桜花22型は分離時にパイロットが誤って翼下の補助ロケットエンジンを点火したため、母機のP1Y1銀河13型の胴体に接触してしまった。その結果尾翼を失った桜花22型は錐もみに入って墜落し、パイロットも殉職した。3日後に終戦となったため、桜花22型の試験は打ち切られた。計画では本機は月産200機のペースで量産されるはずだった。

当初の計画では桜花22型は目標から130kmの距離で分離される予定で、これにより母機が迎撃される危険性は大幅に低下するはずだった。またその滑空巡航速度は427km/時と予想されていた。これは連合軍戦闘機よりも遅かったが、対策は補助ロケットブースターの装備が計画されただけだった。

米軍技術情報部の報告書には11型同様、桜花22型にも炸薬を搭載しない複座練習用グライダー型が数機存在したと記されているが、日本側の資料でその存在を裏付けるものはない。また図面や写真も確認されていない。

桜花22型の派生型として中島飛行機では重量軽減のため主翼外板を薄い鋼板にした試作機1機を設計製作していた。同社は桜花22型の機体に11型の推進器を組み合わせた桜花21型という新

3機製造されたMXY7 K-2若桜複座練習用グライダーの1機で、三菱キ67飛龍とともに空母USSコアに積まれて米本土へ回航される際の撮影。グライダーには防護コーティングが施されている。

A| B| C| D| E| F|

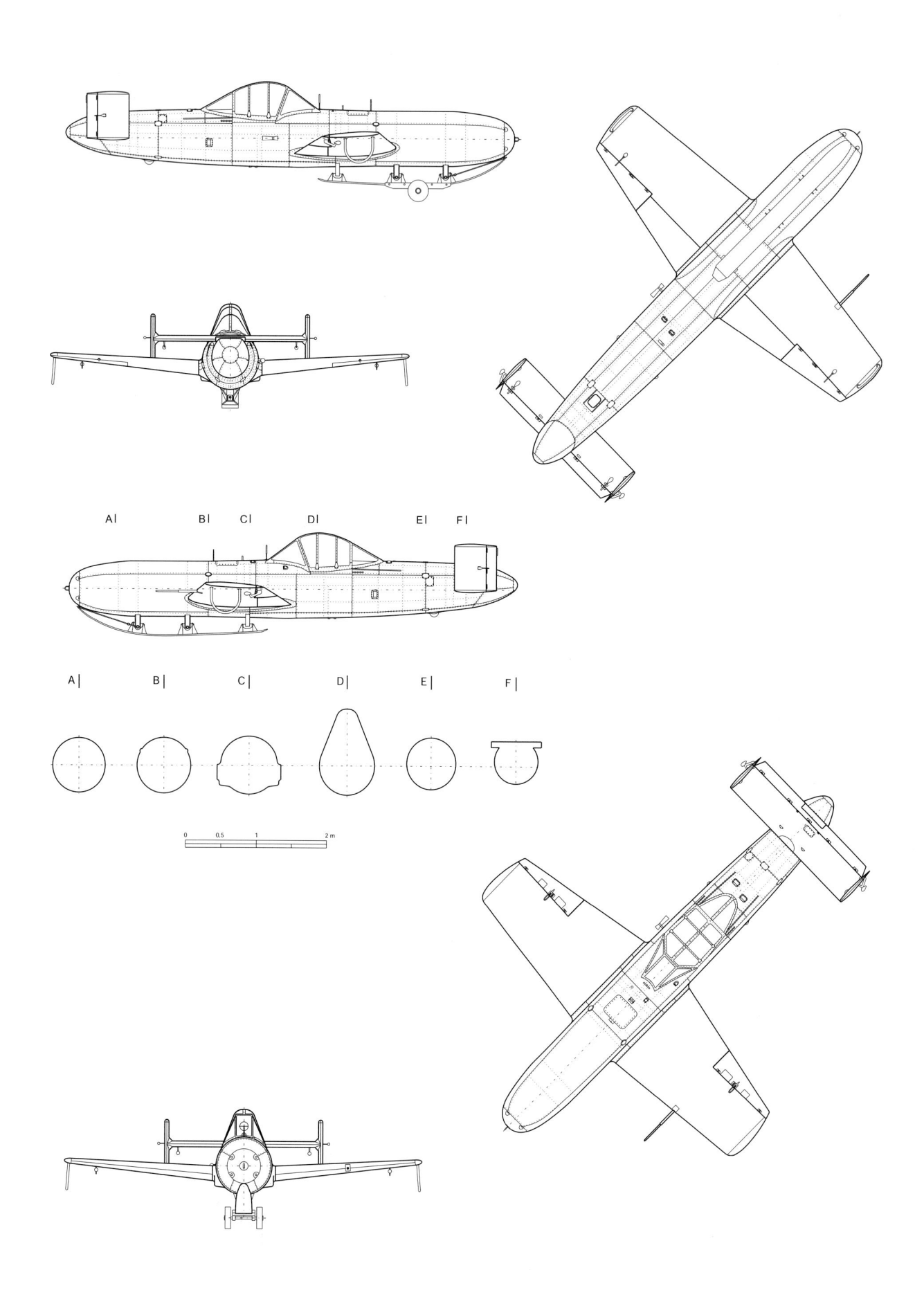

A| B| C| D| E| F|

0　0.5　1　2 m

空技廠桜花K-1練習用グライダー

1/72スケール

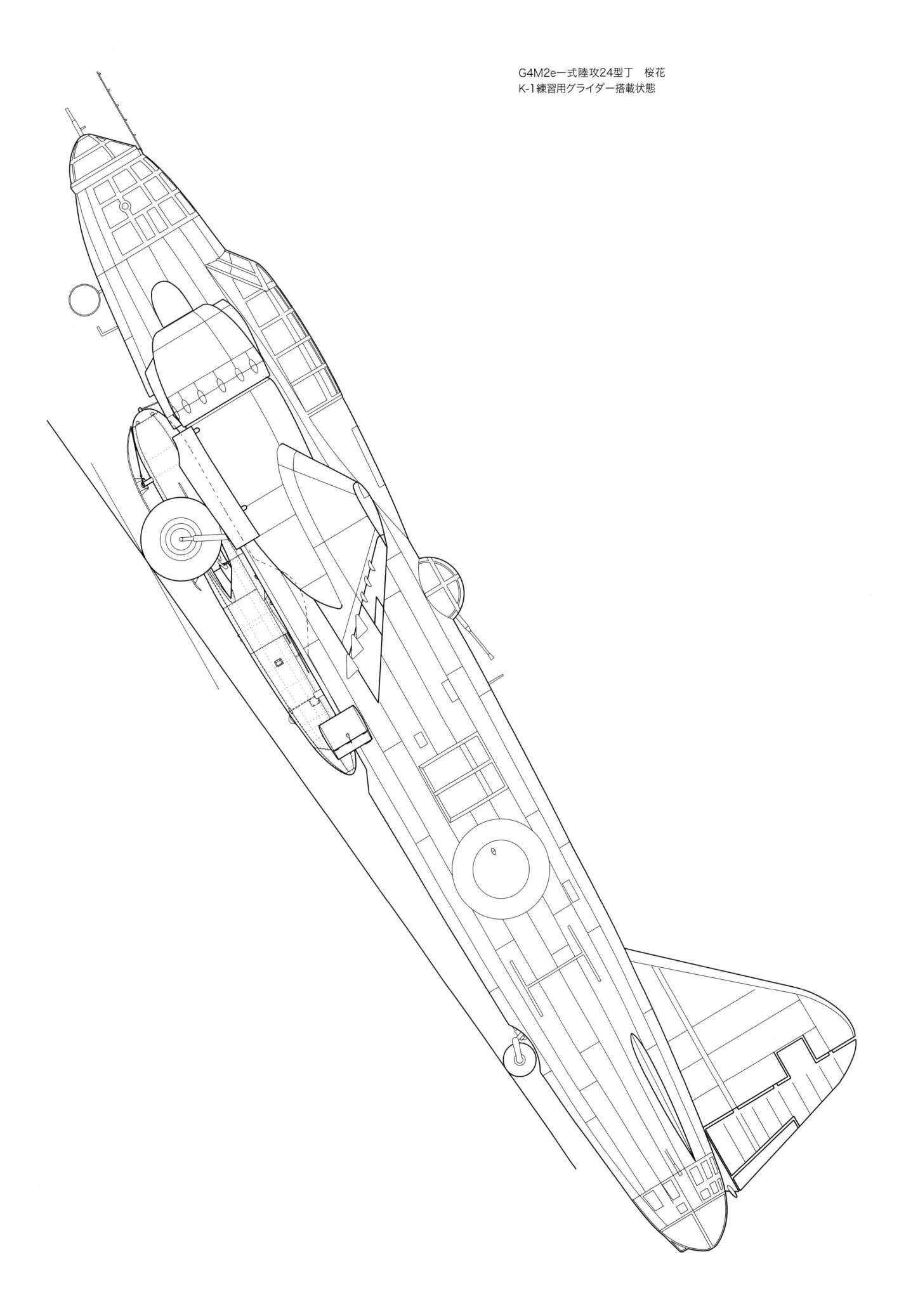

G4M2e一式陸攻24型丁 桜花
K-1練習用グライダー搭載状態

スケール不同

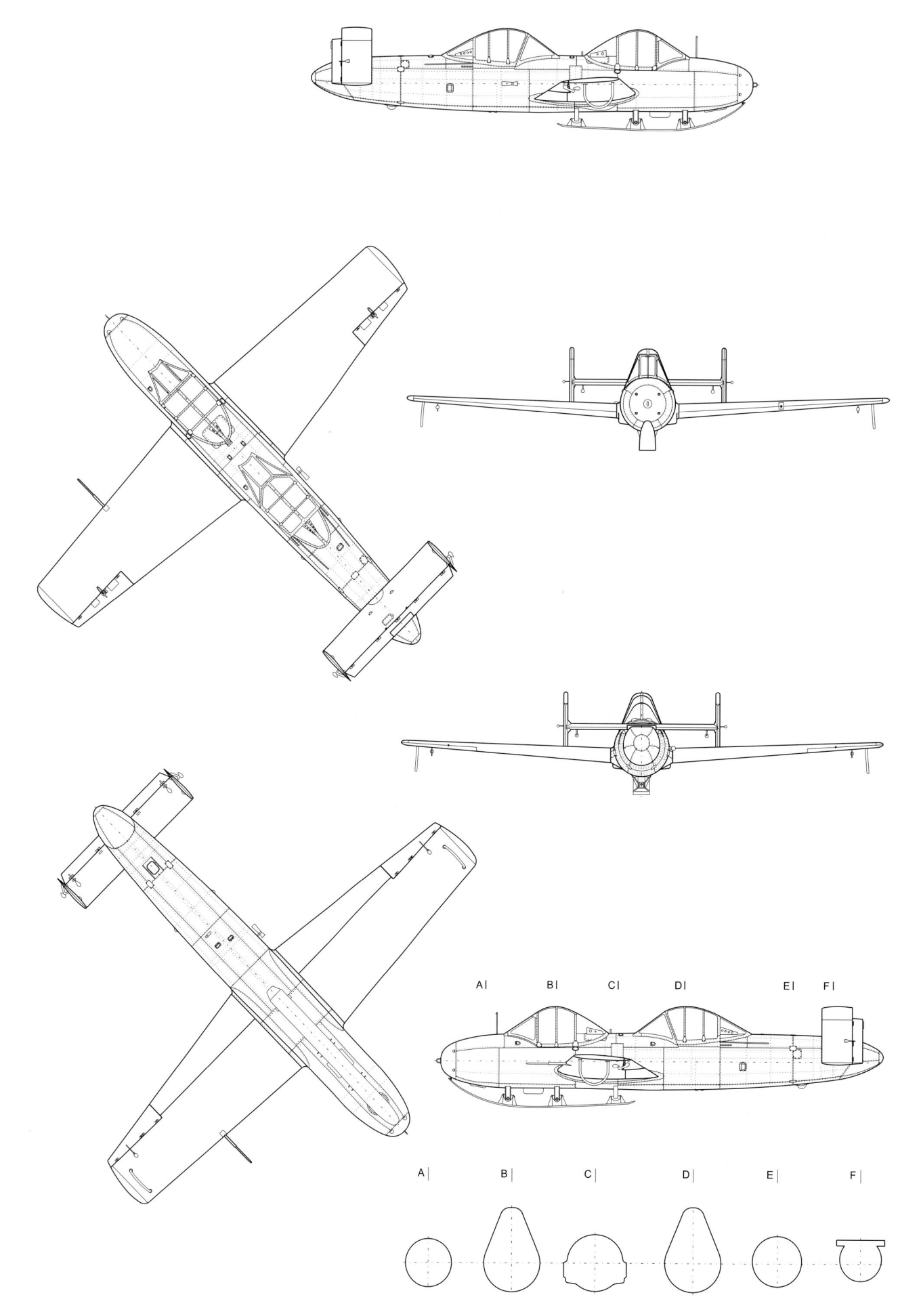

空技廠桜花K-2練習用グライダー

1/72スケール

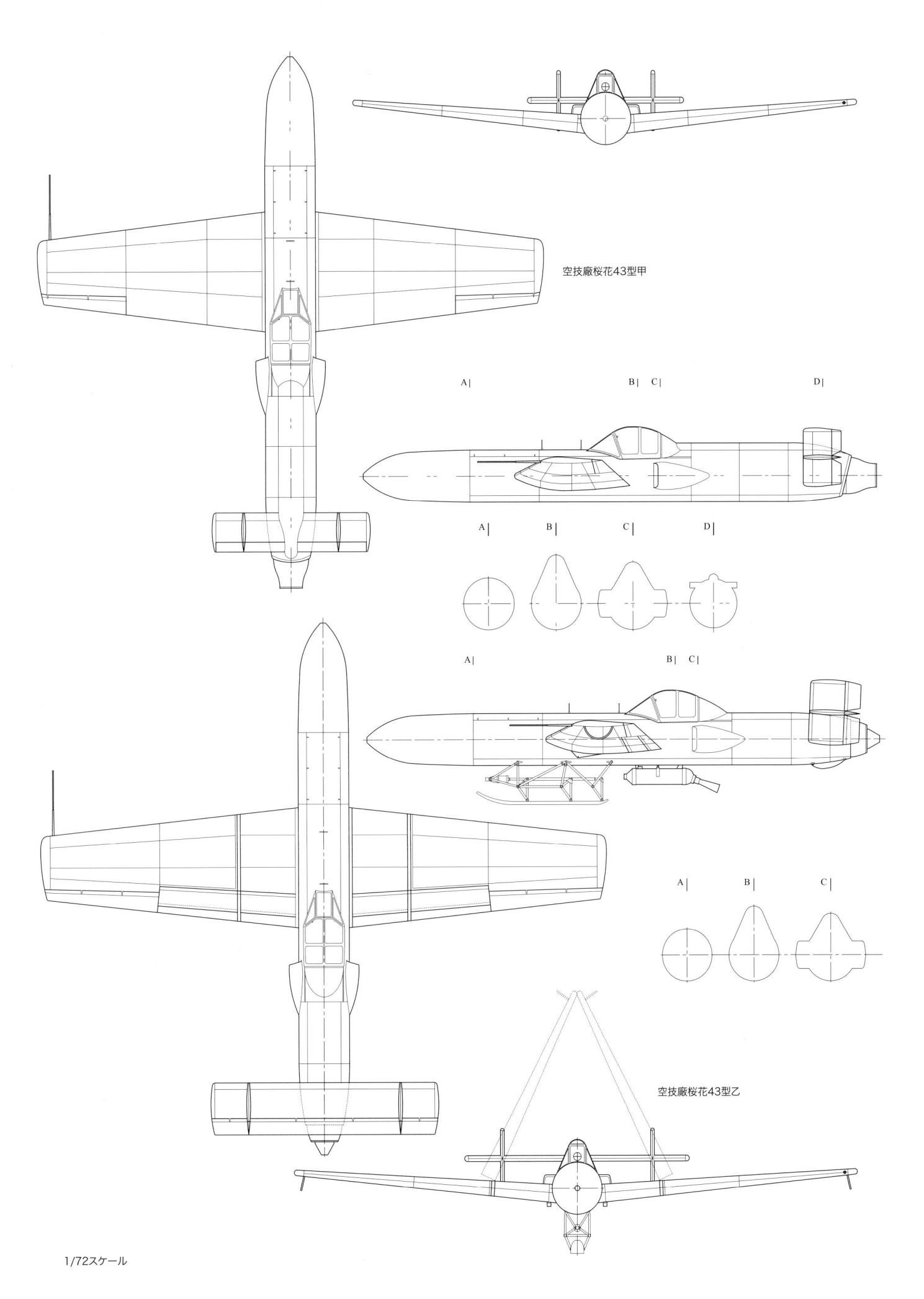

空技廠桜花43型甲

空技廠桜花43型乙

1/72スケール

空技廠桜花33型

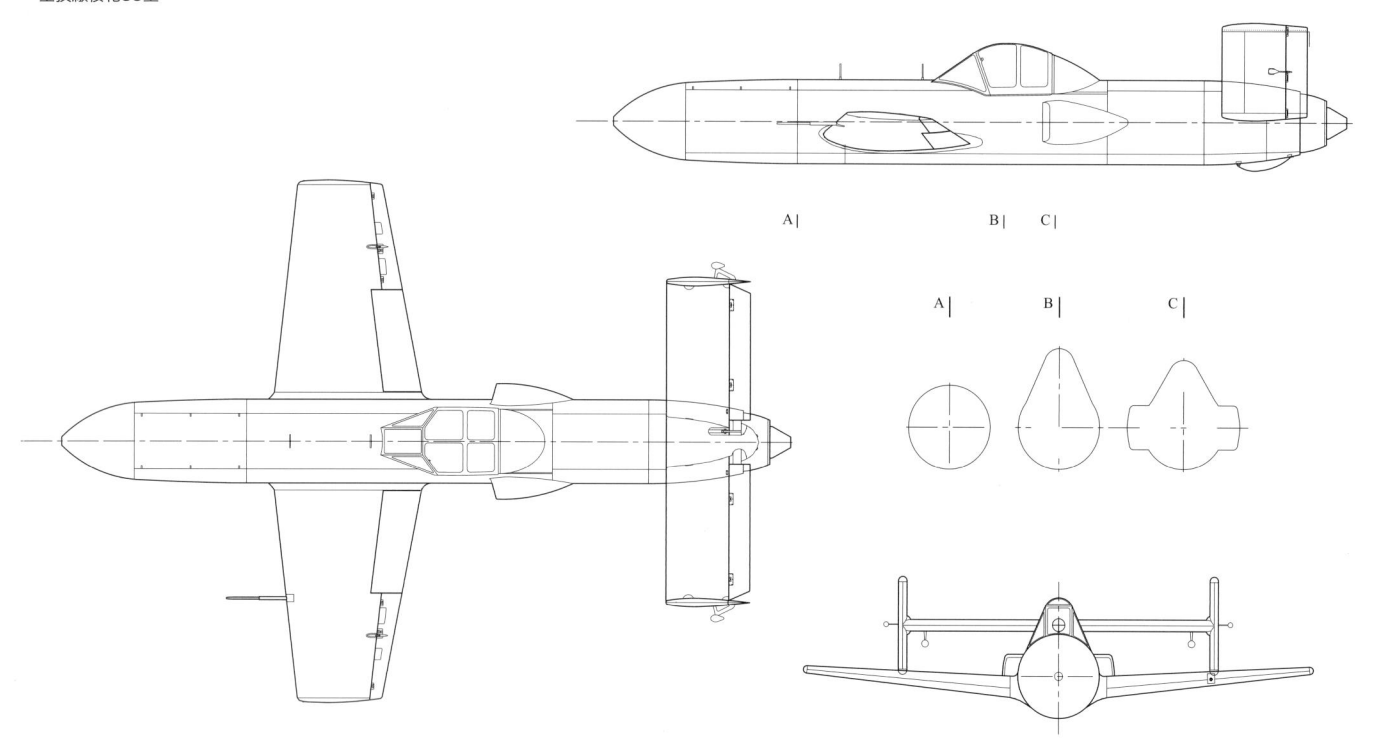

A| B| C|

空技廠桜花53型 無線誘導弾
(戦後に創作された空想図)

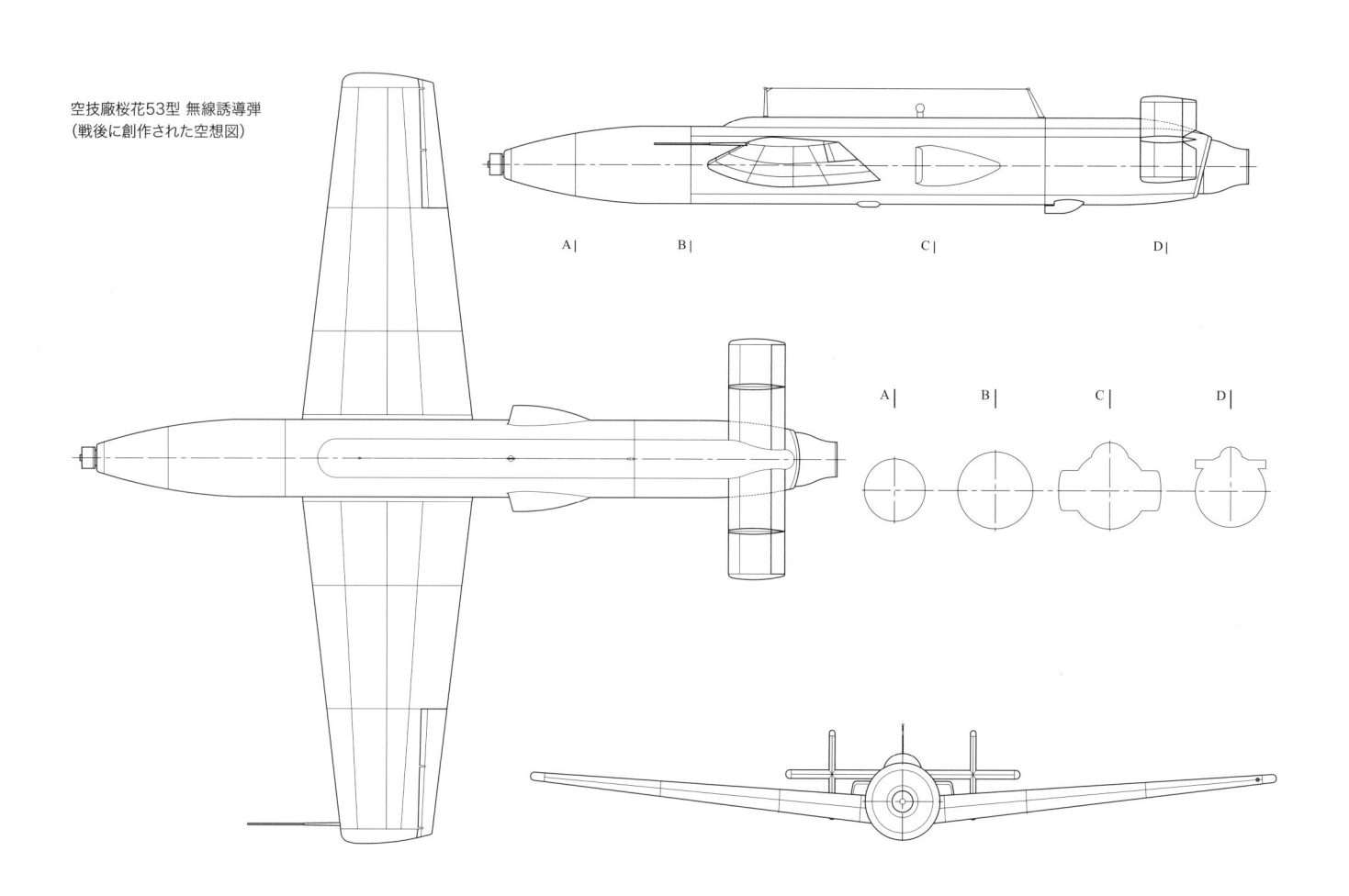

A| B| C| D|

1/72スケール

162

型も開発していた。

実戦運用における失敗にもかかわらず、桜花の構想は放棄されなかった。桜花22型から発展した桜花33型は推力475kgのネ20ターボジェットエンジンを搭載する予定だった。弾頭炸薬は800kgに増加され、母機は中島G8N1連山11型四発爆撃機となり、その桜花33型搭載機数は2機ないし最大3機とされていた。しかしこの新型重爆撃機の開発が遅れたため、海軍航空本部は桜花33型の開発を中止した。

胴体を小改造した桜花43型甲という次の型も似た経緯をたどった。この型は特型潜水艦（伊400型）のカタパルトから射出される計画だった。特攻機は翼を折り畳まれて搭載され、潜水艦により米軍戦闘機隊の迎撃を回避するはずだった。桜花43型の推進器にはネ20ターボジェットエンジンが予定されていた。本型も試作機は製作されなかったが、開発はかなり進んでいた。

桜花43型乙も未成に終わった計画だった。これは外観は先行型に似ていたが、運用法が変更されていた。本機は沿岸地域の洞窟内に設けられた全長97mのカタパルトから射出される特攻機だった。本機は本土決戦用の「最終兵器」だった。本機は射出後に胴体下面のロケットエンジンの補助で飛行速度に達すると、さらに増速するために主翼端をパイロットの操作で投棄できるようになっていた。

推進器にはネ20ターボジェットエンジンとカタパルト射出補助用の四式1号噴進器10型ロケットエンジン2基を搭載する計画だった。技術者らはカタパルトを多数設置することで5分あたり最大40機の発射が可能と予想していた。計画は1945年4月から開始されたが、終戦までに戦力化には至らなかった。完成したのは桜花43型乙の実大模型1個のみだった。発射台の試験は横須賀の武山で行なわれたが、カタパルトは京都の比叡山にも設置された。1945年7月には滋賀県で桜花43型乙を装備する予定の第725航空隊が編成された。

桜花43型乙を基にした発展型、桜花43型丙も計画されていた。本機は翼長が延長されていたが、桜花43型乙同様、最終突入時に増速するための翼端投棄機構も備えていた。主翼は地下基地に格納するため折り畳み式で、補助ロケットエンジン2基を装備した台車でレール上を滑走して飛行速度まで加速できた。本型は地上部隊への配備が予定されていた。

日本軍は搭乗員の大量養成のため、桜花43型乙を改造した練習機型も計画していた。これは操縦席を2ヵ所設け、燃焼時間8〜10秒の四式1号噴進器20型ロケットエンジンを1基装備する予定だった。本機には桜花43型乙改の名称が与えられていた。

桜花シリーズの最終型は桜花33型から発展した桜花53型だった。本型は所定の高度まで曳航されてから目標付近で切り離される方式だった。推進器はネ20ジェットエンジンで、曳航機には空技廠P1Y銀河双発爆撃機か中島G8N連山が予定されていた。開発には1技廠の愛知航空機株式会社があたり、設計主務者は尾崎紀男技師だった。

空技廠桜花K-2練習用グライダー。Arthur Lochte氏蔵。

終戦後まもなくオハイオ州デイトンのライトフィールド基地で撮影された桜花K-1練習用グライダー。
Arthur Lochte氏蔵。

開発は終戦により打ち切られた。

　桜花53型は無人無線誘導ミサイルであるとするドイツの資料があり、それらしき図面も存在している。しかしこの説を裏付ける日本の資料はなく、どうやらこれは戦後の創作らしい。桜花50型（53型ではなく！）は通常型の降着装置を備えていたとする別の資料もあるが、やはり日本の資料に該当するものはない。

　特殊攻撃機桜花の考案者、大田正一少尉はその戦友の多くとは異なり、特攻隊員として死ななかった。戦後彼は偽名を使って一市民として暮らしていた。数十年後、彼はアメリカのテレビドキュメンタリー番組により発見され、インタビューを受けた。桜花は保存機も多く、イギリスの海軍航空隊博物館や日本の靖国神社の遊就館など世界各地の博物館で展示されている［訳者注：遊就館のものは実物大模型］。

戦後撮影された桜花22型。

## 諸元

機体要目： 特殊攻撃機（桜花11型、21型、22型、33型）、練習用グライダー（桜花K-1、K-1改若桜、MXY7 K-2）、カタパルト射出式特殊攻撃機（桜花43型甲、43型乙、43型丙）、曳航式ミサイル（桜花53型）。全型とも木金混合構造片持式低翼単葉機。

乗員： 特攻隊員（桜花11型、21型、22型、33型、43型甲、43型丙）、教官および練習生（桜花K-1型、K-1改若桜、MXY7 K-2）。

推進器： 四式1号噴進器20型固体燃料ロケットエンジン×3〔合計推力800kg〕、および左右主翼下の四式1号噴進器10型固体燃料補助ロケットエンジン×2〔オプション装備、合計推力540kg〕（桜花11型、21型）。
四式1号噴進器30型固体燃料ロケットエンジン〔推力400kg〕×1（K-1改若桜）。
ツ11ジェットエンジン〔推力200kg〕×1および日立GK4A初風11型（ハ11-11）圧縮機駆動用空冷4気筒直列エンジン〔110馬力〕×1。燃料タンク容量290リットル（桜花22型）。
ネ20ターボジェットエンジン〔推力475kg〕×1。燃料タンク容量250リットル（桜花33型、43型甲、53型）。
ネ20ターボジェットエンジン〔推力475kg〕×1および四式1号噴進器20型固体燃料補助ロケットエンジン×2〔胴体下面、合計推力540kg〕。燃料タンク容量400リットル（桜花43型乙、43型丙）。

防御武装： なし。

弾頭炸薬量：1,200kg（桜花11型）。
800kg（桜花33型、43型甲）。
600kg（桜花21型、22型、53型）。

海軍練習機の標準塗装を施された桜花K-1練習用グライダー。本機には機首下面に緩衝式着陸橇が、主翼下面両端に補助橇が付いていた。

桜花11型製造番号1026号、戦後沖縄にて。
US National Archive蔵、Arthur Lochte氏提供。

桜花22型ジェット機の側面。

戦後、工場内で撮影された桜花22型。

斜め後方から見たロケットエンジン。

後面。

左側面。

パイロット頭部保護用防弾板。

尾部が取り外され露出したロケットエンジン。

同じくロケットエンジン側面。

地上運搬台車。

爆発した機体の主翼。写真はすべてStratus Coll氏蔵。

| 型式 | 桜花11型 | 桜花21型 | 桜花22型 | 桜花33型 | 桜花43型甲 | 桜花43型乙 | 桜花K-1 | 若桜K-1改 | MXY7 K-2 | 桜花53型 |
|---|---|---|---|---|---|---|---|---|---|---|
| 全幅（m） | 5.12 | 4.12 | 4.12 | 5.0 | 8.0 | 8.972 | 5.12 | 5.12 | 7.0 | 8.0 |
| 全長（m） | 6.066 | 6.88 | 6.88 | 7.2 | 8.15 | 8.164 | 6.434 | 6.066 | 6.434 | 8.16 |
| 全高（m） | 1.15 | 1.16 | 1.16 | 1.16 | 1.15 | 1.15 | 1.15 | 1.15 | 1.15 | 1.13 |
| 翼面積（㎡） | 6.0 | 4.0 | 4.0 | 6.0 |  | 13.0 | 6.0 | 6.0 |  |  |
| 自重（kg） | 1,440 | 1,535 | 1,545 |  |  | 1,150 | 730 |  | 644 |  |
| 離陸重量（kg） | 2,140 | 2,450 | 2,510 | 2,300 | 2,520 | 2,270 | 880 |  | 810 |  |
| 有効搭載量（kg） | 700 | 915 | 965 |  |  | 1,120 | 150 |  | 166 |  |
| 翼面荷重（kg/㎡） | 356.6 | 612.5 | 627.5 | 383.3 |  | 174.6 | 146.6 |  |  |  |
| 推力重量比（推力/重量） | 2.67 | 3.06 | 12.55 | 4.84 | 5.30 | 4.78 |  |  |  |  |
| 最大速度（km/時） | 648 | 643 | 514 | 642 | 643 | 569 |  |  |  |  |
| 最大速度記録高度（m） | 4,000 | 4,000 | 4,000 | 4,000 | 4,000 | 4,000 |  |  |  |  |
| 巡航速度（km/時） | 462 | 443 | 427 |  |  |  | 200 |  |  |  |
| 巡航高度（m） | 3,500 | 4,000 | 4,000 |  |  |  |  |  |  |  |
| 急降下速度（km/時） | 1,020 |  |  |  |  |  |  |  |  |  |
| 着陸速度（km/時） |  |  |  |  |  |  | 152 |  | 130 |  |
| 最大実用高度（m） | 8,250 | 8,500 | 8,500 |  |  |  |  |  |  |  |
| 通常航続距離（km） | 37 | 112 | 130 | 278 | 200 | 278 |  |  |  |  |

生産：桜花の実戦機と練習用グライダーは合計855機生産された。

第1海軍航空技術廠（横須賀）：
- ●桜花11型──155機
- ●桜花22型──50機
- ●桜花K-1──45機
- ●MXY7 K-2──3機

第1海軍航空廠（霞ヶ浦）：
- ●桜花11型──600機

中島飛行機株式会社：
- ●桜花11型（鋼製外板主翼）
- ●桜花21型──1機

地上運搬台車。

桜花の胴体と弾頭の残骸。

固体燃料式ロケットエンジン。

桜花の尾部。

胴体と弾頭部の接合部。

弾頭と胴体の全体像。

弾頭部正面。

弾頭部側面。写真はすべてStratus Coll氏蔵。

垂直尾翼側面。

尾部正面。

水平尾翼下面。

主翼下面。

水平尾翼上面で、両端は垂直尾翼。

弾頭の底部で、全方向衝撃信管2個と着発慣性信管2個の突端部が見える。

# 航空局 神龍
Kokukyoku Jinryu

　神龍特殊攻撃グライダーは太平洋戦争中の日本機で最も謎の多い機体の一つである。本機は厚い軍機の壁に阻まれ、わずかに漏れ伝えられた情報も不正確なものが多い。本機に関する情報は戦後に出版された元海軍テストパイロット楢林寿一氏や航空局航空試験所の秋田好雄氏の回顧録に記されたものだけだった。今回、大村鍠太郎氏（第15期海軍飛行専修予備学生として土浦海軍航空隊に入隊）に許可を頂き、初めて神龍の写真を公開するとともに、より詳しい情報を入手することができた。大村氏は神龍に搭乗するため、終戦間際に若草型や光式などのグライダーで飛行訓練をしていた千名の学生のうちの一人だった。

　1944年3月、運輸省航空局航空試験所は離陸用補助ロケットを装備した試製グライダーを独自に開発した。これは短距離飛行用のセカンダリーグライダーで、推力79kg（0.78kN）の固体燃料ロケット3基を装備し、離陸後高度約800mまで上昇すると滑空を開始し、着陸するものだった。設計チームは榊原茂樹、秋田好雄、頓所好勝、小一原正、上領一夫などの技師だった。工場でK1号と呼称されていた唯一の試作機は1945年3月まで頻繁にテストを繰り返した。この経験を踏まえて航空試験所は新たなロケット推進グライダーを開発することになったが、こちらは特攻専用機だった。

　桜花の運用評価試験が終わりを迎えようとしていた1944年11月、海軍艦政本部は航空試験所に敵の上陸用舟艇とM4戦車を撃破できる爆弾を搭載する木製グライダーの開発を命じた。最初の本格的本土空襲ののち、緊急会議を招集した航空試験所の駒林榮太郎所長は「現在の戦局は深刻で、連合軍の本土上陸も間近だろう。敵の上陸を防ぐ手立てを考えなければならない。アメリカのM4戦車は装甲が非常に厚く、我が軍の射程の短い大砲では歯が立たない。さらに日本全土が絶え間ない空襲にさらされ、充分な数の戦闘機を作るだけの物資もない。こうした状況を鑑み、航空試験所は海軍艦政本部から連合軍の上陸用舟艇とM4戦車を撃破できる爆薬を搭載した全木製グライダーを開発するための戦術技術仕様書をまとめるよう命じられた。このようなグライダーを製造できる工場はないため、製造は戦闘機工場で行なうこととし、また今後は航空機の製造に使える材料は木材だけになるだろう。基本計画の立案に直ちに着手すべきであると思う」と述べた。

　それからまもない1944年12月に特殊攻撃グライダー計画がまとめられた。これは100kgの爆薬を胴体内に搭載し、離陸は山中のトンネルなどからロケットブースターを使用して行ない、日本本土に上陸しようとする敵の戦車や舟艇に体当たり攻撃するものだった。本機は上陸作戦に対抗できる単純で有効な兵器と目されていた。試作機の製作とテストは横須賀の第1海軍航空技術廠に一任された。まもなく航空試験所で榊原茂樹技師を主務者とする技師チームが設立された。チームは

試験飛行直前の神龍グライダーで、正面、操縦席に着座しているのが楢林寿一テストパイロット。操縦席両側面の膨らみには爆薬約100kgの代わりに鋼製ブロックが入っている。塗装は全体が明灰色で、風防前方が反射防止のつや消し黒。
（写真提供：大村鍠太郎氏）

胴体、主翼、尾翼の設計、空力設計、飛行試験の各担当班に分けられた。計画の開始時からこの新型グライダーは最小の費用で量産できるようにするため構造の木製化が決定されていた。本機の設計はどのような木工所でも量産が可能なようにされ、金属部品の点数は最少にされた。本機は沿岸部の洞窟に隠され、そこからロケットブースターで発進する予定だった。このため主翼長は通常のグライダーに比べて極めて短くする必要があった。

開発チームは当初100kgの炸薬を胴体前部に搭載し、推進器は燃焼時間10秒、合計推力400kgのロケットエンジン3基を操縦席直後の胴体下面に装備しようと考えていた。エンジンのうち1基は胴体後部下面の筒状の収納部に、他の2基は胴体両側面に装備する予定だった。本機は自由飛行速度110km/時で距離4kmを飛行可能と見積もられていた。最高速度は275km/時だった。計算によればこの性能を実現するためには本グライダーには少なくとも20mの離陸滑走距離が必要で、ロケットエンジン停止時までに到達できる高度は最大400mとされた。本グライダーは全木製の片持式高翼単葉機だった。製造の簡易化のため、曲線の使用は避けられた。胴体前部は断面が長方形で、非常に単純な構造だった。前部胴体の下面に着陸用の橇が3本取り付けられた。尾翼は通常式だった。完成後、計算値は空技廠で確認され、開発作業は追浜で進められることになったが、これは横浜が連日のように空襲されていたためだった。

細部設計と試作機の製造は埼玉県深谷の小企業、美津濃グライダー製作所が担当し、同社は1945年5月末までに試作1号機をほぼ完成させた。開発を進めたのは主に秋田好雄技師だった。頓所技師が構造強度計算を、斉藤技師が川崎市の木月でグライダーの模型を使った風洞実験を行なった。試作1号機の飛行試験開始前、本機は機体設計があまりにも単純すぎ、そもそも飛ばないのではないかという批判にさらされた。長時間の議論の末、当初の設計は完全に一新された。1945年6月中旬に頓所技師を主務者とする開発チームは完全な新設計に着手した。この改設計も非常に単純なグライダーで、主翼は1.8mの大弦長ながら翼長は短い高翼単葉機だった。本機の設計は未熟な若年パイロットでも操縦を早く学べるよう、単純さと操縦性に配慮がなされた。翼長が短いおかげで機体の擬装と山岳地の洞窟からの発進が非常に容易になった。

主翼は上下の断面形が対称だった。箱型の胴体は鋼線補強された全木製骨格に羽布張りという構造で、胴体下面に離着陸用の橇が3本付いていた。操縦席は小型の風防が付いた開放式だった。離陸時の動力源は燃焼時間10秒間、合計推力400kgの固体燃料補助ロケットエンジン3基だった。

製造用設計図の作成とほぼ並行して部品が製造された。1ヵ月で美津濃社はこのグライダーの試作機を2機完成させ、直ちに工場試験が開始された。風洞実験が終了する前に試作機は次の段階、試験飛行を開始していた。こうした速やかな開発の進捗は設計チームと試作機を製作した技術者たちの昼夜を分かたぬ努力の結果だった。それでも解決できなかった技術上の問題もあった。特に本機では安定性、強度、操縦性が危惧されていた。これらは栖林テストパイロットによる初飛行前から指摘されていた。彼が特に要請したのは尾部構造の強化と双垂直尾翼の導入だった。しかし時間が切迫していたため、これらは見送られた。

1945年7月中旬、本機は無エンジン状態で石岡の大日本滑空工業専門学校へ送られ、曳航滑空による飛行試験が行なわれた。当時その飛行場は頻繁に連合軍機の空襲を受けていたため、グライダーと曳航機は近隣の林に隠された。神龍の第1回試験飛行は茨城県石岡で実施された。テストパイロットは栖林寿一で、本グライダーの飛行安定性と操縦性が検証された。パイロットは好感を抱いたが、この日の試験飛行は低速で行なわれたものだった。翌日に急降下による最高速度までの加速が試みられた。当日の天候は良好だった。神龍を曳航する立川キ9練習機を操縦していたのは、戦前から有名な日本人グライダー操縦士、藤倉三郎だった。

彼の回顧録によれば、グライダーは何回か跳ねてから滑空を開始し、長時間の曳航飛行で切り離し予定高度2,300mに達した。何らかの理由により曳航索が切り離されなかったため、グライダーの操縦者はこれを切断した。こうして飛行試験が開始された。試験で機はまず降下に入り、徐々に加速していった。速度が時速300kmを超えた時、機体全体が振動し始め、正確な対気速度が計測できなくなった。操縦桿を引いたところ、グライダーは減速し振動も治まった。振動の原因が不明だったので再び速度を上げたところ、振動もまた始まった。振動の原因を明らかにするため、制御を保ったままもう一度加速するだけの高度はまだ充分にあった。再試行ののちパイロットは水平飛行に移り、無事着陸した。

振動の原因は胴体後部の強度不足と垂直安定板の面積不足と判明した。可及的速やかな問題点の設計変更が決定された。改修の有効性は数日後に行なわれた試験飛行で実証され、木月で斉藤技師が追試験した風洞実験でも確認された。これらの試験の結果、尾翼の設計は大きく変更され、胴体前部の形状もさらに流線型に近づけられた。単垂直尾翼式から双尾翼式に改造された風洞実験用模型は満足すべき結果を示したものの、時間がなかったためこの改良が生産型に取り入れられることはなかった。妥協策として1枚式の垂直安定板の

高さを増すことで増積が図られた。

　次なる段階の試験のため神龍は霞ヶ浦飛行場へ移され、飛行場の片隅にロの字状に積まれた土嚢掩体内でテストが行なわれた。これは合計推力400kgのロケットエンジン3基のテストだった。ロケットの出力は予想を上回り、試験チームはグライダーの機体が振動に耐えられないのではと心配した。胴体の補強後に行なわれたロケットの本試験では、パイロットの代わりに水バラストを搭載した無人グライダーで行なわれた。グライダーは離陸には一応成功したものの、エンジンが停止すると墜落してしまった。試験結果を報告された海軍は量産の開始を命令した。

　テストパイロットはエンジンの信頼性と短い燃焼時間に深刻な懸念を示し、その特性を海軍艦政本部の代理として神龍の試験責任者だった菅沼少佐に報告した。楢林操縦士は神龍は操縦がかなり難しく、体当り自爆攻撃には不適当であるとした。彼は対策として神龍は燃焼時間30秒のロケットエンジンを6基装備し、最高速度750km/時前後を発揮できるようにすべきだと提案した。また彼は本グライダーには武装として10cm野砲弾よりも威力のあるロケット弾を搭載すべきであるとも提案した。そのように本機を改修すれば敵の戦車や上陸用舟艇やB-29スーパーフォートレス爆撃機に反復攻撃が可能になるはずだった。楢林の提案に対する回答はなかったが、動力飛行試験の準備は進められた。菅沼少佐は海軍には燃焼時間32秒のロケットエンジンがすでに存在しているという情報を知らされた。そこで彼は新型のロケット動力機、神龍2の開発チームを立ち上げることにし、関係者全員に緘口令を敷いた。1945年8月15日に日本の降伏が発表されたが、美津濃社の深谷工場では神龍の試作5号機が完成した8月20日まで組み立て作業が続行された。

　ロケットエンジン付き神龍の開発は無人飛行の段階で終了した。終戦により有人でのロケット動力飛行は行なわれなかったが、いずれにしろ特攻グライダー構想の有効性を疑問視していた関係者は多かった。この構想を実現するには山腹のトンネル内に機を配備し、アメリカ軍と戦車の上陸時に海岸部へ投入する必要があった。

　硫黄島と沖縄での戦闘経験に基づき、日本軍は運用計画を変更していた。分解され主翼を取り外された神龍はトラックで運搬された。トラックは予想上陸地点からある程度の離れた場所に当初配置された。敵の上陸が開始されると輸送トラックは海岸から2〜3kmの地点へ移動し、神龍を組み立てて発進させる。神龍はまず左右のロケットを1基ずつ使用し、高度200mまで達すると、100kg爆薬の安全ピンをはずす。最後に中央のロケットに点火、加速し、上陸用舟艇や戦車に体当たり攻撃を行なう。神龍は時速110kmで最大4kmの滑空が可能と考えられていたが、事前偵察で敵の正確な予定上陸地点と時刻がわからなければ、それも無意味だった。

　菅沼少佐たちのチームが設計を開始していた新型機は、特攻機というよりも迎撃戦闘爆撃機的な性格が強かった。ロケット推進式対戦車グライダーとして1941年から42年にかけて開発が行なわれた「MX75」計画もあったが、その詳細は一切不明である。

美津濃社で組み立て中の神龍グライダーの試作1号機。胴体の中央から尾部が見える。ロケットブースターの取り付け部がよくわかる。大きな主翼迎え角と着陸用橇の位置に注意。
（写真提供：大村鍠太郎氏）

諸元
機体要目：　単座片持式高翼単葉特攻用グライダー。木製構造。
乗員：　　　開放式操縦席に操縦員。
推進器：　　離陸補助ロケットエンジン〔合計推力400kg、燃焼時間10秒〕×3。
武装：　　　爆薬100kg。

着陸直前の神龍グライダー。機体の全体形状がわかる。
（写真提供：大村鐘太郎氏）

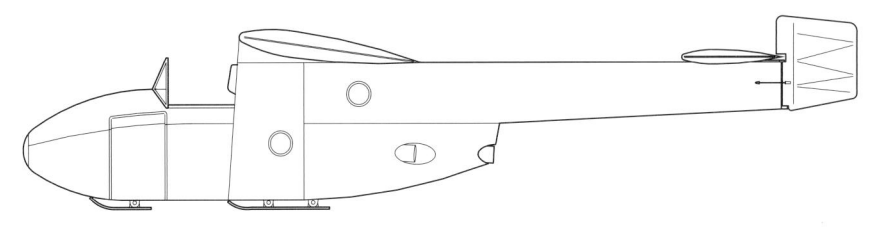

神龍試作1号機（実機設計図から製図）

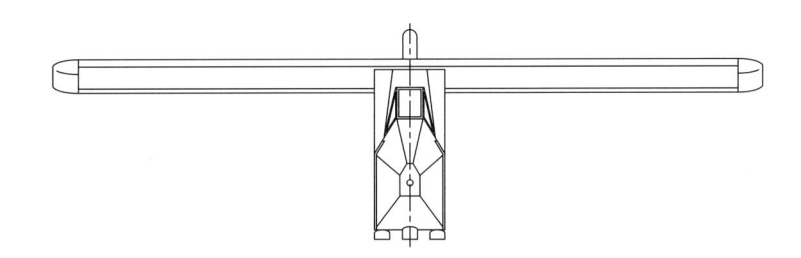

神龍試作2号機

神龍試作2号機

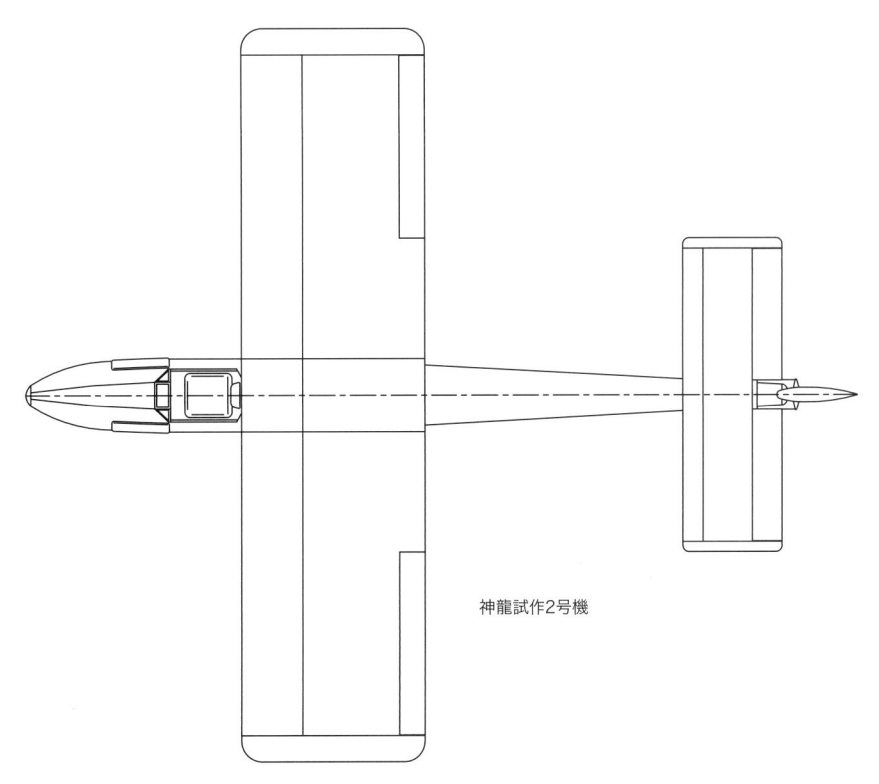

1/72スケール

175

神龍試作2号機

神龍試作2号機

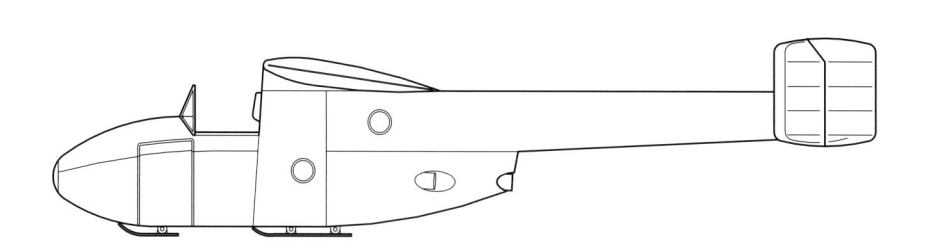

神龍改良計画型

1/72スケール

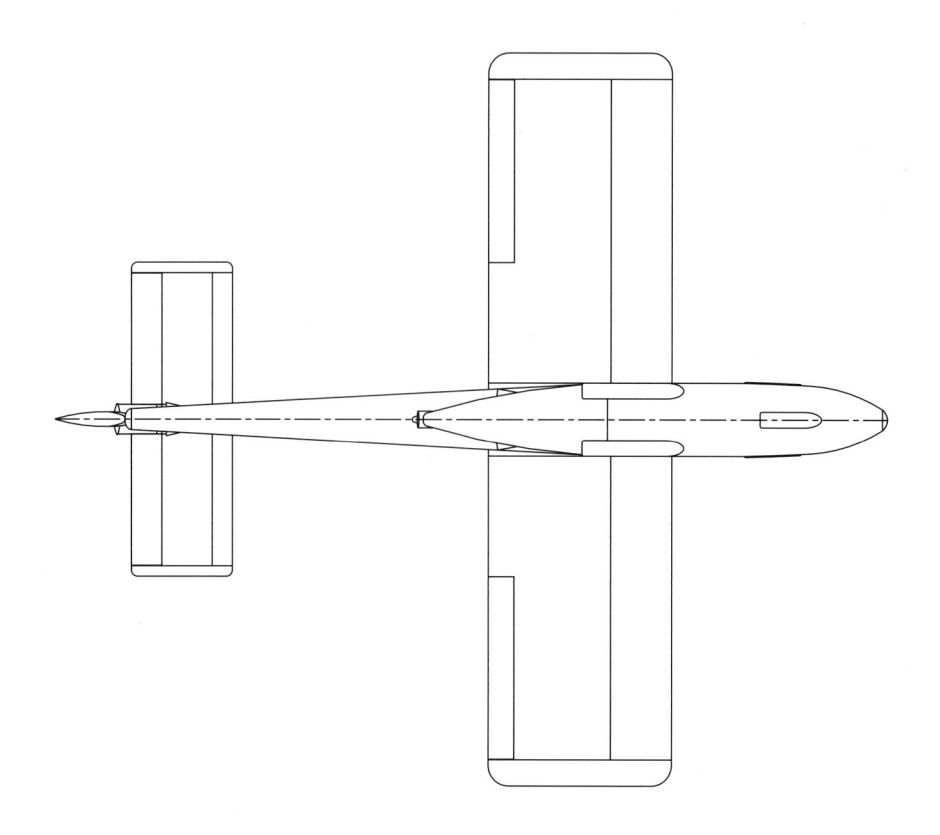

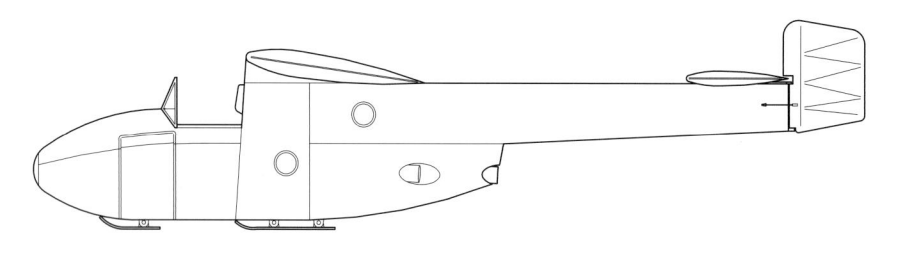

| 型式 | K1号 | 神龍 | 神龍（エンジン付き） |
|---|---|---|---|
| 全幅（m） |  | 7.0 | 7.0 |
| 全長（m） |  | 8.22 | 7.6 |
| 全高（m） |  | 1.8 | 1.8 |
| 翼面積（㎡） |  | 11.0 | 11.0 |
| アスペクト比 |  | 3.9 | 3.9 |
| 自重（kg） | 200 | 220 |  |
| 通常離陸重量（kg） |  | 380 |  |
| 最大離陸重量（kg） |  | 600 |  |
| 有効搭載量（kg） |  | 54.55 |  |
| 翼面荷重（kg/㎡） |  | 1.00 |  |
| 最大速度（km/時） |  | 275 | 300 |
| 巡航速度（km/時） |  | 110 | 110 |
| 上昇限度（m） | 800 | 400 | 400 |
| 通常航続距離（km） | 6 | 4 | 4 |
| 離陸滑走距離（m） | 20 | 20 | 20 |

生産：
● 神龍グライダー計画は航空局航空試験所が立案し、美津濃グライダー製作所（本社大阪）が発注された試作機5機を製作した。

# 中島 橘花
## Nakajima Kikka

　中島橘花双発ジェット戦闘機は開発のごく初期の段階で特殊攻撃機への転用も視野に入れられたが、機体は有望だったもののエンジンの開発に手間取った。

　話は日本初のジェットエンジン開発にまでさかのぼる。花島孝一少佐（当時。最終階級中将）は1920年にジェット推進の研究を開始した。彼は新方式エンジンの参考例としてフランスからラトー式圧縮機を10基取り寄せた。その開発のため横須賀の第1海軍航空技術廠は花島少佐を長とする特殊部局を設立した。しかし彼の研究はほとんど注目されていなかった。

　1930年代後半にジェット推進の研究がさらに進められるきっかけになったのは、1937年にイタリアのカンピーニとイギリスのホイットルが特許を取得し、続いてアメリカのゴダールが論文を出版したことだった。東京帝国大学と三菱の協力を得た花島は、ラムジェットやロケットエンジンも含めた航空用推進器の研究に本格的に取り組むまでになった。しかしこの時も彼の研究は産業界と軍部の両方からほとんど無視されていた。ジェットエンジンの研究を1938年に再開したのは横須賀の第1海軍航空技術廠発動機部長の種子島時休中佐だった。海軍はジェット推進にあまり興味を抱いていなかったが、種子島中佐は実験に必要な命令と予算の獲得に成功した。研究のテーマはタービンだった。理論面では当時の日本で軸流式圧縮機の第一人者だった沼知福三郎教授が協力した。理論を発展させながら彼らはジェットエンジンの設計にそれまでの経験を結集させ始めた。石川島芝浦（タービン工場）や荏原製作所などのメーカーと、チューリッヒ大学のストドーラ教授などの協力も得られた。実験は光精機工業株式会社という小企業で繰り返された。実験は各種の圧縮機、燃焼室、タービンの設計製作のためだった。しかし当時イギリスやドイツで行なわれていた研究とは異なり、この研究開発は内燃エンジン駆動式圧縮機を用いる実用性の低いカンピーニ式を採用していた。

　種子島時休が各タービンが1本の自由駆動軸に取り付けられた軸流式圧縮機が最も優れた方式であるという結論にようやく達したのは1940年だった。日本の技術者たちは1942年ごろドイツでハインケルHe178ジェット機が初飛行したのを知ったが、そのエンジンの詳細はまったく不明だった。このため彼らは従来どおりエンジン駆動式圧縮機の研究開発を継続し、空技廠MXY7桜花22型特殊攻撃機に採用されたツ11型エンジンを完成させた。第1海軍航空技術廠長の和田操中将は種子島時休方式のジェットエンジンの研究開発をさらに進めるよう命じた。最初のエンジンは荏原製作所で完成した。この開発には種子島の他に横須賀の発動機部の永野治技術少佐や電気部の宮田技師も参加していた。このエンジンはTR-10と命名されたが、TRはタービン・ロケットという和製英語の頭文字だった。このエンジンは1段式圧縮機と1段式軸流タービンを備えていた。1943年夏にTR-10は初の作動試験を行なったが、その性能はまだまだ不充分だった。

　エンジン効率向上のためTR-10の前部に4段式の圧縮機が設けられた。この新型エンジンはTR-12と命名され、その軽量型TR-12乙が量産された。この型は40基製造され、一連の試験に使用された。TR-12は中島が開発中だった新型ジェット特殊攻撃機（特攻機）の推進器となる予定だった。しかし開発は失敗し、計画は頓挫した。1943年秋にドイツは日本大使館の視察団に秘密兵器のロケット機とジェット機のデータを公開した。これに感銘を受けた日本側は製造権購入のために長期にわたる交渉を開始した。1944年3月にようやく木梨鷹一艦長中佐率いる遣独団がアドルフ・ヒトラーに謁見し、製造権購入の許可を取り付けた。ヒトラーは米空母USSワスプ撃沈の功により木梨中佐に2級鉄十字章を授与した。それからまもなくヘルマン・ゲーリングは日本にメッサーシュミットMe262A-1aジェット戦闘機とメッサーシュミットMe163B-1aロケット局地戦闘機の設計図類の提供を許可した。この決定に従い、ドイツ側は設計図および機体とエンジンの製造技術の提供を確約した。両機の機体各1機とエンジン、さらに予備部品と部分品の形で2セット分の引渡しも決定された。日本に新技術を移転させ、量産開始を支援するためにドイツ人技術者団の派遣も決定された。3月末から4月初旬にかけて技術者と技師の派遣団が編成され、設計図一式が準備された。

　一方伊29潜水艦では日本製の25㎜九六式機関砲がドイツ製の37㎜クルップ対空機関砲と20㎜マウザー4連装機銃に換装された。便乗者18名（ドイツ人4名含む）が伊29潜に乗艦した。積荷にはメッサーシュミットMe163コメート局地戦闘機のHWK 509A-1型ロケットエンジンとメッサーシュミットMe262シュヴァルベ戦闘機のJumo 004B型ジェットエンジンも含まれていた。巌谷栄一技術中佐はMe163とMe262の技術関連図書を、松井中佐はロケットエンジンの試験計画書類を携えていた。その他の士官たちも飛行爆弾やレーダー装置に関する書類を分担していた。エニグマ暗号装置も20台積まれた。技術関係書類にはイタリアのイソッタ・フラスキーニ魚雷艇用エン

ジンの設計図も含まれていた。V-1号飛行爆弾の胴体、音響機雷、ボーキサイト、水銀も積み込まれた。

技術者団は二つに分けられ、吉川春夫技術中佐率いる一団は潜水艦呂501（元U-1224、さつき2号）に乗り込んだ。他方の団長は巌谷栄一中佐で、伊29潜に乗り込んだ。Me163とMe262の機体はスペースがなかったため積まれなかった。伊29は1944年4月16日に7隻のM級掃海艇に護衛されてロリアンから日本へ向けて出港した。しかし先に出港していた呂501潜は連合軍艦艇にまもなく捕捉され撃沈された。

伊29は幸運だった。困難な航海ののち、同潜は1944年6月14日にシンガポールに到着した。巌谷中佐は一部の設計図類とともに空路東京へ向かった。しかし詳細設計図類の大部分はそうして運ぶには量が多すぎたため、艦内に残された。こちらは潜水艦で日本へ運ばれる予定だった。しかし1944年6月26日の現地時間午後5：00にシンガポールを出港した直後、伊29は水上航行中に米潜USSソーフィッシュに発見された。アラン・B.バニスター艦長は同潜に魚雷4発を発射した。伊29の見張員が接近する雷跡を発見し、木梨艦長は回避運動を試みたが、魚雷3発が命中した同潜はほぼ瞬時に沈没した。伊29の乗組員で艦外に脱出できたのは3名のみだった。うち1名がフィリピンの小島まで泳ぎつき、同潜の喪失を報告した。日本海軍有数の名潜水艦長だった木梨中佐は105名の乗組員と便乗者とともに戦死した。彼は死後少将に特進した。

伊29に積まれていたドイツ機の設計図が失われたため、日本のジェット機開発計画は大きく遅れたが、難を逃れた書類は東京に無事届けられた。Me262の資料は中島の橘花に、Me163の資料は三菱のJ8M1秋水の開発に直ちに活用された。

巌谷栄一中佐の日本帰還はTR-12乙エンジン量産準備の最終段階と同じ時期で、TR-12はネ12と改称されていた（ネは燃焼ロケットから）。無事届けられたドイツの図面からBMW003Aエンジンは構造がより複雑で進歩していることが判明した。この乏しい図面を頼りに石川島芝浦や中島、三菱などの各社でエンジン開発が進められた。新型エンジンの名称は石川島芝浦のものがネ130、中島のものがネ230、三菱のものがネ330とされた。横須賀の第1海軍航空技術廠は独自にネ20という型を開発した。横須賀で設計されたエンジンはBMW003Aに倣っていたが、25％縮小されていた。また代用部品や材料が多数使用されていた。軸流式圧縮機とタービンはほぼ同様だったが、円筒形の燃焼室の点火プラグは16個から12個に減らされた。ネ20の設計は1945年1月末に完了し、直ちに試作エンジンの製作が開始された。最初のネ20が横須賀近郊の洞窟内で点火されたのは1945年3月26日だった。本エンジンの開発には永野治少佐と種子島時休中佐が共同であたっていた。空襲を避けるため設計室は秦野の丹沢山地の南端に移転された。開発のネックになっていたのは必要な圧力を発生できない軸流圧縮機だった。永野少佐はクラークY型翼断面を採用した圧縮ブレードの迎角不足が問題の原因ではと考えた。その仮説を検証するため、ネ20の試作2号機では断面をより平滑にしたブレードが取り付けられた。また圧縮機の回転軸支持用のボールベアリングが過熱焼き付きしやすいという問題もあったが、こちらは比較的早く解決された。またブレード取り付け基部の亀裂も問題だった。これはブレード数を減らして接合部を太くすることで解決された。しかしこの変更によりエンジンの性能が低下した。

6月中旬にネ20は5時間の連続運転に耐えられるまで改良された。並行して量産化のための準備が進められた。1945年2月までに9基のネ20型エンジンが空技廠で完成し、さらに横須賀の造船所でも12基が製造されていたが、こちらは品質が劣っていた。計画では両工場で月産各45基のネ20生産が予定されていた。さらに呉広と舞鶴の工廠でも月産20基が予定されていた。佐世保工廠でもネ20の生産計画があり、その月産数は15基前後と見積もられていた。ネ20の生産に三菱や日立といった大手エンジンメーカーが加われば、この状況は劇的に変化するはずだった。

エンジンと並行して機体の開発も進められていた。海軍航空本部は1944年8月に皇国兵器の秘匿名称で知られる3種類の特殊航空機を要求する戦略計画を策定した。皇国兵器とは敵目標に対する集団特攻作戦用のものだった。この計画を協議するため、海軍航空本部は川西、三菱、中島など各メーカーから代表者を招いた。会議後、海軍航空本部は皇国2号兵器の一つとしてジェット推進式特殊攻撃機の開発を中島へ非公式に命じた。本機には「海軍試製攻撃機」の開発名とマルテン（テンは天から）の秘匿名が与えられた。

中島はこの命令を優先扱いとした。同社の主任設計者、松村健一技師が主務者となり、大野和男技師が補佐にあたった。新型機の設計は順調に進んだ。1945年3月14日に中島の設計者と海軍航空本部の代表者による会議が開かれ、基本計画が検討された。この計画はドイツ機の設計に精通していた巌谷栄一の協力のもと進められた。日本人設計者はドイツのメッサーシュミットMe262の

基本レイアウトを踏襲したが、機体は完全な新規設計だった。

基本設計の承認後、海軍航空本部は皇国2号兵器計画としてマルテンの要求仕様を提示した。
- 用途：敵上陸侵攻艦隊への特攻を目的とする大量生産に適した陸上攻撃機。
- 機体：TR-12ジェットエンジン双発の低翼単葉機。
- 機体寸法：可能な限り小型に。折り畳み時翼幅5.3m以下、胴体長9.5m以下、全高3.1m以下。
- 乗員：1名。
- 性能：500kg爆弾1発搭載時、海面高度で510km/時以上。500kg爆弾1発搭載時の航続距離204km。250kg爆弾1発搭載時の航続距離278km。離陸促進補助ロケット使用時の離陸距離350m以下。失速速度148km/時。
- 安定性と操縦性：急旋回時でも高い運動性。最高速度でも突入目標に追従しうること。
- 武装：250～500kg爆弾1発。
- 防御：厚さ70mm風防防弾ガラス、座席下方と背後に厚さ12mm防弾鋼板、自動防漏式燃料タンク。

上記の要求に従い、新型機マルテンは特攻機とされ、補助ロケットエンジンを併用して発射台から発進するため、降着装置はなしとされた。本機の開発は最優先とされた。全設計図の作成期限は1944年10月末とされ、海軍航空本部では1944年11月末までにTR-12乙（ネ12乙）エンジンの空中試験を三菱G4M一式陸攻を試験機にして完了させる計画だった。中島飛行機には1944年末までに40機の完成が要求され、同社は期限を厳守するため全力を尽くした。1944年12月8日に中島の主任設計員、吉田技師は新型機の実大模型を海軍航空本部の代表者に公開した。このお披露目の翌日の会議で海軍航空本部の代表者は当初の要求仕様にあった任務を変更した。海軍は本機を特攻機ではなく高速戦闘爆撃機にするよう命じた。この新たな要求に基づき、本機には降着装置が設けられ、操縦席まわりの防弾が強化されるなど複雑化した。TR-12エンジンはネ20ジェットエンジンに変更されることになり、予定最高速度は620km/時に向上した。要求航続距離は350kmに延長され、最大爆弾搭載量は800kgに増加された。着陸速度は50ノット（93km/時）に減らされた。そして本機には非公式に橘花の名が与えられた。

橘花に関係する会議は1945年1月28日に群馬県の小泉でも開かれた。主催者は和田操中将で、議題は日本の航空産業による橘花の大量生産の準備についてだった。最大の問題は物資の欠乏と熟練工具の不足だった。推進器についても議論され、最終的なエンジンはネ20とするが、開発計画を遅滞させないため初飛行にはネ12乙エンジンを使用することが決定された。

任務変更による設計変更点はそれほど多くなかった。脚は三菱A6M零戦のものが流用され、武装搭載のために機首が改修され、風防が再設計された。1945年2月10日に改修型の木製実大模型が承認されたが、この審査には将来テストパイロットを務めることになる高岡迪少佐も参加していた。実大模型審査に続き、量産の準備が進められた。量産機の最初の2機は試作機も兼ねていた。これらのテスト機には武装は搭載されなかった。操縦席の防弾板と自動防漏式燃料タンクは5号機以降に装備されることになった。米軍による空襲が迫ったため、2月17日に設計チームは小泉から栃木県の佐野へ疎開した。同機の生産拠点も分散された。当初は横須賀の空技廠と中島の小泉製作所で行なわれていた胴体の中央部と尾部、主尾翼の生産は、群馬県内各地の養蚕小屋に移された。

1945年3月にネ12乙エンジンを使用しないという最終決定が下され、その結果なんと1号機からネ20エンジンが搭載されることになった。1号機の完成期限は延期され続けた。3月20日にネ20

飛行試験が行なわれた木更津飛行場での試製橘花1号機。

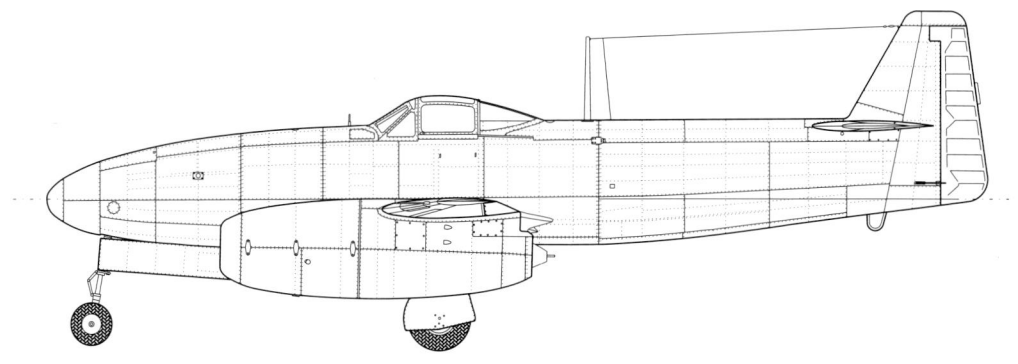

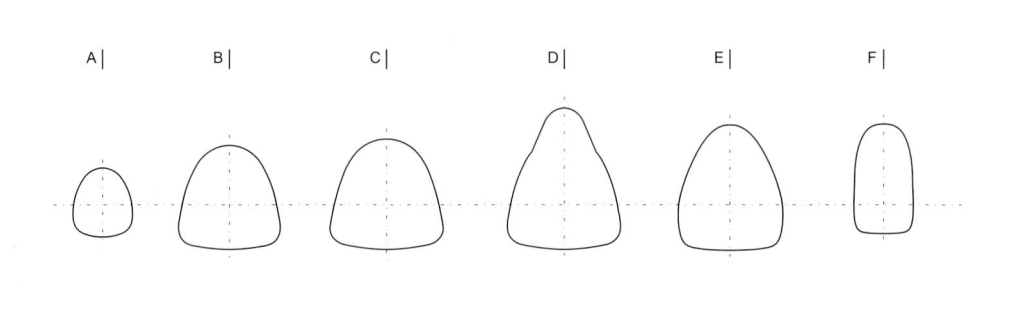

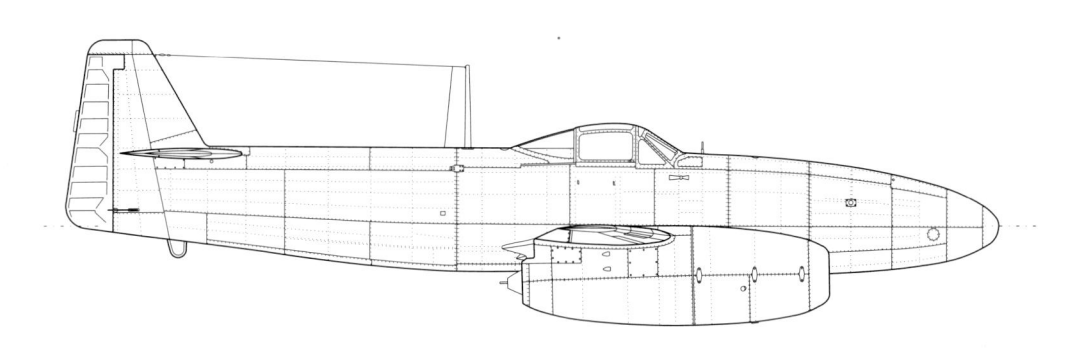

中島 橘花

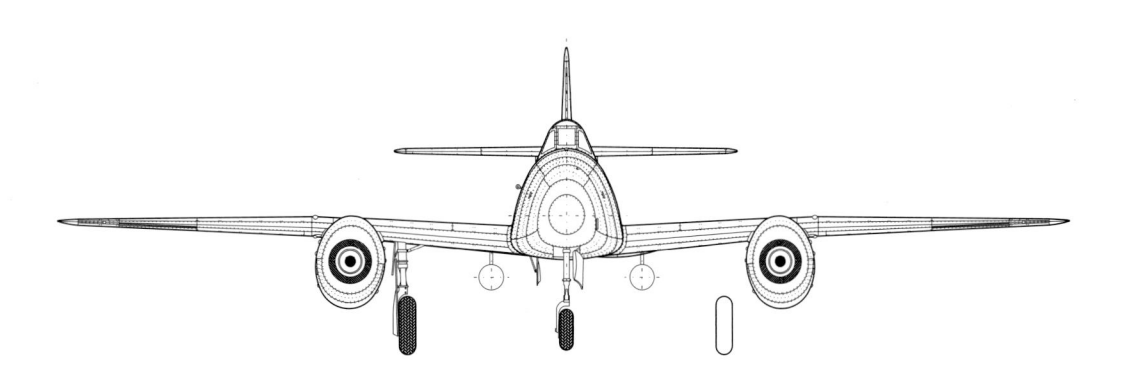

1/72スケール

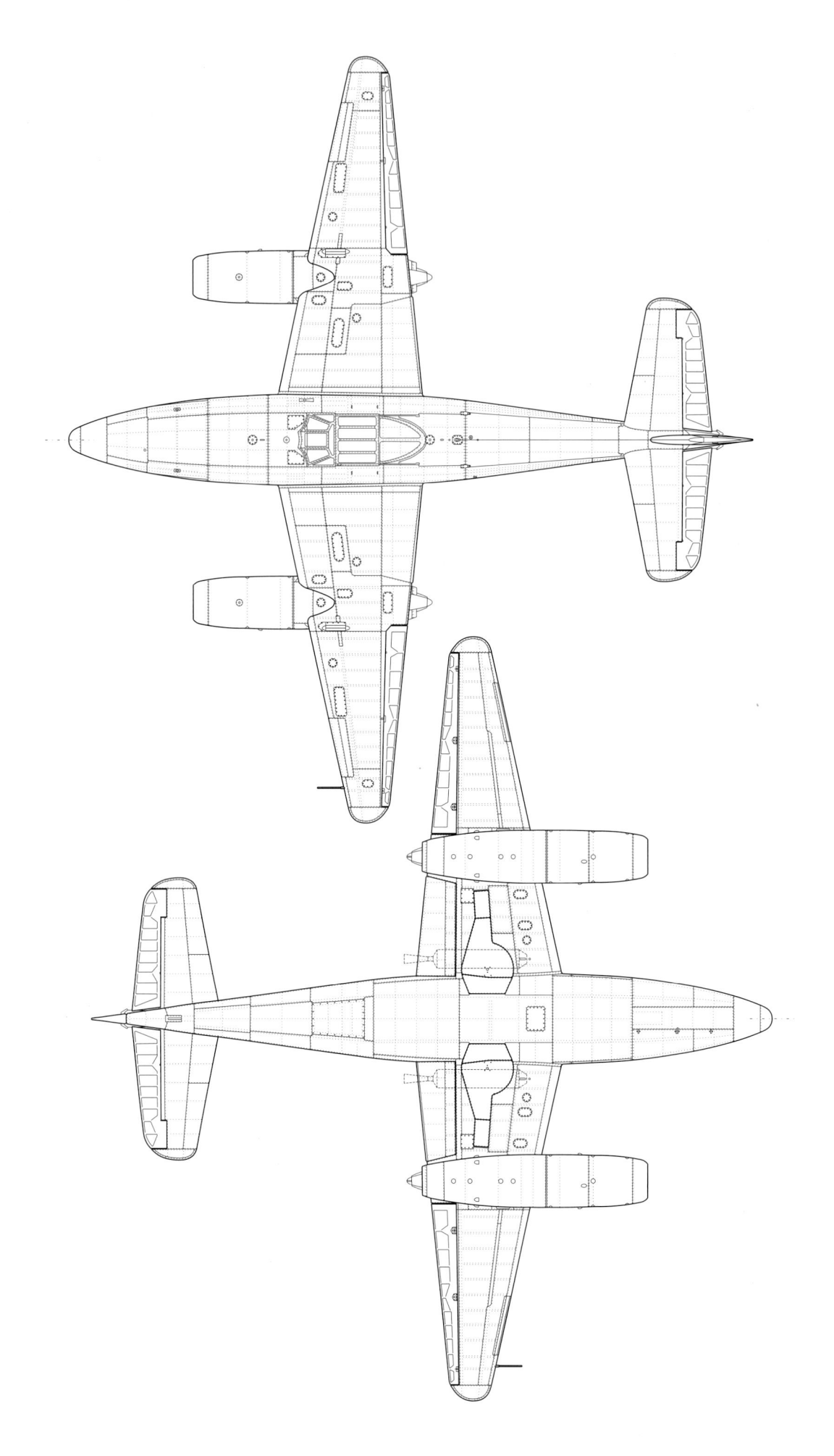

1/72スケール

木更津航空基地で地上試験のため引き出される試製橘花。

エンジンは初始動されたが、試験のため1号機への装備が実現したのは5月20日だった。それと同時に25機の製造が開始されたが、5月末日までに完成したネ20エンジンは6基のみだった。その後の会議で和田操中将は中島G8N連山重爆撃機の開発は中止し、橘花の大量生産計画に全力を傾注せよと指示した。またその場で彼はアルミニウムの備蓄は1945年10月で尽きると予想され、それ以降使用できるのは木材と鋼材のみであると告げた。

1945年6月25日、橘花1号機の機体は完成後、エンジン取り付けのために分解梱包されて小泉製作所に運ばれた。翌日、橘花は飛行可能であると発表され、6月27日にエンジンが始動された。小泉製作所の飛行場は短すぎたため、東京湾に面する木更津基地が飛行試験の場に選ばれた。最初の滑走試験に先立ち片方のエンジンの交換が必要になったが、これは誤ってエンジン内に置き忘れられたナットがタービンブレードを損傷したためだった。最初の「記念すべき」滑走試験は和田中将自らが行ない、その後テストパイロットの高岡少佐に交代した。1945年6月29日のある滑走試験ではブレーキ能力テストのため速度が上げられた。地上試験は広島に新型爆弾が投下されたというニュースが届いた8月6日に終了した。原爆投下の報に開発者たちは一刻も早く機体を進空させようと努力した。翌日、橘花の飛行準備が整えられた。搭載燃料を少量にし、離陸重量が3,150kg以下に抑えられた結果、離陸促進補助ロケットは不要になった。処女飛行はわずか11分間で、その間脚は引き込まれなかった。

テストパイロットの高岡少佐は本機の飛行中の安定性と全般的な操縦性に満足し、エンジンも飛行中ずっと好調だった。

2回目の飛行は8月10日に予定された。それまでに量産機25機の製造もかなり進捗していた。この飛行は新型機の公式披露会とされ、陸海軍の高官たちが代表として招待されていた。今回は燃料は満タンで、離陸には補助ロケットブースターが使用されることになった。公式披露会の当日に東京の周辺地域が米軍艦載機に攻撃されたため、飛行は翌日に延期された。翌8月11日は強い横風にもかかわらず進空式の決行が承認された。離陸時に離陸用補助ブースターが噴射を終え、加速が鈍った瞬間、高岡テストパイロットは冷静さを失った。ネ20ジェットエンジンが停止したと考えた彼は離陸を中止しようとした。しかし同機は滑走路上で停止できずにオーバーランすると、浅瀬に突っ込んで沈んでしまった。これが橘花開発計画の終わりだった。

設計作業と量産準備とに並行し、搭乗員の訓練も進められていた。橘花の配備が予定されていた第724航空隊は1945年7月1日に編成された。橘花の運用法を確立することになっていた第724航空隊の実態は特攻隊だった。第724航空隊の橘花が配備される予定の館山航空基地は房総半島の東京湾側にあった。橘花は空襲を避けるため地下掩体壕に格納される予定だった。滑走路も一部が地下トンネル内にあった。主翼を折り畳まれた橘花はそこで発進命令を待つはずだった。偵察任務は付近の港から離水する川西E15K1紫雲水偵が担任した。紫雲の役目は敵上陸侵攻艦隊の位置を特定し、橘花隊をそこへ誘導することだった。紫雲は目標を発見すると海面に特殊マーカーを投下し、無線信号を出しながら付近を旋回し続けた。敵艦隊発見の報を受けた橘花隊は補助ロケットブースターを使って地下掩体壕から出撃し、ク式方位測定機で受信した無線信号に導かれ、低高度から敵艦を500kg爆弾で攻撃するはずだった。しかし1945年8月15日の終戦により、攻撃は計画のみに終わった。

すでに完成していた25機の橘花には5機の複座

ネ20ジェットエンジンの始動準備。

橘花の推進器、ネ20ターボジェットエンジン。

練習機型（本書では橘花1と呼称、以下も同じ）が含まれていた。計画では1945年9月までに中島はさらに橘花45機を、10月に50機を、11月に40機を生産する予定だった。同年末までに中島は合計155機の橘花を生産する予定だった。空技廠は9月に20機を完成させ、それ以降は毎月30機を生産する予定だった。九州飛行機は橘花を9月に25機、10月以降は毎月35機生産する予定だった。

上記の橘花1練習機以外にも各種のバリエーションが計画されていた。橘花改という型はすでに設計が終了していた。

設計中だった橘花2高速偵察機は基本的に複座練習機型の改造型だった。橘花2は後席に九六式空1号無線電話機を装備する予定だった。この型は目標を発見し、紫雲とともに標準型橘花を誘導するのが任務だった。本型は計画のみに終わった。

橘花3は通常型の局地戦闘機として計画されたが、橘花2同様、設計のみで終わった。本型の設計は1945年5月に開始された。装備エンジンは推力が20～30％向上したネ20の改良型が予定されていた。武装は30mm五式機関砲2門が予定され、装弾数は各50発だった。局地戦闘機型は重武装化に伴い機体構造が強化され、バランスを取るために胴体は延長され、操縦系統も改良されることになっていた。武装強化型では各種装備品が増加したため重量も増え、翼面荷重が大きくなった。そこで離着陸性能向上のためにダブルスロッテッドフラップの導入と翼面積の拡大が必要になった。やはり未成に終わった橘花5も局地戦闘機型だった。

同じく戦争末期に計画中だった橘花4はカタパルト射出型だった。本機は全長200mの巨大カタ

橘花の初飛行を準備するテストパイロットの高岡迪少佐。

離陸直前の橘花。胴体近く、主翼下面に補助ロケットブースターが見える。

パイロットと整備兵のあいだでさらに言葉が交わされ……

パルトから発進し、主エンジンと補助ロケットを点火すればカタパルト先端部での速度は222km/時になり、加速度は3〜4Gに達する予定だった。試作カタパルトは1945年9月に空技廠内に建設される予定だった。カタパルト射出から2,000m飛行した時点での獲得高度は100mと計算されていた。

中島飛行機の小泉製作所を接収した米軍技術部隊は、入手した橘花に多大な関心を示した。テストのためにおそらく量産3号機と5号機を含む、少なくとも3機の橘花が米本土に搬送された。現存する橘花の1機はアメリカ国立航空宇宙博物館に展示されている。外見は完全なように見えるが、ネ20のエンジンポッドがなかったため、その「ポッド」は実は別機の増槽を改造したものである。

橘花には連合軍コードネームは存在せず、また日本側でも公式な型式記号を与えていなかった。通常の命名規則に従えば本機にはJ9N1の型式名が与えられたと考えられるが、その事実は確認されていない。

諸元：
機体要目： 双発低翼単葉局地戦闘機、特攻機、偵察機、または練習機。全金属製、羽布張り操縦舵面。
乗員： 密閉式操縦席に操縦員1名（橘花、橘花改、橘花3、橘花4、橘花5）。
2名（橘花1、橘花2）。
推進器： ネ12乙ジェットエンジン〔推力475kg〕×2（マルテン）。
ネ20ジェットエンジン〔推力475kg〕×2；燃料タンク容量725リットルないし1,450リットル（橘花、橘花改）。
ネ20改ジェットエンジン×2（橘花3、橘花4、橘花5）。
武装： 胴体に30mm五式機関砲×2（橘花、橘花改、橘花2、橘花3、橘花4、橘花5）。
爆弾搭載量：250kg×1（マルテン）。
500kg×1（マルテン、橘花改）、800kg×1（橘花）。

ジェット機橘花の1号機は初飛行の離陸へ向かう。

| 型式 | マルテン | 橘花 | 橘花改 | 橘花1 | 橘花2 | 橘花3 | 橘花4 | 橘花5 |
|---|---|---|---|---|---|---|---|---|
| 全幅（m） | 10.0 | 10.0 | 10.0 | 10.0 | 10.0 | | 10.0 | 10.0 |
| 全長（m） | 8.125 | 9.25 | 9.25 | 9.25 | 9.25 | | 9.25 | 9.25 |
| 全高（m） | 2.95 | 3.05 | 3.05 | 3.05 | 3.05 | | 3.05 | 3.05 |
| 翼面積（㎡） | 13.00 | 13.21 | 13.21 | 13.21 | 13.21 | 14.52 | 13.21 | 13.21 |
| 自重（kg） | | 2,300 | | | | 2,980 | | 3,060 |
| 通常離陸重量（kg） | 3,014 | 3,550 | | | | 3,925 | | 4,000 |
| 最大離陸重量（kg） | 3,120 | 4,312 | | 4,009 | 4,241 | 4,152 | 4,080 | 4,232 |
| 有効搭載量（kg） | | 1,250 | | | | 945 | | 940 |
| 翼面荷重（kg/㎡） | 231.85 | 268.74 | | | | 270.32 | | 302.80 |
| 推力重量比（推力/重量） | 3.38 | 3.74 | | | | 4.13 | | 4.21 |
| 最大速度（km/時） | 565 | 670 | 687 | 722 | 722 | 889 | 713 | |
| 最大速度記録高度（m） | 0 | 10,000 | 6,000 | 6,000 | 6,000 | 10,000 | 8,000 | |
| 着陸速度（km/時） | 151 | 159 | 167 | 167 | 167 | 170 | 171 | 156 |
| 高度6,000mまでの上昇時間 | | 12分06秒 | | | | 10分02秒 | 11分50秒 | 11分18秒 |
| 上昇限度（m） | 10,100 | 10,700 | | | | | 12,100 | 12,300 |
| 通常航続距離（km） | 428 | 582 | | | | | | 594 |
| 最大航続距離（km） | 539 | 888 | | | | | 815 | 793 |
| 離陸距離（m） | 283 | 504 | 552 | 667 | 676 | | 470 | 470 |
| 着陸距離（m） | | 1,363 | | | | | 1,250 | 1,240 |

生産：1945年6〜8月に中島飛行機株式会社の小泉製作所で試製橘花2機が完成し、それ以外に25機が組み立て中だった。

カウリングを外された試製橘花2号機のネ20ターボジェットエンジン。

群馬県の中島飛行機小泉製作所の組み立てラインで発見された特殊攻撃機橘花。

進駐軍が小泉製作所で発見した、かなり組み立ての進んでいた橘花の機体。

未成に終わった試製橘花2号機。

# 中島 藤花
Nakajima Toka

　陸軍の特攻専用機、中島キ115剣には海軍も関心を示した。同機は構造が極めて簡略で、ほとんどの型式の空冷星型エンジンを使用できた。そのため海軍も本機の採用を決定した。陸軍型の第1次試作機が中島の三鷹研究所で完成したのは1945年3月だった。しかしキ115甲剣の設計を検討した海軍艦政本部に促され、海軍航空本部が同様の機体を中島飛行機に発注したのは終戦直前だった。海軍ではこれに「海軍試製特殊攻撃機 藤花」という独自の名称を与えた。

　量産計画が策定され、1946年2月までに横須賀と呉の海軍工廠と民間造船所では藤花830機の生産が、また昭和飛行機工業では250機の生産が予定された。

　藤花は単発単座片持式低翼単葉機で、主脚は離陸後に投下された。本機の基本レイアウトは単座戦闘機に似ていた。特攻機としては胴体下面の開放式爆弾倉に500kgないし800kg爆弾1発を搭載したが、操縦者は通常爆撃か特攻のどちらを実施するか選択できた。

　藤花には当初以下の諸元が要求された。

- 三菱A6M零戦に必要なマンアワーの約10%程度、すなわち約1,500人時で製造できること。主翼は単桁式で、前縁、中央部、後縁の分割構造とし、接合はすべてボルト止めとする。胴体断面は楕円形。尾部は木製構造とする。主脚には緩衝装置を設ける。
- 動力にはどの型式の星型エンジンでも使用できること。陸軍型ではハ115エンジンの搭載が計画されたが、海軍型では瑞星12型、栄12型、金星41型（または51型）ないし寿2型エンジンを予定した。
- 爆弾以外の装備品は無線機のみとする。

　中島飛行機の太田飛行場における陸軍型キ115甲の地上試験後、海軍航空本部は以下の仕様変更を要求した。

- エンジンと艤装品を海軍規格とすること。
- 主翼面積を1㎡増積すること。
- 着陸用フラップの追加。
- 離陸補助ロケットブースターを装備すること。
- 視界向上のための操縦席位置と風防設計の見直し。
- その他の武装も海軍規格とすること。

　修正要求仕様は建艦を担任する艦政本部第4部から1技廠へ提出された。陸軍は改造と量産準備のために2機のキ115甲を昭和飛行機工業へ引き渡したが、何の作業も開始されないうちに終戦を迎えた。藤花は全木製構造の派生型も計画されていた。藤花にはキ230の機体番号が与えられたという説もあるが、もしそうならば陸軍も本機の使用を計画していたことになるが、これを裏付ける日本の資料はない。

諸元

機体要目： 単座低翼単葉特殊攻撃機。木金混合構造、羽布張り操縦舵面。
乗員： 部分開放操縦席に操縦員。
動力： （一例として）離昇出力1,130馬力（830kW）の空冷星型エンジン×1、金属製3翅固定ピッチプロペラ（型式はエンジンに準拠）；燃料タンク容量450リットル。
武装： 800kgないし500kg爆弾×1。

| 型式 | 藤花 |
|---|---|
| 全幅（m） | 9.72 |
| 全長（m） | 8.5 |
| 全高（m） | 3.3 |
| 翼面積（㎡） | 13.1 |
| 自重（kg） | 1,700 |
| 通常離陸重量（kg） | 2,560 |
| 最大離陸重量（kg） | |
| 有効搭載量（kg） | 860 |
| 翼面荷重（kg/㎡） | 195.42 |
| 馬力荷重（kg/馬力） | 2.26 |
| 最大速度（km/時） | 558 |
| 最大速度記録高度（m） | 2,800 |
| 上昇限度（m） | 6,500 |
| 通常航続距離（km） | 1,200 |

生産：昭和飛行機工業株式会社は終戦までに藤花の量産に至らず、また中島飛行機から引き渡された2機のキ115甲の改造も行なわなかった。

# 日本帝国陸海軍の誘導式飛行爆弾
Remote controlled flying bombs of the Imperial Japanese Army and Navy

ドイツが第二次大戦中にV-1号飛行爆弾とV-2号弾道ミサイルに代表される誘導／非誘導式ミサイルを開発使用していたことは比較的よく知られている。大戦末期の数年間、これらの兵器に関してドイツの工業界は他国をリードしていた。あまり知られていないが、この分野における日本の技術もドイツに匹敵する先進性を誇り、しかもそれはドイツとはほとんど無関係に発達したものだった。

無線誘導式の飛行爆弾の開発が着手されたのは1944年7月だった。その理由はパイロットの生命を救おうという人道的なものだけではなく、太平洋戦争の進展につれ連合軍の防空体制が強化された結果、大部分の有人特攻機が目標突入前に撃墜されるようになり、無人誘導兵器の方が目標に到達できる可能性が高くなったためだった。無線誘導弾は迎撃がはるかに困難だったが、それは小型なためと種類によってはより高速であるためだった。

## 陸軍
Army

陸軍が力を入れていたのはイ号1型という名称の空対艦飛行爆弾だった。その一つは三菱イ号1型甲無線誘導弾で、要は炸薬800kgと推力300kgのロケットエンジンを搭載した小型無人機だった。もう一つの飛行爆弾は川崎イ号1型乙で、ほぼ同様ながら三菱のものより小型で射程が短かった。これらの飛行爆弾はいずれも1944年末には飛行試験段階に到達していたが、実戦には使用されなかった。

陸軍イ号1型丙音響誘導爆弾は東京帝国大学航空学科が開発したもので、まったく異なる誘導方式を採用していた。イ号1型丙は艦砲の射撃時に生じる衝撃波により自律誘導される方式だった。

1943年末から開発が開始されたケ号自動吸着爆弾は目標からの熱放射により誘導された。実験では約60発が投下されたが、降下中に目標への誘導が可能になるだけの温度変化を検出できたものは5～6発のみだった。

陸軍のマルコ飛行魚雷は陸軍が沿岸守備用に開発を命じた特殊魚雷だった。これは航空機から発射され、海面直上を飛行するものだった。やはり開発が試みられたAZ魚雷も日本帝国陸軍の飛行魚雷だった。

## フ号風船爆弾
Fu-Go bomber balloon

太平洋戦争中、日本はアメリカ本土に対してさまざまな攻撃を試みた。それらは1941年の真珠湾攻撃とは性格を異にしたものだった。

1942年2月、日本潜水艦伊17はサンタ・バーバラ海岸の製油所を砲撃し、ポンプ施設を破壊した。続いて1942年6月には伊25潜がオレゴン州沿岸部の海軍基地を砲撃してバレーボール場のネットを損傷させ、9月には同潜からカタパルト発進した空技廠E14Y1零式小型水偵が海岸近くの森林に焼夷弾を投下して小規模な火災を発生させた。

太平洋戦争最後の冬に実施された第4かつ最後の攻撃は、焼夷弾を搭載した気球によるものだった。気球を軍用目的に使用するという戦法を考案したのは草葉季喜少将が所長を務める第9陸軍技術研究所だった。これは人口密集地も存在するアメリカ西海岸で森林火災を起こすことを目的としていた。詳細な仕様は武田照彦技術少佐の研究チームにより策定された。この爆弾を積んだ気球には冬から春にかけて高高度を吹く強い偏西風により米本土へ到達することが期待された。新兵器には「フ号兵器」の秘匿名が与えられた。

日本軍には1900年から軍事目的に気球を使用してきた実績があった。日露戦争時の1904年には気球は旅順攻囲戦で敵情観測に使用された。1944年に陸軍の気球連隊は大本営から気球による米国本土特殊攻撃を命じられた。予定実施期間は1944年11月から1945年3月までだった。

この作戦は米国本土に15kg爆弾約7,500発、5kg焼夷弾約30,000発、12kg焼夷弾約7,500発の投下を目的としていた。上記の期間中、11月に500個、12月に3,500個、1月に4,500個、2月に4,500個、3月に2,000個の合計15,000個の気球が放球される予定だった。大本営はこの特殊攻撃を「富号試験」と呼称した。そのため爆弾を搭載した気球は一般にフ号と呼ばれた。

当初フ号の気球はゴム引き絹布製だったが、和紙を重ね貼りした気嚢の方が耐久性と防水性に優れていることが判明した。気嚢の直径は10mで、水素540㎥が充填された。搭載量は海面高度では約400kgだったが、高度10,000mでは200kgにまで低下した。気球のゴンドラには超高感度信管付きの12kg焼夷弾5発と12kg爆弾1発が懸吊された。

風船爆弾はジェット気流が最も強くなる冬に日本から放球された。気球は高度3,000～6,000mにまで上昇すると、ジェット気流に乗って時速320km前後で太平洋上をアメリカ西海岸へと飛んでいった。ジェット気流が最も強くなるのは高度9,000m以上で、距離8,000kmを超える太平洋横断飛行を大型気球でも3日間以内に完了させられた。

気球が放球されたのは主に朝で、理由はその方が高度を稼げたからだった。夜間には気嚢が夜露に覆われるため、気球が到達できる高度は大幅に低下した。飛行高度は砂袋バラスト投下装置に接続された高度計により調節された。高度が9,000mを下回ると電気装置によりバラスト懸吊索が焼き切られた。砂袋は4個を1組として気球下部のアルミニウム製リングに取り付けられていた。砂袋はリングの対角線上に位置する4個ずつが投棄された。また逆に高度が11,600mを上回った時は、高度計により弁が開いて水素が放出された。気嚢内のガス圧が高くなりすぎた場合も水素は放出された。

気球の飛行高度調整装置は3日間作動する設計だったが、それだけあれば気球はアメリカ領土に到達可能であると計算されていたからだった。懸吊された爆弾は少量の火薬により自動的に投下され、身軽になった気球は長さ19.5mの索の先についた信管をつけたまま飛び続けた。84分が経過すると信管が作動し、気球は爆破された。

気球の総重量は約900kgだった。気嚢は和紙をコンニャク糊で5重に貼り合わせたものだった。気球の製作班には手先が器用なことから10代の少女も多く含まれていた。彼女たちは手袋をはめ、爪は短く切りそろえ、ヘアピンの使用を禁じられていた。気嚢用の和紙は日本各地で作られていた。大きな気嚢を作るには広い空間が必要だったため劇場、国技館、大型録音スタジオなどが使用された。

最初の飛行試験は1944年9月に行なわれ、成功を収めた。気球の放球準備が完了する前にアメリカのB-29爆撃機による日本本土空襲が本格化した。

最初の気球が放球されたのは1944年11月初めだった。武田少佐はそれが上昇し、地平線の彼方に消えるまでずっと見つめていた。気球が見えていたのは数分間で、やがて空に溶け込んだ。

1945年初頭、アメリカ人は国内で奇妙なことが起こりつつあるのに気づいた。気球が目撃され、カリフォルニア州とアラスカ州では爆発音が聞かれた。ワイオミング州サーモポリスでは落下傘の降下を目撃したという証言が寄せられた。クレーターの周囲からは爆弾の破片が発見された。カリフォルニア州サンタローザではロッキードP-38ライトニングが気球を撃墜し、サンタモニカ上空でも気球が目撃され、ロサンゼルスの街頭では和紙の切れ端が発見された。

モドック国立公園とシャスタ山の東方では同じ

194

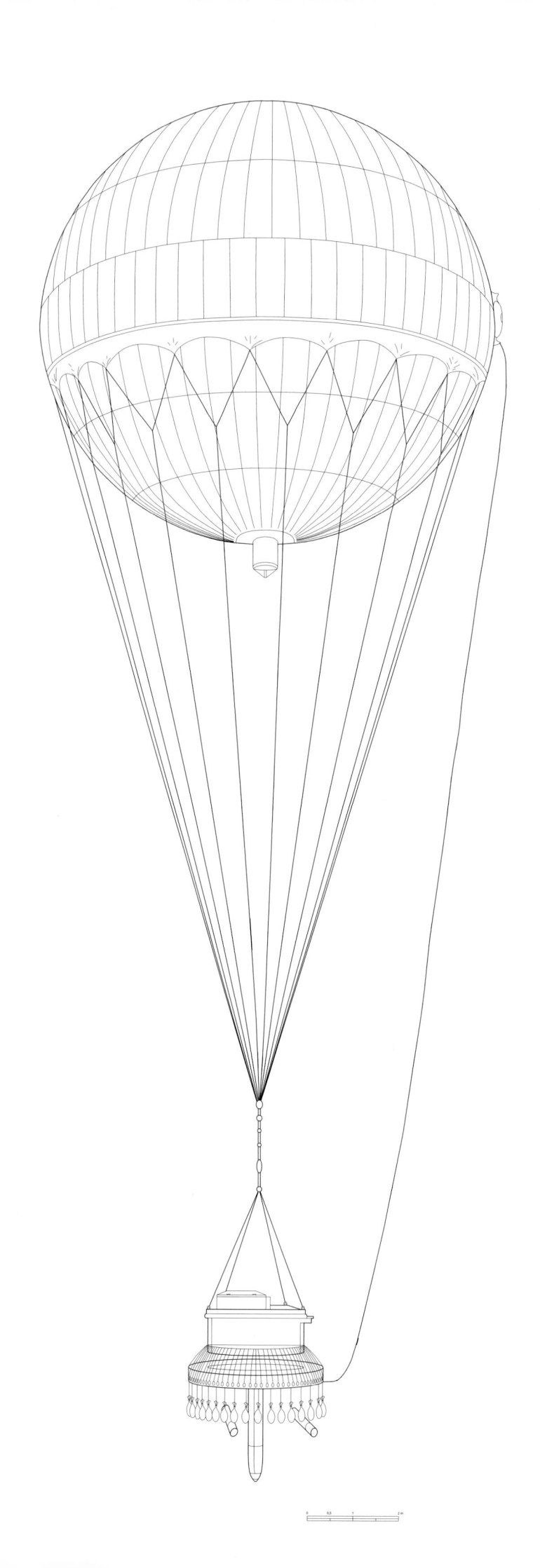

日に紙製気球2個が発見された。オレゴン州メドフォード近郊では気球から投下された爆弾の1発が石油掘削機の近くで爆発した。米海軍の艦船も飛行中の気球を目撃した。気球の破片と装備はモンタナ州、アリゾナ州、カナダのサスカチュワン州、ノースウェスト地方、ユーコン地方でも発見された。ある米陸軍戦闘機が飛行中の気球の銃撃に成功し、ほぼ無傷で墜落させた。そしてその構造の解析と撮影が行なわれた。

1945年1月2日のニューズウィーク誌に「謎の気球」という記事が掲載された。同日、検閲部から各出版社の編集部へ件の気球に関するいかなる情報や事件について報道を禁じるという指示が届いた。これは敵に風船爆弾による最新の戦果情報を与えないための措置だった。

実のところアメリカに飛来する風船爆弾は大きな脅威だった。焼夷弾は大規模な森林火災を引き起こす可能性があったが、この年の冬は森に雪が積もっていたため火災を免れたのだった。にもかかわらず各地方当局には風船爆弾に関する通達が下され、若干の混乱を生じたが、これはアメリカが日本が生物兵器を開発していることを知っていたためだった。飛来する気球に化学兵器が搭載される可能性も懸念されたが、これは現実化すれば最悪の脅威だった。

気球が日本本土から直接飛来していることを認めたがる者はいなかった。気球は北アメリカ沿岸沖の日本潜水艦から放球されたものと想像されていた。気球は米国内の捕虜収容所のドイツ人捕虜や強制収容所の日本人が放球しているという噂もあった。

「風船爆弾」から投棄された複数の砂袋の中身が米軍地質調査部で地質学的な分析を受けた。この部局は真珠湾攻撃から半年後の1942年6月に設立された。地質部はシドマン・プール大佐を長とする米陸軍諜報部と協力を開始した。袋内の砂にはまず顕微鏡観察と化学分析が行なわれ、珪藻植物などの海生生物と鉱物成分が検出された。分析の結果、この砂はアメリカの海岸や中央太平洋のものではないことが判明し、気球は日本から飛来したものと断定された。

その一方で気球はオレゴン州、カンザス州、アイオワ州、マニトバ州、アルバータ州、ノースウェスト地方、ワシントン州、アイダホ州、サウスダコタ州、ネヴァダ州、コロラド州、テキサス州、メキシコ北部、ミシガン州、果てはデトロイト近郊にまで飛来し続けていた。戦闘機隊が気球の迎撃を試みたが、戦果はほとんど上がらなかった。気球は高高度を飛行し、ジェット気流内では驚くほど高速だった。戦闘機隊が撃墜した気球は20個にも満たなかった。

地質学者たちは研究を続け、ついに砂の採取場所が日本の海岸であることを突き止めた。しかしその時点——初春になった途端に気球攻撃が止んだため、これはあまり意味がなかった。

日本ではプロパガンダがアメリカでは大火災が発生して数千名が犠牲となり、社会は大混乱に陥っていると喧伝していた。実際には太平洋戦争中に米国本土内で日本軍の攻撃により死亡したのは6名だけだった。オレゴン州南部で釣りに来ていた牧師夫妻と日曜学校の生徒が気球を発見して近づいたところ、爆発が起きた。牧師の妻と児童5名が死亡した。

草場少将の部隊は9,000個を越す気球を放球し、うち約300個がアメリカに到達したことが確認された。日本側では太平洋を横断した気球はおよそ1,000個、そして目標に到達できたのは約10％と見積もっていた。日本へ戻ってきた気球も2個あったが損害はなかった。

日本軍の風船爆弾攻撃は大規模で費用のかかったものだったが、米軍のB-29爆撃機がこの作戦専用に建設された3ヵ所の水素工場のうち2ヵ所を空襲で破壊しなければ、より大きな戦果を上げた可能性もあった。最後期の紙製気球が落下したのは1945年3月10日、ワシントン州ハンフォードだったが、そこではマンハッタン計画が進行中だった。気球は原子炉につながる送電線に絡みついたが、その炉で精製されたプルトニウムが後日長崎に投下された原爆に使用されたのだった。この接触事故により原子炉が一時停止された。

それでも一応、風船爆弾はアメリカ軍に気球から本土を防衛するために戦力の分散を強いたのだった。アメリカ西海岸ではコードネーム「ファイアフライ」という極秘計画が立案されたが、これは専用の戦闘機隊で風船爆弾を迎撃、撃墜しようとするものだった。森林火災消火用の特殊地上部隊も「スモークジャンパーズ」という秘匿名のもとで編成された。その一つが「トリプルニッケルズ」として知られる第555空挺大隊だった。

海軍版のフ号は8号兵器と呼称され、米本土近海の潜水艦から放球する計画だった。しかし計画は実施されることはなかった。

フ号風船爆弾。

洋上で撮影されたフ号風船爆弾。

## 陸軍マルケ（ケ号）自動吸着爆弾
Rikugun Maru-Ke (Ke-Go) homing bomb

　1944年3月、野村恭雄大佐は陸軍航空本部の兵器行政本部長に任命された。それからまもなく（その手記によれば）彼は「戦局を一気に挽回しうる前代未聞の兵器」の開発を命じられた。

　当時、東京芝浦電気（東芝）は陸軍の命令により赤外線を使用して距離70mから人間の手を認識できる検知器の可能性を探る実験を行なっていた。この研究の目的はジャングルに潜む敵兵を正確に射撃するための装置の開発だった。こうして試作された赤外線検知器が機関銃の夜間用照準器としてテストされた。この実験結果をもとに野村大佐は「赤外線兵器」の開発に着手した。陸軍航空本部はこの装置にすぐさま興味を示し、秘匿名称をマルケ（ケは検知器の略）とされた赤外線誘導爆弾の開発と製造のために1,000万円の予算を計上した。陸軍航空本部は1945年10月までに少なくとも700発のマルケ爆弾（その後ケ号と改称）の大量生産を準備するよう命じた。

　1944年5月に野村恭雄大佐が設計主務者に任命され、須藤技師は赤外線誘導式の空対艦爆弾の開発を命じられたが、これは日本近海を遊弋する連合軍艦船を攻撃するためのものだった。主尾翼と操縦装置の設計は野村大佐が行なった。陸軍航空本部は計画を承認し、開発をさらに進めるため弾道工学と航空兵器の専門家からなる新たな設計チームを東京近郊で立ち上げた。これと同時に特攻艇震洋（秘匿名マルレ）の開発もここで開始された。これらの計画にはそれぞれ約400名の専門家が関与していた。

　1944年3月に赤外線検知式の誘導弾の基本設計が3型式並行で開始された。それぞれの名称はケ号甲、ケ号乙、ケ号丙だった。開発が続行されたのは最も有望とされたケ号甲のみで、ケ号乙とケ号丙は早々に放棄された。ケ号甲は比較的高高度を飛行する母機から投下されると、赤外線を放射する敵艦船などの水上目標へ自動誘導された。ケ号計画では101型から109型まで計9型式の爆弾が製造されたが、投下試験が繰り返されたのは101型、102型、106型、107型のみだった。試験は1945年7月で一旦中断され、同年9月に108型と109型による試験再開が予定されていたが、終戦のため中止された。

　ケ号自動吸着爆弾は自由落下爆弾で、赤外線制御式ジャイロが電磁式油圧装置を介して操縦翼を操舵することで標的へ自律的に向かうものだった。これは敵艦の近くを飛行する航空機から投下された。ケ号の初期の型は赤外線放射を捉える検知器を内蔵した弾頭部、弾体部、十文字型の4枚翼が付いた中央部、空気制動板付きの尾部で構成されていた。十文字型をした主翼の内翼部には補助翼が設けられ、弾道を制御すると同時に錐もみを防止した。主翼は重心に位置していた。

　ケ号は弾体を常に鉛直下方に向けながら降下した。後期の型では操縦性向上のため尾部に十文字型の尾翼が新設された。試験では約60発が投下されたが、熱源に反応できたのは5、6発だけだった。それにもかかわらず試験結果は将来性ありと認められ、開発関係者たちは誘導爆弾の実用化に自信を抱いていた。

　ケ号赤外線誘導爆弾の弾頭には200〜300kgの炸薬が充填されていた。日本の資料には炸薬量を600kgとするものもあるが、これはケ号101型の総重量である。あるいは600ポンドを600kgと誤った可能性もある。弾体の主要部は木製構造だったが、ノーズコーン、尾部（空気制動板含む）、主翼固定部品などは金属製だった。101型と102型は十文字型の主翼4枚のみだったが、その後の型では4枚主翼に加え、十文字型に尾翼が4枚付いていた。最大だったのは109型で、弾体直径0.50m、全長5.30m、総重量800kgだった。

　ケ号爆弾の弾体は熱源検知部、弾頭部、空気制動板のある円筒形尾部の3部構成だった。先端の熱源検知部には回転鏡、赤外線検知部（ボロメーター）、電池式増幅器で構成される検知器が内蔵されていた。弾頭部は熱源検知部の直後に位置していた。主翼はその後方で、4枚のフラップと型式により2ないし4枚の補助翼が設けられていた。姿勢制御ジャイロと補助翼は主翼と小型尾翼のあいだに組み込まれた球形の作動油タンクと電池式の電磁作動油弁により作動した（ケ号の初期型は通常式の2枚補助翼を油圧作動させるだけのより単純なものだった）。爆弾の最後尾部には傘型の折り畳み式空気制動板が付いていた。

　ケ号には独特な仕様として可動式の下部翼があったが、これによりケ号を搭載したキ67爆撃機が不整地の飛行場からでも離陸可能になった。下部翼は地上で手動操作により水平位置に上げられると、内部のバネ式ラッチにより飛行中もその位置を保持し、投下時に油圧シリンダーでラッチが解除されると展開位置に戻るようになっていた。

　ケ号爆弾はどの型も先端部に触発信管が2個、尾部に遅動信管1個が取り付けられており、後者は海面突入時に作動した。また全型式とも熱源検知部と主翼のあいだに夕弾方式の成形炸薬が搭載されていた。炸薬の前部が対戦車用成形炸薬弾と同方式にされたのは、あらゆる連合軍艦艇の甲板を貫徹するためだった。炸薬には2系統の起爆システムが使用されていた。第一の系統は固体目標に激突した瞬間に爆弾を起爆させるものだった。これは炸薬の底部に位置する点火薬と、弾体から

マルケ101型

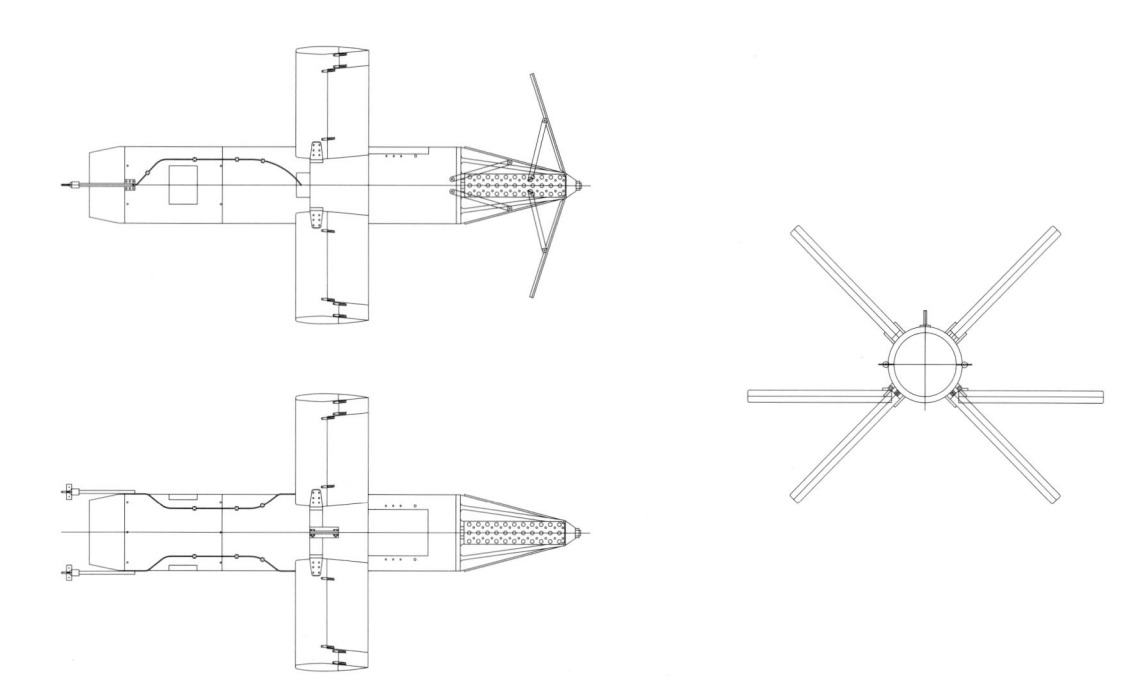

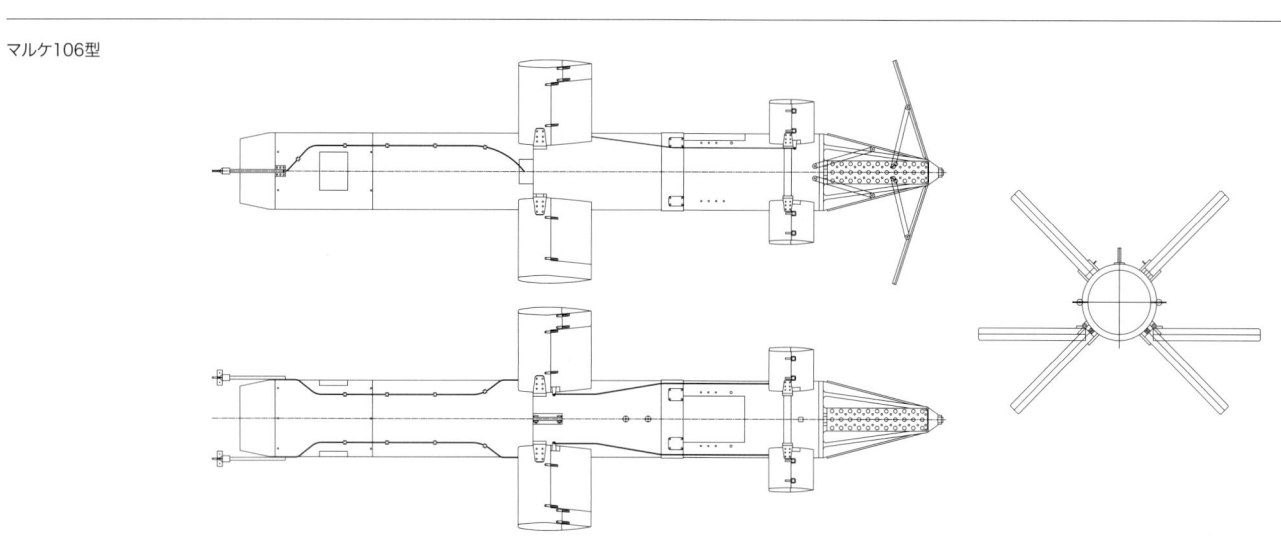

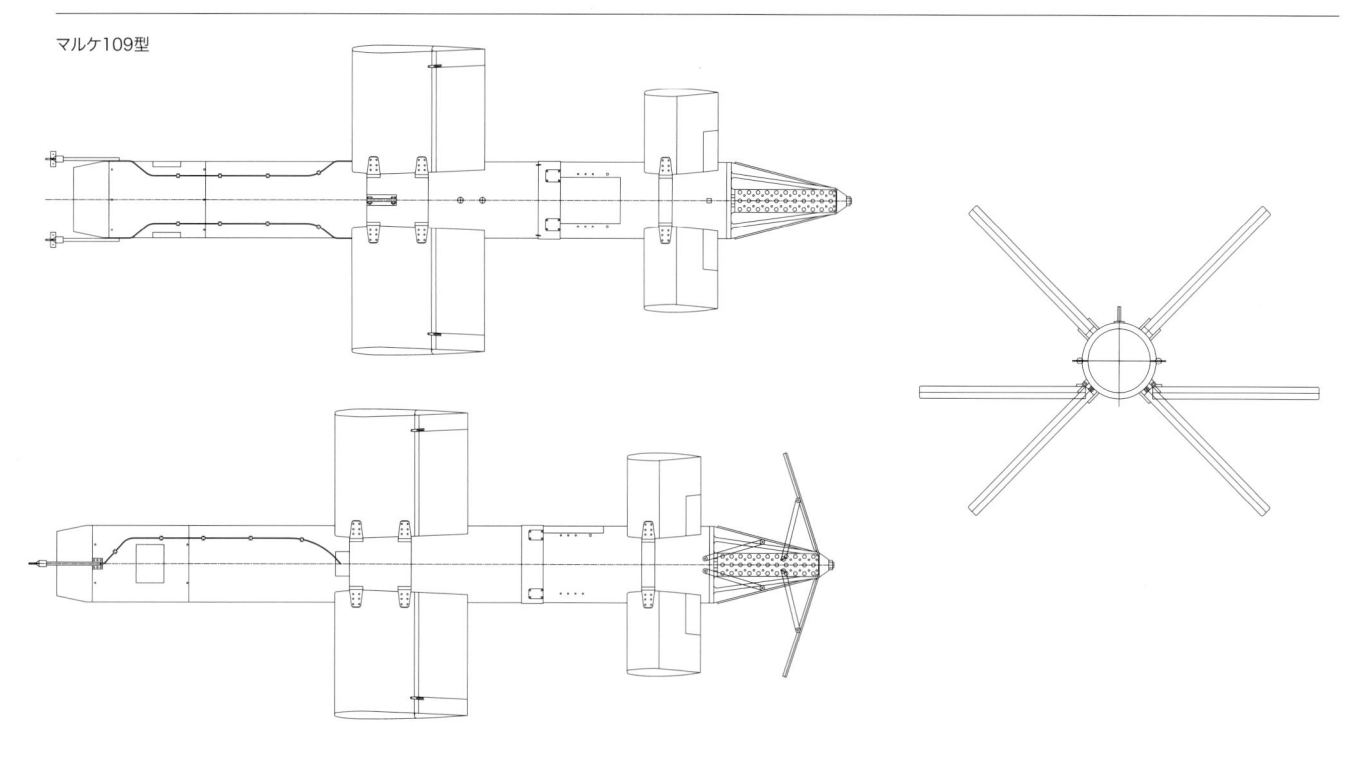

マルケ106型

マルケ109型

突出した棒の先端にある2個の触発信管を接続したものだった。各信管には小型風車が付き、投下時に母機と接続された索が抜けると安全解除された。第二の系統は海面突入の直後に弾頭炸薬を起爆するためのもので、爆弾が敵艦を直撃しそこなった場合に水線下に大きな損害を与えることが可能だった。気圧計と連動して起爆する遅動信管は標準装備だった。こうした起爆システムにより爆弾は直撃による爆発、あるいは至近落下直後の水中爆発のいずれの場合でも充分な威力を発揮するものと考えられた。

降下中の安定性の問題を解決したのは、必要に応じて操縦舵面を作動させるジャイロ装置だった。初期型では操縦系統は油圧式の装置で2枚の補助翼をリンク作動させていたのに対し、後期型では電磁式の装置で4枚の補助翼を作動させていた。101型と102型では電動ジャイロが使用されていたが、高熱が発生して赤外線検知器の増幅器に悪影響を与えたため、その後の型では毎分回転数5,000～8,000の圧搾空気作動式ジャイロが使用された。赤外線検知部（ボロメーター）はさまざまな長さのニッケルメッキ板で構成され、これが赤外線の入射を感知して操縦装置へ伝達した。ボロメーターの上方には偏心回転する凹面鏡があった。ボロメーターからの信号は増幅器と2基の継電器を経由して油圧サーボ装置に伝えられ、これが各翼の補助翼を作動させて落下する爆弾を熱源へ誘導した。

赤外線源検知器の製造は最大のネックだった。これは鋼板表面に非常に薄いニッケル層を電気メッキする工業技術が確立されていなかったためだった。ケ号誘導爆弾の量産には、この問題の解決が不可欠だった。

母機では離陸直前に爆弾投下に関連する全電気系統の点検が必須だった。母機への搭載は通常型の爆弾運搬トラックで行なわれた。爆弾倉内にはV字型の懸吊架が1基設けられ、その先端が母機下面より10cm程度突き出ていた。爆弾は前後を左右から抑え支柱で保持されたため、弾体が動揺することはなかった。下部翼は手動で水平位置に上げられ、内部のバネ式ラッチ機構で位置を固定された。離陸の直前に全電気プラグが接続され、

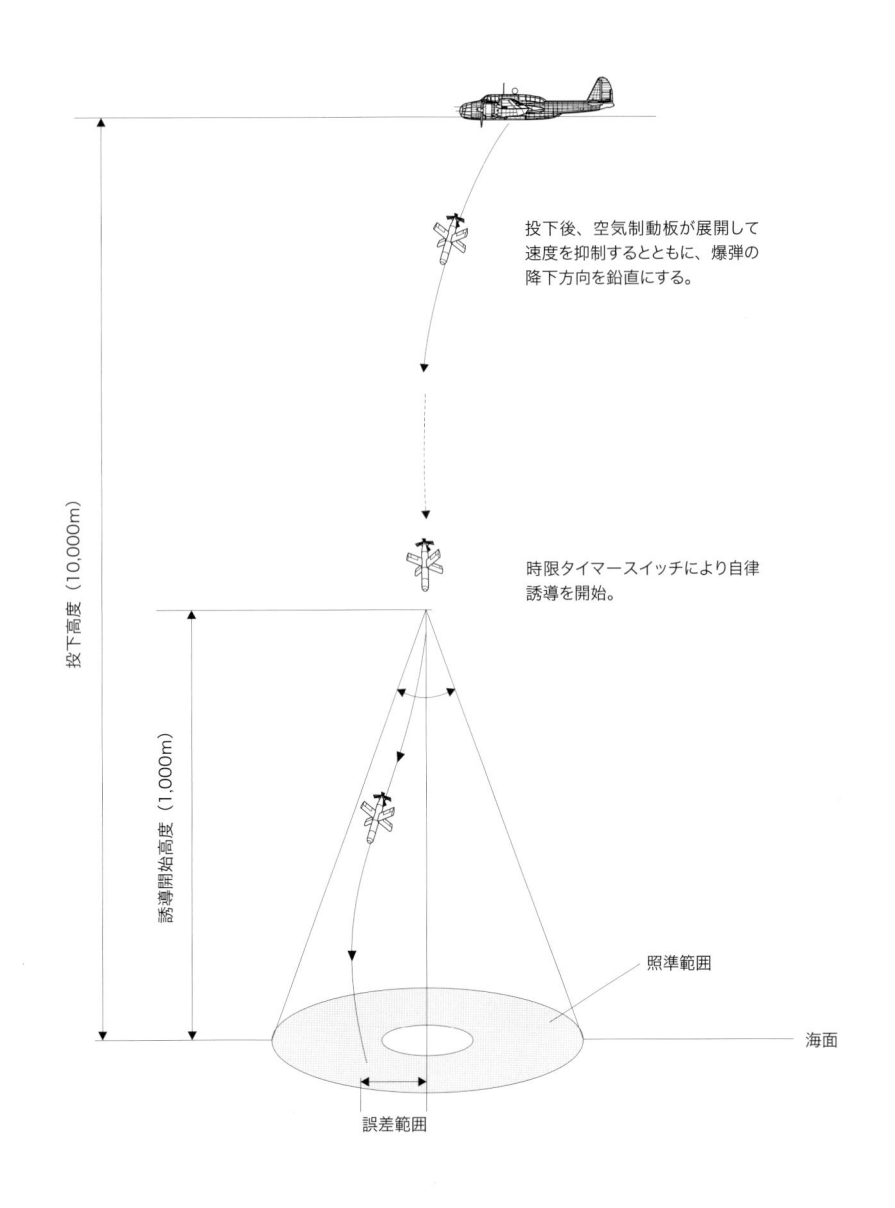

ケ号爆弾の投下要領

時限タイマーが設定され、信管に安全装置がかけられた。

爆弾の照準には母機の通常型爆撃照準器が使用された。ケ号爆弾は投下直前に下部翼を展開し、ジャイロの電源が入れられた。時限タイマーも投下前にオンにされ、自由落下の最後の10～15秒間はジャイロ装置が爆弾を誘導した。投下時に爆弾と母機を結んでいた索が抜け、それにより尾部空気制動板が展開を開始し、信管の安全装置が解除された。

母機では爆弾投下の10分前に以下の作業が行なわれた。

- 第1ニードル弁をクランクで機械的に開いて、爆弾の下部翼を展開する。
- 第2ニードル弁を電気的に開いて、油圧操縦装置を作動させる。
- 圧搾空気作動式ジャイロをオンにする。
- 赤外線検知器の増幅器(ニクロム線コイルを内蔵)の予熱スイッチをオンにする。
- 機械時計式タイマーをオンにし、誘導装置の作動開始まで爆弾が落下する時間を決定する。作動開始は通常は高度1,000mだった。

時限タイマーは投下前には停止しているが、投下されると作動を開始した。これは環境条件にかかわらず、作動時間は最大50秒までだった。時間は高度900mで作動開始するように爆撃手が計算したが、タイマー作動時間の50秒以内なら自由に設定できた。反射鏡、電気モーター、増幅器などからなる赤外線検知器はタイマーが停止した瞬間に作動を開始した。爆弾投下直前に母機は速度を380～450km/時にまで減速した。

ケ号爆弾の投下試験は1944年12月から1945年7月にかけて浜名湖で行なわれた。母機には茨城県の水戸に近い久慈浜飛行場から離陸した三菱キ67飛龍爆撃機が主に使用された。標的とされたのは10m×30mの筏で、熱源としてその上で焚き火が燃やされた。106型と107型を中心に約60発が夜間投下された。爆弾は母機に搭載されて高度約10,000mまで上昇してから筏の近くで投下された。母機から投下されると傘状の空気制動板がその直後に展開し、降下率を大幅に下げると同時に弾体を鉛直に保った。投下試験の結果は湖畔に設置された映画カメラで記録されたが、弾体には尾灯が設けられており、投下弾道の事後分析ができた。

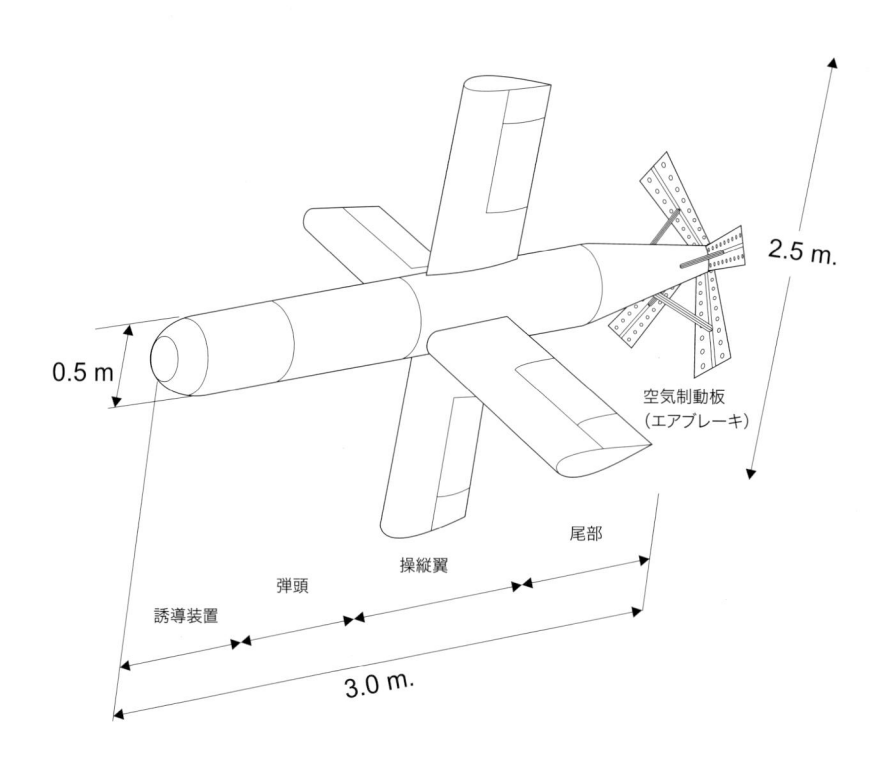

陸軍マルケ（ケ号）全体図

約60回にわたった試験で赤外線源を感知して誘導が成功したと認定されたのはわずか5、6回だった。それ以外の爆弾は熱源検出に失敗し、目標コースから大きく外れた。この惨憺たる結果の原因として、熱源の温度のばらつきが大きかったこと、誘導装置の不具合、周辺環境による赤外線感知への悪影響などが考えられた。それでも開発者たちは翼面積を増大した次の109型ならば成功するだろうと期待していた。

　投下試験の結果が満足からほど遠かったにもかかわらず、陸軍航空本部は1945年10月までにケ号爆弾を700発生産するよう命じたが、これは終戦のため実現しなかった。日本の資料には母機をP1Y銀河とするものもあるが、ケ号開発計画は陸軍が主体だったので海軍の銀河が母機だった可能性はまずない。

　終戦後の1946年、米軍の航空技術情報部はケ号赤外線誘導爆弾の図面、写真、報告書などを含む日本軍の機密書類を発見した。この爆弾の部分品が松本の陸軍技術本部第7研究所でいくつも発見され、それには未完成の赤外線検知器2個も含まれていた。これらの資料はすべてアメリカに運ばれた。

諸元
兵器要目：空対艦赤外線自動誘導爆弾。木金混合構造。

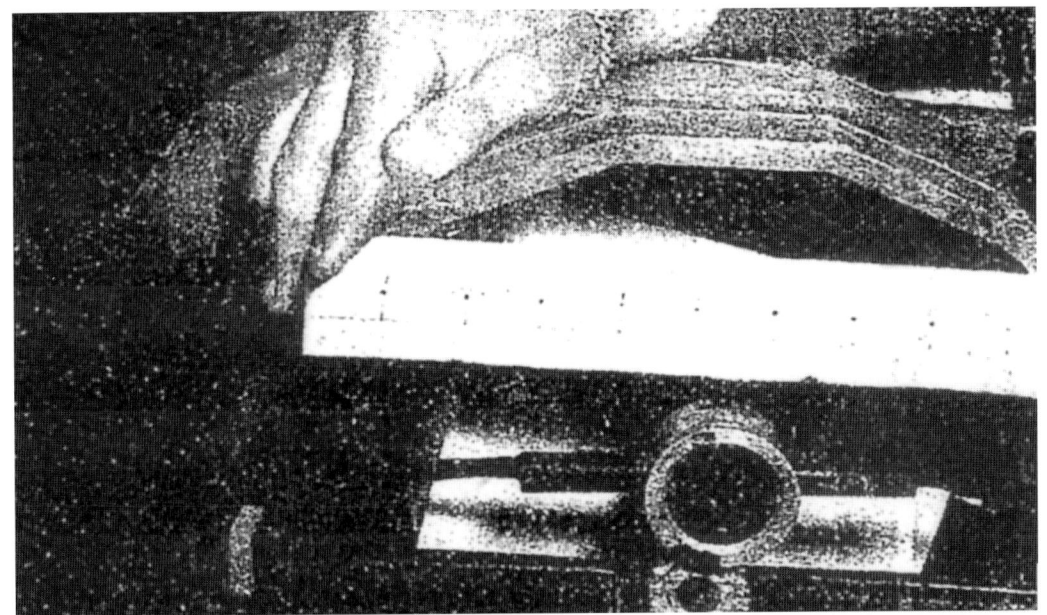

ボロメーター式赤外線検知器。

熱検知器の検知部。

| 型式 | ケ号101型 | ケ号106型 | ケ号107型 | ケ号108型 | ケ号109型 |
|---|---|---|---|---|---|
| 全幅（m） | 2.65 | 2.0 | 2.0 | 2.865 | 2.865 |
| 全長（m） | 3.0 | 4.725 | 4.745 | 5.490 | 5.3 |
| 弾体直径（m） | 0.5 | 0.5 | 0.5 | 0.5 | 0.5 |
| 翼面積（㎡） | 1.00 | | | | |
| 総重量（kg） | 600 | | 726 | 800 | |
| 炸薬重量（kg） | 200 | 200-300 | 200-300 | 200-300 | 200-300 |
| 投下高度（m） | 10,000 | 10,000 | 10,000 | 10,000 | 10,000 |
| 誘導開始高度（m） | 900-1,000 | 900-1,000 | 900-1,000 | 900-1,000 | 900-1,000 |
| 命中誤差（m） | ±50 | ±50 | ±50 | | |
| 最終降下速度（km/時） | | | | 620 | 676 |

生産：ケ号自動吸着爆弾の生産に関係した主な企業は以下のとおり。三菱重工業名古屋工廠 熱田兵器製造所（弾体製造および最終組み立て）、日立株式会社（ジャイロ）、住友通信部（時限装置電気接点）、服部宝石（時限装置時計）、第1軍需廠（ボロメーター）。立川では振動試験と風洞実験に各1発が供された。各型の製造数は以下のとおり。

ケ号製造数
101型──10発
102型──5発
103型──設計のみ
104型──設計のみ
105型──設計のみ
106型──50発
107型──30発
108型──設計のみ
109型──設計のみ

### 弾頭部の構造

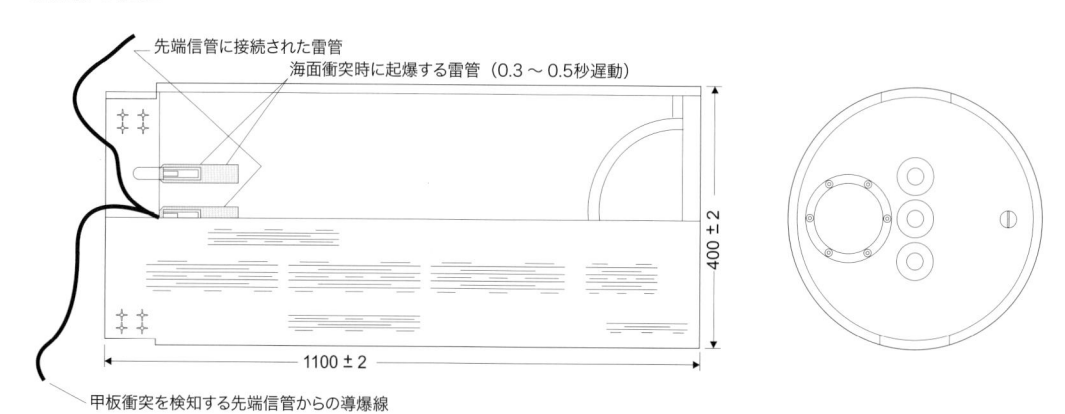

マルケの炸薬部断面。夕弾と同じ成形炸薬弾。

# 川崎イ号1型乙（キ148）
Kawasaki I-Go-1 Otsu (Ki-148)

　海軍航空本部が海軍機用に奮龍誘導弾シリーズの開発に着手したのに陸軍航空本部も触発され、同様に陸軍用の空対艦ミサイルの可能性を探り始めた。そこで陸軍航空本部は立川の第1陸軍航空廠（通称は航廠）に誘導弾の要求仕様をまとめるよう命じた。

　1944年6月末から7月初めにかけて三つの計画の基本構想が完成し、メーカーに提示された。基本構想策定の責任者は絵野沢静一中将で、技術面は航空技術研究所の大森丈夫技術中佐が監修した。1944年7月24日、陸軍航空本部は基本仕様書を川崎と三菱の2社と東京帝国大学に提示した。これらの計画はいずれも本格的な飛行試験を終戦間際に予定しており、実戦に使われることはなかった。

　「陸軍試作無線誘導弾」（キ148）という開発名のミサイルの仕様書は川崎航空機工業の各務ヶ原工場に送られた。本計画の責任者は北野純技師だった。このミサイルはイ号1型乙という名称でも知られている。これは比較的小型で軽量なロケット推進式誘導弾で、弾頭は300kgのタ弾式の成形炸薬だった（タ弾は対戦車弾の略）。母機には九九双軽キ48-Ⅱ乙が予定されていた。三菱ではイ号1型甲無線誘導弾が並行開発された。

　イ号1型乙は主要航空基地から比較的近距離に存在する目標、主として日本列島近海に集結していた敵艦隊の攻撃を目的としていた。母機は高度700〜900mまで上昇すると、視認目標から約12kmの地点で誘導弾を分離した。分離によりジャイロ式誘導装置とロケットエンジンが作動を開始した。誘導弾は目標に命中するまで母機の操作員により無線操縦されたが、母機が進出するのは目標から4km手前までだった。

　イ号1型乙の設計は1944年7月と三菱の甲型よりも2、3週間遅れで開始され、設計主務者は土井武夫技師だった。試作誘導弾の組み立ては兵庫県の川崎航空機工業明石工場で行なわれた。川崎航空機の北野純技師や航空本部の黒田長治技師をはじめとする15名のチームが試作機の製造を担当した。1944年9月末には誘導弾の実大模型と二分の一模型が完成した。これらは風洞実験用だった。誘導弾を搭載した状態のキ48-Ⅱ乙の風洞試験も実施された。

　イ号1型乙無線誘導弾の最初のエンジン付き試作弾が完成したのは1944年10月だった。当初弾頭には炸薬100kgが搭載される予定だったが、いくつかの設計変更の結果、炸薬量はまず150kgへ、次に300kgへと増大された。10月末までに飛行試験用の試作誘導弾が30発完成された。最初の飛行試験は10月に水戸近郊の阿字ヶ浦海岸で行なわれた。イ号1型乙誘導弾は鉾田飛行場を離陸しキ48-Ⅱ双発軽爆撃機に装備されていた。高度約1,500mに達したところで誘導弾は阿字ヶ浦へ向けて発射された。分離からまもなくロケットエンジンが自動的に始動し、ミサイルは時速600kmまで加速した。しかしミサイルは標的に命中せず真弓山に激突したため、実験は失敗とされた。飛行試験はその後も1944年11月から1945年5月まで続けられた。

　イ号1型乙無線誘導弾の飛行実験の大部分は航空技術研究所航空審査部の実験隊が配置されていた東京西部の福生航空基地（現、在日アメリカ軍横田基地）で行なわれた。飛行審査計画を指揮していたのは有森三雄大佐と航空技術研究所の大森丈夫技術中佐、そして升本清少佐だった。有森三雄大佐はその後少将に進級した。

　新兵器の試験は当初は水戸近郊の阿字ヶ浦海岸で、その後は相模湾の真鶴で行なわれた。母機は高度500〜1,000mまで上昇すると水平飛行に移り、視認目標から約12kmの地点で誘導弾を発射した。初速は360km/時だった。続いて無線操縦装置がオンになった。一方母機は誘導弾が狙った目標に到達するまで水平直進飛行を続けた。切り離しから1分後に誘導装置が作動を開始した。

　誘導ジャイロ装置は1〜2分間作動するものだった。母機との分離から0.5〜2秒後に飛行姿勢が安定すると、その2秒後にロケットエンジンが自動点火した。誘導弾は550〜600km/時まで加速され、標的へ向かった。イ号1型乙の最大速度は650km/時と見積もられていた。

　誘導弾の制御装置は単純だった。誘導弾はジャイロ式安定装置により水平飛行はできた。誘導弾の操縦は上方5度、下方25度まで作動する補助翼によって行なわれた。これを無線信号で上下操作することにより誘導弾の方向転換ができた。操作信号が途絶えると、誘導弾は事前調整されていた飛行方向へ戻った。このため飛行コースを上下に変更するには段階的にコマンド信号を入力していった。機軸の水平方向制御は最大操舵角左右25度の方向舵で行なわれた。誘導弾を左へ旋回させるには左主翼の補助翼を上げ、右主翼の補助翼を下げた。飛行方向変更装置は弾体後部に内蔵されていた。制御装置を調整すれば、誘導弾はそのコースに従って自律飛行した。

　自律飛行制御モードはジャイロの回転ではなく、ホイートストーンブリッジ原理の要領で電圧変化を利用する回転制御装置で行なわれていた。これは母機から誘導弾を操縦するという危険を解消しうる新アイディアだった。1944年末には電気式高度計が開発された。これにより誘導弾が海

抜高度7mを飛行することが可能になった。戦艦、巡洋艦、空母を攻撃するには高度7mが最適だった。しかし当時まだ未解決だった技術的な問題が多かったため、従来どおり母機操作員による手動誘導装置の使用継続が決定された。誘導弾の飛行誘導に使われたジャイロと無線装置は東京の住友製だった。無線装置の製造はその後川崎航空機に移された。母機の送信機は陸軍の九九式飛1型無線機を改造したものだった。送信機の周波数帯は35～46MHzと45～58MHzの二つだった。それぞれの周波数帯の中には三つのバンドがあり、送信機は同時に6発のイ号1型乙無線誘導弾に信号を送ったが、一度に誘導できるのは1発のみだった。

イ号1型乙の飛行試験では誘導に多くの問題が起きた。誘導弾は非常に高速だったため目視が難しかった。このため実際には誘導弾の飛行弾道を標的に向けて維持するのが困難だった。そこで視認性を高めるため飛行試験中に鮮やかな色に塗装された誘導弾もあった。これは操作員が誘導弾を標的に導くために必要な措置だった。1945年5月には標的命中率は75％にまで向上した。この成果は実験計画の到達点としては満足すべきものだったが、実用性はまだ充分ではなかった。標的の寸法は全長150m、全幅30mだった。この数値は空母などの甲板を想定していた。その後標的の寸法が全長、全幅とも20m拡大されると成績も上がった。1945年春に満足すべき成績が達成されるまでに、合計約50発のイ号1型乙が試験発射された。

1944年末の飛行試験ではイ号1型乙無線誘導弾は標的が置かれた三ツ石の上空で母機から発射されていた。ある試験では切り離し後、誘導弾が制御不能になった。操作員は誘導弾が左旋回して熱海の温泉街へ向かうのを阻止できなかった。まもなく誘導弾は玉の井旅館に命中すると爆発し、旅館は炎上した。この爆発で浴客2名と仲居2名が死亡した。報道各社は事故を知りはしたが、詳細は一切伏せた。誘導弾の開発計画は機密だったため、この事故に関する報道は厳禁だった。この事故ののち、試験は一時中断された。その後、誘導弾が左旋回したのは操縦装置の故障のためと判明した。さらに詳細な飛行軌道分析により、主翼と尾翼の取り付け角度も事故の一因だったことが明らかになった。このため滑空試験用に無動力の誘導弾が30発製作されることとなった。その後、琵琶湖畔にも試験場が設けられ、岩石島が命中試験の実施場所にされた。

機械面と誘導面における問題は他にも数多くあった。機械的な問題としては誘導弾の母機からの分離装置の不具合があった。母機の振動により油圧ラッチが勝手に外れる事例が多発した。さらに電気系統の電圧が不安定という問題もあった。このため誘導弾の無線制御が悪影響を受けた。またイ号1型乙誘導弾は飛行中に蛇行することもよくあった。これは低アスペクト比の主翼に高い翼面荷重がかかれば必然的に不安定になるためで、飛行を安定させるには小まめな当て舵しかなかった。

無動力型の誘導弾は片持式高翼単葉機だった。弾頭炸薬とロケットエンジンの代わりに円筒形の弾体の前後部に水バラストが搭載された。翼端の丸い無テーパー主翼にはスロット付き補助翼が設けられた。

実験場には富山県の上平村が選ばれ、試験用の無動力誘導弾が現地に搬送された。実験機は主翼と尾翼の迎え角が調整可能な構造で、一定条件下のカタパルト射出試験により角度が検討された。誘導弾の射出実験のたびに多数の映画カメラが10m間隔で設置された柱を背にしての飛行を撮影した。記録は各実験の直後に立川へ暗号で打電され、飛行の分析が行なわれた。最適な迎え角が決定されると、試験は1944年11月8日をもって完了された。これによりエンジン付き誘導弾の実験が再開可能になった。

動力型の誘導弾も片持式高翼単葉機だった。弾体前部には炸薬量300kgのタ弾式弾頭が、後部にはロケットモーターが内蔵されていた。円筒形の

無線アンテナは全木製構造の主翼前縁に内蔵されていた。川崎航空機はイ号1型乙誘導弾を150発生産した。

川崎キ148（無動力型）無線誘導弾

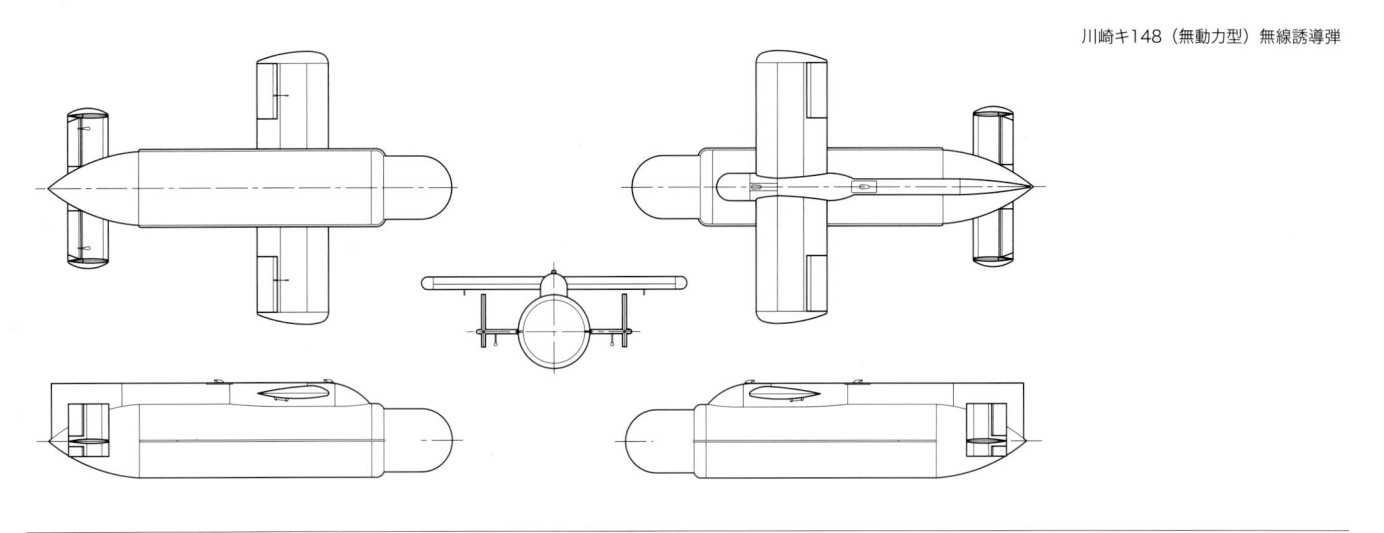

川崎キ148（イ号1型乙）無線誘導弾

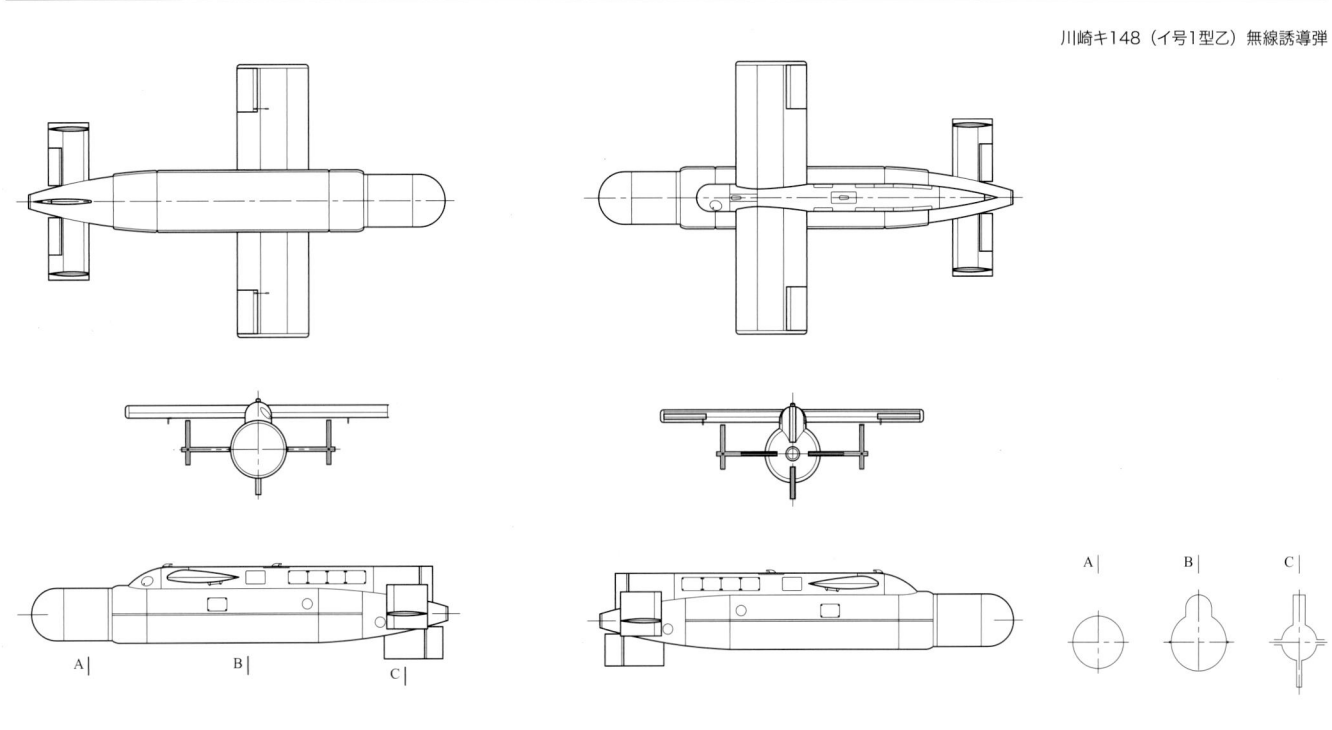

運搬台車上の川崎キ148
（イ号1型乙）無線誘導弾

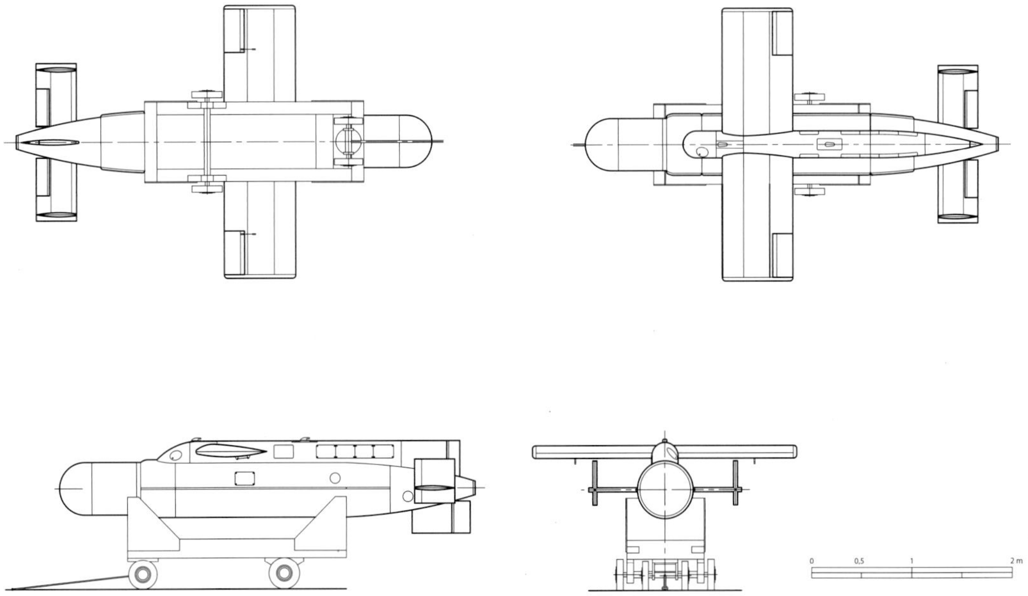

1/72スケール

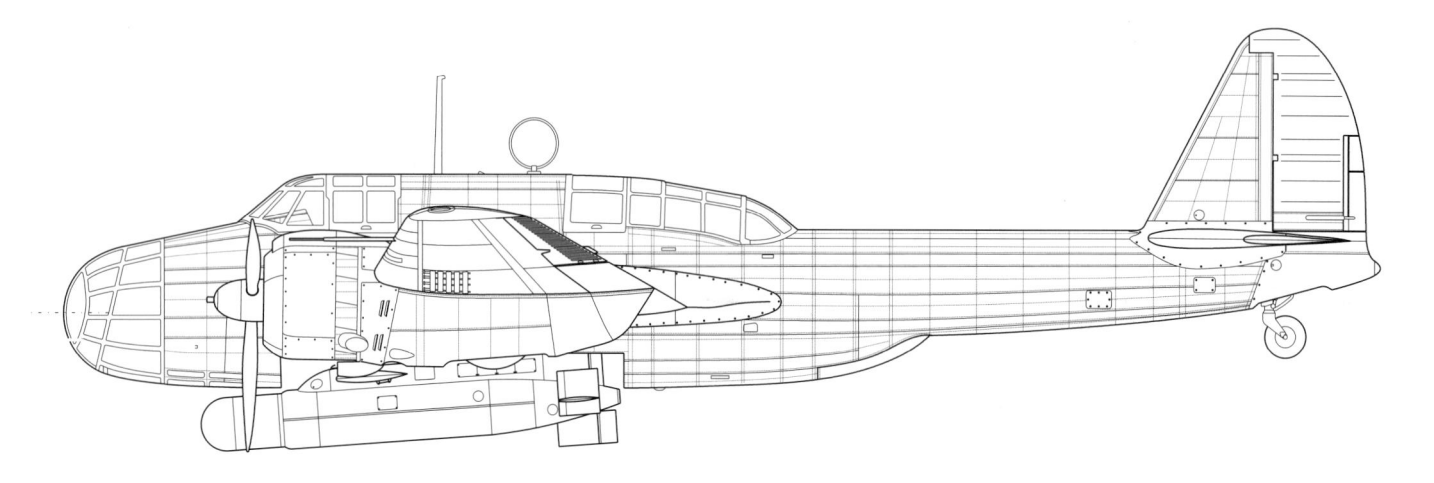

キ148誘導弾を搭載した川崎キ48-II

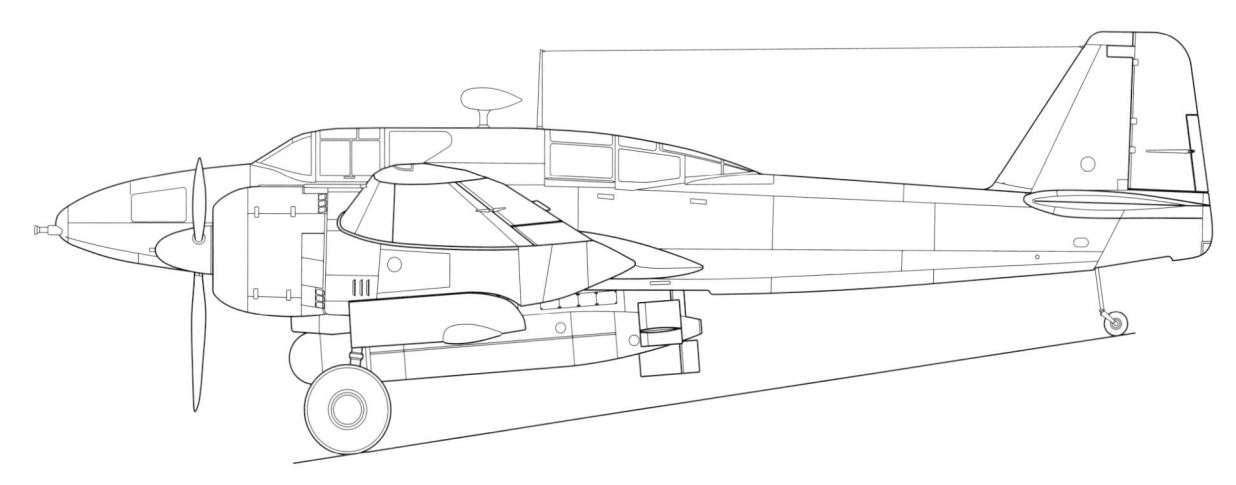

キ148誘導弾を搭載した川崎キ102乙

イ号1型乙誘導弾の母機キ48-II
乙への胴体下面懸吊時の俯角は
風洞実験により決定された。

弾体は厚さ0.3mmと0.5mmの鋼板の二重構造で、外筒は弾体内側から取り外せた。外筒は水平面で二分割され、各側とも25本のボルトで結合されていた。自動安定装置、無線装置、電池などを収容する弾体上部フェアリングは外筒部と一体構造だった。誘導弾の主翼もこの部分に取り付けられていた。主翼は全木製構造だった。無線の受信アンテナは主翼前縁部に内蔵されていた。主翼断面は通常のNACA0012上下対称翼で、迎え角は3度だった。双尾翼式の尾翼も木製構造だったが、全体が薄い金属外皮張りだった。

弾体後部にはロケットエンジンが、弾体中央部には二液式の液体燃料タンクが納められていた。甲液（ライセンス生産されたドイツのT液）は過酸化水素80％と安定剤のオキシキノリンとピロリン酸ナトリウムからなっていた。乙液（同じくC液）は水酸化ヒドラジン、メタノール、水と少量のシアン化銅カリウムからなっていた。弾体中央部には圧縮機、燃焼室用の燃料噴射装置、ジャイロ制御装置も納められていた。推力130kg、燃焼時間77秒の特呂1号2型ロケットエンジンは尾部に配置されていた。これはドイツのヴァルターHWK 109-509A型エンジンを基にしていた。主翼は弾体上部の頑丈な固定部に取り付けられていたが、これには母機爆弾倉への固定金具も付けられていた。操縦舵面は補助翼、方向舵、昇降舵で、母機からの無線信号で作動した。イ号1型乙誘導弾は専用の運搬台車で母機まで運ばれ、爆弾倉内の懸吊架へ取り付けられた。

飛行試験は1945年7月まで継続され、その大半が琵琶湖上空で行なわれた。イ号1型乙（キ148）無線誘導弾は量産が決定され、明石工場で生産が開始された。1945年6月末までに150発が完成した。しかし6月22日、26日と7月7日の空襲で工場が完全に破壊されたため、誘導弾の量産は事実上不可能になった。

従来の飛行試験はすべて川崎キ48-Ⅱ乙爆撃機を母機にして行なわれていたが、最終的には川崎キ102乙襲撃機と三菱キ67飛龍爆撃機がキ148誘導弾の母機となる予定だった。

イ号1型乙無線誘導弾の総重量が680kgだったのに対し、弾頭量は300kgだった。無線操縦装置は弾体上部のフェアリング内に搭載されていた。

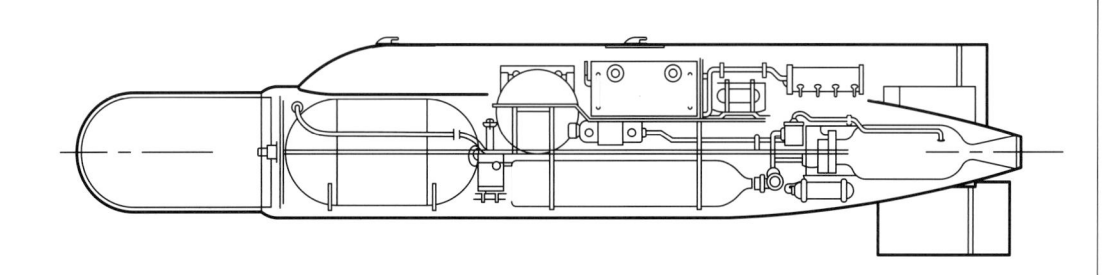

キ148誘導弾の断面。

イ号1型乙無線誘導弾の飛行試験には川崎キ102乙襲撃機が使用された。写真は誘導弾の飛行試験を準備する地上員。

無線操縦装置を内蔵した弾体上面のフェアリングは整備時には取り外せた。二分割式の弾体は薄い金属板製の二重構造で、片側25本のネジで結合された。

母機の川崎キ48-Ⅱに搭載されたイ号1型乙無線誘導弾。懸吊架の自動安定装置は後期型では廃止された。

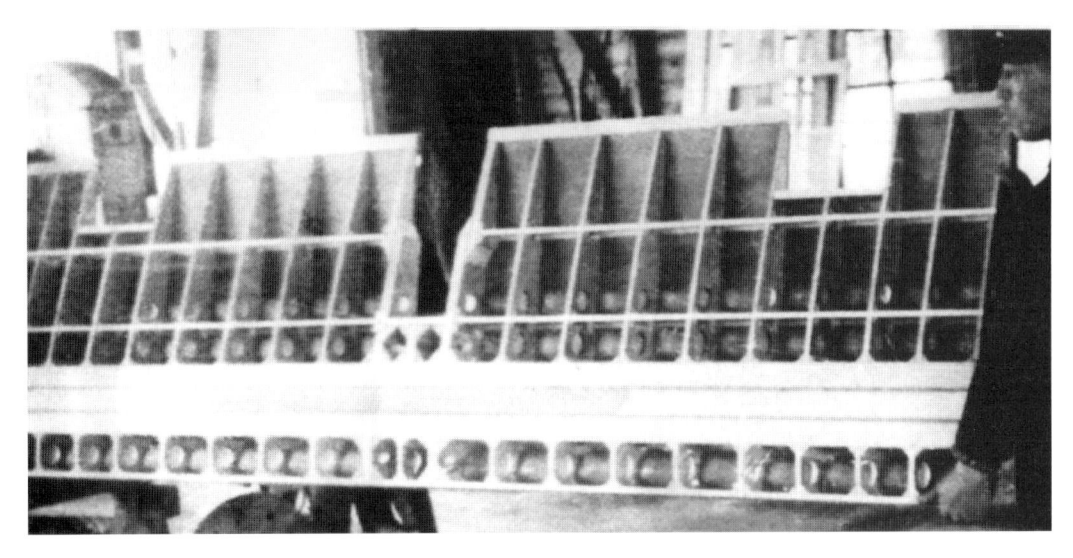

軽量で高強度だったイ号1型乙無線誘導弾の木製主翼桁。飛行試験で極めて高い翼面荷重に耐え、その真価を実証した。

キ102乙の胴体下面にイ号1型乙無線誘導弾を搭載するには、爆弾倉扉を取り外して堅固な懸吊架を設置した。

川崎キ102乙の実戦部隊への配備はイ号1型乙無線誘導弾の飛行試験と同時期だった。

塗装
イ号1型無線誘導弾の塗装は全体が明灰色で、弾体前部に赤帯が巻かれ、側面長手方向に赤線が1本入っていた。

諸元
兵器要目：　無線操縦式高翼単葉空対艦ミサイル、木金混合構造。木製主尾翼に金属製弾体。
推進器：　　特呂1号2型液体燃料ロケットエンジン〔推力130kg、ジャイロ始動は発射から0.5秒後、エンジン始動は発射から1.5秒後、エンジン燃焼時間77秒〕×1。
弾頭炸薬量：300kg。

イ号1型乙誘導弾の無線操縦装置は母機川崎キ48-II乙の機首に設置されていた。

| 型式 | イ号1型乙（キ148）（無動力型） | イ号1型乙（キ148）（エンジン装備型） |
|---|---|---|
| 全幅（m） | 2.6 | 2.6 |
| 全長（m） | 3.96 | 4.09 |
| 弾体直径（m） | 0.7 | 0.55 |
| 全高（m） | 0.9 | 0.9 |
| 翼面積（㎡） | 1.95 | 1.95 |
| 自重（kg） | | 550 |
| 通常発射重量（kg） | | 680 |
| 有効搭載量（kg） | | 130 |
| 翼面荷重（kg/㎡） | | 349 |
| 推力重量比（推力/重量） | | 5.23 |
| 最大速度（km/時） | | 550 |
| 最大速度記録高度（m） | | 500～1,000 |
| 発射速度（km/時） | | 360 |
| 発射高度（m） | | 500～1,500 |
| 最大高度（m） | | 500～1,500 |
| 通常射程（km） | | 12 |

生産：イ号1型乙（キ148）無線誘導弾の合計生産数は180発で、うち量産型の150発は川崎航空機工業株式会社明石工場で1944年10月から1945年6月末にかけて生産された。

無線操縦装置は川崎キ48-II乙の機首に設置されていた。これはイ号1型乙誘導弾の分離と同時に作動を開始した。飛行試験での誘導弾の操縦は注意深く目視しながらの2チャンネル制御方式で行なわれた。

## 三菱イ号1型甲（キ147）
Mitsubishi I-Go-1 Ko (Ki-147)

1944年6月末から7月初めにかけ、イ号という秘匿名の無線誘導空対艦ロケット動力式ミサイルの基本仕様が絵野沢静一中将のもとでまとめられた。陸軍航空本部は1944年7月24日にその仕様を川崎と三菱の2社と東京帝国大学に提示した。

この構想は第二次大戦中にドイツが行なったヘンシェルHs117シュメッターリンク、ヘンシェルHs293、メッサーシュミット・エンツィアンなどの無線誘導ミサイル実験に範を得たものだった。

三菱が開発を行なう無線誘導ミサイルには「陸軍試作無線誘導弾」（キ147。ただし、このキ番号は公式なキ番号リストには載っていない）の開発名が与えられた。このミサイルはイ号1型甲とも呼称された。設計主務者は三菱キ67飛龍爆撃機を設計していた小沢久乃丞技師だった。イ号1型甲の設計は1944年8月に開始され、試作第1号機は10月に完成した。11月にさらに9発が完成したが、12月7日の大地震で名古屋研究所（工場）が罹災し、それ以後生産が停止した。本誘導弾は他に日本車輛製造（株）でも生産された。

安定装置とジャイロのテストを含む最初の地上試験は日本車輛で行なわれた。同社にはイ号1型甲誘導弾の試作弾50発と量産型の生産が命じられたが、陸軍航空本部がそこで作業を打ち切ったため、誘導弾は結局1発も完成しなかった。

キ147の弾体前部には弾頭炸薬800kgと信管が内蔵されていた。弾体中央部には母機からの信号を受ける無線受信機とジャイロ式サーボ装置が内蔵されていた。弾体後部にはドイツのヴァルターHWK 109-509Aを基に開発された推力130kg、燃焼時間77秒の特呂1号2型二液式液体燃料ロケットエンジンの搭載が当初予定されていた。しかし推力不足が判明したため、改良型の推力300kg、燃焼時間60秒の特呂1号3型ロケットエンジンが搭載された。

ロケット燃料の成分は先述した甲液（T液）と乙液（C液）と同じだった。液体燃料はボンベ内の150kg/cm²のq圧搾空気でロケットエンジンに供給された。エンジンが始動すると電磁燃料弁が開放された。燃料タンクは薄いスズメッキ鋼板製で、可動部品はクロムメッキされていた。燃料配管はアルミニウム製だった。

弾体中央部にはジャイロ安定装置とサーボ装置と燃料系統、およびこれら作動させる圧搾空気ボンベが納められていた。本誘導弾のシステムにはロケットエンジンが停止すると安定装置もオフになり、誘導弾が制御不能になるという問題があった。しかしこの問題が解決される前に計画自体が打ち切られた。

弾体上部には二液式のロケット燃料コンフォーマルタンク、燃料注入口、母機への取り付け金具などが設けられていた。この支持部には無テーパーの主翼が上反角3度で付いていた。尾翼は双尾翼式だった。主尾翼には補助翼、方向舵、昇降舵の操縦舵面が設けられていた。操縦舵面はジャイロ装置を経由した母機からの無線信号により制御された。主尾翼は木製桁にベニヤ張りだった。

イ号1型甲無線誘導弾は専用改造された三菱キ67飛龍爆撃機の爆弾倉に2基の油圧式取り付け架を介して装備された。発射直前に誘導弾はプロペラ圏外引き出し装置で下方へ繰り出された。母機は高度700～900mまで上昇すると、視認目標から距離11kmで誘導弾を発射した。母機分離から0.5秒後に安定装置が自動的に作動を開始し、その1.5秒後にロケットエンジンが点火して約60秒間燃焼した。誘導弾がロケットエンジン点火後、海抜高度約7mを時速550～600kmで飛行した一方、母機が追従するのは目標から4kmまでだった。その間ずっと誘導弾は母機から無線操縦されるため、目標命中まで視認距離内に保たれながら飛翔した。目標までの誘導は母機の機首に設けられた無線送信機で行なわれた。操作員が1対の2ポジッション式スイッチを手動操作することで上昇下降と左右旋回を制御できた。一度に発信できる信号は1種類だけだったため、次の信号を送るまでに生じる遅れがこの誘導方式の最大の欠点だった。

飛行試験に先立ち、飛行安定性テストのため陸軍航空本部は1944年9月にイ号1型甲誘導弾の木製縮小模型を25機発注した。日本発送電が富山県上平村の小原発電所近くの土手に専用発射台を建設した。1944年10月5日から11月8日にかけて庄川峡に向けて発射実験が実施された。この実験飛行により設計チームは安定性に最適な主翼迎え角を決定できた。各実験の模様は映画撮影されるとフィルムが立川に送られ、飛行分析により結果が下された。こうして必要に応じて設計が修正された。

10月末には実物大のイ号1型甲誘導弾が複数組み立てられ、11月にロケットエンジンが搭載された。三菱キ67飛龍を母機に改造する作業は福生航空基地で行なわれた。茨城県阿字ヶ浦海岸や神奈川県真鶴で飛行試験を実施したイ号評価部隊の長は大森丈夫中佐だった。琵琶湖でも岩がちな岩石島を標的にして発射試験が繰り返された。1944年の暮れに実験計画と開発が全面的に中止されたが、これは誘導弾を目標（空母の集団など）に突入させるために母機を4kmまで接近させる構想は非現実的であり、戦果も期待できないと判断されたためだった。さらに本誘導弾がそれほど高

速でなく、目標への手動無線誘導に高度な精密さが必要なこともあったが、最大の欠点は無線送信機の有効距離が短いことだった。こうした理由によりイ号1型甲無線誘導弾は実戦で使用されなかった。

塗装
イ号1型甲無線誘導弾の塗装は明灰色1色だった。弾体後部の両側に識別用の数字が黄色で大きく書かれていた。弾体にも主翼の前方に黄帯が1本巻かれていた。

諸元
兵器要目： 無線操縦式高翼単葉空対艦ミサイル、木金混合構造。木製主尾翼に金属製弾体。
推進器： 特呂1号2型液体燃料ロケットエンジン〔推力150kg、ジャイロ始動は発射から0.5秒後、エンジン始動は発射から1.5秒後、エンジン燃焼時間77秒〕×1（当初計画）。
特呂1号3型液体燃料ロケットエンジン〔推力300kg、ジャイロ始動は発射から0.5秒後、エンジン始動は発射から1.5秒後、エンジン燃焼時間60秒〕×1（試作弾）。
弾頭炸薬量：800kg。

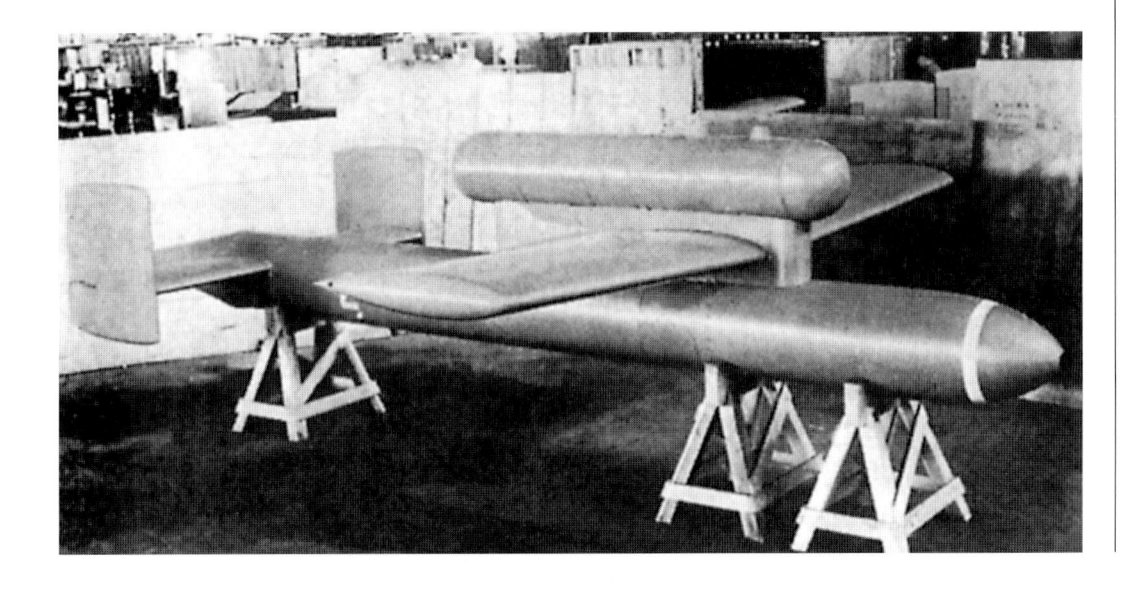

イ号1型甲無線誘導弾の試作2号弾。

三菱キ67飛龍を母機とするイ号1型甲無線誘導弾の飛行試験の最終準備を行なう地上員。

イ号1型甲無線誘導弾を搭載した三菱キ67飛龍の最終準備。

飛行試験時の三菱キ67飛龍爆撃機（尾翼記号220）とイ号1型甲無線誘導弾（11号）。

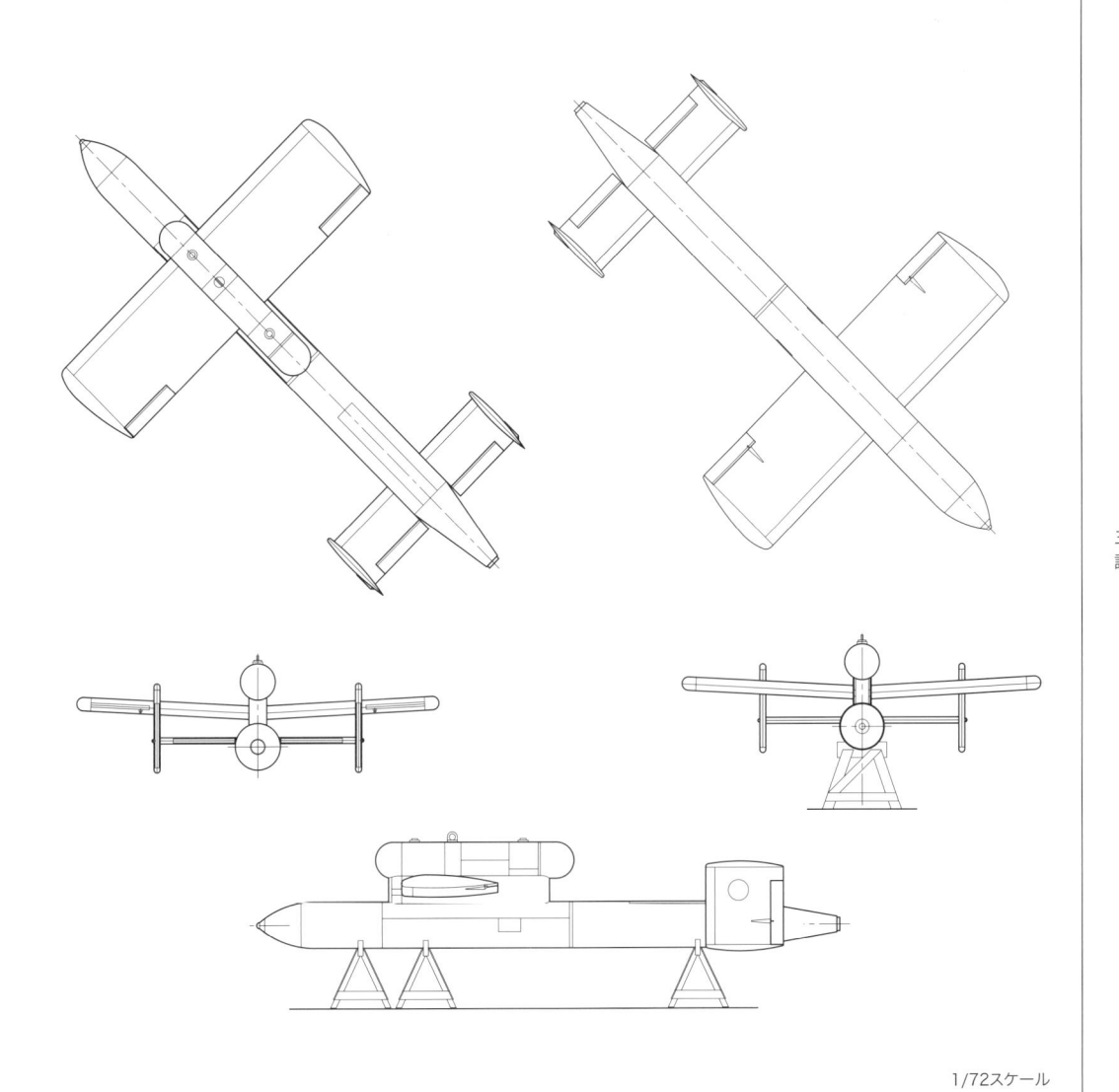

三菱キ147（イ号1型甲）無線誘導弾

1/72スケール

三菱キ67飛龍爆撃機の爆弾倉に搭載されたイ号1型甲無線誘導弾（11号）。

母機下面への取り付け直前にイ号1型甲無線誘導弾の最終点検を行なう陸軍航空整備員。

| 型式 | イ号1型甲（キ147） |
|---|---|
| 全幅（m） | 3.8 |
| 全長（m） | 5.77 |
| 全高（m） | 1.055 |
| 弾体直径（m） | 0.45 |
| 翼面積（㎡） | 3.6 |
| 通常発射重量（kg） | 1,400 |
| 翼面荷重（kg/㎡） | 389.0 |
| 推力重量比（推力/重量） | 5.8 |
| 最大速度（km/時） | 550〜600 |
| 発射速度（km/時） | 360 |
| 発射高度（m） | 700〜900 |
| 最大高度（m） | 500〜1,000 |
| 通常射程（km） | 11 |
| 最大射程（km） | 15 |

生産：イ号1型甲無線誘導弾は三菱重工業株式会社（名古屋）と日本車輌製造株式会社において1944年10月から11月までに試作弾が合計10発生産された。

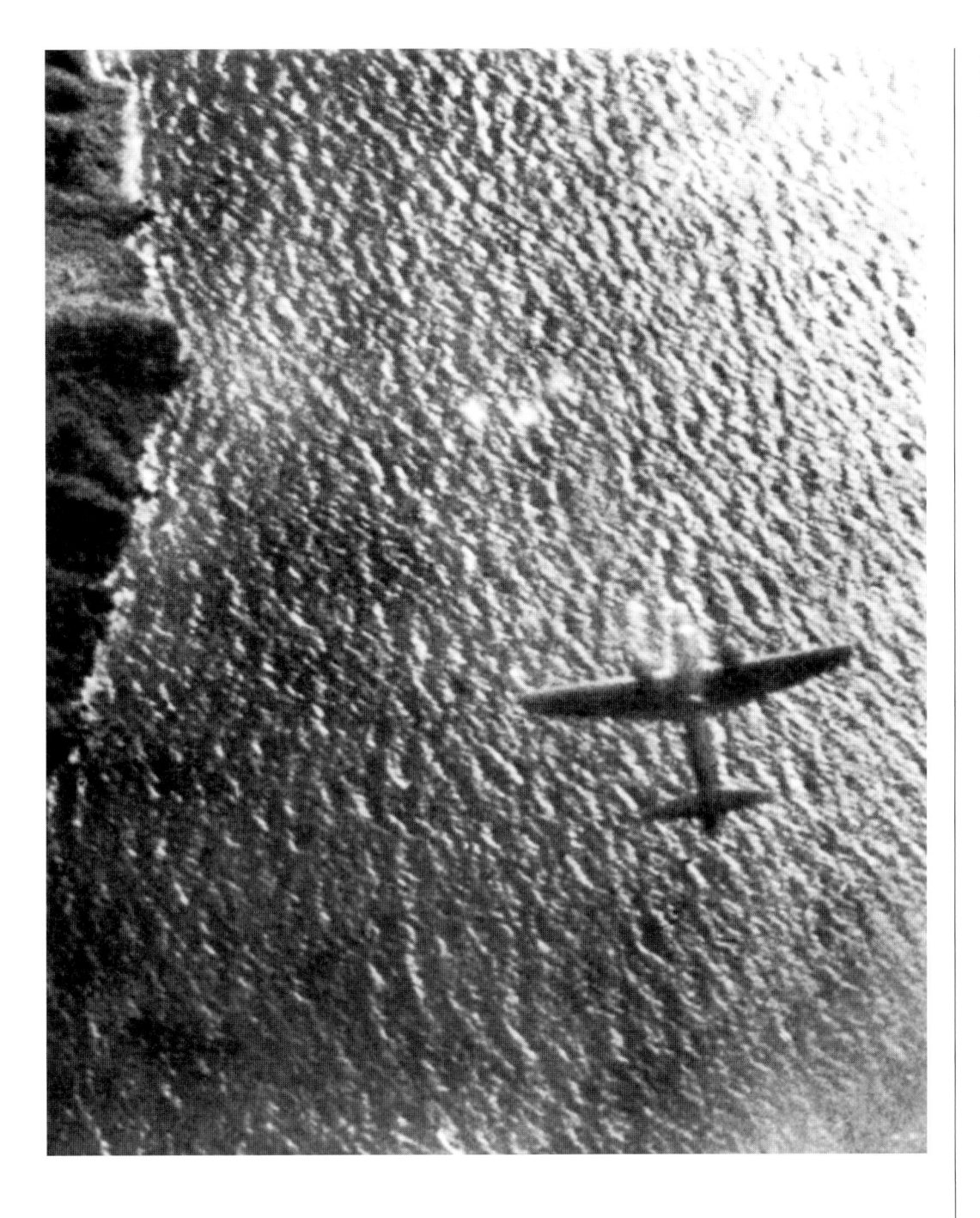

イ号1型甲無線誘導弾の試験のため琵琶湖上空を飛行する三菱キ67飛龍爆撃機。発射試験では湖畔の小さな岩島も「標的」にされた。

三菱キ67飛龍爆撃機に搭載され、飛行試験に向け準備中のイ号1型甲無線誘導弾。こちらはおそらく福生航空基地（現、在日米軍横田基地）。

工場内の架台に載せられたイ号1型甲無線誘導弾の試作2号弾。

安全上の理由から液体ロケット燃料は地下火薬庫に貯蔵された。写真は横田航空基地に近い村山の北斜面にロケット燃料用の防空壕を掘る労務者。

胴体下面にイ号1型甲無線誘導弾を搭載した三菱キ67飛龍の離陸に先立ち、腕時計を確認する飛行試験の担当技術者。

# 陸軍イ号1型丙
Rikugun I-Go-1 Hei

1944年春、陸軍航空本部長の絵野沢中将は秘匿名称イ号という無人遠隔誘導対艦ミサイルのための仕様書を策定するチームの編成を命じた。このチームには有森三雄大佐、大森丈夫中佐、升本清少佐らが含まれていた。

7月24日に陸軍航空本部は前述のとおり、キ147とキ148という2種類の誘導弾の仕様書を提示した。これらはその後それぞれイ号1型甲、イ号1型乙と改称された。開発と試作機の製造はイ号1型甲を三菱重工名古屋工場が、イ号1型乙を川崎航空機が担当した。これらの無線誘導弾はいずれも推進器に呂号液体燃料ロケットを予定していた。

イ号1型丙とされた第3の誘導弾の計画は極めて異なっていた。これは全長3.50m、直径0.5mの魚雷形の弾体に十文字型の主尾翼を備えた無動力の自律誘導爆弾だった。弾体前部には信管1個と弾頭炸薬300kgが内蔵されていた。誘導装置には2種類の候補があった。第1の誘導装置は敵艦の発砲時に出る音波をたどるもので、両翼端に設けられた受波器の受信時差をもとに方向を決定した。第二の誘導装置は艦砲が発する周波数3～5Hzの音波を拾うマイクと検知器で構成されていた。両装置の実験を重ねたところ、後者が有望と判断され、採用が決定した。陸軍航空本部が開発に着手したのは1944年春だった。

1945年3月から発射試験が水戸飛行場に近い久慈浜で開始された。イ号1型丙誘導弾は三菱キ67飛龍重爆撃機に搭載された。3月には試作誘導弾3発の試験が実施され、誘導装置の有効性がテストされた。1945年7月にはさらに改良型の誘導弾が20発完成した。試作型には6枚の操縦舵面のうち3枚を駆動するジャイロ装置が1個搭載されていたが、改良型には背面飛行から回復するためのジャイロ装置がもう1個搭載された。1945年7月に誘導装置なしでの改良型誘導弾の投下試験が琵琶湖の上空で6回繰り返され、ジャイロ安定装置だけがテストされた。試験結果は良好だった。残りの14発の試作弾で誘導装置の空中投下試験が行なわれる予定だったが、終戦により中止された。イ号1型丙誘導弾は専用のロケット推進式滑走台車を使用して沿岸の発射台から敵上陸用舟艇へ直接発射することも計画されていた。

陸軍航空本部はイ号1型丙音波誘導爆弾に多大な期待を寄せ、これが無線操縦式のイ号1型甲やイ号1型乙誘導弾よりも有効だとさえ考えていた。イ号1型丙誘導弾は写真も図面も現存しないため、正確な外形は不明である。

諸元
兵器要目： 空／地対艦自律誘導有翼爆弾。木金混合構造。
推進器： なし。
弾頭炸薬量：300kg。

| 型式 | イ号1型丙 |
| --- | --- |
| 全幅（m） | |
| 全長（m） | 3.5 |
| 弾体直径（m） | 0.5 |
| 最大速度（km/時） | 650 |
| 最大速度記録高度 | |
| 投下速度（km/時） | 360 |
| 投下高度（m） | 700～1,000 |
| 通常射程（km） | 9 |
| 最大射程（km） | 18 |

生産：イ号1型丙自律誘導爆弾は試作弾が24発生産された。

### 東京帝国大学イ号赤外線誘導弾
Tokyo University I-Go infra-red guided missile

　東京帝国大学第二工学部航空機体学科の糸川英夫助教授は陸軍参謀本部と海軍軍令部に特攻機の設計を要請された。彼はこの要請を断ったが、代わりに敵艦から放射される赤外線をたどる赤外線誘導ミサイルを提案した。両者は彼の提案を承認し、誘導弾は糸川のイから「イ号爆弾」と命名された。イ号爆弾の開発は最終試験の段階まで到達した。試験は琵琶湖の軍艦島という戦艦に似た形の島を標的にして行なわれる予定だった。1945年8月上旬の空襲で実験チームの2名が死亡した。計画は終戦により中止された。本計画の成果物と資料は1945年8月16日にすべて破棄された。誘導装置は異なるものの、これがイ号1型丙、あるいはマルケと同一物だった可能性もある。

生産：1945年に少なくとも1発の試作弾が完成していた。

### 陸軍AZおよびマルコ飛行魚雷
Rikugun AZ and Maru-Ko flying torpedoes

　ジェット推進式のAZ飛行魚雷は陸軍の命令により1941年に開発された。母機から発射されたこの空魚雷は海面直上を飛行してから敵艦の直前で潜水して命中した。これは九一式3型魚雷後部のエンジンの代わりに燃焼室と燃料噴射器を備えたジェットエンジンを搭載したものだった。燃料は通常魚雷と同じケロシンだった。名称はAZとされ、試作魚雷が4発のみ製造された。試験では速度54km/時、射程290mが記録された。試験では燃焼不良が頻発し、水中安定性も劣っていた。試験は3ヵ月で打ち切られた。

　1944年にもやはり日本帝国陸軍の命令によりマルコという名称の沿岸守備用の特殊飛行魚雷が開発された。これは通常型の雷撃機から発射され、海面直上を飛行するものだった。基本計画は陸軍技術本部第7研究所と海軍艦政本部の平沢技師が共同で策定した。燃料の製造は三菱重工業の長崎兵器製造所が担当した。マルコ魚雷のロケットエンジンの燃料は硝酸とメタノールの混合物だった。触媒は硫化水素とアンモニアの混合物だった。研究室実験により燃料の適性が確認されたが、適切な点火装置が調達できなかった結果、必要な発火温度にまで到達しなかった。そのため予備圧縮室でケロシンに点火し、それを主燃料に噴射して着火させる実験が行なわれた。マルコ飛行魚雷の試作弾は1945年7月に完成し、試験が待たれていたが、エンジンの点火実験が失敗に終わったため、開発は放棄された。陸軍航空本部の兵器行政本部は操縦装置の装備を要求したが、頻繁な空襲と終戦により開発は中止された。

### 特殊小型爆撃機およびサ号
Tokushu Kogata Bakugekki and Sa-Go

　陸軍は「特殊小型爆撃機小型」と「特殊小型爆撃機大型」という2種類の対空ミサイルを開発していた。両者はともに弾頭炸薬量は530kgで、それぞれ燃焼時間8.3秒と9.2秒のロケットエンジンを推進器にしていた。これらは無線操縦で敵爆撃機に突入するものだった。

　「サ号」というロケット弾計画は1944年7月まで開発が続けられていた陸軍の地対空ミサイルだったと言われている。特殊小型爆撃機とサ号が同一の兵器だった可能性もある。

# 海軍
Navy

　海軍は誘導兵器の開発において陸軍が力を入れていた空対艦ミサイルだけでなく、地対艦ミサイルや地対空ミサイルの研究でも陸軍に先行していた。

　奮龍特型噴進弾ロケット推進式ミサイルは海軍が開発したこの種の兵器の最初のものだった。奮龍の対艦型や対空型はかなり先進的だった。

　誘導ミサイルの大多数は空技廠が1943年夏に開発に着手したもので、テストは終戦まで続いた。初期の型は艦船攻撃を想定した地対艦ミサイルで、後期の型は空対艦ミサイルだった。

　さらに海軍では対潜航空爆雷の開発も行なっていた。これは航空機から投下されると短時間の降下後、海中に突入して海面下80mまでらせん軌道を描きながら沈下するものだった。無動力航空爆雷として空雷6号と空雷7号という2種類が開発された。これらは試験結果が思わしくなかったため、量産されなかった。

　航空機から機雷を投下する研究も進められていた。担当は藤倉航空工業［訳者注：現在の藤倉航装］で、同社は機雷の自由落下を減速するための特殊パラシュートを開発していた。実験は終戦により中止された。

## 空技廠 奮龍 特型噴進弾
Kugisho Funryu remote controlled missile

　1943年末、東京目黒の海軍技術研究所（技研）は沿岸砲台をロケット弾発射台に置き換える可能性を研究していた。この研究は呉工廠、第1技術廠、第2火薬廠でも並行されていた。海軍技術研究所での研究にはさまざまな技術分野の科学者たちが参加していたが、噴進弾の開発は1944年初めに横須賀の第1海軍航空技術廠（空技廠）に引き継がれた。空技廠内に設立された噴進研究部は新型ロケット式射撃兵器の開発を目的としていた。同部には約200名の技術者が所属し、主な研究には40名の海軍技術士官と民間人技師が携わっていた。

　この新部局の主要任務は敵の艦船と爆撃機の両方を破壊できる無線誘導ミサイルを開発することだった。計画の秘匿名は奮龍といった。最初に開発されたのは奮龍1型という地対艦ミサイルだった。

　奮龍1型は陸上から水上艦艇に対して発射され

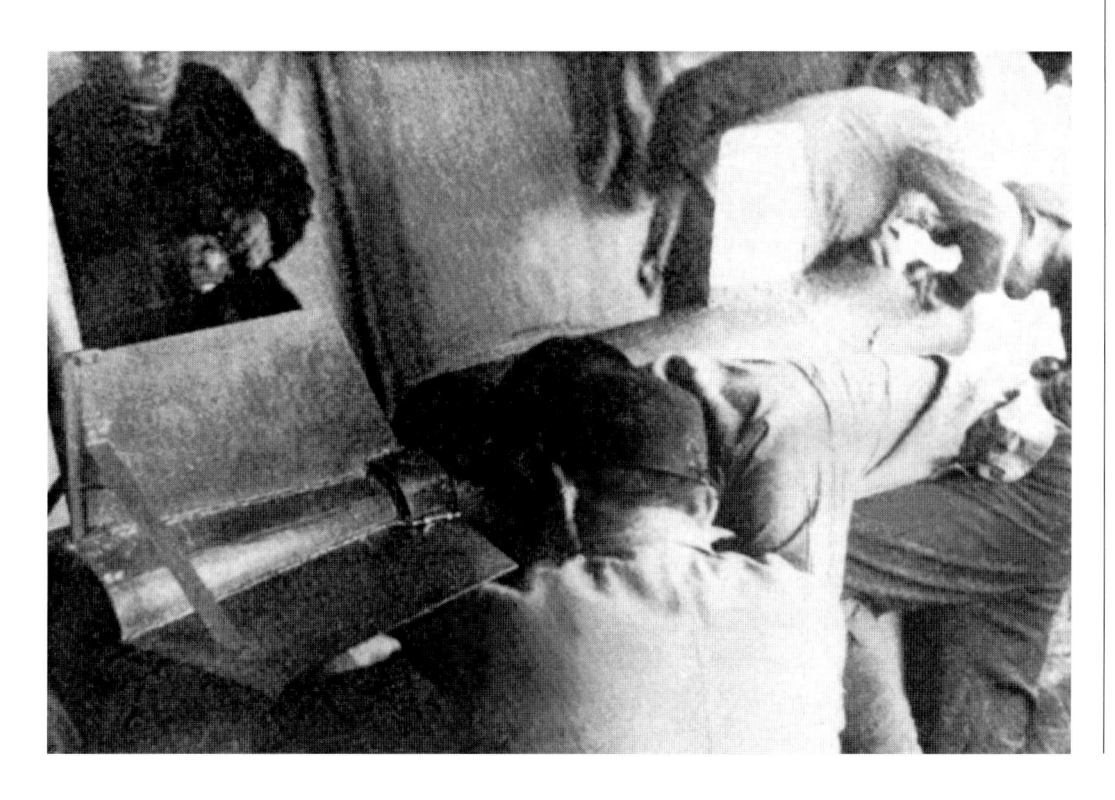

発射準備を整えた奮龍2型噴進弾。テスト用に中央翼が白く塗装されているのに注意。

る無線誘導ミサイルだった。これは1944年に海軍技術研究所科学研究部の杉本正雄技師によって開発された。このミサイルには特型噴進弾の名称が与えられた。推進器は固体燃料ロケットエンジン1基だった。これを基にその後、奮龍2型、奮龍3型、奮龍4型といった対空ミサイルが開発されることになった。

奮龍1型噴進弾を設計したのは造船研究部の大津義徳技師だった。これは全長3mの魚雷形をした弾体に十文字型の主翼と尾翼を備えたミサイルだった。唯一の試作弾は第1海軍航空技術廠で製作され、誘導装置は技研の電波研究部が開発した。

電波研究部は遠隔誘導装置として無線操縦方式を採用した。これは砲術訓練で水上標的の操縦に広く使われていたものだった。この操縦方式は充分に確立されていたが、複数の周波帯で信号を送信する技術は開発されていなかった。システムが発展途上だったため、さらに2組の無線送受信機が必要だった。1組は目標を探知追跡するレーダーの一種で、もう1組はミサイルの速度と飛行方向を確認するためのものだった。最終的に奮龍1型の開発は技術的な行き詰まりにより打ち切られた。

このようなミサイルの開発が難航することは最初から明らかだった。敵艦などの運動目標に命中させることは特に難しい問題だった。さらにボーイングB-29爆撃機による空襲の被害はますます大きくなっていた。こうした障害にもかかわらず奮龍1型の試作弾の製造が決定され、三菱G4M一式陸攻の爆弾倉に搭載して飛行試験を実施することになった。しかしまもなくその開発作業は打ち切られ、代わりに無線誘導式で目標到達と同時に自動起爆する新型の地対空ミサイルの開発が決定された。技術者たちはこの方式のミサイルがB-29スーパーフォートレスの大編隊を粉砕することを願っていた。

新型地対空ミサイルは奮龍2型と命名されたが、その開発者は参考にできる実例の詳細をまったく知らないまま設計に着手した。ドイツのV-1号飛行爆弾とV-2号ロケットに関する簡略な報告書は日本にもたらされてはいたが、それらの構造は漠として不明だった。日本では固体燃料ロケットの開発は1944年夏から開始されたばかりだった。このため新型ミサイルの設計作業はミサイル本体の形状と遠隔誘導装置だけに限られていた。

海軍省艦政本部第4部の吉田隆技術少佐は1944年7月2日の会議後、海軍技術研究所理学研究部に移り、噴進弾の自動誘導システムの開発計画に取りかかった。

江崎岩吉中将が承認した結果、直ちにその開発計画に優先権が与えられ、設計作業は加速された。設計にはすでに奮龍1型対艦ミサイルで経験を積んでいた技術研究所の杉本技師に加え、造船研究部の大津技師も参加していた。

1944年末、技術者たちとその家族（総勢約400名）は軽井沢に近い浅間山の麓の千ヶ滝施設に疎開した。彼らはここに試験場を設け、特型噴進弾の発射試験を実施した。さらに1945年4月に大八木静雄技術少将が部長を務める噴進部が海軍技術研究所に編入された。

奮龍2型誘導弾には海軍第2火薬廠が開発した三式噴進器2型固体燃料ロケットエンジンが搭載された。

奮龍2型誘導弾のテストはロケットエンジン試験から始められたが、無線誘導装置はまだ未装備だった。三式噴進器2型ロケットエンジンを装備した奮龍2型の諸元は以下のとおりだった。
- 噴進弾総重量：370kg前後（弾頭192kg含む）
- ロケット燃料重量50kg（FD6T型二液式燃料）
- 最大推力5,570kg
- 約5秒間作動時の平均推力2,430kg
- 最大射程5km

奮龍2型の形状は魚雷形で、重心位置に十文字型の主翼を備えていた。主翼の補助翼は圧搾空気式サーボ装置で作動し、飛行弾道を照準点へと維持した。誘導弾の形状はさまざまな飛行段階における条件を正確に再現した風洞実験により決定された。

誘導装置のコマンド入力方式は単純だったが、これは十文字型の翼配置ならば操縦にはそれで充分と考えられたためだった。無線誘導装置は送受信機からなっていた。さらに誘導装置には飛行安定用の圧搾空気作動式ジャイロ2個が組み込まれていた。遠隔誘導には奮龍1型に使用される予定だった無線操縦装置の改良型が使用された。

この誘導弾は約45度傾斜した発射台から射出される設計だった。誘導弾は発射後、無線操縦された。飛行制御は主翼補助翼2枚と方向舵2枚にジャイロ2個で行なわれた。主翼は木製構造で、内部に受信アンテナが組み込まれていた。ジャイロは圧搾空気式で、無線機は乾電池式だった。

無線誘導装置を搭載した奮龍2型誘導弾の最初の試験は1945年4月25日、高松宮殿下と東京の海軍軍令部の高官たちが臨席する中、浅間山射場で実施された。この日の試験は誘導弾との無線交信、無線制御の精度、飛行安定性、飛行距離と高度、命中精度をテストするものだった。誘導弾は計画どおり発射され、無線信号により奮龍2型は水平直線飛行に入り、標的の至近に弾着した。飛行については全般的に成功とされたが、命中精度は標的を20m外したため期待を下回った。

東京帝国大学航空力学科の空力専門家、谷一郎教授も参加した自動飛行記録の分析により、無線誘導装置とジャイロ安定装置が改良され、誘導弾の弾体重量も軽量化された。また無線操縦コント

ローラーも改良された。

この時点で新兵器開発用の技術予算が削減されたため、噴進研究部は試作誘導弾の弾体製造に必要なジュラルミン2トンが調達できなくなった。このためある作業員が空技廠の倉庫から必要量のジュラルミンを盗み出し、どうにか奮龍2型誘導弾が製造された。うち1発は風洞試験用とされ、9発は浅間山射場での追加飛行試験にまわされた。試験は強力な未来兵器の実現につながるものと期待されていた。

一方奮龍では別の方式の推進装置、液体燃料ロケットエンジンの研究も続けられていた。このエンジンの性能試験を含んだ奮龍3型は単なる名称のみで終わり、開発は2型から完全新設計の奮龍4型に移行した。

奮龍2型の最初の発射実験の直後、奮龍4型誘導弾を開発するために海軍噴進研究部が設立された。4型の開発目的はB-29爆撃機の撃墜だった。開発チームには大学教授陣に加え、三菱重工業長崎兵器製造所、川崎航空機の明石工場や岐阜工場、東京計器などの企業からの専門家も参加していた。専門家たちは伊豆山の麓を拠点にして設計作業を開始した。奮龍4型対空ミサイルには推力1,500kgのKR-20液体燃料ロケットエンジンが使用される予定だった。KR-20ロケットエンジンの製造は長崎兵器製造所と岐阜工場が担当した。誘導弾の弾体内には液体ロケット燃料タンク2個、炸薬、高圧液体窒素容器、無線発信機、電池、ジャイロ2個、信管が納められていた。

試験計画の一環としてKR-20ロケットエンジンも第一段階の推力試験において発射時15,000kg、高度6,000mで750kg、高度11,350mで600kgの推力を三つの高度において記録した。搭載燃料による連続燃焼時間は1分55秒で、誘導弾を最短でも23,500m、最大では25,700mまで到達させたのだった。推定によれば重量は弾体が76kg、ロケットエンジンが140～150kg、無線誘導装置が25kg、燃料タンクが132kg、燃料が600kg、そして炸薬が50kgだった。

実際には弾体をジュラルミン不足のため軽合金でなく鋼鉄で代替した結果、奮龍4型の試作1号弾の総重量は1,500kgに増加した。このため誘導弾の発射方法が変更された。本来は垂直打ち上げ式だったものが、45度傾斜されることになった。さらに誘導弾に固体燃料補助ロケットエンジン1基が取り付けられることになった。液体燃料ロケットの燃焼室は軟鋼製で、内側には門司の東洋陶器製の耐火ほうろう釉薬が薄く塗られていた。

甲液燃料用のタンクは薄いスズメッキ鋼板製だった（量産型ではジュラルミン製になる予定だった）。バルブはステンレス鋼製で、バルブ本体、バルブリフター、ピストンはクロムメッキされていた。バルブリフターの本体は耐酸鋼製だったが、燃料系統全体は内側をスズメッキされた鋼管かジュラルミン管だった。すべての接合部には塩化ビニール、スズ、アルミニウム、合成ゴム、軟ステンレス鋼のいずれかが使用されていた。奮龍4型の試作弾の弾体は空技廠製だったが、量産型では川西製となる予定だった。

全木製構造の十文字翼は秋田木材で生産された。ロケット燃料の過酸化水素は神奈川県山北の江戸川化学が、ヒドラジンは三菱化成が供給した。無線誘導装置は第2技術廠が生産する予定だった。

無線誘導装置開発部の部長は日本放送協会の技術者の城見多津一で、主な設計者としては高柳健次郎博士［訳者注：テレビの父］と海軍技術研究所の新川浩がいた。誘導装置は高射砲用がA-2型1号、噴進弾（対空ロケット弾）用がA-2型2号だった。

標的への誘導はレーダー制御方式だった。2基の地上レーダー（甲と乙）からの信号により噴進弾の飛行弾道は修正された。レーダー乙の発射する誘導信号は周波数ごとに変化した。1,000Hz電波送信機からの電波には200Hzごとにコマンド変更用の5個の周波数帯があった。受信された信号はM装置により判別変換され、各実行装置に「上昇」「下降」「左旋回」「右旋回」「起爆」の命令が伝達された。操縦装置の方向変更コマンドはシングル式1系統で、各周波数帯の無線信号を連続発信していた。200Hz刻みの各信号の後には短い中断があった。目標からの反射信号が誘導弾からの反射信号と一致すると、自動的に起爆するようになっていた。最大有効誘導距離は22kmから32kmで、弾着誤差は50m以内だった。

安定装置には奮龍2型に似た圧搾空気式ジャイロ装置2個が内蔵されていた。サーボ装置は典型的な圧搾空気式で、信号を受信すると中継器が乾電池から電流を流して主翼の補助翼を作動させた。

奮龍4型噴進弾の発射試験は1945年8月16日に予定されていたが、三菱重工業長崎兵器製作所が液体ロケット燃料を供給できるようになる前に終戦となった。時間切れのため計画は中止され、量産の準備も打ち切られた。設計者たちには緘口令が敷かれ、兵隊が奮龍2型および4型に関連するあらゆる施設や発射台を爆破した。奮龍4型噴進弾の弾体は液体燃料ロケットエンジンの試作品と固体燃料補助ロケットエンジンとともに浅間山と天丸山の麓に埋められた。その一部は1954年に地元住民により掘り出された。

諸元
兵器要目： 無線操縦式地対艦ミサイル（奮龍1型）。
無線操縦式地対空ミサイル（奮龍2型、3型）。
ビームライダー誘導式地対空ミサイル（奮龍4型）。
推進器： 三式噴進器2型ロケットエンジン〔5秒間作動時の推力2,430kg〕×1（奮龍1型、2型）。
KR-20液体燃料ロケットエンジン〔推力1,500kg、連続燃焼時間5分〕×1、（奮龍3型、4型）。
弾頭炸薬量：50kg（奮龍1型、2型）または200kg（奮龍3型、4型）。

| 型式 | 奮龍1型 | 奮龍2型 | 奮龍3型 | 奮龍4型 |
| --- | --- | --- | --- | --- |
| 全幅（m） |  | 0.96 | 0.96 | 1.6 |
| 全長（m） | 3.0 | 2.4 | 2.4 | 4.0 |
| 弾体直径（m） |  | 0.3 | 0.3 | 0.6 |
| 自重（kg） |  | 370 |  | 1,900 |
| 推力重量比（推力/重量） |  | 0.15 |  | 1.27 |
| 最大速度（km/時） |  | 792 |  | 1,100 |
| 高度10,000mまでの上昇時間 |  |  |  | 1分00秒 |
| 最大高度（m） |  |  |  | 15,000 |
| 通常射程（km） |  | 5.5 |  | 35 |

生産：長崎兵器製作所が実験弾を製造。
●試製奮龍1型実験弾
●奮龍2型
●試製奮龍4型実験弾

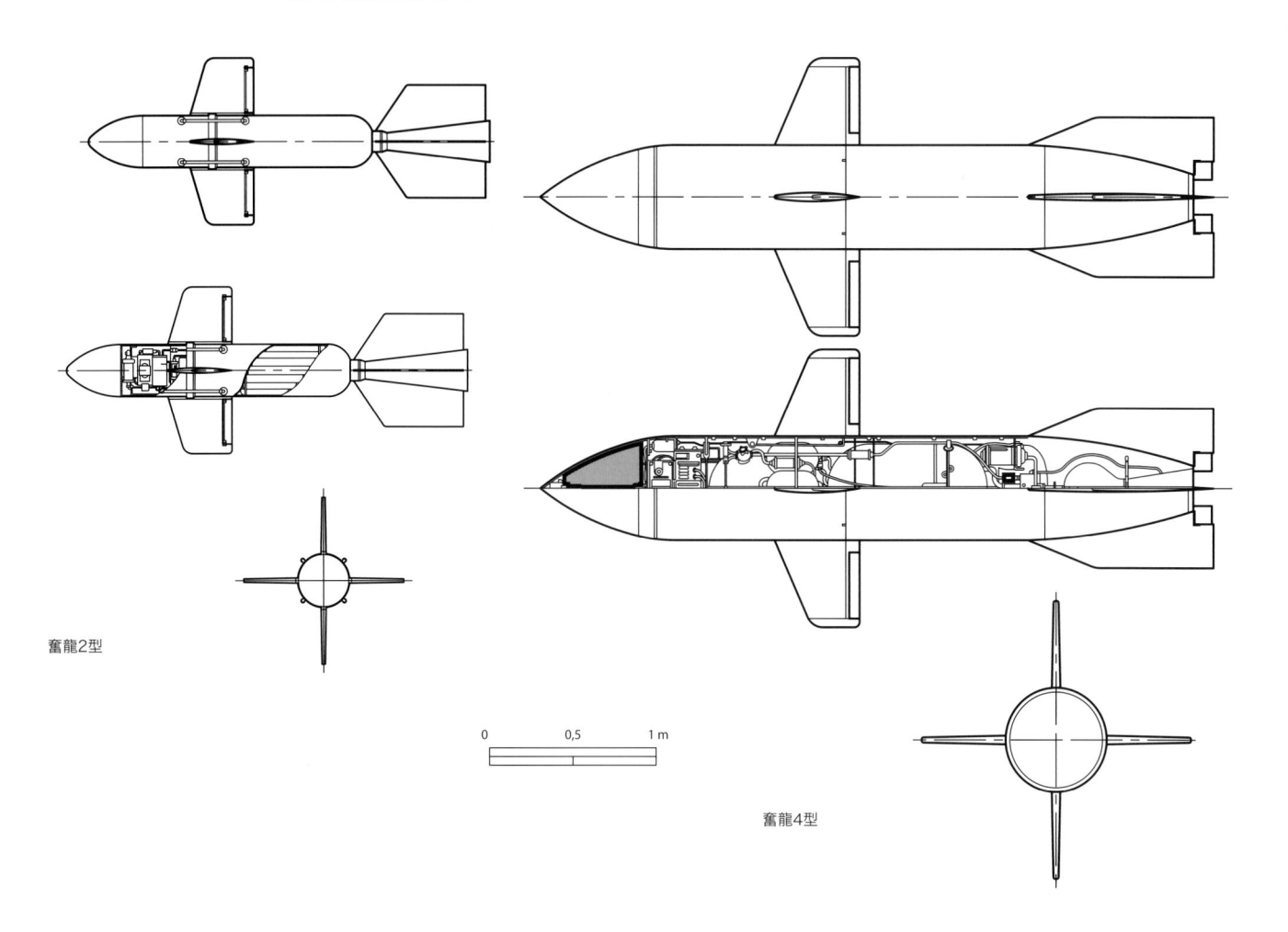

奮龍2型

奮龍4型

# 空技廠 空弾 飛行爆弾
Kugisho Kudan flying bomb

　1944年末、海軍航空本部は敵編隊を攻撃するための空中発射式ロケット推進誘導弾の仕様をまとめた。名称は空弾1号とされ、横須賀の空技廠の鶴野正敬大尉が開発責任者とされた。まもなく第一航空（株）の協力により、この飛行爆弾の模型が完成した。空弾1号には最終的にロケットエンジンと誘導装置が搭載される予定だった。流線型の弾体は三つの主要部で構成されていた。先端部には炸薬が、十文字型の主翼の付く中央部には誘導装置が、尾部には固体燃料ロケットエンジンが納められた。横須賀近郊に試験場を造成していたところで終戦を迎えた。

　第二の飛行誘導弾計画は空対艦滑空爆弾で、空弾2号と呼称されていた。計画責任者は空技廠飛行実験部の田淵初雄少佐で、通常型の10kg航空爆弾に小型主翼を取り付けるというのは彼の発案だった。これは航空機から投下されると、無線操縦で敵艦に誘導されるものだった。クラークY型翼断面を採用した主翼は全幅0.4m、弦長0.125mで、翼面積は0.05㎡だった。これは高度1,000mで航空機から投下されると、母機からの無線操縦により12km先の目標へ滑空していった。

　初期試験が予想以上の成功をおさめたため、空技廠の和田操廠長は開発の継続を命じた。翼面荷重は約800kg/㎡もあり（当時の戦闘機では200〜250kg/㎡が平均的）、田淵少佐は飛行安定性の不足を懸念していた。このため主翼には小西四六少佐の設計した無線操作式の補助翼が取り付けられた。

　当時、田淵少佐と小西少佐は新型双発爆撃機（輸入したJu-88という説もある）の開発にも携わっていた。両少佐はその試験飛行中に消息を絶った。このため空弾用の無線誘導装置の実験は終戦までに完了しなかった。

仕様：
兵器要目：　無線操縦式空対空飛行爆弾（空弾1号）、無線操縦式空対艦滑空爆弾（空弾2号）。木金混合構造。
推進器：　　ロケットエンジン（空弾1号）。
弾頭：　　　――（空弾1号）、10kg（空弾2号）。

| 型式 | 空弾1号 | 空弾2号 |
|---|---|---|
| 全幅（m） | | 0.400 |
| 翼面積（㎡） | | 0.05 |
| 総重量（kg） | | 40 |
| 翼面荷重（kg/㎡） | | 800 |
| 通常射程（km） | | 12 |

生産：空弾1号飛行爆弾および空弾2号滑空爆弾は横須賀の第1海軍航空技術廠で製造された。

## 空技廠 空雷 対潜航空爆雷
### Kugisho Kurai flying anti-submarine torpedo

　悪化し続ける戦局に大本営はより一層有効な防御手段を講じる必要に迫られた。その一つとして航空機から投下される対潜爆雷があったが、その開発が本格化したのは1944年4月からだった。海軍航空本部が空技廠のために作成した仕様書によれば、この爆雷は主に東京湾内の潜水艦に対して使用される予定だった。

　初期計画ではこの無動力の有翼爆雷は時速450kmで飛行する航空機から高度100mで投下されると滑空着水し、直径80mのらせん軌道を3周して深度80mに達すると爆発した。炸薬量は100kgで、当時開発に着手されたばかりの磁気近接信管で起爆された。磁気探知への干渉を防ぐため、構造は全木製にする必要があった。

　こうして空技廠飛行機部の佐野技師を主務者とする設計チームは、炸薬を水気から遮断するため木製構造で充分な水密性を達成するという難問に直面した。さらに彼らは爆雷を適切に潜航沈下させるという問題も解決しなければならなかった。沈下試験では爆雷の弾頭に計画炸薬量と同重量の砂を充填する予定だった。さらにこの爆雷には海面着水時の衝撃にも耐えられる構造強度が必要だった。飛行試験の目的は空中安定性に関するあらゆる問題の解決と、最適な海面突入角度の決定だった。滑空安定性と充分な空中速度、およびその後の水中速度を左右するのは重心位置と主翼の上反角だったので、これらの調整により問題解決が図られた。

　試製航空爆雷の命名規則により空雷6号と名付けられたこの爆雷の外形は上記の要請から決定された。佐野技師は爆雷の模型を製作して水槽試験を実施し、着水突入に最適な飛行角度を検討した。この試験には雷撃部の永島技師も参加した。模型による実験後、空雷6号の試作弾の製作が開始され、外洋試験が予定された。試作弾は山中武雄氏が社長を務める広島県廿日市市の小規模木工所、マルニ木工株式会社で沼田技師を技術主任として製作された。

　要求仕様により爆雷は木製構造とされたが、着水時の衝撃を吸収する先端フェアリングと2個の主翼固定具だけは金属製だった。この爆雷は弾頭部、主翼のある中央部、尾部の3部分で構成されていた。爆雷自体に推進装置は空中用、水中用ともなかった。

　総重量100kgの弾頭部は金属製フェアリングと磁気近接信管付きの炸薬98kgで構成されていた。信管は爆雷投下直後に爆雷と母機をつなぐ索が抜けることで安全解除された。

　爆雷の弾体部は幅30～50mmの細片が積層された厚さ13mmの集成材製だった。各細片は互い違いに重ねられることで、強度と水密性を高めていた。大弦長の短い主翼は当初15度の上反角で弾体に接着されていた。この主翼は主に滑空時の安定用だった。

　垂直安定板も弾体に接着されていたが、海中で直径80mのらせん軌道を3周して海面下80mまで沈下するために8度舵角が付けられていた。爆雷の弾体は最大で深度100mの水圧に耐えられた。滑空時に傾斜した垂直安定板が飛行方向を曲げないため、垂直尾翼の部分は胴体ごと中空のフェアリングが被せられた。このフェアリングはアルミニウム製のピンで取り付けられ、着水時に脱落するようになっていた。

　空雷6号の試作1号弾は1944年9月に完成し、中島B6N1天山11型ないし12型雷撃機からの投下試験が行なわれた。空中安定性をテストするため40発が投下されたが、うち15発は滑空中に横転したり蛇行した。爆雷の投下速度は440km/時で、滑空着水角度は15～20度だったが、旋回沈下時に速度は9～11km/時にまで減速した。

　空雷6号の初期の滑空潜水試験では海面突入時に主翼や垂直尾翼の脱落が頻発し、設計者たちを悩ませた。さらに海面下の爆雷を観測する方法がなかったため、潜水後の軌跡、水中速度、到達深度などがわからなかった。これらを確実に観測するため、弾頭部に火薬の代わりに水中でも視認できる発色剤が充填された。爆雷の水中での軌跡は海面に浮上してくる色付きの気泡により可視化された。

　1944年末に空雷6号の試験は打ち切られ、安定性向上のために上反角が20度に増やされていたにもかかわらず結果は失敗とされた。空雷6号の試験弾は約100発作られた。金属製部品の製造は空技廠で、木製部品の製造と最終組み立てはマルニ木工で行なわれた。

　空雷6号の失敗にもかかわらず、海軍航空本部は新型の空雷7号の開発を命じた。その設計は6号に似ていたが、弾体全体と尾翼の一部が金属製だった。空中安定性の向上のために翼幅が拡大され、上反角は15度にされた。垂直尾翼の舵角は6度で、空雷6号にはなかった水平尾翼が取り付けられていた。弾頭の威力を増すために炸薬量が220kgに増加し、先端フェアリングが増厚された結果、爆雷の総重量は500kgにまで増大した。

　1945年1月には投下試験が11回行なわれた。空雷7号は高度300m、速度400km/時で投下され、緩降下で滑空したのち、入射角15度で海中に突入した。どの試験でも飛行安定性は悪く、爆雷は横転した。この試験の結果、安定装置の搭載が必要であると結論された。しかしこれは実現せず、

終戦のため試験は再開されなかった。

　戦後の1946年、アメリカ軍の技術情報部が日本軍の空雷6号航空爆雷の機密資料と実大模型2個を発見した。その後すべての資料は護衛空母USSバーンズで米国へ運ばれ、実用性の最終評価のためアナコスティア基地の倉庫に運び込まれた。

仕様
兵器要目：　対潜航空爆雷。木製構造（空雷6号）、木金混合構造（空雷7号）。
推進器：　　なし。
弾頭：　　　100kg（空雷6号）、220kg（空雷7号）。

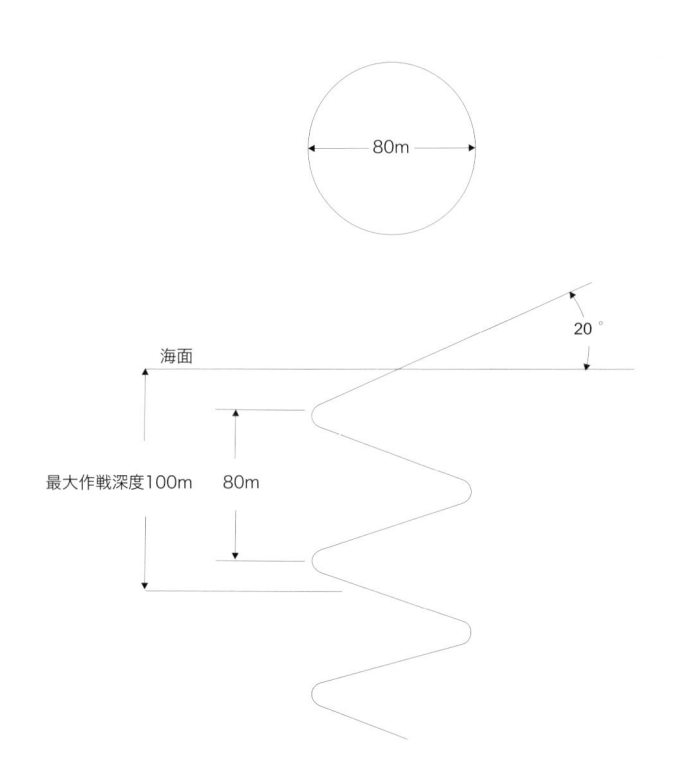

空雷の滑空着水と水中弾道

| 型式 | 空雷6号 | 空雷7号 |
|---|---|---|
| 弾体長（m） | 3.085 | 3.085 |
| 弾体直径（m） | 0.3 | 0.3 |
| 主翼幅（m） | 0.8 | 1.22 |
| 翼面積（㎡） | 0.93 | 1.58 |
| 総重量（kg） | 270 | 500 |
| 翼面荷重（kg/㎡） | 290 | 316 |

生産：1944年9月から1945年1月にかけて横須賀の第1海軍航空技術廠と廿日市市のマルニ木工で空雷6号が100発、空雷7号が11発製造された。

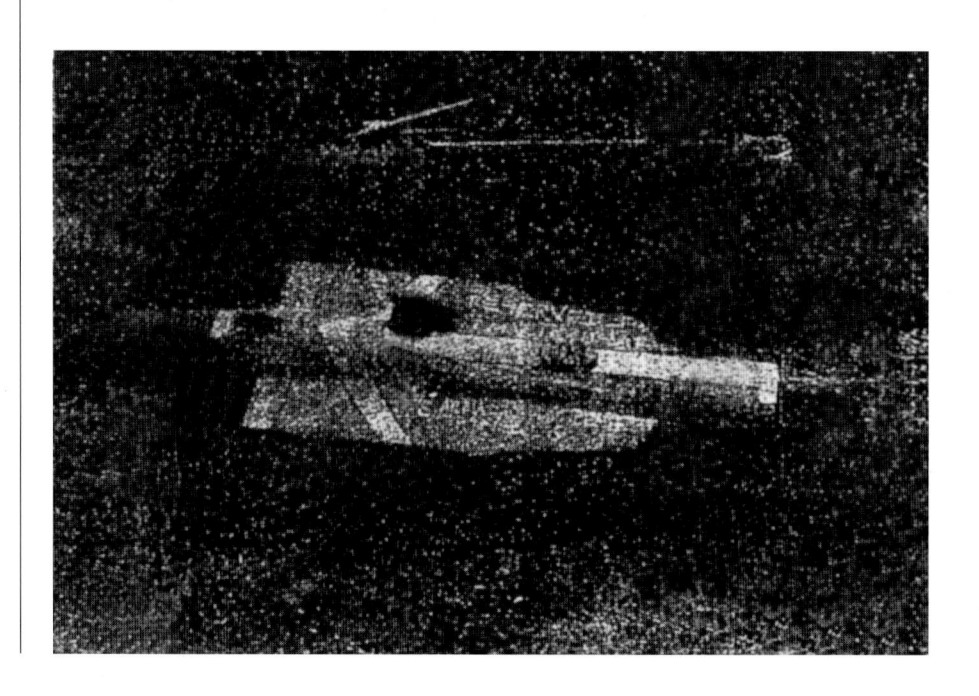

空雷6号。主翼形状が米海軍の報告書の図面と少し異なっている。テスト用に塗装された白帯に注意。

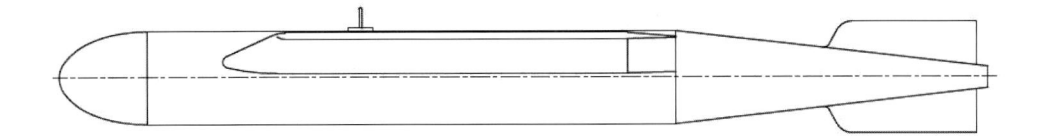

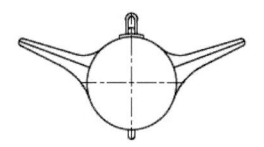

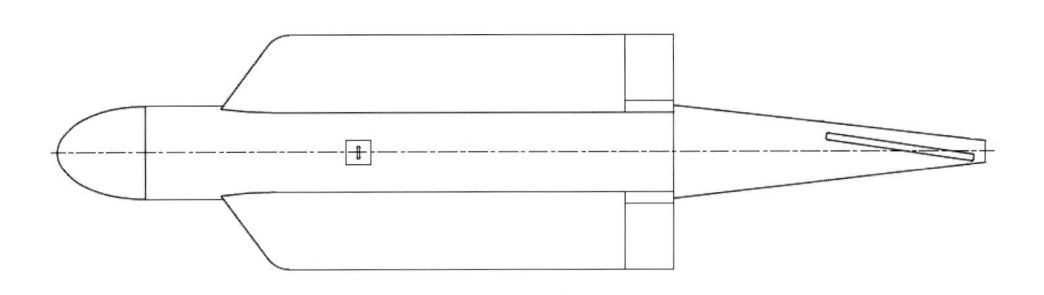

対潜航空爆雷 空雷6号
1/48スケール

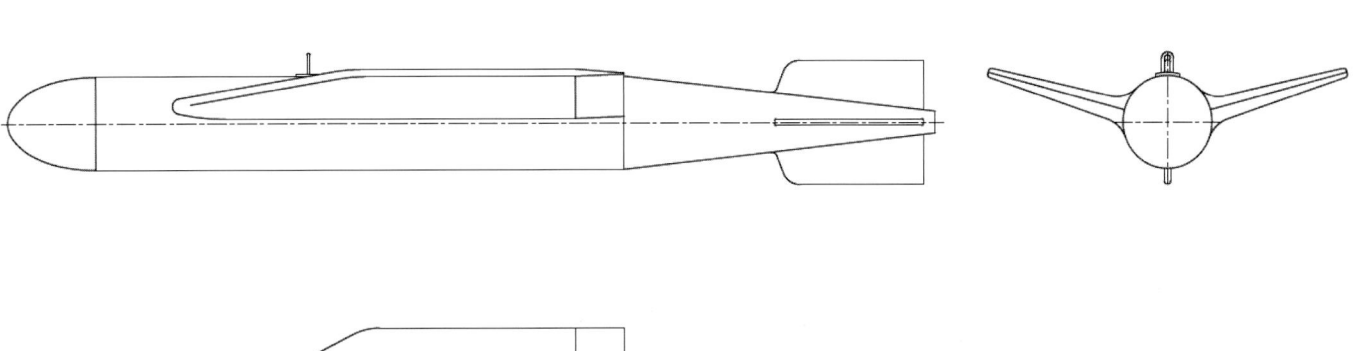

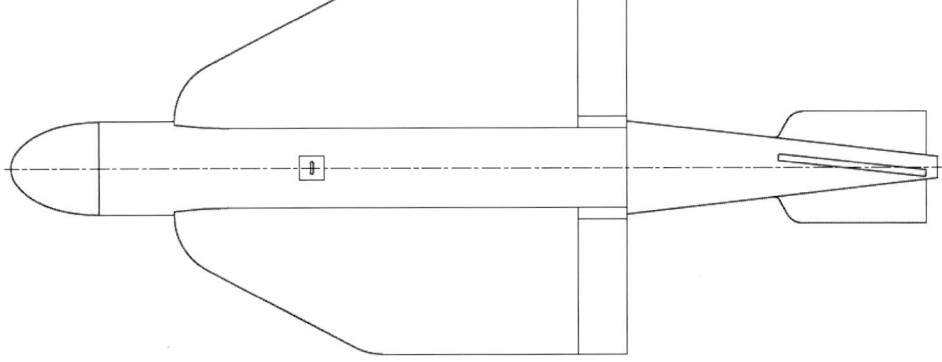

対潜航空爆雷 空雷7号
1/48スケール

## 航空局 秋水式火薬ロケット
Kokukyoku Shusui-shiki Kayaku Rocket

　海軍は航空局に特殊局地戦闘機の開発を命じていた。これは米軍のB-29スーパーフォートレス爆撃機による日本本土空襲が日増しに激化していたためだった。

　航空局は村上勇次郎技師を主務者として新型対空ミサイルの開発を1945年3月に開始した。海軍が要求していたのは無線操縦で飛行する衝角攻撃用の特殊無人機で、敵大型爆撃機を捕捉すると体当りで致命的損傷を与えたのち、滑空して無事に帰還するというものだった。

　開発者たちは三菱J8M1秋水の設計を下敷きにした。このミサイルは秋水式火薬ロケットと名付けられた。

　秋水式ミサイルの外形は砲弾形の短い胴体に後退角30度の中翼主翼と垂直尾翼が付いていた。体当り攻撃により敵爆撃機に最大の損害を与えるため、尖った胴体先端と主翼前縁の構造がいずれも強化されていた。

　体当り後このミサイルは無線誘導で着陸することが求められていたため、胴体下面には着陸橇が設けられ、主翼両端にも補助橇が付いていた可能性が高い。このミサイルはレール式の発射台から射出されると、推力120kgの固体燃料ロケット4基で加速する設計だった。ロケットエンジンは攻撃時に損傷しないよう、胴体に内蔵されていたと思われる。このミサイルは100秒以内に最大高度9,000mに達すると攻撃を実施し、滑空により帰還後、ロケットを交換して再出撃した。本ミサイルには弾頭炸薬は搭載されていなかった。

　安定性の計算と実験用小型模型による試験が終了すると、川崎航空機向けに生産用設計図が用意される予定だった。しかしこれは終戦のため実現しなかった。

　無線操縦装置がほとんど未経験の技術だったことを考えれば、本機は極めて野心的な計画だった。その他多くの計画と同様に時間不足が最大の問題だった。

　近年、同種の迎撃機の詳細書類が簡単な図面とともに防衛庁の資料庫から発見された。その図の機体は主翼後退角が最終案の30度でなく45度である点を除けば、ほぼ同じだった。これほど小さな機体にロケットエンジンとパイロットを納めるのは不可能なはずにもかかわらず、奇妙なことに図には風防と操縦席も描かれていた。このためこの図は小型実験機か、より大型の特殊攻撃機の縮小実験機である可能性もあった。村上勇次郎によれば設計チームは最終案に至るまでに数多くの実験と計算を試みたというので、このラフスケッチもそうした素案の一つだった可能性がある。またこれは無人型が失敗した場合の保険として準備された有人型のラフスケッチだった可能性もある。

機体要目：　地対空衝角攻撃ミサイル、中翼単葉機、木金混合構造。
推進器：　　固体燃料ロケット〔推力120kg〕×4。

| 型式 | 秋水式火薬ロケット |
|---|---|
| 全幅（m） | 4.000 |
| 胴体長（m） | 2.800 |
| 胴体直径（m） | 0.800 |
| 翼面積（㎡） | 5.00 |
| 最大重量（kg） | 800 |
| 自重（kg） | 200 |
| 9,000mまでの上昇時間 | 100秒 |

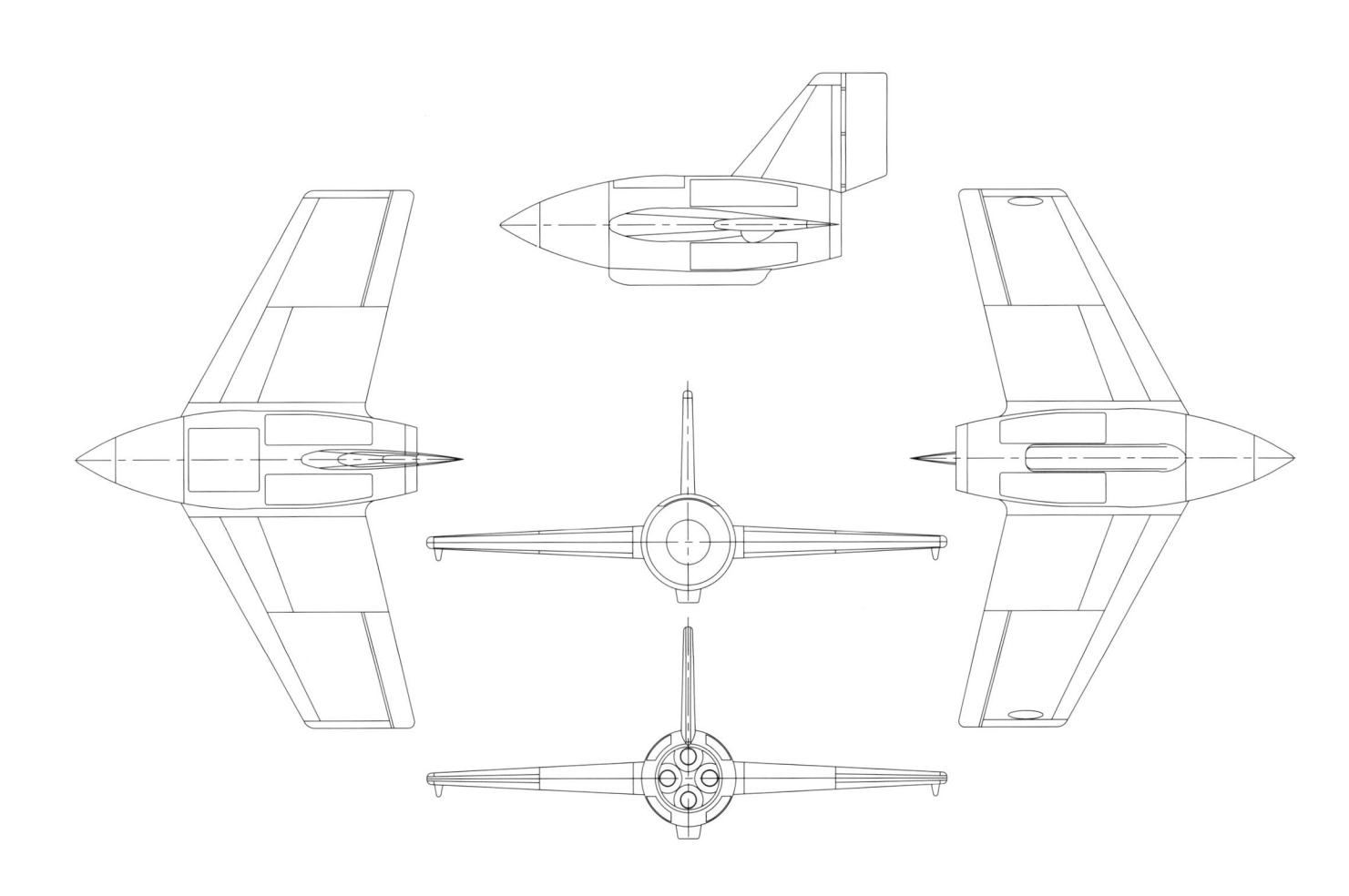

秋水式火薬ロケット 衝角攻撃機（推定）
ノンスケール

有翼噴進弾 攻撃機（推定）
ノンスケール

有翼噴進弾 攻撃機（推定）
ノンスケール

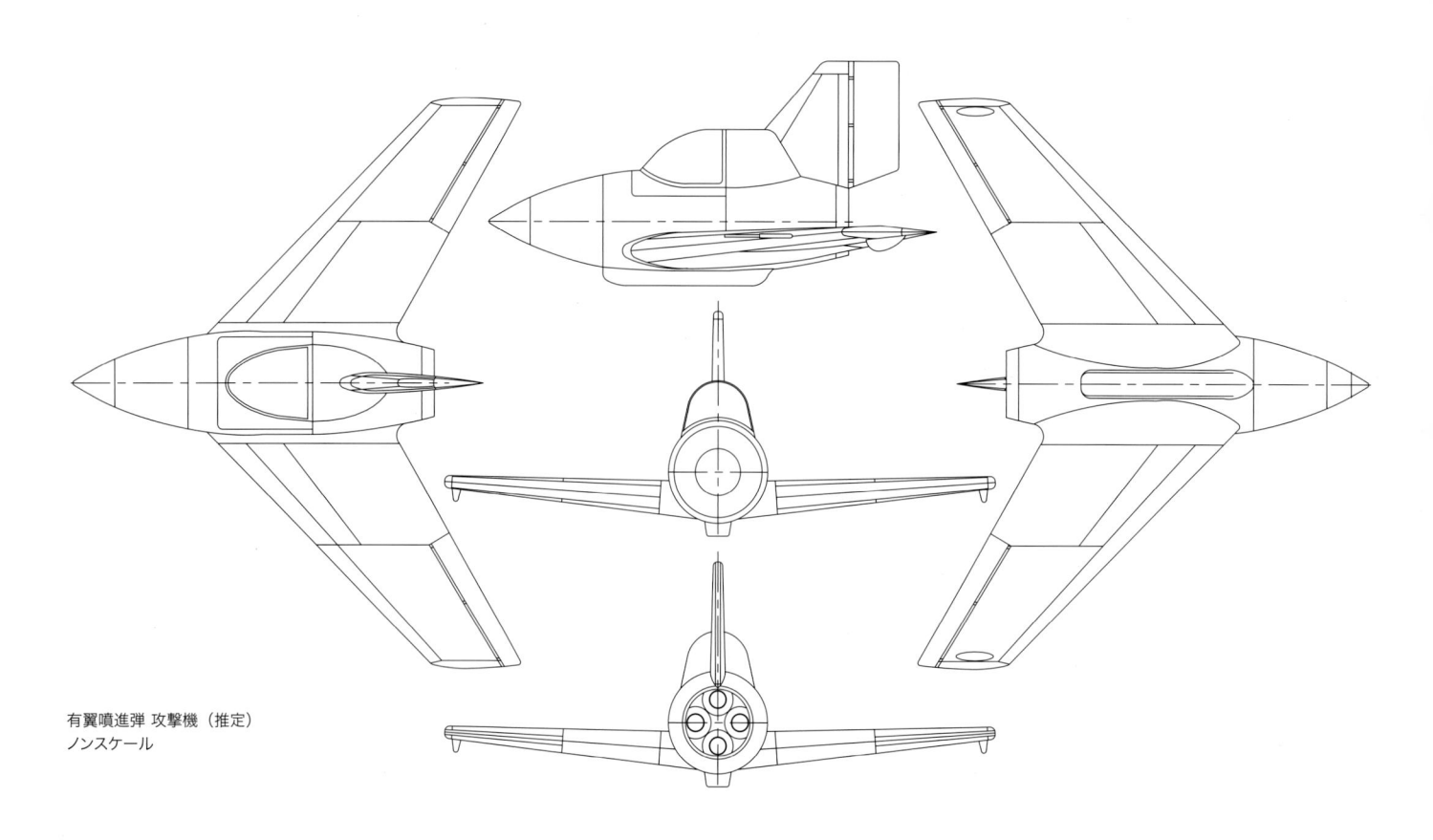

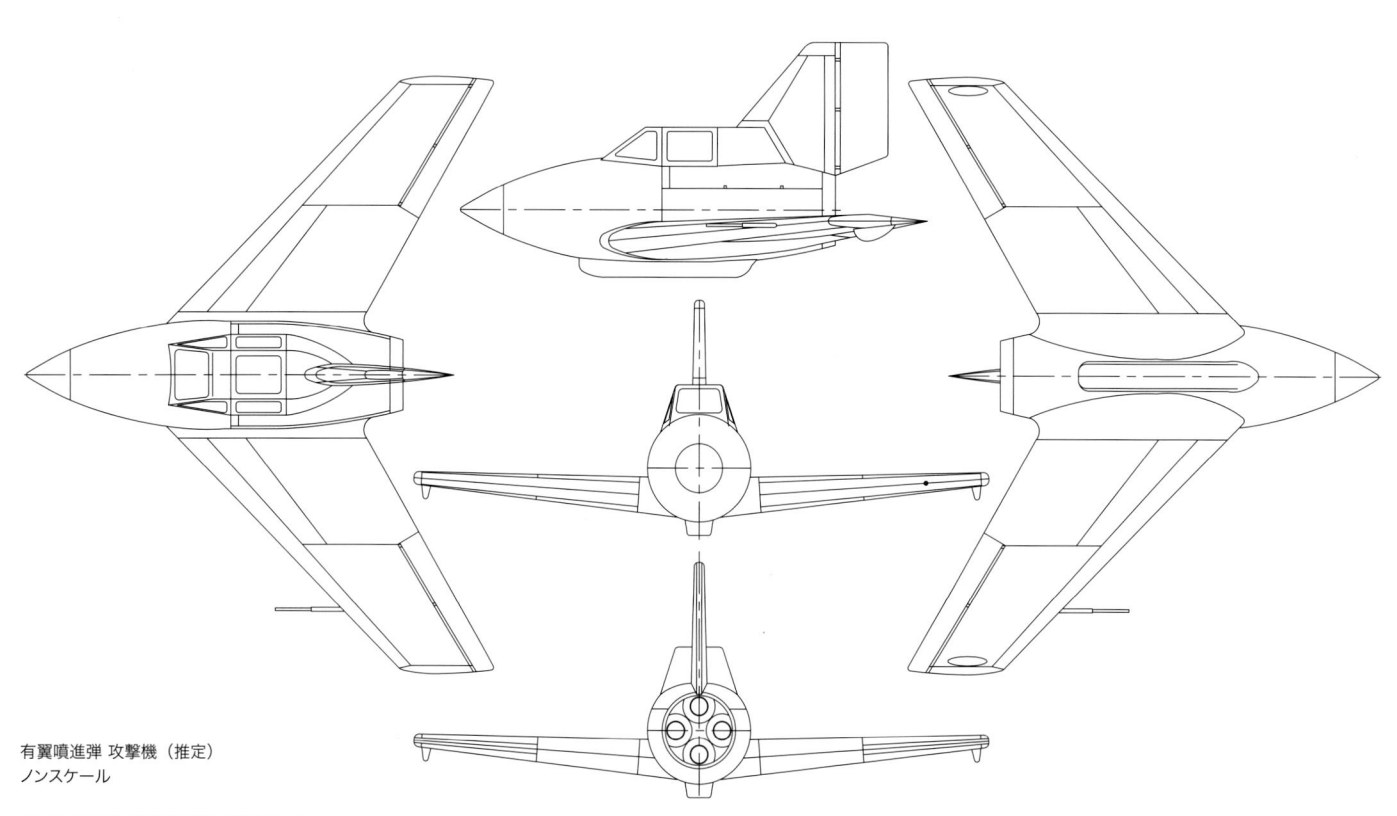

これらの図は防衛庁図書館で発見された
初期構想図に基づいた。

# 桜弾機の最期

　実戦に使用された桜弾機は以下の3機だけであったが、その最期はどれもはっきりしていない。日本側からの情報だけでは調査に限界があり、今回、友人の航空史家 Anthony Teal 氏にお願いして、米軍の資料からも調べてもらい、それぞれの最期についてまとめてみた。

1) 1945年4月17日
　第62戦隊第1次沖縄特攻隊　3番機キ167 桜弾機（金子寅吉曹長）
　17:15　鹿屋基地を離陸
　19:32　戦場到着の無線を発信

2) 1945年5月25日
　第62戦隊第2次沖縄特攻隊　1番機キ167 桜弾機（さくら5027号機）（溝田彦二少尉）
　06:01　鹿屋基地を離陸
　08:57　「溝田機突入す」を発信

3) 1945年5月25日
　第62戦隊第2次沖縄特攻隊　2番機キ167 桜弾機（さくら5033号機）（福島豊少尉）
　06:11　鹿屋基地を離陸
　09:22　「敵艦発見」を発信
　09:24　「突入」を発信

　国内の情報から判明しているのは以上で、どの機も突入前の無線発信を最期に、通信が途絶えている。まず、Teal氏に、この日時に最も近い日本機（双発の特攻機）の攻撃に関する情報を調べてもらった。

1) 1945年4月17日
　USS Bunker Hill (CV-17)からのF4U戦闘機6機（第84戦闘飛行隊）
　09:50　レーダーピケットステーション#2上空を哨戒中のF4Uコルセア6機にUSS Twiggs (DD-591) から迎撃要請が入った。Leroy L. Wallet 中尉が爆撃機の後部から攻撃して、左側エンジンを発火させることに成功した。中尉は爆撃機を50ヤードの距離で追跡。爆撃機が海面に着水した瞬間、大爆発を起こし、中尉のF4Uは爆発に巻き込まれ、尾部を吹き飛ばされた。機体は墜落し、中尉の遺体は回収されなかった。

2) 1945年5月25日
　レーダーピケットステーション#16（沖縄北西）
　構成: USS Cowell (DD-547)、USS Wren (DD-568)、USS Ingersoll (DD-652)、LCS-14、LCS-17、LCS-18、LCS-90（Cowellを先頭に、Wren、Ingersoll の順に単縦陣を組み、西方に警戒線を形成。LCS(揚陸支援艦)も近接して単縦陣で駆逐艦を援護）。
　08:52　Cowell のレーダーが、方角338度、距離8マイル（12.8km）の敵機を捕捉。
　08:53　洋上を超低空で接近する爆撃機を視認。左舷艦首方向、距離5マイル（8km）で、Cowell が5インチ（12.7cm）砲で砲撃を開始。Ingersoll、Wren も砲撃を開始する。5インチ砲火が水柱を立てる中、爆撃機は接近して、単縦陣の前を左から右へ横切るが、Wren の右舷方向に進んだ時に、右に急旋回し、Wren に向かって直進して来た。40mm 砲や20mm 機銃も射撃に加わり、他の駆逐艦も艦首を右舷に向け、全砲火を集中した。Wren まであと100mに迫ったところで、爆撃機は大爆発した。爆撃機は粉々になり、残ったのは大きな爆発雲だけだった。

3) 1945年5月25日
　USS Specter (AM-306)、伊江島スクリーン（伊江島近海）
　09:26　伊江島スクリーンに組み込まれていた、機雷掃海艦Specter (AM-306)がBetty 1機を撃墜した。この艦の武装は、3インチ（75mm）砲1門と40mm連装砲2門、エリコン20mm機銃6基であった。

　以上が、米軍記録で時間的に最も該当するものである。米軍の記録では、双発の爆撃機はすべて"Betty"（一式陸攻）と表記されているが、5月25日に出撃した721空の3機の一式陸攻は桜花を積んでおり、時間的にも該当しない。さらに、

1) キ-167が「突入」を打電した時刻と爆撃機の攻撃・米軍の迎撃時刻がほぼ一致する。
2) 攻撃方法が超低空からの体当たり攻撃である。つまり、桜花による攻撃法ではなく、桜花も視認されていない。
3) たとえ、桜花を発進か投棄した後の一式陸攻単独の攻撃だとしても、爆薬を積んでいない一式陸攻が爆発（かなりの爆発である）することはありえない。

　以上の理由から、Teal氏と著者両名は、これらがキ167桜弾機であったことはほぼ間違いないと考えている。

フレッチャー級駆逐艦USS Wren (DD-568)　防諜上、レーダー部は白く塗りつぶされている。
( by the courtesy of NavSource Naval History )

アドミラブル級機雷掃海艦 USS Specter (AM-306)。防諜上、艦番号が白く塗りつぶされている。(Photo courtesy of Harold Lusk from NavSource Naval History)

溝田少尉のキ167（5027号機）。機首下部にある突起状の点火発信器6個と、黒と白で描かれたシャークマウスに注目。

USS Ingersoll から撮影された、溝田機（と推定される）が爆発した直後の写真。
(Anthony Teal Collection)

# キ115剣甲型の主翼前縁の後退角

　近年、外国の書籍で、剣の甲型の主翼前縁は直線ではなく後退角（約3度）があった、という解説とその図面が発表された。これは、米国航空宇宙博物館・ガーバー施設の剣甲型の写真（分解前）やその他の写真をもとに、コンピューターで3D技術を用い算出したそうである。早速、この図面に基づいた模型も発売されている。それでは、従来の図面は、すべて間違っていたのだろうか。

　甲型の原図については、終戦時に焼却されて残っていないそうである。戦後すぐの1955年に発表された図面が以下の二つである。

　甲型と乙型の図面であるが、どちらも寸法が書きこまれているので、発表された時期からも、これらがそれぞれ原図をもとに、あるいは原図を見た人の記憶をもとに描かれたものだと想像できる。加えて、今回掲載する乙型の原図とこの図面が酷似しており、甲型の原図もこの図面と酷似していることが想像できる。これらの図面によれば、甲型の主翼前縁はほぼ直線（実際には、1度くらいの後退角がある）であり、乙型の主翼前縁は3度の後退角がある。乙型の原図でもそうなっている。これらの図面が同じ出所からだとすれば（その可能性は高い）、甲型の主翼は、従来発表されてきた図面と同様、ほぼ直線に見える後退角1度の主翼前縁を持つものと考えるのが自然である。次に、米国航空宇宙博物館のガーバー施設に分解されて保管されている剣の主翼の写真をTimothy Hortman 氏に送ってもらった。以下がその写真である。

　これは分解されて保存されている甲型の主翼である。左の写真の通り、主翼は片側を垂直にフレームに固定されている。右の写真は、それを裏側から撮影したものである。下側がちょうど主翼前縁となるが、フレームの枠と平行になっていないことに注意してほしい。もしも、主翼前縁が後退角のない直線翼ならば、主翼前縁とフレームが平行となるはずである。ちょっと細くて見にくいが、参考のために、本来のフレームのラインとなる黒い線を入れさせて頂いた。見ておわかりの通り、甲型の主翼前縁には、1度くらいの後退角があるが、発表された3度ほどの後退角はないことがわかる。

　今回、筑波にある航空宇宙博物館に保存している実物の剣の調査・計測をお願いしたのだが、収蔵施設が改装工事中ということで、残念ながらできなかった。私たちとしては、ぜひ将来改めてこの調査を実施したいと考えている。

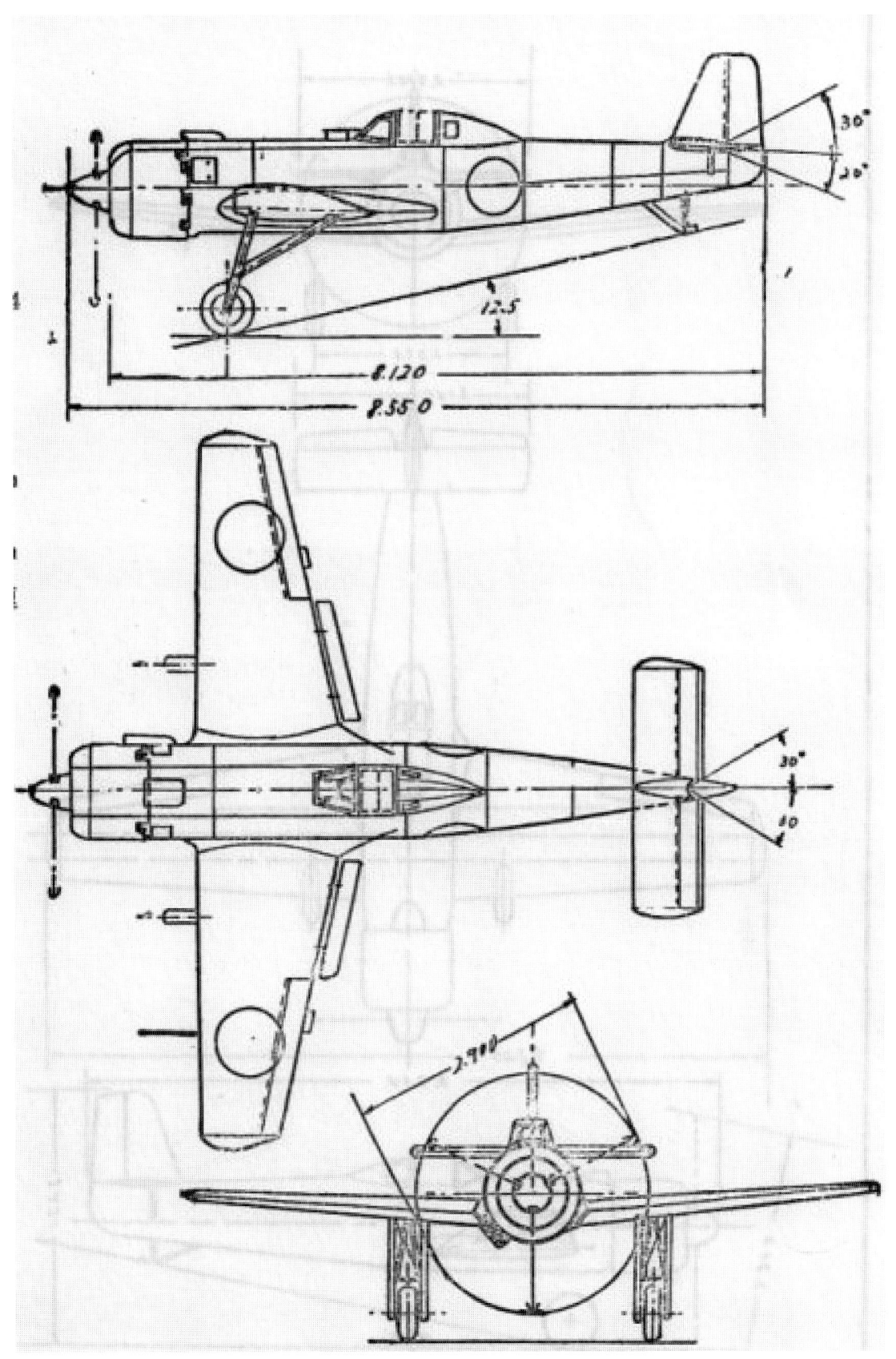

キ115剣 甲型

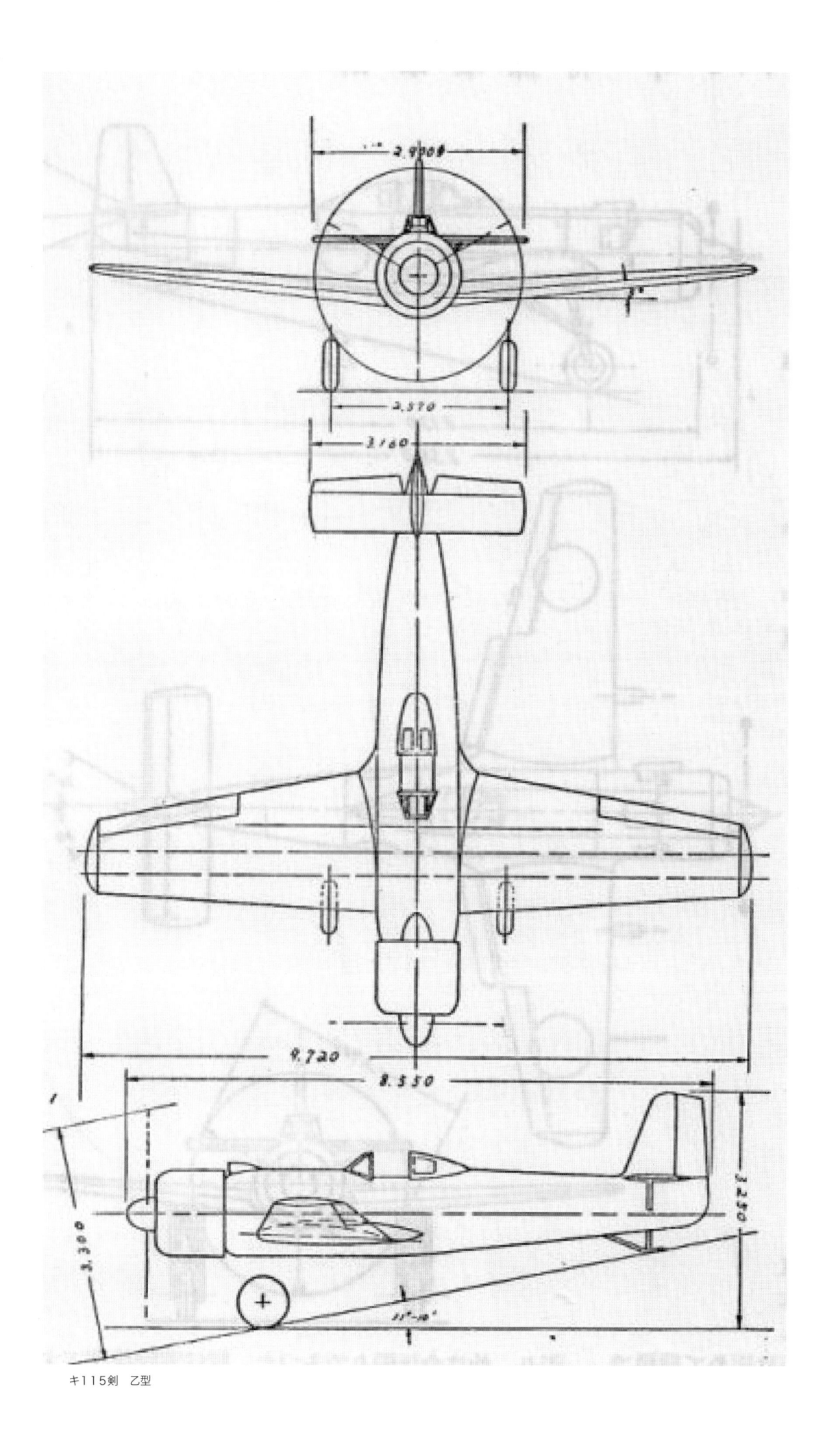

キ115剣 乙型

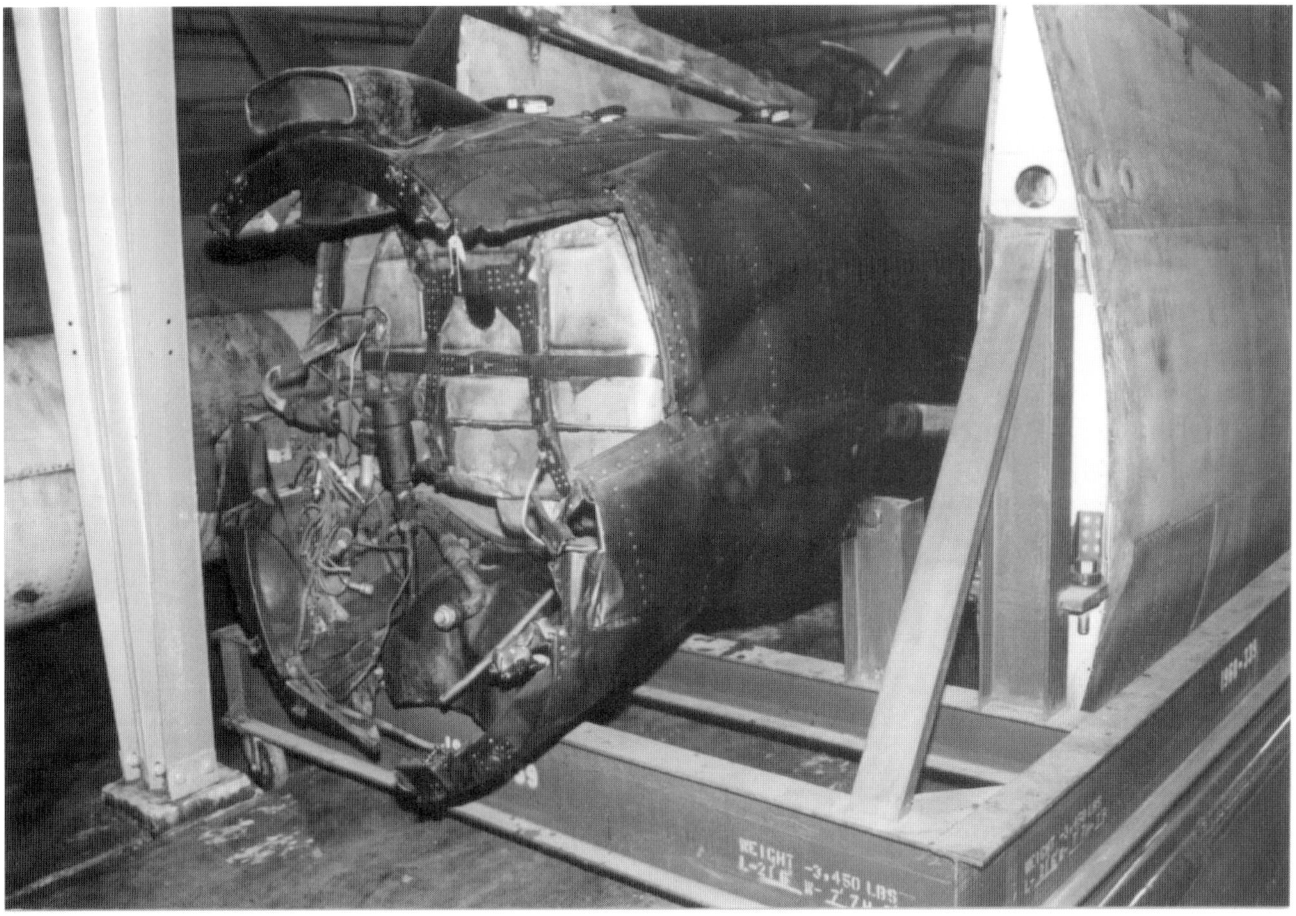
WEIGHT -3,450 LBS

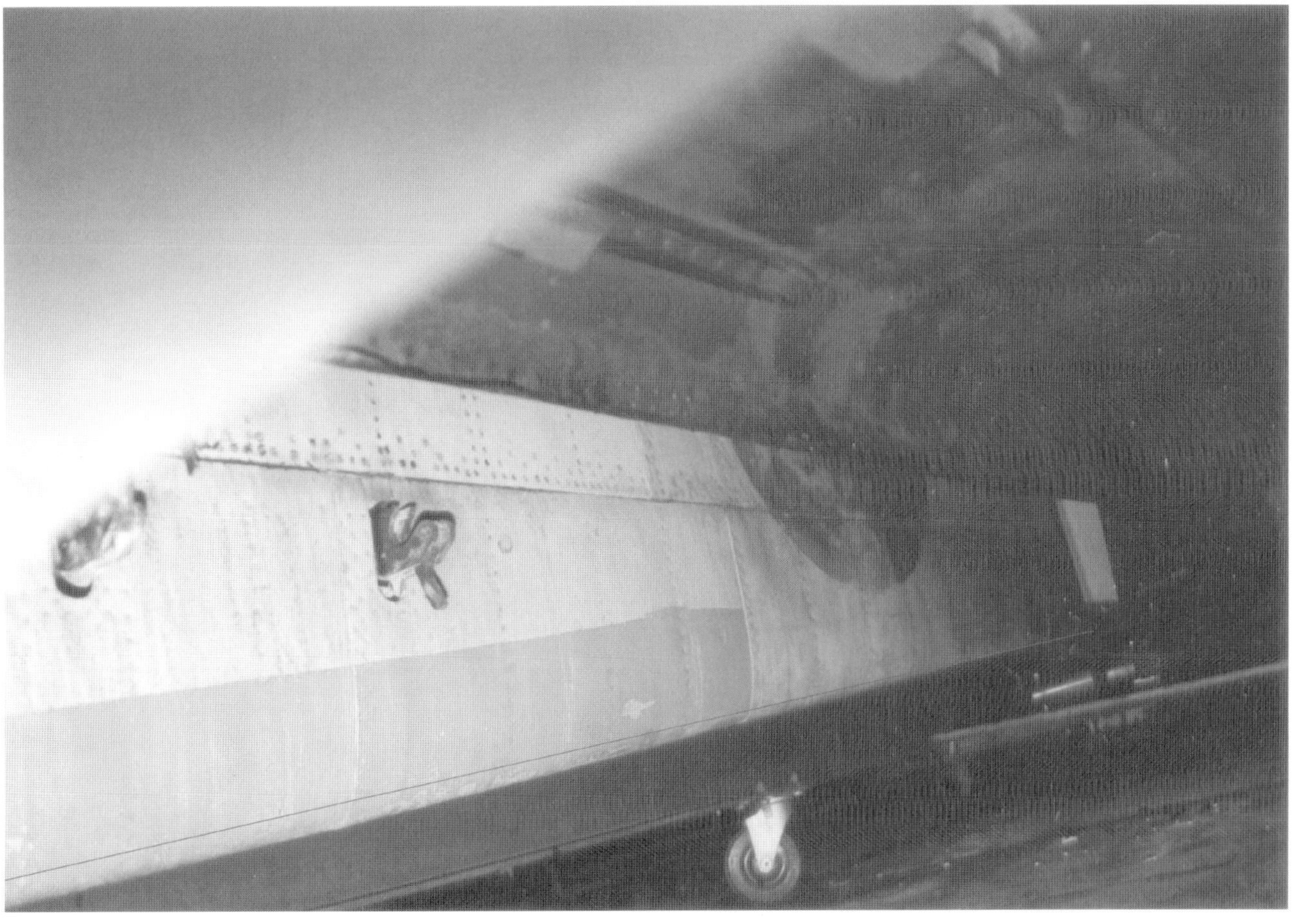

# 「キ115乙　機体説明書」

　キ115の原図は終戦時に消却され、現存していないと考えられてきたが、富士重工業株式会社(旧中島飛行機株式会社)の保管庫で「キ115乙機体説明書」が発見された。今回、関係者の方に特別に許可を頂き、そのすべてをここに紹介したい。

　説明書は青刷りで、次の9枚から成るが、途中項目番号がそろっていないので、何枚か抜けている可能性がある。

(1枚目:表紙)

(2枚目:性能緒元表［編注：表を組み直し、下段に掲載した］)

(3枚目:キ115乙　全体三面図（1/100))

(4枚目)（これ以降、読みやすさを考え、カタカナをひらがなにしている）

構造
　1.概　要
　　本機は逼迫せる戦局下航空機生産量の低下を補はんがためその装備及構造を出来得る限り簡素化し以て従来の同型機種に比し製作工数を約1/5に低下せしむる如くせり。

　2.主　翼
　　主翼は左右一体にて全木製3桁式応力外皮構造にして胴体とはその附根に於て8本の「ボルト」により取付らる。前桁は翼弦の25%にありて中桁は前桁より350mm、後桁も中桁より350mm、エゾマツを笠材としブナ合板を腹板とせる箱型なり。小骨は桁と同様エゾマツ笠材とし、ブナ合板を腹板とせる箱型を使用し縦通材を有せず。外板はブナ合板を使用す。尚主翼には脚投下式取付金具及補助翼を有す。

(5枚目)

　3.胴　体
　　胴体断面は前半は正円形に後半は楕円形にして半張殻式構造なり。円框はエゾマツを笠材としブナ合板を腹板とせる箱型なり。縦通材はエゾマツ材を使用し6本あり、その先端部には発動機架取付金具を有す。外板にはブナ単板を使用す。尚抵抗減少のため爆弾装備は半埋込式とせるため胴体下面に切鉄を有す。

　4.尾　翼

| 寸法: | | 発動機: | |
|---|---|---|---|
| 型式: | 単発単座爆撃機 | 名称: | 「ハ115」複列星型14気筒空冷 |
| 全幅: | 9.720 M | 性能: | |
| 全長: | 8.550 M | 公称馬力: | 1070 HP H=2800M |
| 全高: | 3.300 M | 公称馬力: | |
| 主翼面積: | 14.5 M2 | 離昇馬力: | 1077 HP |
| 「アスペクト」比: | 6.0 | 直径: | 2.900 M |
| 補助翼面積: | 2 × 0.530 M2 | 減速比: | |
| 垂直尾翼面積: | 0.992 M2 | 乾燥重量: | |
| 水平尾翼面積: | 2.52 M2 | | |
| 車輪間隔: | 2.670 M | | |
| 接地角: | 11° 10' | | |
| 性能: | | 重量重心: | |
| 最高速: | V=550 KM/hr H=2800 M | 自重: | 1690kg 17.5 % |
| 離陸距離: | 560 M | 搭載量: | 940 kg |
| 着陸距離: | 700 M | 全備: | 2630kg 24 % |
| 航続距離: | 1200 KM | | |
| 装備: | | 成果: | |
| 爆弾: | 500 Kg × 1 | 昭和20年6月計画開始。 | |
| 懸吊機: | 手動投下式 | 終戦時　原図完了。治具整備 | |
| 照準器: | 1 | 完了。 | |

イ．水平安定板
　水平安定板は左右一体にして全木製単桁式構造なり。前縁部には補助桁を有す。胴体とは中央部に於いて4本の「ボルト」及左右2本の支柱により取付けらる。
ロ．昇降舵
　昇降舵は木金混合羽布張構造にして桁及前縁には鋼板を使用し小骨は木製なり。
（6枚目）
ハ．垂直安定板
　垂直安定板は全木製単桁式構造なり。前縁部には補助桁を有す。胴体には補助桁に於て1本、主桁に於て上下2本、「ボルト」を以て取付けらる。
ニ．方向舵
　方向舵は木金混合羽布張構造にして桁及前縁は鋼板を使用し小骨は木製なり。
5．補助翼
　補助翼は木金混合羽布張構造にして前縁、桁には鋼板を使用し小骨は木製なり。
6．固定下げ翼
　着陸訓練用として固定下げ翼を有す。木製にして主翼後縁に3個所にて「ボルト」を以て固定さる。
（7枚目）
7．降着装置
イ．主脚
　主脚は工作困難なる引込式を廃し且性能低下を来さざる如く投下式とし着陸は胴体着陸により人命の全きを期す。その構造は鋼管溶接式にして低圧車輪を使用し緩衝器を有せず。主翼の主桁及補助桁に取付けたる投下式脚取付金具に装着す。
ロ．尾脚
　尾脚は鋼管溶接構造の固定尾橇とす。緩衝ゴムを使用す。
8．発動機架
　防振「ゴム」を有する鋼管式前環と6個の鋼板溶接式取付金具よりなる。その取付は胴体に対し6個所にて「ナット」を以て大型縦通材に締付けらる。
（8枚目）

6.発動機環
　互換性、着脱の容易、剛性を考慮し海軍式「タンバックル」留式とし前縁環形覆も外れる如くす。
7.排気管
　単排気管とし、出口は全部翼上方とし、取付方法は「キ84」の経験により「カウルフラップ」取付環によりて排気管を支持し振動差によるガタ発生を防止せり。

機体装備
1.砲装備
　「キ84」Y装備と同様 胴体、主翼共に「ホ5」装備とす。
2.爆撃装備
（9枚目）
　翼下面懸吊に対しては「キ84」と同様なるも、胴体下面に800kg、又は500kg弾1個懸吊せる如くなせり。
3.燃料装備
　燃料管径 30×28を使用。タンク加圧式とす。「キ84　メタノール」槽は「ガソリン」槽とし「メタノール」槽は座席右方に装備せり。之により燃料は約833立となる。亜号燃料使用の場合は始動用として別に座席右方に30立の始動槽を設く。燃料切換装置は中タンク、翼左右単独、落下タンク左右単独とし燃料冷却器切換コックは廃止す。
4.滑油装備
　滑油タンクは「キ84」と同様防火壁前方に配置し、タンク上方に別に約15立、空気タンクを設け 全容量110立とす。滑油冷却器は10M2のもの1個を発動機下方に装着す。

　以上であるが、いくつか気がついた点を挙げてみたい。
1）表紙に、「太田整理部技術課　昭20・10・15」と書いてある。太田工場の関係者が戦後すぐの10月15日に、米軍GHQの指示により、資料を作成したそうである。
2）名称は「単発単座爆撃機」となっており、この計画が提出された段階でも、あくまで、爆撃・帰還を目的とした爆撃機として設計されたことがわかる。
3）甲型のほぼ直線に近い（実際には1度くらいの前縁後退角がある）主翼に比べ、3度くらいの前縁後退角を持った主翼となっており、面積も増加されている。
4）甲型に比べ、操縦席は視界改良のため前方に移動されており、甲型の半開放式風防ではなく、密閉型風防となっている。
5）機体は、操縦翼（木金混合）を除き、全木製化されている。
6）三面図にはないが、着陸訓練用に木製の固定フラップを装着できるようにしている。主翼面積は甲型に比べ増加しているが、依然、訓練生にとっては着陸速度が速すぎることが伺える。
7）主脚は生産性のためか、緩衝器なしの低圧タイヤ使用となっている。帰還時は胴体着陸となるため、必然的に爆弾は手動投下できるようになっている。
8）興味深いのは、「胴体、主翼共に、「ホ5」20mm機関砲を装備」となっている。しかし、構造上の複雑化を考えれば、「その装備及構造を出来得る限り簡素化し以て従来の同型機種に比し製作工数を約1/5に低下せしむる如くせり」という目的に矛盾する。本当に装備する予定だったのか疑問である。
9）爆弾装備に関しても、「翼下面懸吊に対しては「キ84」と同様なるも」と記されているが、これも上記と同じ理由で、疑問が残る。

　キ115乙に関しては、終戦時に原図が完成していたのみで、1機も実機は作られていない。海軍でもキ115甲を改良した藤花を計画していたが、戦争のこの段階においてさえ、陸軍と海軍がほぼ同じ機体を同時に開発しようとしていたことは興味深い。

キ115C 全体三面図 (1/100)

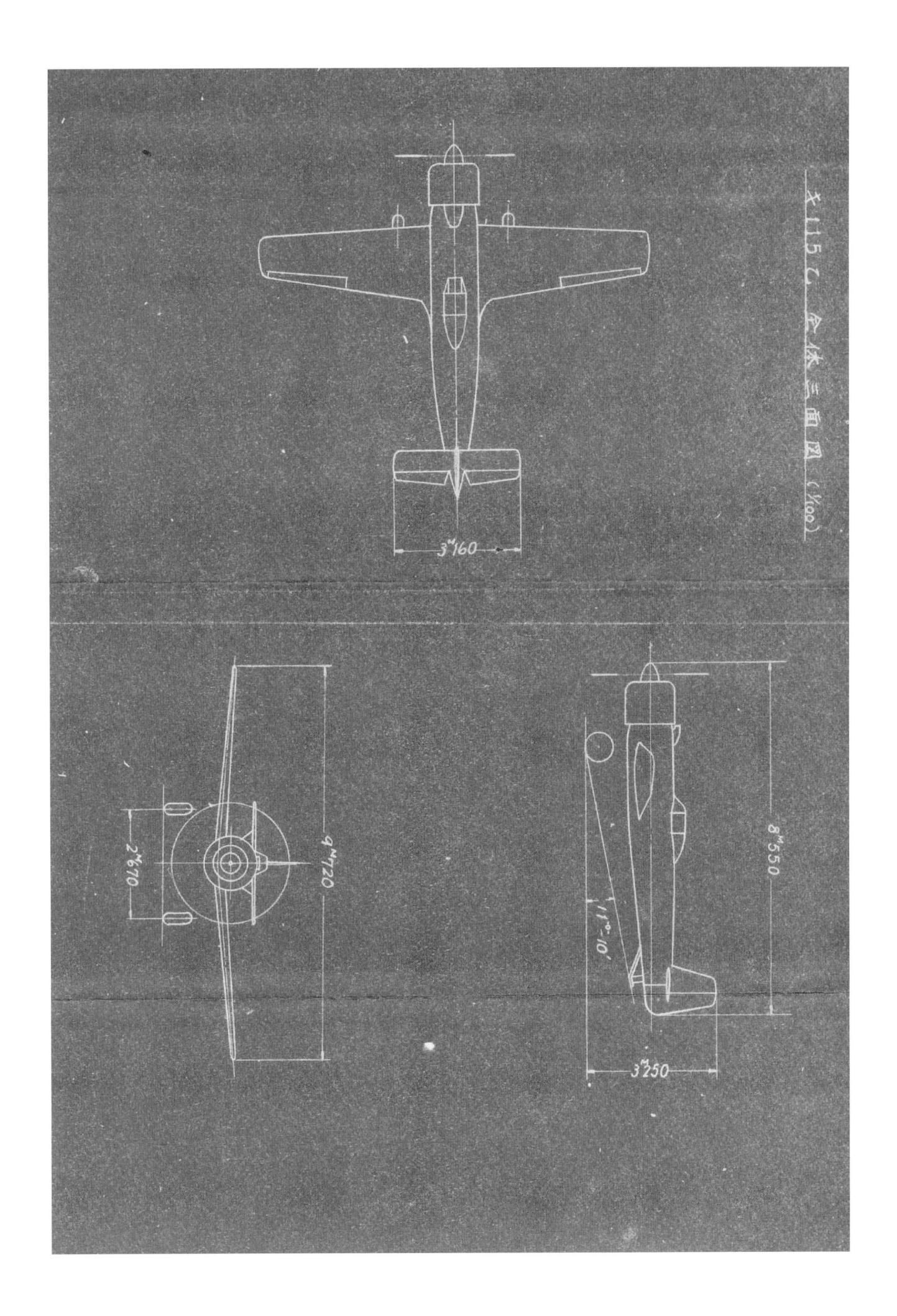

# 米海軍報告：日本陸軍の赤外線誘導爆弾ケ号

ケ号については、戦後すぐに、米海軍によって資料、装置とも押収され米国へ移送されたため、今日にいたるまで、間違いを含む限定された情報しか国内では入手することができなかった。しかし、本文中で紹介した以上のボリュームが米海軍報告には残されており、日本航空史のためにも、ぜひとも日本語で記録を残しておくべきであるとの思いより、レポートの抄訳と私の補足と訂正を加えて、ここに発表したいと思う。

―――――――――米海軍報告（抄訳）―――――――

## 概要

日本軍の赤外線誘導爆弾は、自由投下、赤外線誘導、ジャイロ安定式の誘導弾であり、航空機から海上の艦船へ向けて投下されることを意図していた。機体は、赤外線検知器頭部、前後に十文字翼を持つ胴体、尾部の制動装置より成る。赤外線検知部は、しっかり固定された熱電対列素子とその前の回転軸に偏向して取り付けられた球形状の鏡より成る。鏡の回転により、赤外線検知部が誘導弾前方を直接円錐状に走査することができるようになっている。検知は増幅され、姿勢制御のため動翼に伝えられる。約60個の爆弾が製造され、テストで投下されたが、実際に赤外線制御に反応できたのはほんの少数にすぎない。しかしながら、テストには将来性があり、設計者たちは赤外線誘導弾を成功させる自信があった。

## 紹介

1944年3月に、赤外線検知器と3種類の赤外線誘導爆弾 B-1、B-2、B-3（注：甲、乙、丙）の研究が同時並行で開始された。甲のみ将来性があったので、乙と丙の研究はすぐに中止された。この報告の対象は、海上目標への使用を意図した赤外線誘導、高角度、対艦誘導弾の甲型爆弾に限定する。甲型の開発へ努力を集中した結果、101型から109型まで9つのモデルが誕生したが、その中の106型と107型のみ、頻繁に投下テストが繰り返された。50~60基の弾体が高度3000mから、10m×30mの筏を目標として投下された。浜松湾（浜名湖）に係留されたその筏の上では、木材と石炭が燃やされた。ほんの5、6基が制御され、ジグザグにコースをとったのみであった。調整は困難であり、いくつかの爆弾は目標からそれ、全く赤外線制御ができなくなってしまった。投下テストは1945年7月には中止され、制御翼が再設計された。その結果生まれた108型と109型は1945年9月には投下テストを行える予定であった。

## 報告

### 第1部　赤外線誘導爆弾の一般データ

#### A.解説

赤外線誘導爆弾は自由投下型の誘導弾で、20~30kg（注：後述するが、200~300kgの間違いであると思われる）の高性能炸薬を搭載し、ケ号と名付けられていた。頭部、尾部（空気制動板）と翼補強材を除いて、全木製である。機体には、4つの主翼と4つの尾翼がある。ケ号109型は、107型の約2.5倍の大きさに設計されており、直径は30cm、全長5.5m、重量800kgであった。2つの信管を備え、頭部信管は直撃による瞬発信管であり、尾部信管は着水による遅延信管であった。

#### B.誘導システム

姿勢安定は、機体旋回に対する限定的なジャイロスコープ使用により行われる。ジャイロの歳差運動が補助翼の作動と密接に連動していた。初期の型は、2つの補助翼との機械的連係に油圧システムを使用していたが、後期の型は、電磁的に作動する4つの補助翼を備えていた。101型と102型は電動ジャイロを使用していたが、熱検知装置増幅器に非常に多くの静電気を発生させたため、103型から109型では空気作動式ジャイロを使用した。空気ジャイロの回転速度は、実際の対気速度により、毎分5000~8000回転であった。様々に配置されたニッケル板からなるボロメーター（注：温度測定器）は命令伝達システムを備えていた。偏向球状鏡はボロメーターの後ろで回転し、約15度の無信号内部円錐を持つ、頂角40度の円錐を走査する。ボロメーターからの信号は増幅器と2つの中継器を通り油圧作動のサーボに到達、翼のフラップと昇降舵を適切な方向に動かし、爆弾を熱源に誘導させる。

#### C.照準

通常の爆撃照準技術が使用された。爆撃諸表の相当する重量の爆弾データが、尾部空気制動板の抵抗や翼の揚力、コース変更の誤差訂正を使用せずに、充分利用できるものと考えられた。

#### D.投下

爆弾は1基のフックと2つの固定架で固定され、陸軍のキ67爆撃機の下面に1基搭載されるように設計された。爆弾の下側の翼は地面との接触を避けるため上向きに折りたたまれたが、離陸後は下げられるようになっていた。投下の前に、投下後の最後の10-15秒のみ熱検知装置のスイッチが入るように爆弾の時限スイッチがセットされた。投下の際にワイヤが引かれ、尾部の空気制動板が展開し信管の安全装置が解除される。

#### E.結果

赤外線検知が見られたのは5~6基の誘導弾であり、爆弾は飛行中にジグザグ運動を繰り返した。しかしながら、他の爆弾は熱源目標よりそれてしまうのが見られた。誘導弾が目標を避けた原因に関しては確定できない。というのは、正確な数量的データが採取されなかったためである。背景対比も異常であると考えられたが、機材の不良が殆どの問題の原因であると信じられた。熱電対列定数時間は2秒であったが、時間定数には異常があるとは考えられなかった。

#### F.生産と製造データ

型式による生産数は以下の通りである。

| 型式 | 生産数 |
|---|---|
| 101型 | 10 |
| 102型 | 5 |
| 103型 | 設計のみ |
| 104型 | 設計のみ |
| 105型 | 設計のみ |
| 106型 | 50 |
| 107型 | 30 |
| 108型 | 設計のみ |
| 109型 | 設計のみ |

各部分は以下の関連施設で製造された。

| | | |
|---|---|---|
| 爆弾弾体 | － | 名古屋工廠、熱田兵器製造所 |
| ボロメーター | － | 第1軍需工廠、東京、大宮製作所 |
| ジャイロ | － | 日立株式会社、水戸 |
| 時限装置 | | |

ばねと歯車部品　　　　－　　服部宝石会社
電気接点　　　　　　　－　　住友通信部

## G.開発機関と重要人物
以下の機関と個人が開発に参加した:
陸軍兵器行政本部
　藤田少佐　　　　　－　ジャイロと機体
　ヒヅタ少佐　　　　－　機体
　園部少佐　　　　　－　増幅器
　安部大尉
第7技術研究所
　小西教授、士官学校、大阪　　－　理論数学研究
　佐野教授、大阪帝国大学　　　－　電気設計
　板川博士、航空研究所　　　　－　空力的設計

## H.文書と装備
あらゆる場合において、尋問された者達は、全ての完成した爆弾やその部品そして図面は、以下を除いて、米軍の爆弾か、降伏時に日本軍によって破壊されたのだと断言した:
1. 同封物（A）に記された図面と青写真
2. ATIGによってライトフィールド、押収航空機部門に移送された、2個の機械式時限スイッチ
3. ワシントンD.C.のアナコスティア海軍研究所に移送された、松本の第7技術研究所で発見された、2個の検知機部（1個にはボロメーターなし）

## I.所見
赤外線誘導爆弾は要求を満たすほどには完成しなかったが、幾つかの独自の特徴を示した。それらは:
1. 固定した高感度素子と回転する偏向鏡による走査
2. それぞれ45度、135度、225度、315度の角度を持つ4枚の翼と連動した尾翼の使用
3. 落下速度を減速し、空気流制御を維持するための空気制動板の使用
4. 電子機器の雑音を最小化するための空気作動ジャイロの使用

## 第2部　赤外線誘導爆弾の構造と作動の詳述
### A.機体
1. 部品の配置: B-1（甲型）の機体は3つの部分 － 赤外線検知頭部、弾頭、胴体に分けられていた。頭部には、回転する走査鏡、熱検知ボロメーター、バッテリー付き増幅器を含んでいる。この後ろには、4枚のフラップと爆弾の型式により2枚か4枚の補助翼を持つ主翼が取り付けられている。（図1を参照）フラップを作動させる油圧サーボは胴体内のこの場所にある。主翼とより小さな尾翼の間の胴体には球形のオイルタンク、オイルコントロールバルブ、安定ジャイロ、電磁オイルバルブのバッテリーが内蔵されている。爆弾の尾部には、折りたたみ傘タイプの空気制動板が取り付けられている。（図2と3を参照）
2. 寸法: B-1（甲型）爆弾の寸法は、型式によりやや異なる。（図4と5を参照）

| 型式 | 全長 | 直径 | 翼幅 | 全重量 | 終末速度 |
|---|---|---|---|---|---|
| 107型 | 4.65m | 0.495m | 1.974m | 800kg | 536km/h |
| 109型 | 5.4m | 0.495m | 2.82m | 880kg | 576km/h |

3. 構造: 走査頭部カバーと空気制動板は鋼鉄製であり、爆弾のその他の部分は木製であった。注目すべき点は折りたたみ式下側翼で、キ67爆撃機の下面に搭載された時に爆弾が地面に接触しないようにする。離陸後に母機内でクランクによりバルブを開くと、油圧サーボが翼を降ろし、飛行姿勢にする。

### B.熱検知装置
1. 熱検知部: 熱検知部は木製フレーム構造となっており、ボロメーター、鏡、モーター、配電器、増幅器、継電器箱、バッテリーケースを内蔵していた。（図6、7,8を参照）
2. 窓: 爆弾前部にある熱透過窓は、10ミクロンの厚さで直径40cmの塩素酸塩ゴムの皮膜でできていた。その支えとなるのが、窓のすぐ後ろにある、40個の1cm方形を構成するピアノ線による網構造であった。窓物質の透過率は、10ミクロンの領域ではやや低下する赤外線帯域では80％の数値が与えられていた。直射日光があたれば、軽度の損害を被ると言われている。尋問された者によれば、岩塩が唯一他に適した物質であるが、必要とされる寸法が原因で、窓には使用されなかった。
3. 鏡: 回転する偏向鏡が上部の後部に配置されている。それは、鏡の後ろに直に取り付けられた小さな電動モーターで駆動する。このモーターは、配電器の回転接点をも作動させる。焦点軸の走査角度は爆弾の飛行軸により15度から30度の範囲で変化した。（図6と9を参照）
4. ボロメーター: 赤外線誘導爆弾のボロメーターの組み立てと構成は、熱線検知器に使用されているものと同じだったと言われている。以下がその入手されたデータである。
素材:ニッケル
厚さ:2ミクロン
感度:
　1. 1mで1/30度Cを感知: 研究所でのテスト（図10を参照）
　2. 100mで人の顔を感知:
　3. 理想的条件のもとで、2000mで1000tの船を感知

研究の背景:海軍研究所におけるストロング博士の資料、1932年B-1（甲型）爆弾では、ボロメーターの細片は、気密ケース内の1.5mm厚の岩塩窓の後ろに取り付けられた。各細片は真鍮のピンにより、ベークライトのケース内に取り付けられている。（図11を参照）様々な配置が使用され、考えられた。（図12を参照）松本で発見された頭部には4枚の細片が使用されていた。（図7を参照）ボロメーターに焦点をあわせる爆弾の鏡装置は、40度の円錐形最大範囲と15度の円錐形死角範囲との間に検知された熱源の方を向く。

### C.制御装置
1. 増幅器: 増幅器は、鏡の後ろの上部フレームに取り付けられた金属容器に入れられている。（図14を参照）「第2継電器」として集合的に名付けられた4つの継電器は、増幅器の容器にしっかりと固定された容器に取り付けられている。（図8を参照）増幅器とモーターに電力を供給しているバッテリーは、上部フレームの後部、弾頭のすぐ前にある。主翼のフラップと尾翼の昇降舵は連結ロッドで連結されており、爆弾を最もよく制御できるように、反対方向に同時に作動する。
2. 油圧システム: 全ての型式で、操舵面と離陸後の翼展開に油圧システムが使われている。システムは、甲107型以降の型式で、2つの補助翼の作動にも用いられる。2つの蓄圧タンクが圧力によりオイルを供給している。爆弾を搭載した母機が離陸すると、クランクにより第1ニードルバルブが開かれる。（図16と17を参照）主翼と尾翼のサーボに流れるオイルは、下側の翼を水平位置より、それまで翼を折りたたんでいたバネの力に抗して、下向き45度の位置へ展開する。爆弾投下の少し前に、第2ニードルバルブが母機より電気で開かれる。4つのポートの1つからオイルが電気作動パイロットバルブへ供給される。残りの3つのポートのうち、1つは大気中へオイルを排出し、残りの2つは並行制御装置サーボへオイルを供給する。システムの設計上、運用時にフラップと昇降舵は一度作動すると、決して作動前の位置には戻れない。爆弾の飛行軸下で熱源が

捉えられると、電磁オイルバルブが作動し操舵翼が可動する。熱源が死角に入ると、電磁オイルバルブが元の位置に戻り、サーボは油圧システムにより、中立位置に戻ることはない。しかしながら、オイル漏れのため、操舵翼は徐々に空気の抵抗により元の位置に戻ることがよくあった。4分割された反対象限からの信号は、油圧システムにより操舵翼の位置を逆にさせる。操舵翼は各側、最大20度まで可動する。サーボの配置は図16を参照すること。

3.ジャイロ:爆弾のジャイロ「準安定」システムは独特なものである。爆弾の機体と翼は左右対称であり、4つの継電器とサーボシステムの全てが同一なので、爆弾がいついかなる姿勢をとっても、違いはない。こうして、通常なら大量の参照ジャイロの取り付けと補助翼の常時可動が必要なのだが、しっかりした安定性は必要なかった。そのかわり、爆弾を非常に高速度で回転させないことだけが要求された。50秒で360以内の角回転速度が認められていた。それ以上の回転速度をチェックする簡単なシステムが使われており、107型以降ではその際に2つの補助翼が作動するようになっていた。

## D.弾頭

1.炸薬:全ての甲型爆弾の主炸薬は上部フレームと主翼の間にある。前端部は成形炸薬型式となっており、いかなる米艦船の船体や甲板を貫通できるものと言われている。

2.信管:主炸薬を爆発させるのに2つのシステムが使用されている。1つは船の甲板上の物体に衝突した瞬間に爆発するように設計されている。このシステムは主炸薬の後部にある雷管とそれを作動させる爆弾頭部より突き出た2本の起爆管より成る。これらの起爆管は、爆弾の投下と同時に管作動綱が引かれ、先端の小さなプロペラにより起爆準備がされる。第2のシステムは、着水した際に少し遅れて弾頭を爆発させるように設計されている。これは、海面より少し入ったところで炸薬が爆発すれば、至近弾が船により大きな損害をもたらすからである。使用された信管は風速計により起動準備がされる、標準衝撃遅延信管タイプである。突き出た起爆管が着水の衝撃でも破壊されなくても、瞬発信管を起爆させないように想定されていた。実際に信管を付けて投下された爆弾はないと言われている。

## E.爆撃

1.飛行前:投下の前に、地上で電気回路の確認の準備が行われる。母機まで爆弾を運ぶのに、標準の爆弾運搬トラックが使用される。母機への搭載方法が独特である。爆弾倉内に1つの大きなV字型の支持架が作られており、その頂点は母機下面より数インチ突き出ている。これは爆弾をその重心位置より高いところで支える。さらに2つの緩衝機能の付いた支持架が、この支持架の前後の位置で、母機に取り付けられている。爆弾は吊り上げられ、振動しないようにこれらの支持架にぴったりと固定される。下側の翼は、内蔵されたバネにより、水平位置に固定される。電気プラグを接続し、タイマーを設定し、信管作動綱を取り付ければ、飛行前手順の終了である。

2.投下前:爆弾投下の10分前、以下の準備が母機より成される。
　a.第1ニードルバルブをクランクにより機械的に開き、下側の翼を展開する。
　b.第2ニードルバルブを電気的に開き、オイルサーボシステムに供給する。
　c.電磁解除によって、空気ジャイロの回転を上げる。
　d.増幅器予熱回路のスイッチを入れる。これは、増幅器収納ケース内のニクロム線による。
　e.機械タイマーをセットし、制御回路のスイッチが入る(通常、高度1000m)までの爆弾の落下時間長を決定する。爆撃手が、爆弾が高度900mまで落下するのに要する時間長を計算し、タイマーを設定する。タイマーは、爆弾の投下とともに作動を始め、タイマーが切れると、鏡、モーター、増幅器のスイッチが入る。以上の準備により、爆弾は投下準備が完了する。

3.投下:標準の爆撃照準器と爆撃表が誘導弾と同重量の爆弾データを用いて使用された。爆弾投下スイッチがタイマーを起動させる。突き出た起爆管と信管の風車にとりつけられた信管作動綱が引き抜かれる。綱は同様に、尾部空気制動板を解除し、それは空中ですぐに展開する。母機の速度は爆弾の投下時の約336~400km/hから増加する。

## F.テスト

1.投下テスト:投下テストは、浜名湖で、1944年12月から1945年7月の間に行われた。目標の筏、10m×30m、上では木材と石炭を燃やしていた。約60発の爆弾、主に106型と107型が夜間に投下された。投下高度は、1500mから3000mの間であった。移動目標に対しての投下はなく、原因究明のための回収もなかった。性能検査は、湖畔の連続撮影カメラによって行われた。爆弾尾部に付けられたライトが軌跡を発生させ、解析できるようにしてあった。ほんの5、6発が、日本側の言う「成功(爆弾が明らかに熱信号を捉え、制御された)」であった。これは、理想的な条件下(均一して10度~20度の冷たい背景下に特に強く熱せられ孤立した目標)で行われたことを考慮しても、お粗末な結果であった。しかしながら、設計者達は、増加した翼面積を持つ109型はもっと上手くいくだろうという強い自信を持った。

2.その他のテスト:風洞テストが立川で行われていた。1基の爆弾に対して振動テストが行われた。

## G.配線図

図22,23、24を参照すること。

————————————————

以上が、米海軍のケ号に関するレポートの抄訳である。特に技術的な箇所等は省かせて頂いたが、今まで限定的な情報しかなかったケ号に関して、かなり実態がおわかりになったのではないかと思う。以下に、補足をしたい。

1.マルケとケ号の「ケ」に関しては、検知器の「ケ」から来ているというのが定説となっているが、「マルケは、外部に研究内容をしられるのを防ぐため決戦の「け」からとって略号とした」という情報もある。

2.炸薬量が資料によって異なる。日本の資料では、600kgとされてきたが、爆弾重量自体が800kg程なので、600kgとは考えにくい。一方、米海軍報告では、20~30kgとしているが、これは少なすぎ、艦船に大きな損害を与えることすらできないのではないだろうか。この炸薬量が今まで大きな謎であったが、1946年発行の米空軍報告に答えを見つけることができた。この報告でもケ号を扱っており、炸薬量ははっきり300kgと書かれている。よって、米海軍報告では、200~300kgのところを桁を間違ったものだと考えられる。日本側の資料で600kgとなっている理由は、最初のケ号101型の全重量(600kg)との勘違いか、600ポンド(300kg)を600kgに間違えたのではないかと考えられる。

3.国内の資料で、母機を銀河としているものがあるが、もともとケ号は陸軍の計画であり、米軍報告でも記述されている通り、母機はキ67飛龍であった。銀河が予定されたことはなかったのである。

4.報告を見る限りでも、まだ多くの技術的な問題が残されており、ケ号が実用化される可能性は少なかったように思われる。だが、700発以上の生産が予定されており、ケ号の起死回生の秘密兵器としての期待度の大きさがわかる。

# 参考書籍
Bibliography

Harold Andreas – The Curtis SB2C-1 Helldiver – Profile Aircraft No.124 – Windsor 1982
S. Arutjumow, G. Swietłow – Starzy i nowi bogowie Japan – PIW – Warsaw 1973
Ian K. Baker – Japanese Navy Aircraft Colours & Markings in the Pacific War and Before – Ian K. Baker's Aviation History Colouring Book No.36 & 37 – Self Published in Victoria, Australia 2001
Charles Bateson – The War with Japan – Barrie & Rockliff – London 1968
David Brown – Kamikaze – Gallery Books – New York 1990
Richard M. Bueschel – Kawasaki Ki-61/Ki-100 Hien in Japanese Army Air Force Service – Aircam Aviation Series No.21 – Berkshire 1971
Richard M. Bueschel – Nakajima Ki-84a/b Hayate in Japanese Army Air Force Service – Aircam Aviation Series No.16 – Berkshire 1971
Richard M. Bueschel – Nakajima Ki-44-Ia,b,c/IIa,b,c in Japanese Army Air Force Service – Aircam Aviation Series No.25 – Berkshire 1971
Richard M. Bueschel – Nakajima Ki-43 Hayabusa I-III in Japanese Army Air Force – RTAF, CAF, IPSF – Service – Aircam Aviation Series No.13 – Berkshire 1970
Richard M. Bueschel – Kawasaki Ki-48-I/II Sokei in Japanese Army Air Force – CNAF & IPSF Service – Aircam Aviation Series No.32 – Berkshire 1972
Christy Campbell – Air War Pacific – Crescent Books – New York 1990
Andzej Celarek – Bitwa o Zatokę Leyte – Wydawnictwo Morskie – Gdynia 1960
Robert Chesneau – Aircraft Carriers – London 1984
Basil Collier – Japanese Aircraft of World War II – London 1979
Michał Derenicz – Japonia – Nippon – Nasza Księgarnia – Warsaw 1977
Robert F. Door – US Bombers of World War Two – London 1989
Robert F. Door – US Fighters of World War Two – London 1984
Zbigniew Flisowski – Burza nad Pacyfikiem (tom 1 i 2) – Wydawnictwo Poznańskie – Poznań 1986 i 1989
Rene J. Francillon – Japanese aircraft of the Pacific War – Funk & Wagnalls – New York 1970
Rene J. Francillon – Imperial Japanese Navy Bombers – Windsor, Hylton – 1969
Rene J. Francillon – The Kawasaki Ki-45 Toryu – Profile Publications No.105 – London
Rene J. Francillon – The Kawasaki Ki-61 Hien – Profile Publications No.118 – London
M.F. Hawkins – The Nakajima B5N Kate – Profile Publications No.141 – London
Imperial Japanese Army Air Force Suicide Attack Unit – Model Art. No.451, Tokyo 1995
　［モデルアート臨時増刊No.451「陸軍特別攻撃隊」、東京1995］
Imperial Japanese Navy Air Force Suicide Attack Unit 'Kamikaze' – Model Art. No.458, Tokyo 1995
　［モデルアート臨時増刊No.458「神風特別攻撃隊」、東京1995］
Zdzisław Kwiatkowski – Krach Cesarskiej Floty – MON – Warsaw 1975
Yasuo Kuwabara, Gordon T. Allred – Kamikaze – Ballantine Books – New York 1982
Raymond Lamont-Brown – Kamikadze powietrzni samuraje-samobójcy – Wydawnictwo Amber 2003
Michel Ledet – Les Kamikaze: Arme ultime du Japon – Batailles Aeriennes No.19, Outreau 2002
O. Leyko – Kamikadze – Moskow 1989
Edward T. Maloney – Kamikaze – The Ohka Suicide Flying Bomb – Aero Publishers No.7 – Fallbrook 1960
Bernard Millot – Les Chasseurs Japonais de la Deuxieme Guerre Mondiale – Docavia – Paris 1977
Bernard Millot – Divine Thunder – MacDonald – London 1971
Robert C. Mikesh – Kikka – Monogram Close Up No.19 – Balyston 1979
David Mondey – American Aircraft of World War II – Aerospace Publishing – London 1982
Andrzej Mozołowski – Tak upadło Imperium – KAW – Warsaw 1984
Josef Novotny – Causa Kamikaze – Nase Vojsko – Prague 1991
Masatake Okumiya（奥宮正武）, Jiro Horikoshi（堀越二郎）and Martin Caidin – Zero! – Ballantine Books – New York 1979
Andrzej Perepeczko – Okinawa – Wydawnictwo Morskie – Gdynia 1965
Saburo Sakai（坂井三郎）– Samurai! – Ballantine Books – New York 1972
Donald W. Thorpe – Japanese Army Air Force Camouflage and Markings World War II – Aero Publishers – Fallbrook 1968
Jolanta Tubielewicz – Historia Japonii – Ossolineum – Wrocław 1984
Antoni Wolny – Okinawa 1945 – MON – Warsaw 1983
Takeo Yasunobu – Ah, Kamikaze Tokko Tai – Kojin-sha – Tokyo 1995
　［安延多計夫、あゝ神風特攻隊、光人社、東京1995］
Kazuhiko Osuo - Tokubetsu Kogekitai no kiroku (Kaigun hen)(Rikugun hen) – Kojin-sha – Tokyo 2005
　［押尾一彦、特別攻撃隊の記録（海軍編）（陸軍編）、光人社、東京2005］
The Great Book of World War II Airplanes – Bonanza Books – New York 1984
林えいだい、重爆特攻「さくら弾」機、光人社、東京2009

## 日本陸海軍の
## 特殊攻撃機と飛行爆弾

| | |
|---|---|
| 発行日 | 2011年3月28日　初版第1刷 |
| 著　者 | 石黒竜介、タデウシュ・ヤヌシェヴスキ |
| 翻訳者 | 平田光夫 |
| 装　丁 | 横川 隆（九六式艦上デザイン） |
| 本文DTP | 小野寺 徹 |
| 編　集 | 松田孝宏（オールマイティー） |
| 発行人 | 小川光二 |
| 発行所 | 株式会社 大日本絵画<br>〒101-0054 東京都千代田区神田錦町1丁目7番地<br>Tel. 03-3294-7861（代表）<br>URL., http://www.kaiga.co.jp |
| 企画・編集 | 株式会社 アートボックス<br>〒101-0054 東京都千代田区神田錦町1丁目7番地<br>錦町1丁目ビル4F<br>Tel. 03-6820-7000（代表）　Fax. 03-5281-8467<br>URL., http://www.modelkasten.com/ |
| 印刷／製本 | 図書印刷株式会社 |

Japanese Special Attack Aircraft & Flying Bombs
by Ryusuke Ishiguro, Tadeusz Januszewski
©2009 Mushroom Model Publications,
http://www.mmpbooks.biz
Japanese edition Copyright ©2011
DAI NIPPON KAIGA Co.Ltd.,

Copyright ©2011 株式会社 大日本絵画
本書掲載の写真、図版、記事の無断転載を禁止します。

ISBN978-4-499-23048-3 C0076

内容に関するお問い合わせ先：03(6820)7000　㈱アートボックス
販売に関するお問い合わせ先：03(3294)7861　㈱大日本絵画

三菱A6M2零戦21型、第201航空隊初の特攻隊、関行男隊長機。フィリピン、マバラカット航空基地、1944年10月25日。

空技廠D4Y4彗星43型。1945年。特攻出撃時には500kg爆弾を爆弾倉に装備することが多かった。

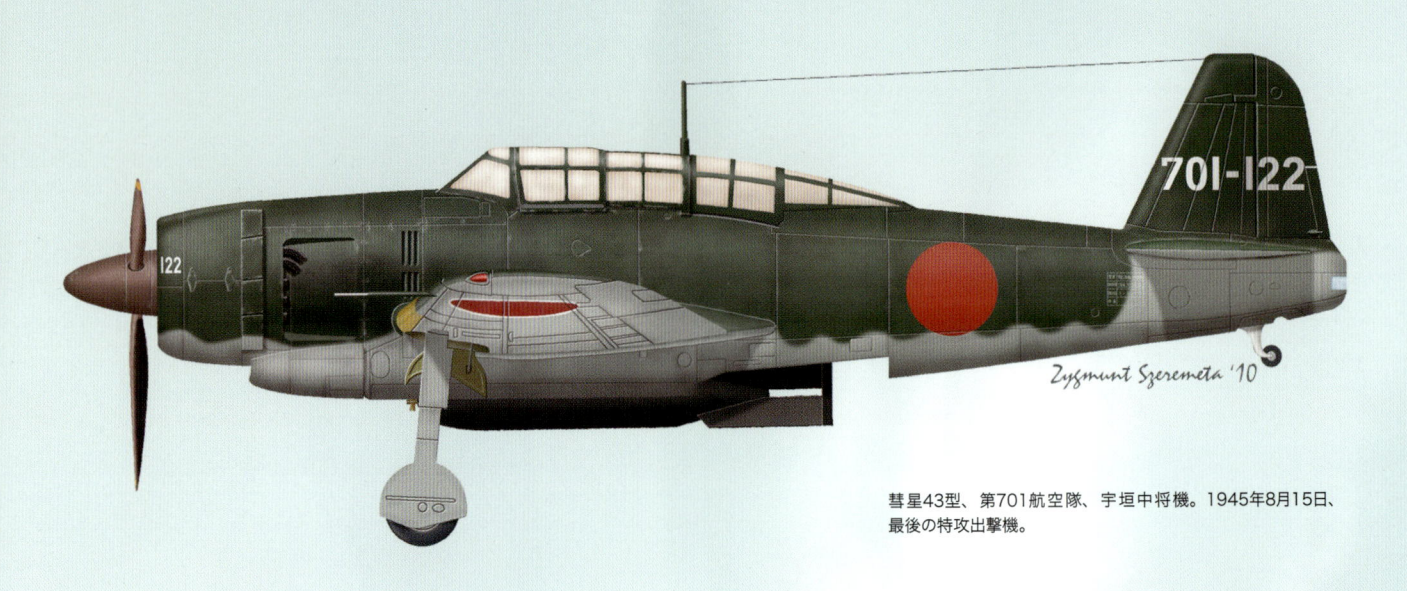

彗星43型、第701航空隊、宇垣中将機。1945年8月15日、最後の特攻出撃機。

陸軍特別攻撃隊第19振武隊の中島キ43隼I型。知覧基地、1945年4月。

200リットル落下タンクと250kg爆弾を装備した飛行第33戦隊第1中隊の隼III型甲。1944年にフィリピンで使用された特攻機ではこの装備が多かった。

胴体下面に250kg爆弾を装備した隼Ⅲ型甲。

飛行第65戦隊の隼Ⅲ型甲。
佐賀県目達原航空基地、1945年8月。

飛行第47戦隊第2中隊の中島キ44鍾馗Ⅱ型乙、東京市成増航空基地。本機は1944年秋に震天制空隊としてB-29に体当たり攻撃を敢行した。

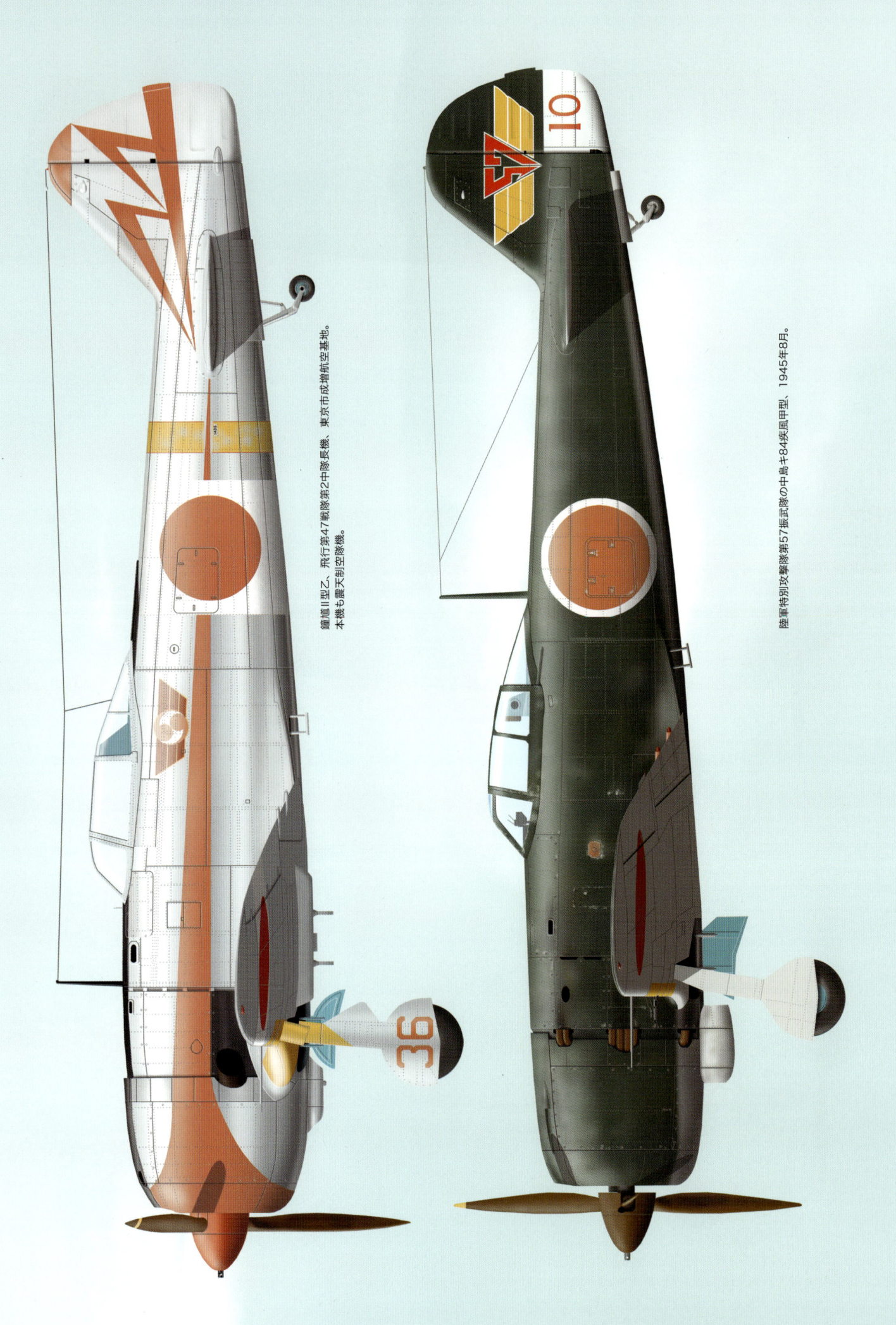

鍾馗II型乙、飛行第47戦隊第2中隊長機。東京市成増航空基地。本機も震天制空隊隊機。

陸軍特別攻撃隊第57振武隊の中島キ84疾風甲型、1945年8月。

疾風甲型、陸軍特別攻撃隊第182振武隊、井本剛中尉機。1945年8月。

飛行第59戦隊第3中隊の川崎キ61飛燕型乙。福岡県芦屋飛行場、1945年8月。

飛行第59戦隊の特別攻撃隊、第149振武隊の飛燕Ⅱ型乙。

飛行第244戦隊の飛燕Ⅰ型乙。震天制空隊、板垣政雄伍長長機。

飛行第244戦隊の飛燕I型丁。震天制空隊、四宮徹中尉機。

第181振武隊の疾風甲型、1945年8月。

川崎キ48九九双軽Ⅱ型乙改の三延長信管型。

川崎イ号1型無線誘導弾を装備したキ九九双軽Ⅱ型乙。

九九双軽Ⅱ型乙改の単延長管型。

成形炸薬弾の桜弾を搭載した三菱キ167飛龍。飛行第62戦隊第2次沖縄特攻隊1番機。機長は溝田彦二少尉。溝田少尉本人が描いた虎に描いた虎献を模したシャークマウスに注意。

富嶽隊のト号機。

ト-534

海軍に7機引き渡された空技廠D3Y1-K明星22型のうち1機。

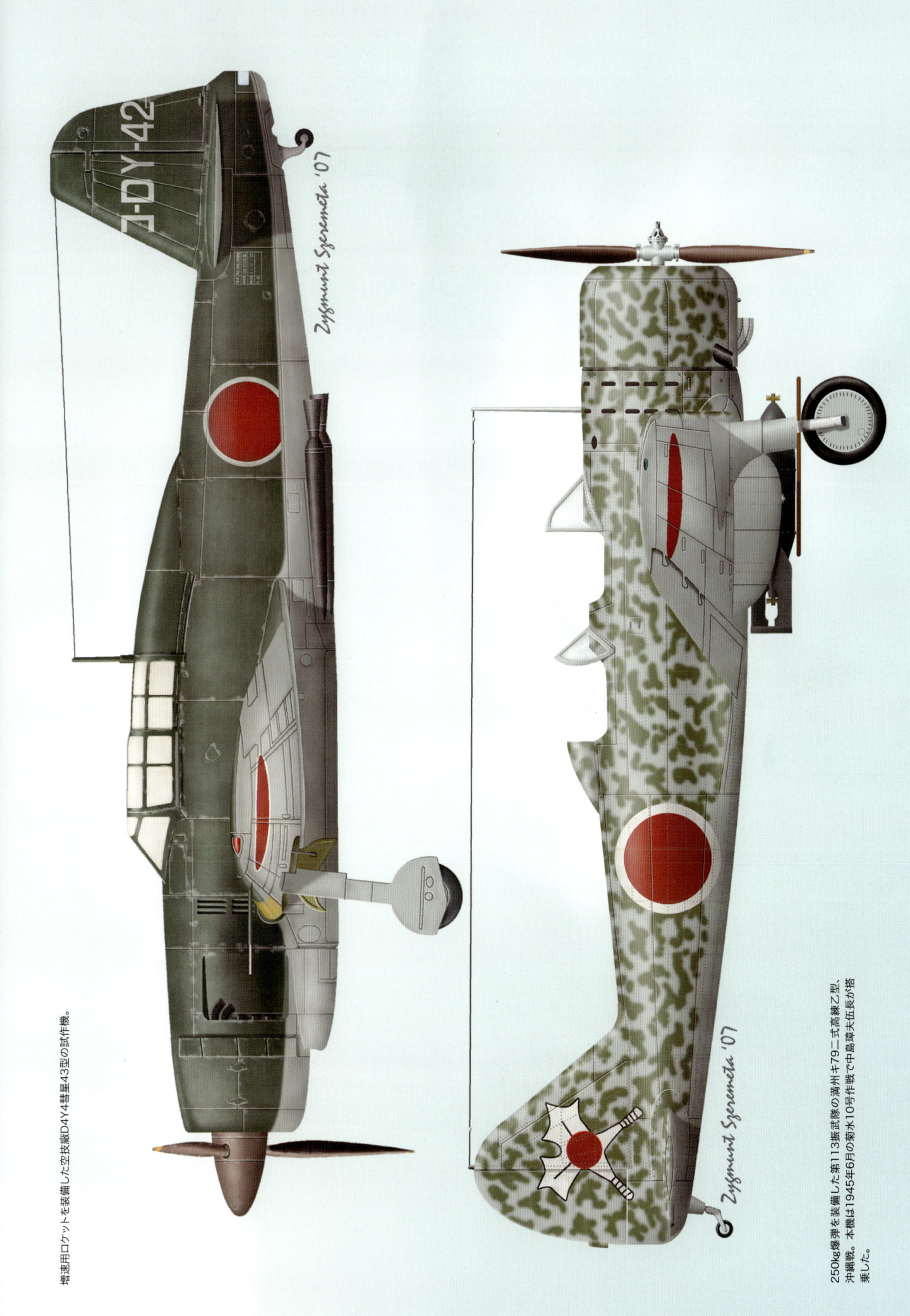

増速用ロケットを装備した空技廠D4Y4彗星43型の試作機。

250kg桜弾を装備した第113振武隊の満州キ79二式高練乙型。沖縄戦。本機は1945年6月の菊水10号作戦で中島卓夫伍長が搭乗した。

川西梅花1。陸上機型。

川西梅花2。陸上機型で、エンジン取り付け位置がやや後方のタイプ。

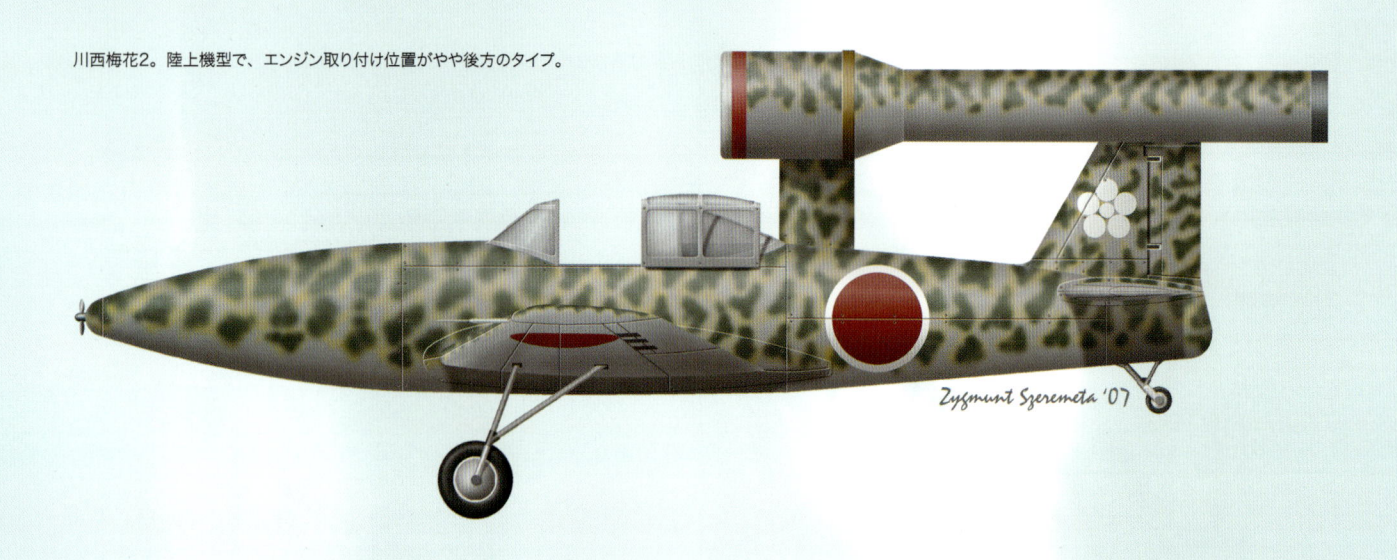

川西梅花3。レールカタパルト射出型。

川西梅花。複座練習機型（推定）。

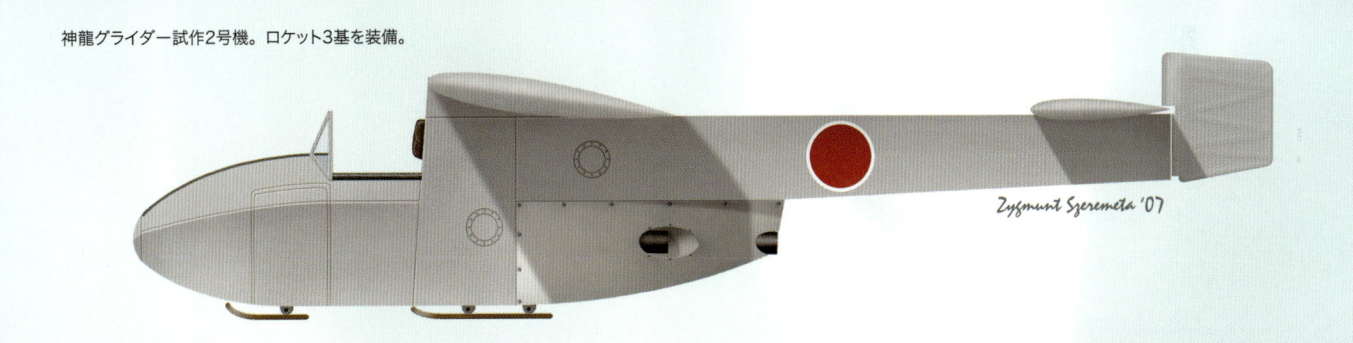

神龍グライダー試作2号機。ロケット3基を装備。

試作単座奇襲機。

川崎イ号1型乙無線誘導弾を装備した川崎キ102乙襲撃機。

運搬台車上の川崎イ号1型乙無線誘導弾。

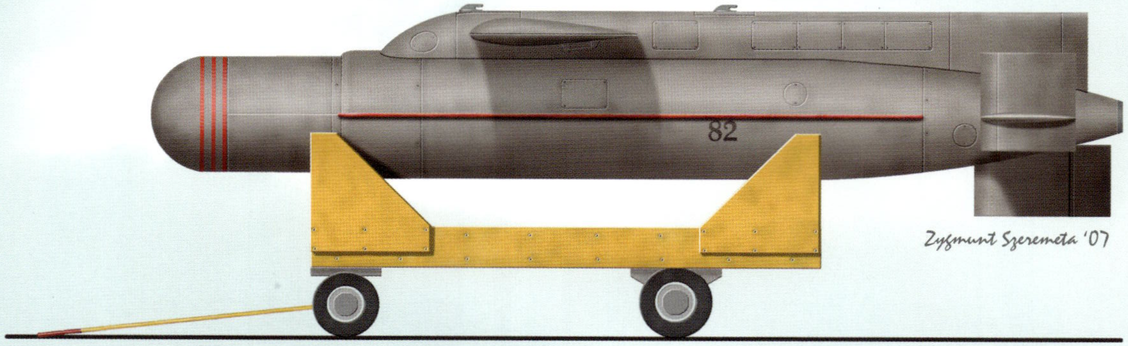

三菱イ号1型甲無線誘導弾を装備した三菱キ67飛龍。

三菱イ号1型甲誘導弾の試作2号弾。

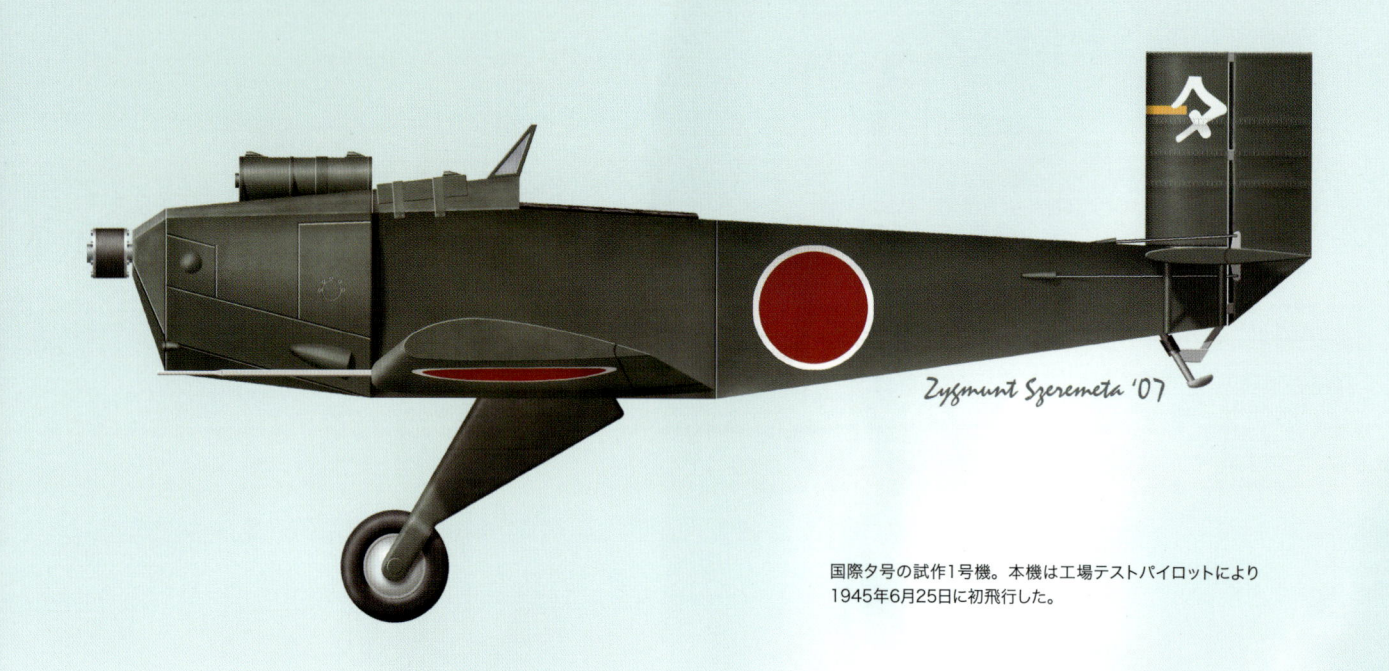

国際タ号の試作1号機。本機は工場テストパイロットにより
1945年6月25日に初飛行した。

中島キ115甲剣。

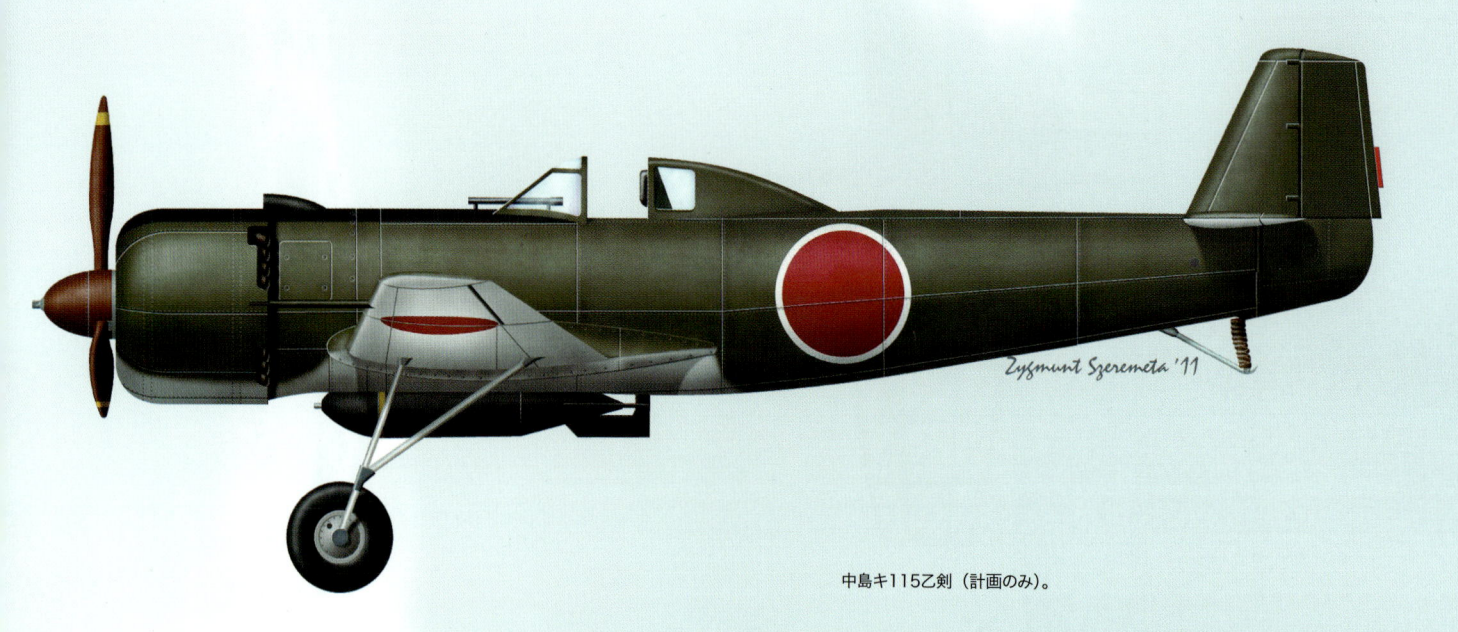

中島キ115乙剣（計画のみ）。

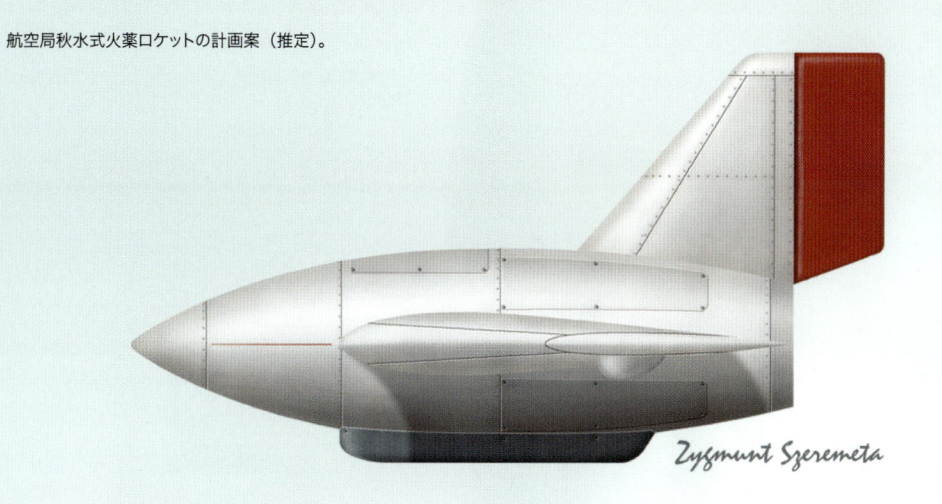

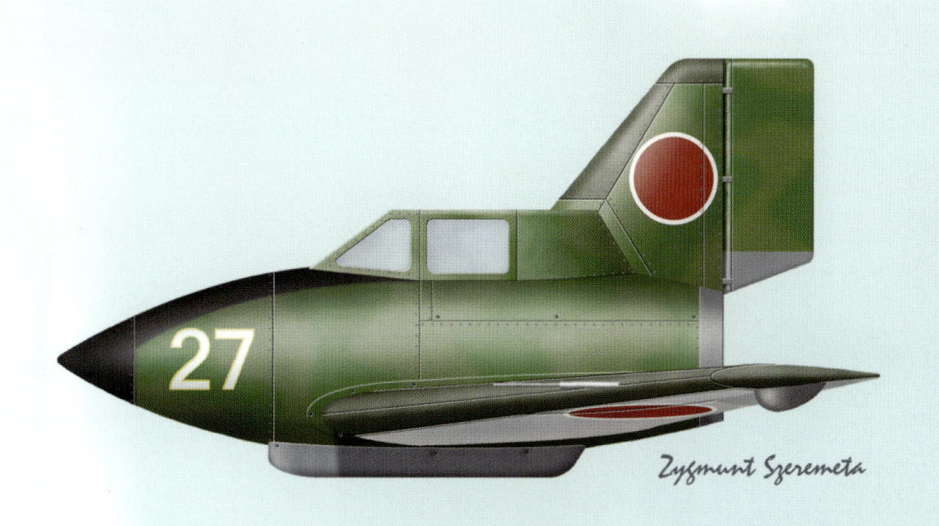

航空局秋水式火薬ロケットの計画案（推定）。

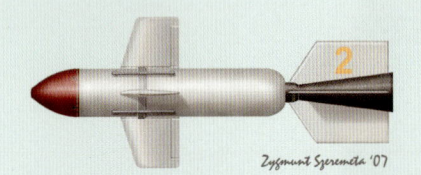

奮龍2型特型噴進弾。

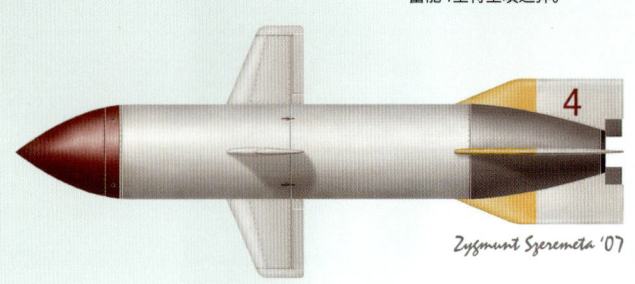

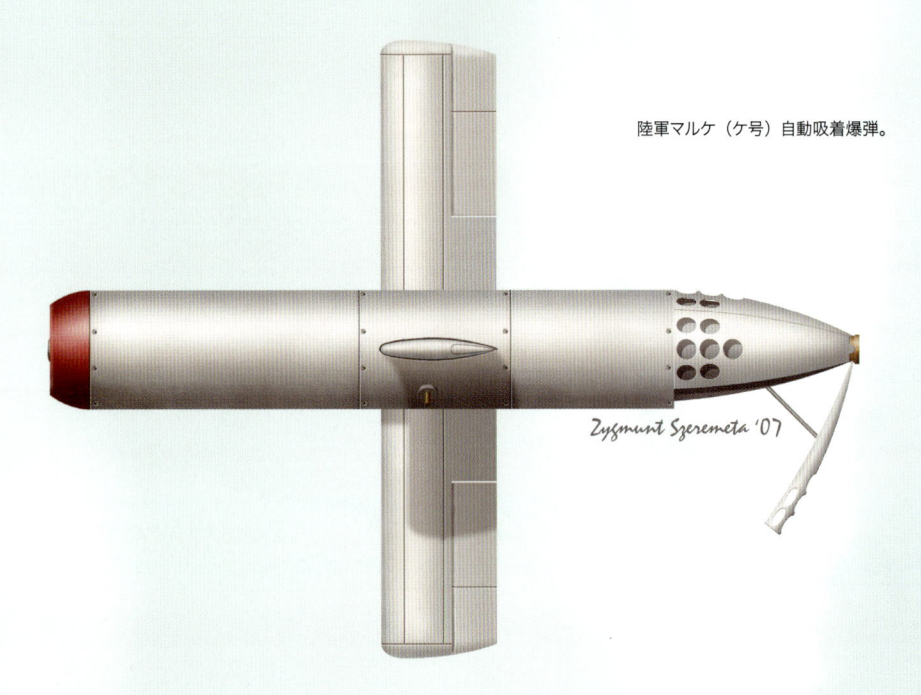

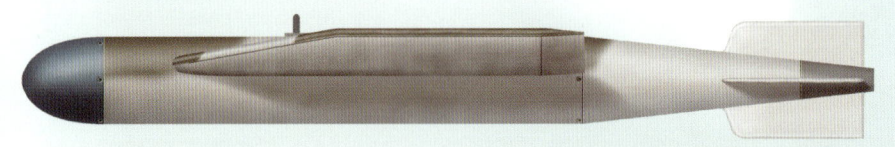

奮龍4型特型噴進弾。

陸軍マルケ（ケ号）自動吸着爆弾。

空雷7号対潜航空爆雷。

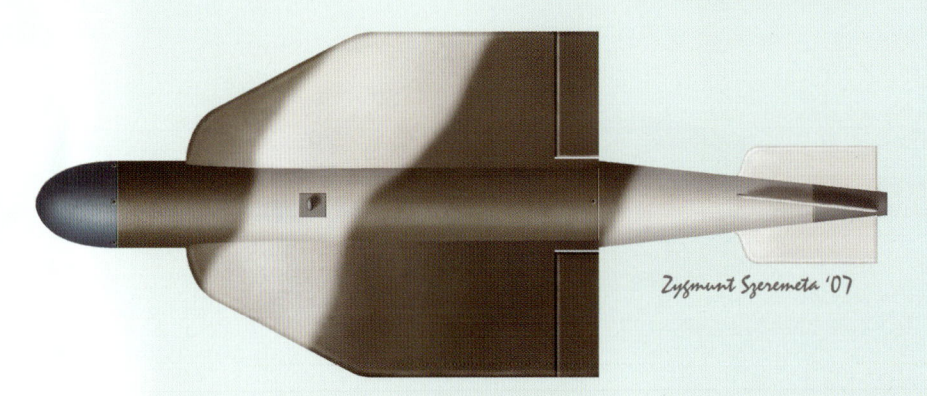

飛行第74戦隊の単延長管型中島キ49-II改。

川崎キ119軽爆撃機（計画）の特攻出撃仕様。

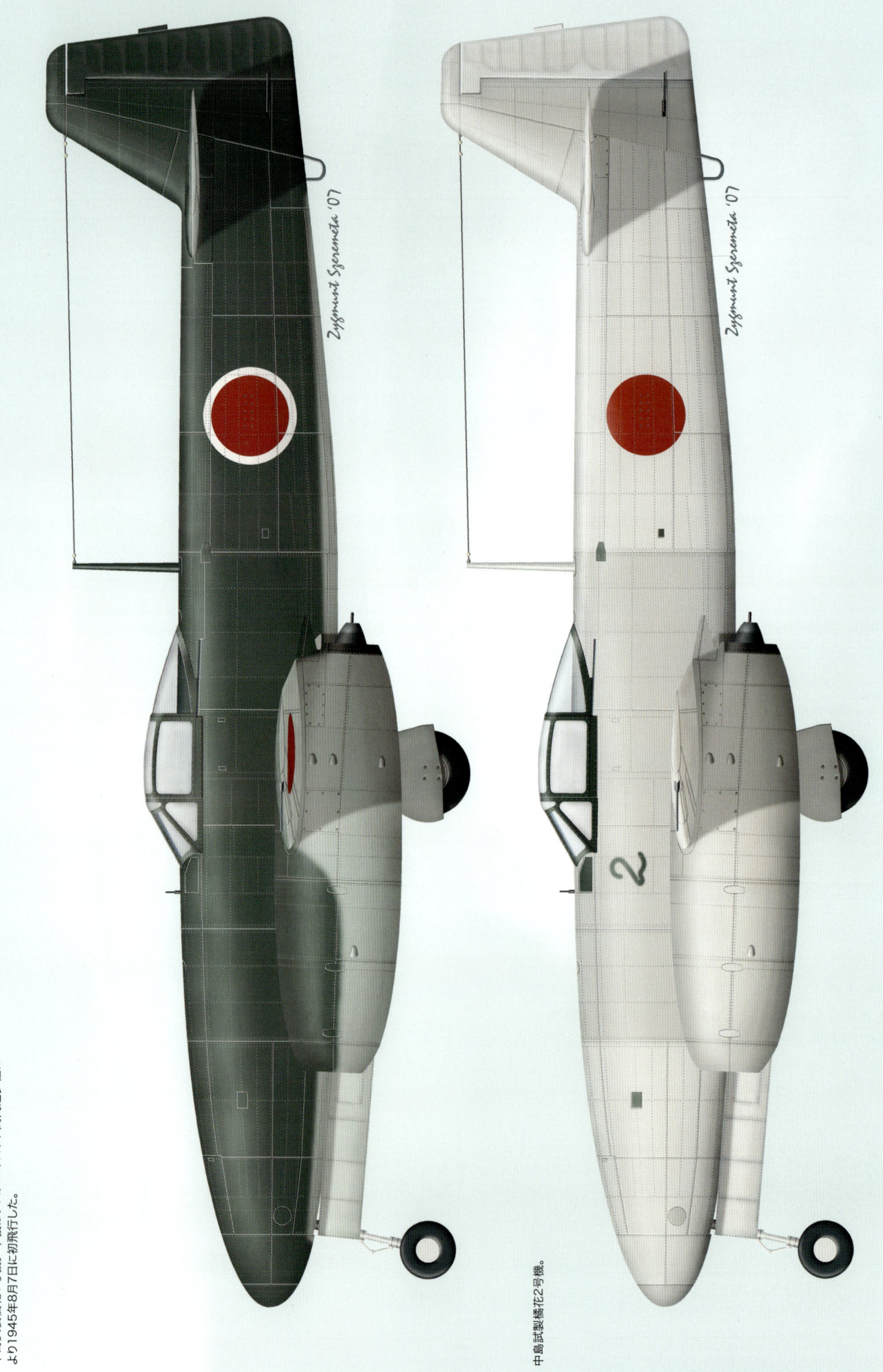

中島試製橘花1号機。本機はテストパイロット高岡迪少佐により1945年8月7日に初飛行した。

中島試製橘花2号機。

米軍機に偽装した愛知M6A1晴嵐。増槽に見せかけるため
爆弾の安定板が取り外されているのに注意。

Zygmunt Szeremeta '07

Zygmunt Szeremeta '07

第631航空隊の晴嵐。

269

沖縄で1945年に発見された空技廠桜花11型。実機のカラー写真では、胴体金属部分オリーブグリーン、主・尾翼木製部分ブルーグレイの2色塗装に見える。可能性として、金属用塗料と木製部用塗料の色調が最初から異なっていたのか、両塗料の退色の度合いが異なっていたのか、が考えられる。

空技廠試製桜花22型。これも11型と同じく、オリーブグリーンとブルーグレイの2色塗装に見える。

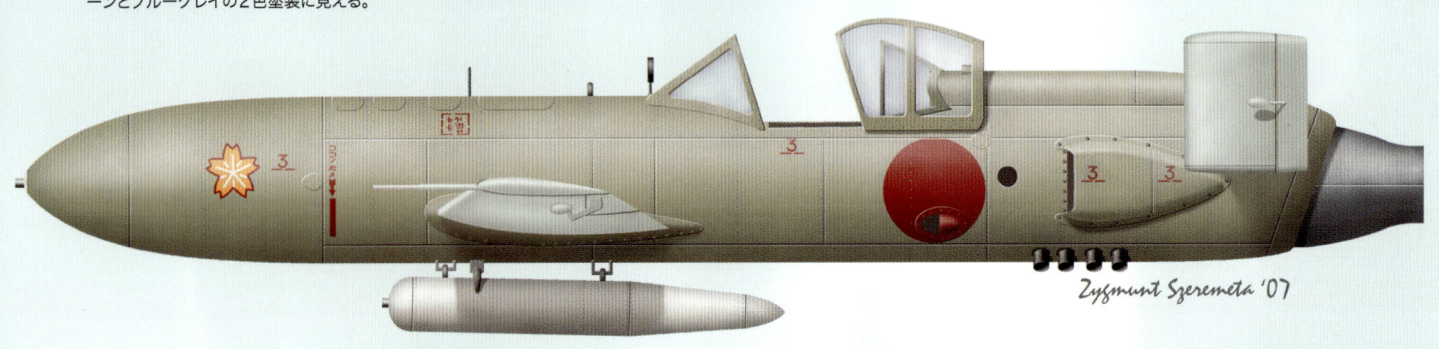

第722航空隊の空技廠桜花K-1練習用グライダー。

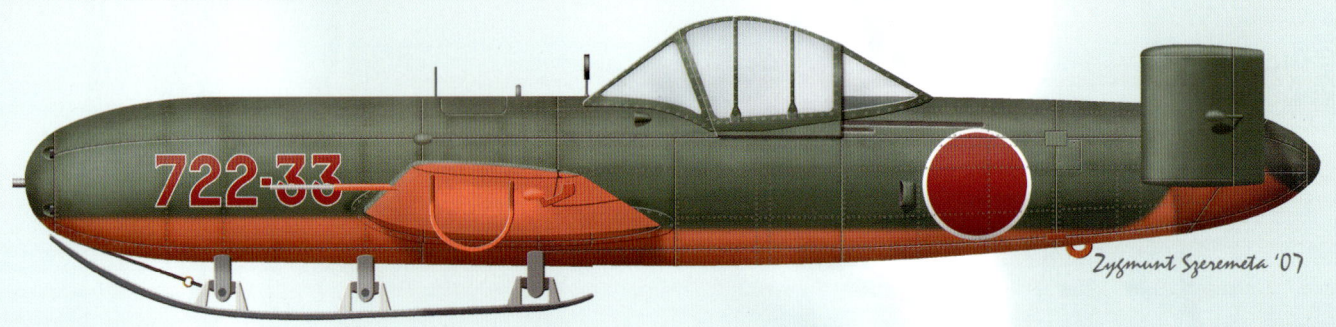

空技廠若桜K-2複座練習用グライダー試作機。

空技廠桜花33型計画機。

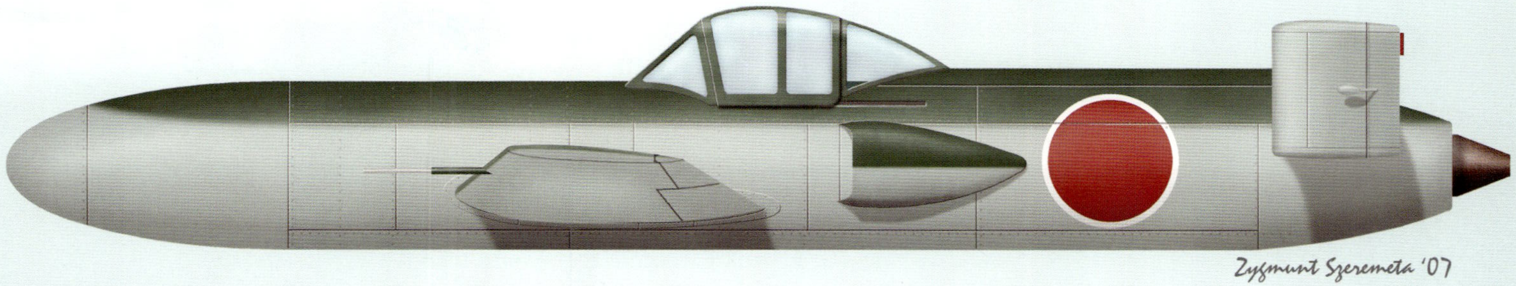

空技廠桜花43型乙計画機。

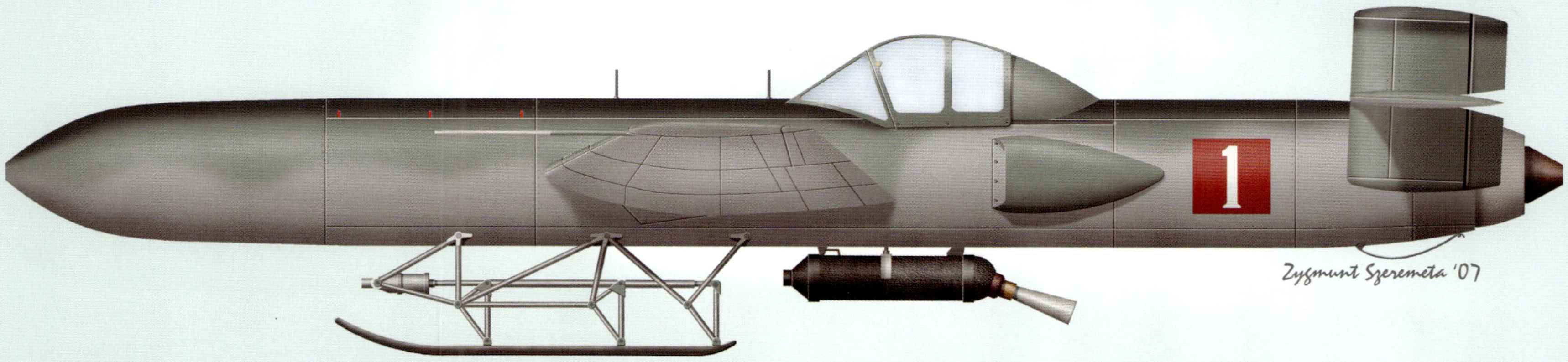

271

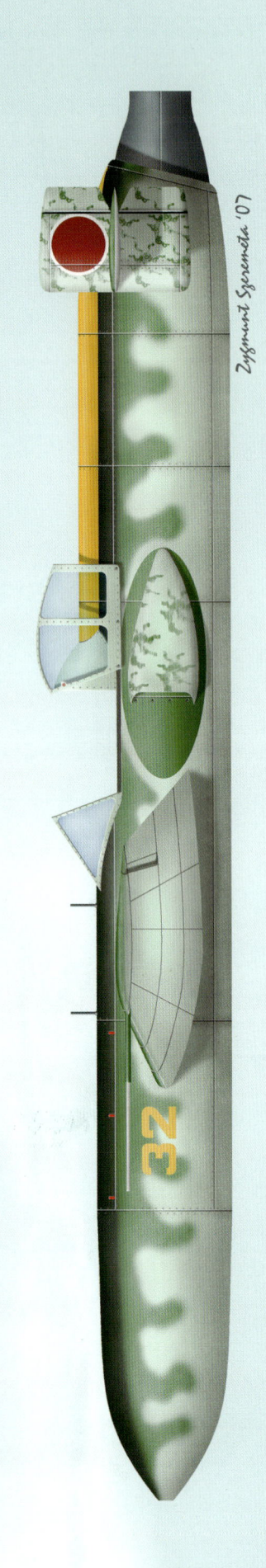

潜水艦からの射出型として計画された空技廠桜花43型甲計画機。

愛知M6A1-K南山練習機（試作6号機を改造）。

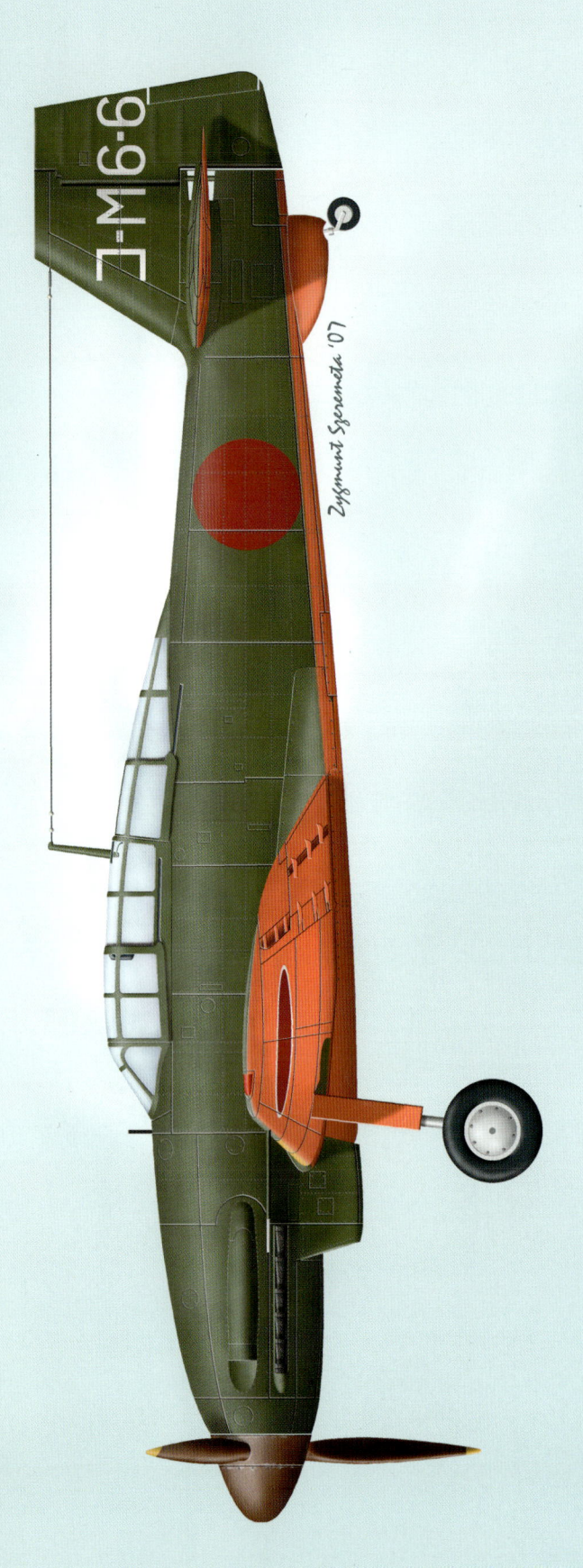